TURING 图灵原创

Vue.js设计与实现

霍春阳（HcySunYang）◎著

人民邮电出版社
北京

图书在版编目（CIP）数据

Vue.js设计与实现 / 霍春阳著. -- 北京 : 人民邮电出版社, 2022.1
（图灵原创）
ISBN 978-7-115-58386-4

Ⅰ. ①V… Ⅱ. ①霍… Ⅲ. ①网页制作工具—程序设计 Ⅳ. ①TP392.092.2

中国版本图书馆CIP数据核字(2021)第280445号

内 容 提 要

本书基于 Vue.js 3，从规范出发，以源码为基础，并结合大量直观的配图，循序渐进地讲解 Vue.js 中各个功能模块的实现，细致剖析框架设计原理。全书共 18 章，分为六篇，主要内容包括：框架设计概览、响应系统、渲染器、组件化、编译器和服务端渲染等。通过阅读本书，对 Vue.js 2/3 具有上手经验的开发人员能够进一步理解 Vue.js 框架的实现细节，没有 Vue.js 使用经验但对框架设计感兴趣的前端开发人员，能够快速掌握 Vue.js 的设计原理。

本书适合 Vue.js 使用者和对 Vue.js 感兴趣的前端开发人员阅读。

◆ 著　　　　霍春阳（HcySunYang）
　责任编辑　王军花
　责任印制　周昇亮
◆ 人民邮电出版社出版发行　　北京市丰台区成寿寺路 11 号
　邮编　100164　　电子邮件　315@ptpress.com.cn
　网址　https://www.ptpress.com.cn
　固安县铭成印刷有限公司印刷
◆ 开本：800×1000　1/16
　印张：32.25　　　　2022 年 1 月第 1 版
　字数：720千字　　　2024 年 11 月河北第 17 次印刷

定价：119.80元

读者服务热线：(010)84084456-6009　印装质量热线：(010)81055316

反盗版热线：(010)81055315

广告经营许可证：京东市监广登字 20170147 号

序

在这本书问世之前，我就已经看过霍春阳的 Vue.js 3 源码解读，当时就很欣赏他对技术细节的专注和投入。后来春阳为 Vue.js 3 提交了大量补丁，修复了一些非常深层的渲染更新 bug，为 Vue.js 3 做出了很多贡献，成为了官方团队成员。春阳对 Vue.js 3 源码的理解来自参与源码的维护中，这是深入理解开源项目最有难度但也最有效的途径。也因此，这本书对 Vue.js 3 技术细节的分析非常可靠，对于需要深入理解 Vue.js 3 的用户会有很大的帮助。

春阳对 Vue.js 的高层设计思想的理解也非常精准，并且在框架的设计权衡层面有自己的深入思考。这可能是这本书最不同于市面上其他纯粹的“源码分析”类图书的地方：它从高层的设计角度探讨框架需要关注的问题，从而帮助读者更好地理解一些具体的实现为何要做出这样的选择。

前端是一个变化很快的领域，新的技术不断出现，Vue.js 本身也在不断地进化，我们还会继续探索更优化的实现细节。但即使抛开具体的实现，这本书也可以作为现代前端框架设计的一个非常有价值的参考。

尤雨溪，Vue.js 作者

前　言

Vue.js 作为最流行的前端框架之一，在 2020 年 9 月 18 日，正式迎来了它的 3.0 版本。得益于 Vue.js 2 的设计经验，Vue.js 3.0 不仅带来了诸多新特性，还在框架设计与实现上做了很多创新。在一定程度上，我们可以认为 Vue.js 3.0“还清”了在 Vue.js 2 中欠下的技术债务。

在我看来，Vue.js 3.0 是一个非常成功的项目。它秉承了 Vue.js 2 的易用性。同时，相比 Vue.js 2，Vue.js 3.0 甚至做到了使用更少的代码来实现更多的功能。

Vue.js 3.0 在模块的拆分和设计上做得非常合理。模块之间的耦合度非常低，很多模块可以独立安装使用，而不需要依赖完整的 Vue.js 运行时，例如 `@vue/reactivity` 模块。

Vue.js 3.0 在设计内建组件和模块时也花费了很多精力，配合构建工具以及 Tree-Shaking 机制，实现了内建能力的按需引入，从而实现了用户 bundle 的体积最小化。

Vue.js 3.0 的扩展能力非常强，我们可以编写自定义的渲染器，甚至可以编写编译器插件来自定义模板语法。同时，Vue.js 3.0 在用户体验上也下足了功夫。

Vue.js 3.0 的优点包括但不限于上述这些内容。既然 Vue.js 3.0 的优点如此之多，那么框架设计者是如何设计并实现这一切的呢？实际上，理解 Vue.js 3.0 的核心设计思想非常重要。它不仅能够让我们更加从容地面对复杂问题，还能够指导我们在其他领域进行架构设计。

另外，Vue.js 3.0 中很多功能的设计需要谨遵规范。例如，想要使用 `Proxy` 实现完善的响应系统，就必须从 ECMAScript 规范入手，而 Vue.js 的模板解析器则遵从 WHATWG 的相关规范。所以，在理解 Vue.js 3.0 核心设计思想的同时，我们还能够间接掌握阅读和理解规范，并据此编写代码的方法。

读者对象

本书的目标读者包括：

- ❑ 对 Vue.js 2/3 具有上手经验，且希望进一步理解 Vue.js 框架设计原理的开发人员；
- ❑ 没有使用过 Vue.js，但对 Vue.js 框架设计感兴趣的前端开发人员。

本书内容

本书内容并非“源码解读”，而是建立在笔者对 Vue.js 框架设计的理解之上，以由浅入深的方式介绍如何实现 Vue.js 中的各个功能模块。

本书将尽可能地从规范出发，实现功能完善且严谨的 Vue.js 功能模块。例如，通过阅读 ECMAScript 规范，基于 `Proxy` 实现一个完善的响应系统；通过阅读 WHATWG 规范，实现一个类 HTML 语法的模板解析器，并在此基础上实现一个支持插件架构的模板编译器。

除此之外，本书还会讨论以下内容：

- ❑ 框架设计的核心要素以及框架设计过程中要做出的权衡；
- ❑ 三种常见的虚拟 DOM（Virtual DOM）的 Diff 算法；
- ❑ 组件化的实现与 Vue.js 内建组件的原理；
- ❑ 服务端渲染、客户端渲染、同构渲染之间的差异，以及同构渲染的原理。

本书结构

本书分为 6 篇，共 18 章，各章的简介如下。

- ❑ 第一篇（框架设计概览）：共 3 章。
  - ■ 第 1 章主要讨论了命令式和声明式这两种范式的差异，以及二者对框架设计的影响，还讨论了虚拟 DOM 的性能状况，最后介绍了运行时和编译时的相关知识，并介绍了 Vue.js 3.0 是一个运行时 + 编译时的框架。
  - ■ 第 2 章主要从用户的开发体验、控制框架代码的体积、Tree-Shaking 的工作机制、框架产物、特性开关、错误处理、TypeScript 支持等几个方面出发，讨论了框架设计者在设计框架时应该考虑的内容。
  - ■ 第 3 章从全局视角介绍 Vue.js 3.0 的设计思路，以及各个模块之间是如何协作的。
- ❑ 第二篇（响应系统）：共 3 章。
  - ■ 第 4 章从宏观视角讲述了 Vue.js 3.0 中响应系统的实现机制。从副作用函数开始，逐步实现一个完善的响应系统，还讲述了计算属性和 `watch` 的实现原理，同时讨论了在实现响应系统的过程中所遇到的问题，以及相应的解决方案。

- 第 5 章从 ECMAScript 规范入手，从最基本的 `Proxy`、`Reflect` 以及 JavaScript 对象的工作原理开始，逐步讨论了使用 `Proxy` 代理 JavaScript 对象的方式。
- 第 6 章主要讨论了 `ref` 的概念，并基于 `ref` 实现原始值的响应式方案，还讨论了如何使用 `ref` 解决响应丢失问题。

❑ 第三篇（渲染器）：共 5 章。

- 第 7 章主要讨论了渲染器与响应系统的关系，讲述了两者如何配合工作完成页面更新，还讨论了渲染器中的一些基本名词和概念，以及自定义渲染器的实现与应用。
- 第 8 章主要讨论了渲染器挂载与更新的实现原理，其中包括子节点的处理、属性的处理和事件的处理。当挂载或更新组件类型的虚拟节点时，还要考虑组件生命周期函数的处理等。
- 第 9 章主要讨论了“简单 Diff 算法”的工作原理。
- 第 10 章主要讨论了“双端 Diff 算法”的工作原理。
- 第 11 章主要讨论了“快速 Diff 算法”的工作原理。

❑ 第四篇（组件化）：共 3 章。

- 第 12 章主要讨论了组件的实现原理，介绍了组件自身状态的初始化，以及由自身状态变化引起的组件自更新，还介绍了组件的外部状态（`props`）、由外部状态变化引起的被动更新，以及组件事件和插槽的实现原理。
- 第 13 章主要介绍了异步组件和函数式组件的工作机制和实现原理。对于异步组件，我们还讨论了超时与错误处理、延迟展示 Loading 组件、加载重试等内容。
- 第 14 章主要介绍了 Vue.js 内建的三个组件的实现原理，即 KeepAlive、Teleport 和 Transition 组件。

❑ 第五篇（编译器）：共 3 章。

- 第 15 章首先讨论了 Vue.js 模板编译器的工作流程，接着讨论了 `parser` 的实现原理与状态机，以及 AST 的转换与插件化架构，最后讨论了生成渲染函数代码的具体实现。
- 第 16 章主要讨论了如何实现一个符合 WHATWG 组织的 HTML 解析规范的解析器，内容涵盖解析器的文本模式、文本模式对解析器的影响，以及如何使用递归下降算法构造模板 AST。在解析文本内容时，我们还讨论了如何根据规范解码字符引用。
- 第 17 章主要讨论了 Vue.js 3.0 中模板编译优化的相关内容。具体包括：`Block` 树的更新机制、动态节点的收集、静态提升、预字符串化、缓存内联事件处理函数、`v-once` 等优化机制。

❑ 第六篇（服务端渲染）：1 章。

- 第 18 章主要讨论了 Vue.js 同构渲染的原理。首先探讨了 CSR、SSR 以及同构渲染等方案各自的优缺点，然后探讨了 Vue.js 进行服务端渲染和客户端激活的原理，最后总结了编写同构代码时的注意事项。

源代码及勘误

在学习本书时，书中所有代码均可通过手敲进行试验和学习，你也可以从 GitHub（HcySunYang）下载所有源代码[①]。我将尽最大努力确保正文和源代码无误。但金无足赤，书中难免存在一些错误。如果读者发现任何错误，包括但不限于别字、代码片段、描述有误等，请及时反馈给我。本书勘误请至 GitHub（HcySunYang）查看或提交[②]。

致谢

这本书的诞生，要感谢很多与之有直接或间接关系的人和物。下面的致谢不分先后，仅按照我特定的逻辑顺序组织编写。

首先要感谢 Vue.js 这个框架。毫无疑问，Vue.js 为世界创造了价值，无数的企业和个人开发者从中受益。当然，更要感谢 Vue.js 的作者尤雨溪以及 Vue.js 团队的其他所有成员，良好的团队运作使得 Vue.js 能够持续发展。没有 Vue.js 就不可能有今天这本书。

除此之外，我还要感谢裕波老师的引荐和王军花老师的信任，使得我有机会来完成这样一本自己比较擅长的书。在写书的过程中，王军花老师全程热心细致的工作让我对完成编写任务的信心得到了极大的提升。再次向裕波老师和王军花老师表示由衷的感谢，非常感谢。

还要感谢曾经共事过的一位朋友，张啸。他为这本书提出了很多宝贵意见，同时还细心地帮忙检查错别字和语句的表达问题。

感谢罗勇林，这是我另一位很特殊的朋友。可以说，没有他，我甚至不可能走上程序员的道路，更不可能写出这样一本书。感谢你，兄弟。

当然了，我还要感谢刚刚和我成为合法夫妻的爱人。在我写书的时候，她还是我的女朋友，为了顺利地完成这本书和一些其他原因，我几乎在家全职写作，期间只有少量收入甚至没有收入。她从来没有抱怨过，还经常鼓励我，我还总开玩笑地对她说："不然你养我算了。"当这本书出版的时候，她已经成为我的合法妻子，这本书也是我送给她的礼物之一，谢谢你。

---

① 或访问图灵社区本书主页下载。——编者注

② 也可访问图灵社区本书主页查看或提交勘误。——编者注

目 录

第一篇 框架设计概览

第二篇 响应系统

第四篇　组件化

第五篇　编译器

第六篇 服务端渲染

第一篇

框架设计概览

第 1 章

权衡的艺术

“框架设计里到处都体现了权衡的艺术。”

在深入讨论 Vue.js 3 各个模块的实现思路和细节之前，我认为有必要先来讨论视图层框架设计方面的内容。为什么呢？这是因为当我们设计一个框架的时候，框架本身的各个模块之间并不是相互独立的，而是相互关联、相互制约的。因此作为框架设计者，一定要对框架的定位和方向拥有全局的把控，这样才能做好后续的模块设计和拆分。同样，作为学习者，我们在学习框架的时候，也应该从全局的角度对框架的设计拥有清晰的认知，否则很容易被细节困住，看不清全貌。

另外，从范式的角度来看，我们的框架应该设计成命令式的还是声明式的呢？这两种范式有何优缺点？我们能否汲取两者的优点？除此之外，我们的框架要设计成纯运行时的还是纯编译时的，甚至是运行时+编译时的呢？它们之间又有何差异？优缺点分别是什么？这里面都体现了“权衡”的艺术。

1.1 命令式和声明式

从范式上来看，视图层框架通常分为命令式和声明式，它们各有优缺点。作为框架设计者，应该对两种范式都有足够的认知，这样才能做出正确的选择，甚至想办法汲取两者的优点并将其捏合。

接下来，我们先来看看命令式框架和声明式框架的概念。早年间流行的 jQuery 就是典型的命令式框架。命令式框架的一大特点就是**关注过程**。例如，我们把下面这段话翻译成对应的代码：

```
01  - 获取 id 为 app 的 div 标签
02  - 它的文本内容为 hello world
03  - 为其绑定点击事件
04  - 当点击时弹出提示：ok
```

对应的代码为：

```
01  $('#app') // 获取 div
02    .text('hello world') // 设置文本内容
03    .on('click', () => { alert('ok') }) // 绑定点击事件
```

以上就是 jQuery 的代码示例，考虑到有些读者可能没有用过 jQuery，因此我们再用原生 JavaScript 来实现同样的功能：

```
01  const div = document.querySelector('#app') // 获取 div
02  div.innerText = 'hello world' // 设置文本内容
03  div.addEventListener('click', () => { alert('ok') }) // 绑定点击事件
```

可以看到，自然语言描述能够与代码产生一一对应的关系，代码本身描述的是“做事的过程”，这符合我们的逻辑直觉。

那么，什么是声明式框架呢？与命令式框架更加关注过程不同，声明式框架更加**关注结果**。结合 Vue.js，我们来看看如何实现上面自然语言描述的功能：

```
01  <div @click="() => alert('ok')">hello world</div>
```

这段类 HTML 的模板就是 Vue.js 实现如上功能的方式。可以看到，我们提供的是一个“结果”，至于如何实现这个“结果”，我们并不关心，这就像我们在告诉 Vue.js：“嘿，Vue.js，看到没，我要的就是一个 div，文本内容是 hello world，它有个事件绑定，你帮我搞定吧。”至于实现该“结果”的**过程**，则是由 Vue.js 帮我们完成的。换句话说，Vue.js 帮我们封装了**过程**。因此，我们能够猜到 Vue.js 的内部实现一定是**命令式**的，而暴露给用户的却更加**声明式**。

1.2 性能与可维护性的权衡

命令式和声明式各有优缺点，在框架设计方面，差异体现在性能与可维护性之间的权衡。这里我们先抛出一个结论：**声明式代码的性能不优于命令式代码的性能**。

还是拿上面的例子来说，假设现在我们要将 div 标签的文本内容修改为 hello vue3，那么如何用命令式代码实现呢？很简单，因为我们明确知道要修改的是什么，所以直接调用相关命令操作即可：

```
01  div.textContent = 'hello vue3' // 直接修改
```

现在思考一下，还有没有其他办法比上面这句代码的性能更好？答案是“没有”。可以看到，理论上命令式代码可以做到极致的性能优化，因为我们明确知道哪些发生了变更，只做必要的修改就行了。但是声明式代码不一定能做到这一点，因为它描述的是结果：

```
01  <!-- 之前： -->
02  <div @click="() => alert('ok')">hello world</div>
03  <!-- 之后： -->
04  <div @click="() => alert('ok')">hello vue3</div>
```

对于框架来说，为了实现最优的更新性能，它需要找到前后的差异并只更新变化的地方，但是最终完成这次更新的代码仍然是：

```
01  div.textContent = 'hello vue3' // 直接修改
```

如果我们把直接修改的性能消耗定义为A，把找出差异的性能消耗定义为B，那么有：

- 命令式代码的更新性能消耗 = A
- 声明式代码的更新性能消耗 = B + A

可以看到，声明式代码会比命令式代码多出找出差异的性能消耗，因此最理想的情况是，当找出差异的性能消耗为0时，声明式代码与命令式代码的性能相同，但是无法做到超越，**毕竟框架本身就是封装了命令式代码才实现了面向用户的声明式**。这符合前文中给出的性能结论：**声明式代码的性能不优于命令式代码的性能**。

既然在性能层面命令式代码是更好的选择，那么为什么Vue.js要选择声明式的设计方案呢？原因就在于声明式代码的可维护性更强。从上面例子的代码中我们也可以感受到，在采用命令式代码开发的时候，我们需要维护实现目标的整个**过程**，包括要手动完成DOM元素的创建、更新、删除等工作。而声明式代码展示的就是我们要的**结果**，看上去更加直观，至于做事儿的过程，并不需要我们关心，Vue.js都为我们封装好了。

这就体现了我们在框架设计上要做出的关于可维护性与性能之间的权衡。在采用声明式提升可维护性的同时，性能就会有一定的损失，而框架设计者要做的就是：**在保持可维护性的同时让性能损失最小化**。

1.3　虚拟DOM的性能到底如何

考虑到有些读者可能不知道什么是虚拟DOM，这里我们不会对其做深入讨论，但这既不影响你理解本节内容，也不影响你阅读后续章节。如果实在看不明白，也没关系，至少有个印象，等后面我们深入讲解虚拟DOM后再回来看这里的内容，相信你会有不同的感受。

前文说到，**声明式代码的更新性能消耗 = 找出差异的性能消耗 + 直接修改的性能消耗**，因此，如果我们能够最小化**找出差异的性能消耗**，就可以让声明式代码的性能无限接近命令式代码的性能。而所谓的虚拟DOM，就是为了**最小化**找出差异这一步的性能消耗而出现的。

至此，相信你也应该清楚一件事了，那就是采用虚拟DOM的更新技术的性能**理论上**不可能比原生JavaScript操作DOM更高。这里我们强调了**理论上**三个字，因为这很关键，为什么呢？因为在大部分情况下，**我们很难写出绝对优化的命令式代码**，尤其是当应用程序的规模很大的时候，即使你写出了极致优化的代码，也一定耗费了巨大的精力，这时的投入产出比其实并不高。

那么，有没有什么办法能够让我们不用付出太多的努力（写声明式代码），还能够保证应用程序的性能下限，让应用程序的性能不至于太差，甚至想办法逼近命令式代码的性能呢？这其实就是虚拟 DOM 要解决的问题。

不过前文中所说的原生 JavaScript 实际上指的是像 `document.createElement` 之类的 DOM 操作方法，并不包含 `innerHTML`，因为它比较特殊，需要单独讨论。在早年使用 jQuery 或者直接使用 JavaScript 编写页面的时候，使用 `innerHTML` 来操作页面非常常见。其实我们可以思考一下：使用 `innerHTML` 操作页面和虚拟 DOM 相比性能如何？`innerHTML` 和 `document.createElement` 等 DOM 操作方法有何差异？

先来看第一个问题，为了比较 `innerHTML` 和虚拟 DOM 的性能，我们需要了解它们创建、更新页面的过程。对于 `innerHTML` 来说，为了创建页面，我们需要构造一段 HTML 字符串：

```
01    const html = `
02    <div><span>...</span></div>
03    `
```

接着将该字符串赋值给 DOM 元素的 `innerHTML` 属性：

```
01    div.innerHTML = html
```

然而这句话远没有看上去那么简单。为了渲染出页面，首先要把字符串解析成 DOM 树，这是一个 DOM 层面的计算。我们知道，涉及 DOM 的计算要远比 JavaScript 层面的计算性能差，这有一个跑分结果可供参考，如图 1-1 所示。

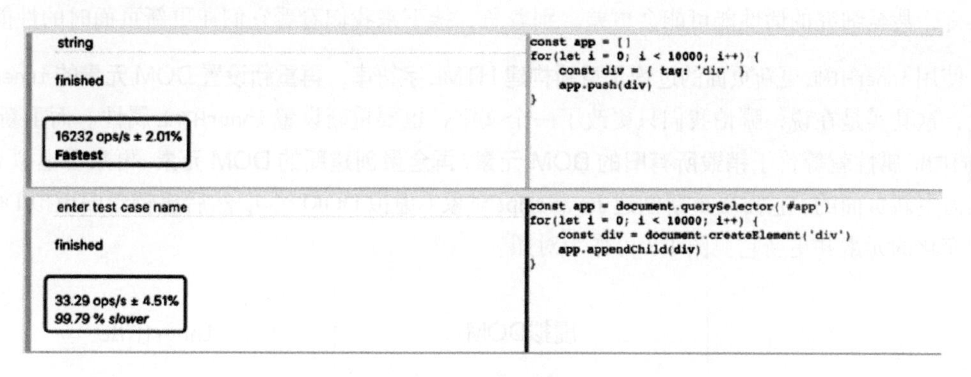

图 1-1 跑分结果

在图 1-1 中，上边是纯 JavaScript 层面的计算，循环 10 000 次，每次创建一个 JavaScript 对象并将其添加到数组中；下边是 DOM 操作，每次创建一个 DOM 元素并将其添加到页面中。跑分结果显示，纯 JavaScript 层面的操作要比 DOM 操作快得多，它们不在一个数量级上。基于这个背景，我们可以用一个公式来表达通过 `innerHTML` 创建页面的性能：**HTML 字符串拼接的计算量 + `innerHTML` 的 DOM 计算量**。

接下来，我们讨论虚拟 DOM 在创建页面时的性能。虚拟 DOM 创建页面的过程分为两步：第一步是创建 JavaScript 对象，这个对象可以理解为真实 DOM 的描述；第二步是递归地遍历虚拟 DOM 树并创建真实 DOM。我们同样可以用一个公式来表达：**创建 JavaScript 对象的计算量 + 创建真实 DOM 的计算量**。

图 1-2 直观地对比了 innerHTML 和虚拟 DOM 在创建页面时的性能。

	虚拟DOM	innerHTML
纯 JavaScript 层面的计算	• 创建 JavaScript 对象（VNode）	• 渲染 HTML 字符串
DOM 层面的计算	• 新建所有 DOM 元素	• 新建所有 DOM 元素

图 1-2　innerHTML 和虚拟 DOM 在创建页面时的性能

可以看到，无论是纯 JavaScript 层面的计算，还是 DOM 层面的计算，其实两者差距不大。这里我们从宏观的角度只看数量级上的差异。如果在同一个数量级，则认为没有差异。在创建页面的时候，都需要新建所有 DOM 元素。

刚刚我们讨论了创建页面时的性能情况，大家可能会觉得虚拟 DOM 相比 innerHTML 没有优势可言，甚至细究的话性能可能会更差。别着急，接下来我们看看它们在更新页面时的性能。

使用 innerHTML 更新页面的过程是**重新构建 HTML 字符串，再重新设置 DOM 元素的** innerHTML **属性**，这其实是在说，哪怕我们只更改了一个文字，也要重新设置 innerHTML 属性。而重新设置 innerHTML 属性就等价于**销毁所有旧的 DOM 元素，再全量创建新的 DOM 元素**。再来看虚拟 DOM 是如何更新页面的。它需要重新创建 JavaScript 对象（虚拟 DOM 树），然后比较新旧虚拟 DOM，找到变化的元素并更新它。图 1-3 可作为对照。

	虚拟DOM	innerHTML
纯 JavaScript 层面的计算	• 创建新的 JavaScript 对象 + Diff	• 渲染 HTML 字符串
DOM 层面的计算	• 必要的 DOM 更新	• 销毁所有旧 DOM • 新建所有新 DOM

图 1-3　虚拟 DOM 和 innerHTML 在更新页面时的性能

可以发现，在更新页面时，虚拟 DOM 在 JavaScript 层面的计算要比创建页面时多出一个 Diff 的性能消耗，然而它毕竟也是纯 JavaScript 层面的计算，所以不会产生数量级的差异。再观察 DOM 层面的计算，可以发现虚拟 DOM 在更新页面时只会更新必要的元素，但 innerHTML 需要全量更新。这时虚拟 DOM 的优势就体现出来了。

另外，我们发现，当更新页面时，影响虚拟 DOM 的性能因素与影响 innerHTML 的性能因素不同。对于虚拟 DOM 来说，无论页面多大，都只会更新变化的内容，而对于 innerHTML 来说，页面越大，就意味着更新时的性能消耗越大。如果加上性能因素，那么最终它们在更新页面时的性能如图 1-4 所示。

	虚拟DOM	innerHTML
纯 JavaScript 层面的计算	• 创建新的 JavaScript 对象 + Diff	• 渲染 HTML 字符串
DOM 层面的计算	• 必要的 DOM 更新	• 销毁所有旧 DOM • 新建所有新 DOM
性能因素	• 与数据变化量相关	• 与模板大小相关

图 1-4　虚拟 DOM 和 innerHTML 在更新页面时的性能（加上性能因素）

基于此，我们可以粗略地总结一下 innerHTML、虚拟 DOM 以及原生 JavaScript（指 createElement 等方法）在更新页面时的性能，如图 1-5 所示。

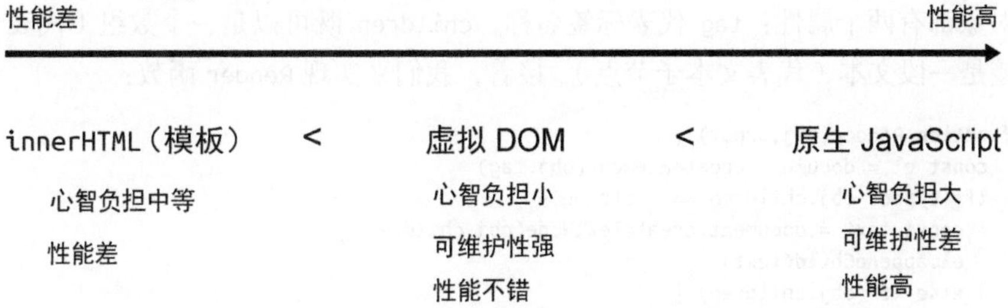

性能差 → 性能高

innerHTML（模板） < 虚拟 DOM < 原生 JavaScript

innerHTML（模板）：心智负担中等，性能差

虚拟 DOM：心智负担小，可维护性强，性能不错

原生 JavaScript：心智负担大，可维护性差，性能高

图 1-5　innerHTML、虚拟 DOM 以及原生 JavaScript 在更新页面时的性能

我们分了几个维度：心智负担、可维护性和性能。其中原生 DOM 操作方法的心智负担最大，因为你要手动创建、删除、修改大量的 DOM 元素。但它的性能是最高的，不过为了使其性能最佳，我们同样要承受巨大的心智负担。另外，以这种方式编写的代码，可维护性也极差。而对于

innerHTML 来说，由于我们编写页面的过程有一部分是通过拼接 HTML 字符串来实现的，这有点儿接近声明式的意思，但是拼接字符串总归也是有一定心智负担的，而且对于事件绑定之类的事情，我们还是要使用原生 JavaScript 来处理。如果 innerHTML 模板很大，则其更新页面的性能最差，尤其是在只有少量更新时。最后，我们来看看虚拟 DOM，它是声明式的，因此心智负担小，可维护性强，性能虽然比不上极致优化的原生 JavaScript，但是在保证心智负担和可维护性的前提下相当不错。

至此，我们有必要思考一下：有没有办法做到，既声明式地描述 UI，又具备原生 JavaScript 的性能呢？看上去有点儿鱼与熊掌兼得的意思，我们会在下一章中继续讨论。

1.4　运行时和编译时

当设计一个框架的时候，我们有三种选择：纯运行时的、运行时 + 编译时的或纯编译时的。这需要你根据目标框架的特征，以及对框架的期望，做出合适的决策。另外，为了做出合适的决策，你需要清楚地知道什么是运行时，什么是编译时，它们各自有什么特征，它们对框架有哪些影响，本节将会逐步讨论这些内容。

我们先聊聊纯运行时的框架。假设我们设计了一个框架，它提供一个 Render 函数，用户可以为该函数提供一个树型结构的数据对象，然后 Render 函数会根据该对象递归地将数据渲染成 DOM 元素。我们规定树型结构的数据对象如下：

```
01  const obj = {
02    tag: 'div',
03    children: [
04      { tag: 'span', children: 'hello world' }
05    ]
06  }
```

每个对象都有两个属性：tag 代表标签名称，children 既可以是一个数组（代表子节点），也可以直接是一段文本（代表文本子节点）。接着，我们来实现 Render 函数：

```
01  function Render(obj, root) {
02    const el = document.createElement(obj.tag)
03    if (typeof obj.children === 'string') {
04      const text = document.createTextNode(obj.children)
05      el.appendChild(text)
06    } else if (obj.children) {
07      // 数组，递归调用 Render，使用 el 作为 root 参数
08      obj.children.forEach((child) => Render(child, el))
09    }
10
11    // 将元素添加到 root
12    root.appendChild(el)
13  }
```

有了这个函数，用户就可以这样来使用它：

```
01  const obj = {
02    tag: 'div',
03    children: [
04      { tag: 'span', children: 'hello world' }
05    ]
06  }
07  // 渲染到 body 下
08  Render(obj, document.body)
```

在浏览器中运行上面这段代码，就可以看到我们预期的内容。

现在我们回过头来思考一下用户是如何使用 Render 函数的。可以发现，用户在使用它渲染内容时，直接为 Render 函数提供了一个树型结构的数据对象。这里面不涉及任何额外的步骤，用户也不需要学习额外的知识。但是有一天，你的用户抱怨说："手写树型结构的数据对象太麻烦了，而且不直观，能不能支持用类似于 HTML 标签的方式描述树型结构的数据对象呢？"你看了看现在的 Render 函数，然后回答："抱歉，暂不支持。"实际上，我们刚刚编写的框架就是一个纯**运行时**的框架。

为了满足用户的需求，你开始思考，能不能引入编译的手段，把 HTML 标签编译成树型结构的数据对象，这样不就可以继续使用 Render 函数了吗？思路如图 1-6 所示。

```
<div>
  <span> hello world </span>
</div>
```

⬇ 编译

```
const obj = {
  tag: 'div',
  children: [
    { tag: 'span', children: 'hello world' }
  ]
}
```

图 1-6　把 HTML 标签编译成树型结构的数据对象

为此，你编写了一个叫作 Compiler 的程序，它的作用就是把 HTML 字符串编译成树型结构的数据对象，于是交付给用户去用了。那么用户该怎么用呢？其实这也是我们要思考的问题，最简单的方式就是让用户分别调用 Compiler 函数和 Render 函数：

```
01  const html = `
02  <div>
03    <span>hello world</span>
04  </div>
05  `
```

```
06  // 调用 Compiler 编译得到树型结构的数据对象
07  const obj = Compiler(html)
08  // 再调用 Render 进行渲染
09  Render(obj, document.body)
```

上面这段代码能够很好地工作，这时我们的框架就变成了一个**运行时 + 编译时**的框架。它既支持运行时，用户可以直接提供数据对象从而无须编译；又支持编译时，用户可以提供 HTML 字符串，我们将其编译为数据对象后再交给运行时处理。准确地说，上面的代码其实是**运行时编译**，意思是代码运行的时候才开始编译，而这会产生一定的性能开销，因此我们也可以在构建的时候就执行 `Compiler` 程序将用户提供的内容编译好，等到运行时就无须编译了，这对性能是非常友好的。

不过，聪明的你一定意识到了另外一个问题：既然编译器可以把 HTML 字符串编译成数据对象，那么能不能直接编译成命令式代码呢？图 1-7 展示了将 HTML 字符串编译为命令式代码的过程。

```
<div>
  <span> hello world </span>
</div>
```

```
const div = document.createElement('div')
const span = document.createElement('span')
span.innerText = 'hello world'
div.appendChild(span)
document.body.appendChild(div)
```

图 1-7　将 HTML 字符串编译为命令式代码的过程

这样我们只需要一个 `Compiler` 函数就可以了，连 `Render` 都不需要了。其实这就变成了一个**纯编译时**的框架，因为我们不支持任何运行时内容，用户的代码通过编译器编译后才能运行。

我们用简单的例子讲解了框架设计层面的**运行时**、**编译时**以及**运行时 + 编译时**。我们发现，一个框架既可以是纯运行时的，也可以是纯编译时的，还可以是既支持运行时又支持编译时的。那么，它们都有哪些优缺点呢？是不是既支持运行时又支持编译时的框架最好呢？为了搞清楚这个问题，我们逐个分析。

首先是纯运行时的框架。由于它没有编译的过程，因此我们没办法分析用户提供的内容，但是如果加入编译步骤，可能就大不一样了，我们可以分析用户提供的内容，看看哪些内容未来可能会改变，哪些内容永远不会改变，这样我们就可以在编译的时候提取这些信息，然后将其传递给 `Render` 函数，`Render` 函数得到这些信息之后，就可以做进一步的优化了。然而，假如我们设计的框架是纯编译时的，那么它也可以分析用户提供的内容。由于不需要任何运行时，而是直接编译成可执行的 JavaScript 代码，因此性能可能会更好，但是这种做法有损灵活性，即用户提供的内容必须编译后才能用。实际上，在这三个方向上业内都有探索，其中 Svelte 就是纯编译时的框架，但是它的真实性能可能达不到理论高度。Vue.js 3 仍然保持了运行时 + 编译时的架构，在保持灵活性的基础上能够尽可能地去优化。等到后面讲解 Vue.js 3 的编译优化相关内容时，你会看到 Vue.js 3 在保留运行时的情况下，其性能甚至不输纯编译时的框架。

1.5 总结

在本章中，我们先讨论了命令式和声明式这两种范式的差异，其中命令式更加关注过程，而声明式更加关注结果。命令式在理论上可以做到极致优化，但是用户要承受巨大的心智负担；而声明式能够有效减轻用户的心智负担，但是性能上有一定的牺牲，框架设计者要想办法尽量使性能损耗最小化。

接着，我们讨论了虚拟 DOM 的性能，并给出了一个公式：**声明式的更新性能消耗 = 找出差异的性能消耗 + 直接修改的性能消耗**。虚拟 DOM 的意义就在于使找出差异的性能消耗最小化。我们发现，用原生 JavaScript 操作 DOM 的方法（如 document.createElement）、虚拟 DOM 和 innerHTML 三者操作页面的性能，不可以简单地下定论，这与**页面大小**、**变更部分的大小**都有关系，除此之外，与**创建页面**还是**更新页面**也有关系，选择哪种更新策略，需要我们结合**心智负担**、**可维护性**等因素综合考虑。一番权衡之后，我们发现虚拟 DOM 是个还不错的选择。

最后，我们介绍了运行时和编译时的相关知识，了解纯运行时、纯编译时以及两者都支持的框架各有什么特点，并总结出 Vue.js 3 是一个编译时 + 运行时的框架，它在保持灵活性的基础上，还能够通过编译手段分析用户提供的内容，从而进一步提升更新性能。

第 2 章

框架设计的核心要素

框架设计要比想象得复杂，并不是说只把功能开发完成，能用就算大功告成了，这里面还有很多学问。比如，我们的框架应该给用户提供哪些构建产物？产物的模块格式如何？当用户没有以预期的方式使用框架时，是否应该打印合适的警告信息从而提供更好的开发体验，让用户快速定位问题？开发版本的构建和生产版本的构建有何区别？**热更新**（hot module replacement，HMR）需要框架层面的支持，我们是否也应该考虑？另外，当你的框架提供了多个功能，而用户只需要其中几个功能时，用户能否选择关闭其他功能从而减少最终资源的打包体积？上述问题是我们在设计框架的过程中应该考虑的。

学习本章时，要求大家对常用的模块打包工具有一定的使用经验，尤其是 rollup.js 和 webpack。如果你只用过或了解过其中一个，也没关系，因为它们的很多概念其实是类似的。如果你没有使用过任何模块打包工具，那么需要自行了解一下，有了初步认识之后再来阅读本章会更好一些。

2.1 提升用户的开发体验

衡量一个框架是否足够优秀的指标之一就是看它的开发体验如何，这里我们拿 Vue.js 3 举个例子：

```
01  createApp(App).mount('#not-exist')
```

当我们创建一个 Vue.js 应用并试图将其挂载到一个不存在的 DOM 节点时，就会收到一条警告信息，如图 2-1 所示。

```
⚠ ▸[Vue warn]: Failed to mount app: mount target selector "#not-exist" returned null.
```

图 2-1　警告信息

这条信息告诉我们挂载失败了，并说明了失败的原因：Vue.js 根据我们提供的选择器无法找到相应的 DOM 元素（返回 `null`）。这条信息让我们能够清晰且快速地定位问题。试想一下，如果 Vue.js 内部不做任何处理，那么我们很可能得到的是 JavaScript 层面的错误信息，例如 `Uncaught`

`TypeError: Cannot read property 'xxx' of null`，而根据此信息我们很难知道问题出在哪里。

所以在框架设计和开发过程中，提供友好的警告信息至关重要。如果这一点做得不好，那么很可能会经常收到用户的抱怨。始终提供友好的警告信息不仅能够帮助用户快速定位问题，节省用户的时间，还能够让框架收获良好的口碑，让用户认可框架的专业性。

在 Vue.js 的源码中，我们经常能够看到 `warn` 函数的调用，例如图 2-1 中的信息就是由下面这个 `warn` 函数调用打印的：

```
01  warn(
02    `Failed to mount app: mount target selector "${container}" returned null.`
03  )
```

对于 `warn` 函数来说，由于它需要尽可能提供有用的信息，因此它需要收集当前发生错误的组件栈信息。如果你去看源码，就会发现有些复杂，但其实最终就是调用了 `console.warn` 函数。

除了提供必要的警告信息外，还有很多其他方面可以作为切入口，进一步提升用户的开发体验。例如，在 Vue.js 3 中，当我们在控制台打印一个 `ref` 数据时：

```
01  const count = ref(0)
02  console.log(count)
```

打开控制台查看输出，结果如图 2-2 所示。

```
▶RefImpl {_rawValue: 0, _shallow: false, __v_isRef: true, _value: 0}
```

图 2-2　控制台输出结果

可以发现，打印的数据非常不直观。当然，我们可以选择直接打印 `count.value` 的值，这样就只会输出 `0`，非常直观。那么有没有办法在打印 `count` 的时候让输出的信息更友好呢？当然可以，浏览器允许我们编写自定义的 `formatter`，从而自定义输出形式。在 Vue.js 3 的源码中，你可以搜索到名为 `initCustomFormatter` 的函数，该函数就是用来在开发环境下初始化自定义 `formatter` 的。以 Chrome 为例，我们可以打开 DevTools 的设置，然后勾选“Console”→“Enable custom formatters”选项，如图 2-3 所示。

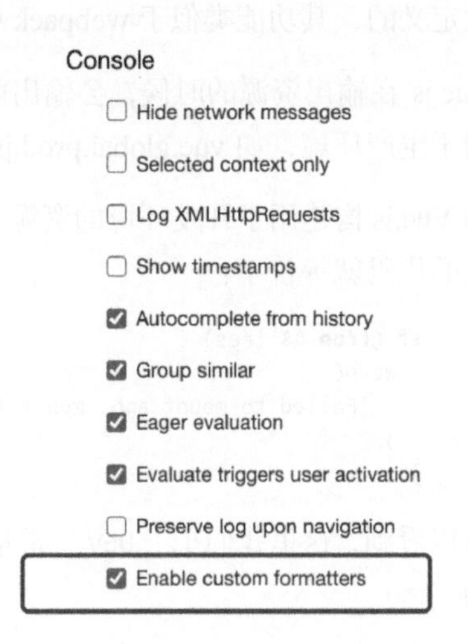

图 2-3　勾选“Console”→“Enable custom formatters”选项

然后刷新浏览器并查看控制台，会发现输出内容变得非常直观，如图 2-4 所示。

```
Ref<0>
>
```

图 2-4　直观的输出内容

2.2 控制框架代码的体积

框架的大小也是衡量框架的标准之一。在实现同样功能的情况下，当然是用的代码越少越好，这样体积就会越小，最后浏览器加载资源的时间也就越少。这时我们不禁会想，提供越完善的警告信息就意味着我们要编写更多的代码，这不是与控制代码体积相悖吗？没错，所以我们要想办法解决这个问题。

如果我们去看 Vue.js 3 的源码，就会发现每一个 `warn` 函数的调用都会配合 `__DEV__` 常量的检查，例如：

```
01  if (__DEV__ && !res) {
02    warn(
03      `Failed to mount app: mount target selector "${container}" returned null.`
04    )
05  }
```

可以看到，打印警告信息的前提是：`__DEV__` 这个常量一定要为 `true`，这里的 `__DEV__` 常量就是达到目的的关键。

Vue.js 使用 rollup.js 对项目进行构建，这里的 `__DEV__` 常量实际上是通过 rollup.js 的插件配置来预定义的，其功能类似于 webpack 中的 `DefinePlugin` 插件。

Vue.js 在输出资源的时候，会输出两个版本，其中一个用于开发环境，如 vue.global.js，另一个用于生产环境，如 vue.global.prod.js，通过文件名我们也能够区分。

当 Vue.js 构建用于开发环境的资源时，会把 `__DEV__` 常量设置为 `true`，这时上面那段输出警告信息的代码就等价于：

```
01  if (true && !res) {
02    warn(
03      `Failed to mount app: mount target selector "${container}" returned null.`
04    )
05  }
```

可以看到，这里我们把 `__DEV__` 常量替换成字面量 `true`，所以这段代码在开发环境中是肯定存在的。

当 Vue.js 用于构建生产环境的资源时，会把 `__DEV__` 常量设置为 `false`，这时上面那段输出警告信息的代码就等价于：

```
01 if (false && !res) {
02   warn(
03     `Failed to mount app: mount target selector "${container}" returned null.`
04   )
05 }
```

可以看到，__DEV__ 常量替换为字面量 false，这时我们发现这段分支代码永远都不会执行，因为判断条件始终为假，这段永远不会执行的代码称为 dead code，它不会出现在最终产物中，在构建资源的时候就会被移除，因此在 vue.global.prod.js 中是不会存在这段代码的。

这样我们就做到了**在开发环境中为用户提供友好的警告信息的同时，不会增加生产环境代码的体积**。

2.3 框架要做到良好的 Tree-Shaking

上文提到通过构建工具设置预定义的常量 __DEV__，就能够在生产环境中使得框架不包含用于打印警告信息的代码，从而使得框架自身的代码量不随警告信息的增加而增加。但是从用户的角度来看，这么做仍然不够。还是拿 Vue.js 来举个例子。我们知道 Vue.js 内建了很多组件，例如 <Transition> 组件，如果我们的项目中根本就没有用到该组件，那么它的代码需要包含在项目最终的构建资源中吗？答案是“当然不需要”，那么如何做到这一点呢？这就不得不提到本节的主角 Tree-Shaking。

什么是 Tree-Shaking 呢？在前端领域，这个概念因 rollup.js 而普及。简单地说，Tree-Shaking 指的就是消除那些永远不会被执行的代码，也就是排除 dead code，现在无论是 rollup.js 还是 webpack，都支持 Tree-Shaking。

想要实现 Tree-Shaking，必须满足一个条件，即模块必须是 ESM（ES Module），因为 Tree-Shaking 依赖 ESM 的静态结构。我们以 rollup.js 为例看看 Tree-Shaking 如何工作，其目录结构如下：

```
01 ├── demo
02 │   └── package.json
03 │   └── input.js
04 │   └── utils.js
```

首先安装 rollup.js：

```
01 yarn add rollup -D
02 # 或者 npm install rollup -D
```

下面是 input.js 和 utils.js 文件的内容：

```
01 // input.js
02 import { foo } from './utils.js'
03 foo()
04 // utils.js
```

```
05    export function foo(obj) {
06      obj && obj.foo
07    }
08    export function bar(obj) {
09      obj && obj.bar
10    }
```

代码很简单，我们在 utils.js 文件中定义并导出了两个函数，分别是 foo 函数和 bar 函数，然后在 input.js 中导入了 foo 函数并执行。注意，我们并没有导入 bar 函数。

接着，我们执行如下命令进行构建：

```
01    npx rollup input.js -f esm -o bundle.js
```

这句命令的意思是，以 input.js 文件为入口，输出 ESM，输出的文件叫作 bundle.js。命令执行成功后，我们打开 bundle.js 来查看一下它的内容：

```
01    // bundle.js
02    function foo(obj) {
03      obj && obj.foo
04    }
05    foo();
```

可以看到，其中并不包含 bar 函数，这说明 Tree-Shaking 起了作用。由于我们并没有使用 bar 函数，因此它作为 dead code 被删除了。但是仔细观察会发现，foo 函数的执行也没有什么意义，仅仅是读取了对象的值，所以它的执行似乎没什么必要。既然把这段代码删了也不会对我们的应用程序产生影响，那么为什么 rollup.js 不把这段代码也作为 dead code 移除呢？

这就涉及 Tree-Shaking 中的第二个关键点——副作用。如果一个函数调用会产生副作用，那么就不能将其移除。什么是副作用？简单地说，副作用就是，当调用函数的时候会对外部产生影响，例如修改了全局变量。这时你可能会说，上面的代码明显是读取对象的值，怎么会产生副作用呢？其实是有可能的，试想一下，如果 obj 对象是一个通过 Proxy 创建的代理对象，那么当我们读取对象属性时，就会触发代理对象的 get 夹子（trap），在 get 夹子中是可能产生副作用的，例如我们在 get 夹子中修改了某个全局变量。而到底会不会产生副作用，只有代码真正运行的时候才能知道，JavaScript 本身是动态语言，因此想要静态地分析哪些代码是 dead code 很有难度，上面只是举了一个简单的例子。

因为静态地分析 JavaScript 代码很困难，所以像 rollup.js 这类工具都会提供一个机制，让我们能明确地告诉 rollup.js：“放心吧，这段代码不会产生副作用，你可以移除它。”具体怎么做呢？如以下代码所示，我们修改 input.js 文件：

```
01    import {foo} from './utils'
02
03    /*#__PURE__*/ foo()
```

注意注释代码 /*#__PURE__*/，其作用就是告诉 rollup.js，对于 foo 函数的调用不会产生副作用，你可以放心地对其进行 Tree-Shaking，此时再次执行构建命令并查看 bundle.js 文件，就会发现它的内容是空的，这说明 Tree-Shaking 生效了。

基于这个案例，我们应该明白，在编写框架的时候需要合理使用 /*#__PURE__*/ 注释。如果你去搜索 Vue.js 3 的源码，会发现它大量使用了该注释，例如下面这句：

```
01    export const isHTMLTag = /*#__PURE__*/ makeMap(HTML_TAGS)
```

这会不会对编写代码造成很大的心智负担呢？其实不会，因为通常产生副作用的代码都是模块内函数的顶级调用。什么是顶级调用呢？如以下代码所示：

```
01    foo() // 顶级调用
02
03    function bar() {
04      foo() // 函数内调用
05    }
```

可以看到，对于顶级调用来说，是可能产生副作用的；但对于函数内调用来说，只要函数 bar 没有被调用，那么 foo 函数的调用自然不会产生副作用。因此，在 Vue.js 3 的源码中，基本都是在一些顶级调用的函数上使用 /*#__PURE__*/ 注释。当然，该注释不仅仅作用于函数，它可以应用于任何语句上。该注释也不是只有 rollup.js 才能识别，webpack 以及压缩工具（如 terser）都能识别它。

2.4 框架应该输出怎样的构建产物

上文提到 Vue.js 会为开发环境和生产环境输出不同的包，例如 vue.global.js 用于开发环境，它包含必要的警告信息，而 vue.global.prod.js 用于生产环境，不包含警告信息。实际上，Vue.js 的构建产物除了有环境上的区分之外，还会根据使用场景的不同而输出其他形式的产物。本节中，我们将讨论这些产物的用途以及在构建阶段如何输出这些产物。

不同类型的产物一定有对应的需求背景，因此我们从需求讲起。首先我们希望用户可以直接在 HTML 页面中使用 <script> 标签引入框架并使用：

```
01    <body>
02      <script src="/path/to/vue.js"></script>
03      <script>
04      const { createApp } = Vue
05      // ...
06      </script>
07    </body>
```

为了实现这个需求，我们需要输出一种叫作 IIFE 格式的资源。IIFE 的全称是 Immediately Invoked Function Expression，即“立即调用的函数表达式”，易于用 JavaScript 来表达：

```
01  (function () {
02    // ...
03  }())
```

如以上代码所示，这是一个立即执行的函数表达式。实际上，vue.global.js 文件就是 IIFE 形式的资源，它的代码结构如下所示：

```
01  var Vue = (function(exports){
02    // ...
03    exports.createApp = createApp;
04    // ...
05    return exports
06  }({}))
```

这样当我们使用 `<script>` 标签直接引入 vue.global.js 文件后，全局变量 `Vue` 就是可用的了。

在 rollup.js 中，我们可以通过配置 `format: 'iife'` 来输出这种形式的资源：

```
01  // rollup.config.js
02  const config = {
03    input: 'input.js',
04    output: {
05      file: 'output.js',
06      format: 'iife' // 指定模块形式
07    }
08  }
09
10  export default config
```

不过随着技术的发展和浏览器的支持，现在主流浏览器对原生 ESM 的支持都不错，所以用户除了能够使用 `<script>` 标签引用 IIFE 格式的资源外，还可以直接引入 ESM 格式的资源，例如 Vue.js 3 还会输出 vue.esm-browser.js 文件，用户可以直接用 `<script type="module">` 标签引入：

```
01  <script type="module" src="/path/to/vue.esm-browser.js"></script>
```

为了输出 ESM 格式的资源，rollup.js 的输出格式需要配置为：`format: 'esm'`。

你可能已经注意到了，为什么 vue.esm-browser.js 文件中会有 `-browser` 字样？其实对于 ESM 格式的资源来说，Vue.js 还会输出一个 vue.esm-bundler.js 文件，其中 `-browser` 变成了 `-bundler`。为什么这么做呢？我们知道，无论是 rollup.js 还是 webpack，在寻找资源时，如果 package.json 中存在 `module` 字段，那么会优先使用 `module` 字段指向的资源来代替 `main` 字段指向的资源。我们可以打开 Vue.js 源码中的 packages/vue/package.json 文件看一下：

```
01  {
02    "main": "index.js",
03    "module": "dist/vue.runtime.esm-bundler.js",
04  }
```

其中 `module` 字段指向的是 vue.runtime.esm-bundler.js 文件，意思是说，如果项目是使用 webpack 构

建的，那么你使用的 Vue.js 资源就是 vue.runtime.esm-bundler.js。也就是说，带有 -bundler 字样的 ESM 资源是给 rollup.js 或 webpack 等打包工具使用的，而带有 -browser 字样的 ESM 资源是直接给 <script type="module"> 使用的。它们之间有何区别？这就不得不提到上文中的 __DEV__ 常量。当构建用于 <script> 标签的 ESM 资源时，如果是用于开发环境，那么 __DEV__ 会设置为 true；如果是用于生产环境，那么 __DEV__ 常量会设置为 false，从而被 Tree-Shaking 移除。但是当我们构建提供给打包工具的 ESM 格式的资源时，不能直接把 __DEV__ 设置为 true 或 false，而要使用 (process.env.NODE_ENV !== 'production') 替换 __DEV__ 常量。例如下面的源码：

```
01  if (__DEV__) {
02    warn(`useCssModule() is not supported in the global build.`)
03  }
```

在带有 -bundler 字样的资源中会变成：

```
01  if ((process.env.NODE_ENV !== 'production')) {
02    warn(`useCssModule() is not supported in the global build.`)
03  }
```

这样做的好处是，用户可以通过 webpack 配置自行决定构建资源的目标环境，但是最终效果其实一样，这段代码也只会出现在开发环境中。

用户除了可以直接使用 <script> 标签引入资源外，我们还希望用户可以在 Node.js 中通过 require 语句引用资源，例如：

```
01  const Vue = require('vue')
```

为什么会有这种需求呢？答案是“服务端渲染”。当进行服务端渲染时，Vue.js 的代码是在 Node.js 环境中运行的，而非浏览器环境。在 Node.js 环境中，资源的模块格式应该是 CommonJS，简称 cjs。为了能够输出 cjs 模块的资源，我们可以通过修改 rollup.config.js 的配置 format: 'cjs' 来实现：

```
01  // rollup.config.js
02  const config = {
03    input: 'input.js',
04    output: {
05      file: 'output.js',
06      format: 'cjs' // 指定模块形式
07    }
08  }
09
10  export default config
```

2.5 特性开关

在设计框架时，框架会给用户提供诸多特性（或功能），例如我们提供 A、B、C 三个特性给用户，同时还提供了 a、b、c 三个对应的特性开关，用户可以通过设置 a、b、c 为 true 或 false 来代表开启或关闭对应的特性，这将会带来很多益处。

- 对于用户关闭的特性，我们可以利用 Tree-Shaking 机制让其不包含在最终的资源中。
- 该机制为框架设计带来了灵活性，可以通过特性开关任意为框架添加新的特性，而不用担心资源体积变大。同时，当框架升级时，我们也可以通过特性开关来支持遗留 API，这样新用户可以选择不使用遗留 API，从而使最终打包的资源体积最小化。

那怎么实现特性开关呢？其实很简单，原理和上文提到的 __DEV__ 常量一样，本质上是利用 rollup.js 的预定义常量插件来实现。拿 Vue.js 3 源码中的一段 rollup.js 配置来说：

```
01 {
02   __FEATURE_OPTIONS_API__: isBundlerESMBuild ? `__VUE_OPTIONS_API__` : true,
03 }
```

其中 __FEATURE_OPTIONS_API__ 类似于 __DEV__。在 Vue.js 3 的源码中搜索，可以找到很多类似于如下代码的判断分支：

```
01 // support for 2.x options
02 if (__FEATURE_OPTIONS_API__) {
03   currentInstance = instance
04   pauseTracking()
05   applyOptions(instance, Component)
06   resetTracking()
07   currentInstance = null
08 }
```

当 Vue.js 构建资源时，如果构建的资源是供打包工具使用的（即带有 -bundler 字样的资源），那么上面的代码在资源中会变成：

```
01 // support for 2.x options
02 if (__VUE_OPTIONS_API__) { // 注意这里
03   currentInstance = instance
04   pauseTracking()
05   applyOptions(instance, Component)
06   resetTracking()
07   currentInstance = null
08 }
```

其中 __VUE_OPTIONS_API__ 是一个特性开关，用户可以通过设置 __VUE_OPTIONS_API__ 预定义常量的值来控制是否要包含这段代码。通常用户可以使用 webpack.DefinePlugin 插件来实现：

```
01 // webpack.DefinePlugin 插件配置
02 new webpack.DefinePlugin({
03   __VUE_OPTIONS_API__: JSON.stringify(true) // 开启特性
04 })
```

最后详细解释 __VUE_OPTIONS_API__ 开关有什么用。在 Vue.js 2 中，我们编写的组件叫作组件选项 API：

```
01 export default {
02   data() {}, // data 选项
03   computed: {}, // computed 选项
04   // 其他选项
05 }
```

但是在 Vue.js 3 中，推荐使用 Composition API 来编写代码，例如：

```
01 export default {
02   setup() {
03     const count = ref(0)
04     const doubleCount = computed(() => count.value * 2) // 相当于 Vue.js 2 中的 computed 选项
05   }
06 }
```

但是为了兼容 Vue.js 2，在 Vue.js 3 中仍然可以使用选项 API 的方式编写代码。但是如果明确知道自己不会使用选项 API，用户就可以使用 `__VUE_OPTIONS_API__` 开关来关闭该特性，这样在打包的时候 Vue.js 的这部分代码就不会包含在最终的资源中，从而减小资源体积。

2.6 错误处理

错误处理是框架开发过程中非常重要的环节。框架错误处理机制的好坏直接决定了用户应用程序的健壮性，还决定了用户开发时处理错误的心智负担。

为了让大家更加直观地感受错误处理的重要性，我们从一个小例子说起。假设我们开发了一个工具模块，代码如下：

```
01 // utils.js
02 export default {
03   foo(fn) {
04     fn && fn()
05   }
06 }
```

该模块导出一个对象，其中 `foo` 属性是一个函数，接收一个回调函数作为参数，调用 `foo` 函数时会执行该回调函数，在用户侧使用时：

```
01 import utils from 'utils.js'
02 utils.foo(() => {
03   // ...
04 })
```

大家思考一下，如果用户提供的回调函数在执行的时候出错了，怎么办？此时有两个办法，第一个办法是让用户自行处理，这需要用户自己执行 `try...catch`：

```
01  import utils from 'utils.js'
02  utils.foo(() => {
03    try {
04      // ...
05    } catch (e) {
06      // ...
07    }
08  })
```

但是这会增加用户的负担。试想一下，如果 utils.js 不是仅仅提供了一个 foo 函数，而是提供了几十上百个类似的函数，那么用户在使用的时候就需要逐一添加错误处理程序。

第二个办法是我们代替用户统一处理错误，如以下代码所示：

```
01  // utils.js
02  export default {
03    foo(fn) {
04      try {
05        fn && fn()
06      } catch(e) {/* ... */}
07    },
08    bar(fn) {
09      try {
10        fn && fn()
11      } catch(e) {/* ... */}
12    },
13  }
```

在每个函数内都增加 try...catch 代码块，实际上，我们可以进一步将错误处理程序封装为一个函数，假设叫它 callWithErrorHandling：

```
01  // utils.js
02  export default {
03    foo(fn) {
04      callWithErrorHandling(fn)
05    },
06    bar(fn) {
07      callWithErrorHandling(fn)
08    },
09  }
10  function callWithErrorHandling(fn) {
11    try {
12      fn && fn()
13    } catch (e) {
14      console.log(e)
15    }
16  }
```

可以看到，代码变得简洁多了。但简洁不是目的，这么做真正的好处是，我们能为用户提供统一的错误处理接口，如以下代码所示：

```
01 // utils.js
02 let handleError = null
03 export default {
04   foo(fn) {
05     callWithErrorHandling(fn)
06   },
07   // 用户可以调用该函数注册统一的错误处理函数
08   registerErrorHandler(fn) {
09     handleError = fn
10   }
11 }
12 function callWithErrorHandling(fn) {
13   try {
14     fn && fn()
15   } catch (e) {
16     // 将捕获到的错误传递给用户的错误处理程序
17     handleError(e)
18   }
19 }
```

我们提供了 registerErrorHandler 函数，用户可以使用它注册错误处理程序，然后在 callWithErrorHandling 函数内部捕获错误后，把错误传递给用户注册的错误处理程序。

这样用户侧的代码就会非常简洁且健壮：

```
01 import utils from 'utils.js'
02 // 注册错误处理程序
03 utils.registerErrorHandler((e) => {
04   console.log(e)
05 })
06 utils.foo(() => {/*...*/})
07 utils.bar(() => {/*...*/})
```

这时错误处理的能力完全由用户控制，用户既可以选择忽略错误，也可以调用上报程序将错误上报给监控系统。

实际上，这就是 Vue.js 错误处理的原理，你可以在源码中搜索到 callWithErrorHandling 函数。另外，在 Vue.js 中，我们也可以注册统一的错误处理函数：

```
01 import App from 'App.vue'
02 const app = createApp(App)
03 app.config.errorHandler = () => {
04   // 错误处理程序
05 }
```

2.7 良好的 TypeScript 类型支持

TypeScript 是由微软开源的编程语言，简称 TS，它是 JavaScript 的超集，能够为 JavaScript 提供类型支持。现在越来越多的开发者和团队在项目中使用 TS。使用 TS 的好处有很多，如代码即文档、编辑器自动提示、一定程度上能够避免低级 bug、代码的可维护性更强等。因此对 TS 类型的支持是否完善也成为评价一个框架的重要指标。

如何衡量一个框架对 TS 类型支持的水平呢？这里有一个常见的误区，很多读者以为只要是使用 TS 编写框架，就等价于对 TS 类型支持友好，其实这是两件完全不同的事。考虑到有的读者可能没有接触过 TS，所以这里不会做深入讨论，我们只举一个简单的例子。下面是使用 TS 编写的函数：

```
01  function foo(val: any) {
02    return val
03  }
```

这个函数很简单，它接收参数 val 并且该参数可以是任意类型（any），该函数直接将参数作为返回值，这说明返回值的类型是由参数决定的，如果参数是 number 类型，那么返回值也是 number 类型。然后我们尝试使用一下这个函数，如图 2-5 所示。

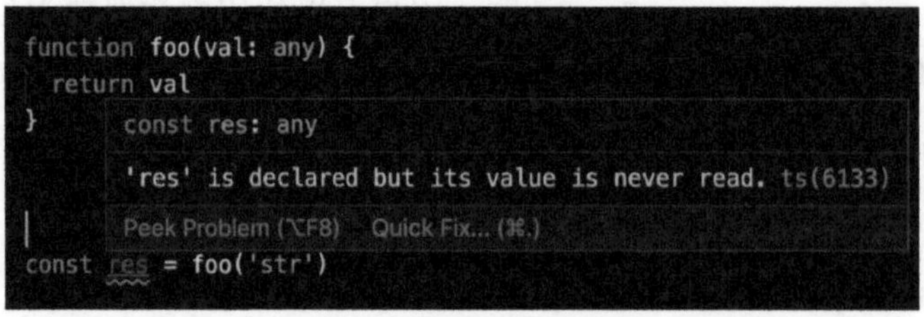

```
function foo(val: any) {
  return val
}     const res: any
      'res' is declared but its value is never read. ts(6133)
      Peek Problem (⌥F8)   Quick Fix... (⌘.)
const res = foo('str')
```

图 2-5　返回值类型丢失

在调用 foo 函数时，我们传递了一个字符串类型的参数 'str'，按照之前的分析，得到的结果 res 的类型应该也是字符串类型，然而当我们把鼠标指针悬浮到 res 常量上时，可以看到其类型是 any，这并不是我们想要的结果。为了达到理想状态，我们只需要对 foo 函数做简单的修改即可：

```
01  function foo<T extends any>(val: T): T {
02    return val
03  }
```

大家不需要理解这段代码，我们直接来看现在的表现，如图 2-6 所示。

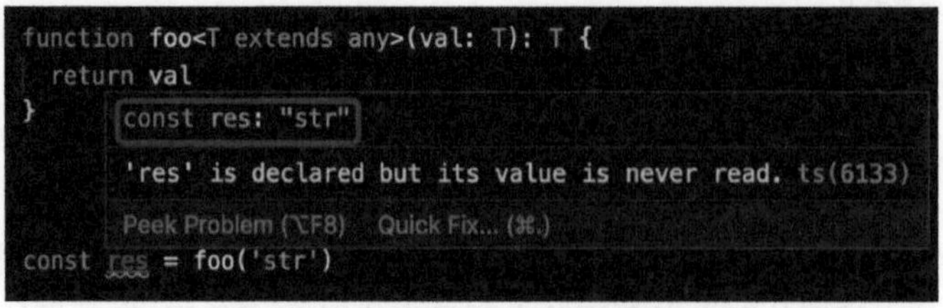

```
function foo<T extends any>(val: T): T {
  return val
}     const res: "str"
      'res' is declared but its value is never read. ts(6133)
      Peek Problem (⌥F8)   Quick Fix... (⌘.)
const res = foo('str')
```

图 2-6　能够推导出返回值类型

可以看到，res 的类型是字符字面量 'str' 而不是 any 了，这说明我们的代码生效了。

通过这个简单的例子我们认识到，使用 TS 编写代码与对 TS 类型支持友好是两件事。在编写大型框架时，想要做到完善的 TS 类型支持很不容易，大家可以查看 Vue.js 源码中的 runtime-core/src/apiDefineComponent.ts 文件，整个文件里真正会在浏览器中运行的代码其实只有 3 行，但是全部的代码接近 200 行，其实这些代码都是在为类型支持服务。由此可见，框架想要做到完善的类型支持，需要付出相当大的努力。

除了要花大力气做类型推导，从而做到更好的类型支持外，还要考虑对 TSX 的支持，后续章节会详细讨论这部分内容。

2.8 总结

本章首先讲解了框架设计中关于开发体验的内容，开发体验是衡量一个框架的重要指标之一。提供友好的警告信息至关重要，这有助于开发者快速定位问题，因为大多数情况下“框架”要比开发者更清楚问题出在哪里，因此在框架层面抛出有意义的警告信息是非常必要的。

但提供的警告信息越详细，就意味着框架体积越大。因此，为了框架体积不受警告信息的影响，我们需要利用 Tree-Shaking 机制，配合构建工具预定义常量的能力，例如预定义 __DEV__ 常量，从而实现仅在开发环境中打印警告信息，而生产环境中则不包含这些用于提升开发体验的代码，从而实现线上代码体积的可控性。

Tree-Shaking 是一种排除 dead code 的机制，框架中会内建多种能力，例如 Vue.js 内建的组件等。对于用户可能用不到的能力，我们可以利用 Tree-Shaking 机制使最终打包的代码体积最小化。另外，Tree-Shaking 本身基于 ESM，并且 JavaScript 是一门动态语言，通过纯静态分析的手段进行 Tree-Shaking 难度较大，因此大部分工具能够识别 /*#__PURE__*/ 注释，在编写框架代码时，我们可以利用 /*#__PURE__*/ 来辅助构建工具进行 Tree-Shaking。

接着我们讨论了框架的输出产物，不同类型的产物是为了满足不同的需求。为了让用户能够通过 <script> 标签直接引用并使用，我们需要输出 IIFE 格式的资源，即立即调用的函数表达式。为了让用户能够通过 <script type="module"> 引用并使用，我们需要输出 ESM 格式的资源。这里需要注意的是，ESM 格式的资源有两种：用于浏览器的 esm-browser.js 和用于打包工具的 esm-bundler.js。它们的区别在于对预定义常量 __DEV__ 的处理，前者直接将 __DEV__ 常量替换为字面量 true 或 false，后者则将 __DEV__ 常量替换为 process.env.NODE_ENV !== 'production' 语句。

框架会提供多种能力或功能。有时出于灵活性和兼容性的考虑，对于同样的任务，框架提供了两种解决方案，例如 Vue.js 中的选项对象式 API 和组合式 API 都能用来完成页面的开发，两者虽然不互斥，但从框架设计的角度看，这完全是基于兼容性考虑的。有时用户明确知道自己仅会使用组合式 API，而不会使用选项对象式 API，这时用户可以通过特性开关关闭对应的特性，这样在打包的时候，用于实现关闭功能的代码将会被 Tree-Shaking 机制排除。

框架的错误处理做得好坏直接决定了用户应用程序的健壮性，同时还决定了用户开发应用时处理错误的心智负担。框架需要为用户提供统一的错误处理接口，这样用户可以通过注册自定义的错误处理函数来处理全部的框架异常。

最后，我们点出了一个常见的认知误区，即“使用 TS 编写框架和框架对 TS 类型支持友好是两件完全不同的事”。有时候为了让框架提供更加友好的类型支持，甚至要花费比实现框架功能本身更多的时间和精力。

第3章

Vue.js 3 的设计思路

在第1章中，我们阐述了框架设计是权衡的艺术，这里面存在取舍，例如性能与可维护性之间的取舍、运行时与编译时之间的取舍等。在第2章中，我们详细讨论了框架设计的几个核心要素，有些要素是框架设计者必须要考虑的，另一些要素则是从专业和提升开发体验的角度考虑的。框架设计讲究全局视角的把控，一个项目就算再大，也是存在一条核心思路的，并围绕核心展开。本章我们就从全局视角了解 Vue.js 3 的设计思路、工作机制及其重要的组成部分。我们可以把这些组成部分当作独立的功能模块，看看它们之间是如何相互配合的。在后续的章节中，我们会深入各个功能模块了解它们的运作机制。

3.1 声明式地描述 UI

Vue.js 3 是一个声明式的 UI 框架，意思是说用户在使用 Vue.js 3 开发页面时是声明式地描述 UI 的。思考一下，如果让你设计一个声明式的 UI 框架，你会怎么设计呢？为了搞清楚这个问题，我们需要了解编写前端页面都涉及哪些内容，具体如下。

- DOM 元素：例如是 `div` 标签还是 `a` 标签。
- 属性：如 `a` 标签的 `href` 属性，再如 `id`、`class` 等通用属性。
- 事件：如 `click`、`keydown` 等。
- 元素的层级结构：DOM 树的层级结构，既有子节点，又有父节点。

那么，如何声明式地描述上述内容呢？这是框架设计者需要思考的问题。其实方案有很多。拿 Vue.js 3 来说，相应的解决方案是：

- 使用与 HTML 标签一致的方式来描述 DOM 元素，例如描述一个 `div` 标签时可以使用 `<div></div>`；
- 使用与 HTML 标签一致的方式来描述属性，例如 `<div id="app"></div>`；
- 使用 `:` 或 `v-bind` 来描述动态绑定的属性，例如 `<div :id="dynamicId"></div>`；
- 使用 `@` 或 `v-on` 来描述事件，例如点击事件 `<div @click="handler"></div>`；

- ❑ 使用与 HTML 标签一致的方式来描述层级结构，例如一个具有 span 子节点的 div 标签 <div><span></span></div>。

可以看到，在 Vue.js 中，哪怕是事件，都有与之对应的描述方式。用户不需要手写任何命令式代码，这就是所谓的声明式地描述 UI。

除了上面这种使用**模板**来声明式地描述 UI 之外，我们还可以用 JavaScript 对象来描述，代码如下所示：

```
01  const title = {
02    // 标签名称
03    tag: 'h1',
04    // 标签属性
05    props: {
06      onClick: handler
07    },
08    // 子节点
09    children: [
10      { tag: 'span' }
11    ]
12  }
```

对应到 Vue.js 模板，其实就是：

```
01  <h1 @click="handler"><span></span></h1>
```

那么，使用模板和 JavaScript 对象描述 UI 有何不同呢？答案是：使用 JavaScript 对象描述 UI 更加灵活。举个例子，假如我们要表示一个标题，根据标题级别的不同，会分别采用 h1~h6 这几个标签，如果用 JavaScript 对象来描述，我们只需要使用一个变量来代表 h 标签即可：

```
01  // h 标签的级别
02  let level = 3
03  const title = {
04    tag: `h${level}`, // h3 标签
05  }
```

可以看到，当变量 level 值改变，对应的标签名字也会在 h1 和 h6 之间变化。但是如果使用模板来描述，就不得不穷举：

```
01  <h1 v-if="level === 1"></h1>
02  <h2 v-else-if="level === 2"></h2>
03  <h3 v-else-if="level === 3"></h3>
04  <h4 v-else-if="level === 4"></h4>
05  <h5 v-else-if="level === 5"></h5>
06  <h6 v-else-if="level === 6"></h6>
```

这远没有 JavaScript 对象灵活。而使用 JavaScript 对象来描述 UI 的方式，其实就是所谓的虚拟 DOM。现在大家应该觉得虚拟 DOM 其实也没有那么神秘了吧。正是因为虚拟 DOM 的这种灵活性，Vue.js 3 除了支持使用模板描述 UI 外，还支持使用虚拟 DOM 描述 UI。其实我们在 Vue.js

组件中手写的渲染函数就是使用虚拟 DOM 来描述 UI 的，如以下代码所示：

```
01  import { h } from 'vue'
02
03  export default {
04    render() {
05      return h('h1', { onClick: handler }) // 虚拟 DOM
06    }
07  }
```

有的读者可能会说，这里是 h 函数调用呀，也不是 JavaScript 对象啊。其实 h 函数的返回值就是一个对象，其作用是让我们编写虚拟 DOM 变得更加轻松。如果把上面 h 函数调用的代码改成 JavaScript 对象，就需要写更多内容：

```
01  export default {
02    render() {
03      return {
04        tag: 'h1',
05        props: { onClick: handler }
06      }
07    }
08  }
```

如果还有子节点，那么需要编写的内容就更多了，所以 h 函数就是一个辅助创建虚拟 DOM 的工具函数，仅此而已。另外，这里有必要解释一下什么是组件的**渲染函数**。一个组件要渲染的内容是通过渲染函数来描述的，也就是上面代码中的 render 函数，Vue.js 会根据组件的 render 函数的返回值拿到虚拟 DOM，然后就可以把组件的内容渲染出来了。

3.2 初识渲染器

现在我们已经了解了什么是虚拟 DOM，它其实就是用 JavaScript 对象来描述真实的 DOM 结构。那么，虚拟 DOM 是如何变成真实 DOM 并渲染到浏览器页面中的呢？这就用到了我们接下来要介绍的：渲染器。

渲染器的作用就是把虚拟 DOM 渲染为真实 DOM，如图 3-1 所示。

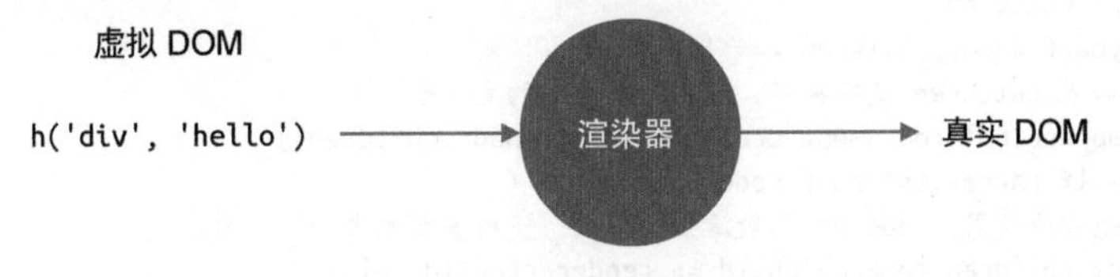

图 3-1 渲染器的作用

渲染器是非常重要的角色，大家平时编写的 Vue.js 组件都是依赖渲染器来工作的，因此后面我们会专门讲解渲染器。不过这里有必要先初步认识渲染器，以便更好地理解 Vue.js 的工作原理。

假设我们有如下虚拟 DOM：

```
01  const vnode = {
02    tag: 'div',
03    props: {
04      onClick: () => alert('hello')
05    },
06    children: 'click me'
07  }
```

首先简单解释一下上面这段代码。

- tag 用来描述标签名称，所以 tag: 'div' 描述的就是一个 <div> 标签。
- props 是一个对象，用来描述 <div> 标签的属性、事件等内容。可以看到，我们希望给 div 绑定一个点击事件。
- children 用来描述标签的子节点。在上面的代码中，children 是一个字符串值，意思是 div 标签有一个文本子节点：<div>click me</div>

实际上，你完全可以自己设计虚拟 DOM 的结构，例如可以使用 tagName 代替 tag，因为它本身就是一个 JavaScript 对象，并没有特殊含义。

接下来，我们需要编写一个**渲染器**，把上面这段虚拟 DOM 渲染为真实 DOM：

```
01  function renderer(vnode, container) {
02    // 使用 vnode.tag 作为标签名称创建 DOM 元素
03    const el = document.createElement(vnode.tag)
04    // 遍历 vnode.props，将属性、事件添加到 DOM 元素
05    for (const key in vnode.props) {
06      if (/^on/.test(key)) {
07        // 如果 key 以 on 开头，说明它是事件
08        el.addEventListener(
09          key.substr(2).toLowerCase(), // 事件名称 onClick ---> click
10          vnode.props[key] // 事件处理函数
11        )
12      }
13    }
14
15    // 处理 children
16    if (typeof vnode.children === 'string') {
17      // 如果 children 是字符串，说明它是元素的文本子节点
18      el.appendChild(document.createTextNode(vnode.children))
19    } else if (Array.isArray(vnode.children)) {
20      // 递归地调用 renderer 函数渲染子节点，使用当前元素 el 作为挂载点
21      vnode.children.forEach(child => renderer(child, el))
22    }
23
24    // 将元素添加到挂载点下
25    container.appendChild(el)
26  }
```

这里的 renderer 函数接收如下两个参数。

- vnode：虚拟 DOM 对象。
- container：一个真实 DOM 元素，作为挂载点，渲染器会把虚拟 DOM 渲染到该挂载点下。

接下来，我们可以调用 renderer 函数：

```
01  renderer(vnode, document.body) // body 作为挂载点
```

在浏览器中运行这段代码，会渲染出“click me”文本，点击该文本，会弹出 alert('hello')，如图 3-2 所示。

图 3-2 运行结果

现在我们回过头来分析渲染器 renderer 的实现思路，总体来说分为三步。

- 创建元素：把 vnode.tag 作为标签名称来创建 DOM 元素。
- 为元素添加属性和事件：遍历 vnode.props 对象，如果 key 以 on 字符开头，说明它是一个事件，把字符 on 截取掉后再调用 toLowerCase 函数将事件名称小写化，最终得到合法的事件名称，例如 onClick 会变成 click，最后调用 addEventListener 绑定事件处理函数。
- 处理 children：如果 children 是一个数组，就递归地调用 renderer 继续渲染，注意，此时我们要把刚刚创建的元素作为挂载点（父节点）；如果 children 是字符串，则使用 createTextNode 函数创建一个文本节点，并将其添加到新创建的元素内。

怎么样，是不是感觉渲染器并没有想象得那么神秘？其实不然，别忘了我们现在所做的还仅仅是创建节点，渲染器的精髓都在更新节点的阶段。假设我们对 vnode 做一些小小的修改：

```
01  const vnode = {
02    tag: 'div',
03    props: {
04      onClick: () => alert('hello')
05    },
06    children: 'click again' // 从 click me 改成 click again
07  }
```

对于渲染器来说，它需要精确地找到 vnode 对象的变更点并且只更新变更的内容。就上例来说，渲染器应该只更新元素的文本内容，而不需要再走一遍完整的创建元素的流程。这些内容后

文会重点讲解，但无论如何，希望大家明白，渲染器的工作原理其实很简单，归根结底，都是使用一些我们熟悉的DOM操作API来完成渲染工作。

3.3 组件的本质

我们已经初步了解了虚拟DOM和渲染器，知道了虚拟DOM其实就是用来描述真实DOM的普通JavaScript对象，渲染器会把这个对象渲染为真实DOM元素。那么组件又是什么呢？组件和虚拟DOM有什么关系？渲染器如何渲染组件？接下来，我们就来讨论这些问题。

其实虚拟DOM除了能够描述真实DOM之外，还能够描述组件。例如使用 `{ tag: 'div' }` 来描述 `<div>` 标签，但是组件并不是真实的DOM元素，那么如何使用虚拟DOM来描述呢？想要弄明白这个问题，就需要先搞清楚组件的本质是什么。一句话总结：**组件就是一组DOM元素的封装**，这组DOM元素就是组件要渲染的内容，因此我们可以定义一个函数来代表组件，而函数的返回值就代表组件要渲染的内容：

```
01  const MyComponent = function () {
02    return {
03      tag: 'div',
04      props: {
05        onClick: () => alert('hello')
06      },
07      children: 'click me'
08    }
09  }
```

可以看到，组件的返回值也是虚拟DOM，它代表组件要渲染的内容。搞清楚了组件的本质，我们就可以定义用虚拟DOM来描述组件了。很简单，我们可以让虚拟DOM对象中的 `tag` 属性来存储组件函数：

```
01  const vnode = {
02    tag: MyComponent
03  }
```

就像 `tag: 'div'` 用来描述 `<div>` 标签一样，`tag: MyComponent` 用来描述组件，只不过此时的 `tag` 属性不是标签名称，而是组件函数。为了能够渲染组件，需要渲染器的支持。修改前面提到的 `renderer` 函数，如下所示：

```
01  function renderer(vnode, container) {
02    if (typeof vnode.tag === 'string') {
03      // 说明 vnode 描述的是标签元素
04      mountElement(vnode, container)
05    } else if (typeof vnode.tag === 'function') {
06      // 说明 vnode 描述的是组件
07      mountComponent(vnode, container)
08    }
09  }
```

如果 vnode.tag 的类型是字符串，说明它描述的是普通标签元素，此时调用 mountElement 函数完成渲染；如果 vnode.tag 的类型是函数，则说明它描述的是组件，此时调用 mountComponent 函数完成渲染。其中 mountElement 函数与上文中 renderer 函数的内容一致：

```
01 function mountElement(vnode, container) {
02   // 使用 vnode.tag 作为标签名称创建 DOM 元素
03   const el = document.createElement(vnode.tag)
04   // 遍历 vnode.props ，将属性、事件添加到 DOM 元素
05   for (const key in vnode.props) {
06     if (/^on/.test(key)) {
07       // 如果 key 以字符串 on 开头，说明它是事件
08       el.addEventListener(
09         key.substr(2).toLowerCase(), // 事件名称 onClick ---> click
10         vnode.props[key] // 事件处理函数
11       )
12     }
13   }
14 
15   // 处理 children
16   if (typeof vnode.children === 'string') {
17     // 如果 children 是字符串，说明它是元素的文本子节点
18     el.appendChild(document.createTextNode(vnode.children))
19   } else if (Array.isArray(vnode.children)) {
20     // 递归地调用 renderer 函数渲染子节点，使用当前元素 el 作为挂载点
21     vnode.children.forEach(child => renderer(child, el))
22   }
23 
24   // 将元素添加到挂载点下
25   container.appendChild(el)
26 }
```

再来看 mountComponent 函数是如何实现的：

```
01 function mountComponent(vnode, container) {
02   // 调用组件函数，获取组件要渲染的内容（虚拟 DOM）
03   const subtree = vnode.tag()
04   // 递归地调用 renderer 渲染 subtree
05   renderer(subtree, container)
06 }
```

可以看到，非常简单。首先调用 vnode.tag 函数，我们知道它其实就是组件函数本身，其返回值是虚拟 DOM，即组件要渲染的内容，这里我们称之为 subtree。既然 subtree 也是虚拟 DOM，那么直接调用 renderer 函数完成渲染即可。

这里希望大家能够做到举一反三，例如组件一定得是函数吗？当然不是，我们完全可以使用一个 JavaScript 对象来表达组件，例如：

```
01 // MyComponent 是一个对象
02 const MyComponent = {
03   render() {
04     return {
```

```
05          tag: 'div',
06          props: {
07            onClick: () => alert('hello')
08          },
09          children: 'click me'
10        }
11      }
12    }
```

这里我们使用一个对象来代表组件，该对象有一个函数，叫作 render，其返回值代表组件要渲染的内容。为了完成组件的渲染，我们需要修改 renderer 渲染器以及 mountComponent 函数。

首先，修改渲染器的判断条件：

```
01    function renderer(vnode, container) {
02      if (typeof vnode.tag === 'string') {
03        mountElement(vnode, container)
04      } else if (typeof vnode.tag === 'object') { // 如果是对象，说明 vnode 描述的是组件
05        mountComponent(vnode, container)
06      }
07    }
```

现在我们使用对象而不是函数来表达组件，因此要将 typeof vnode.tag === 'function' 修改为 typeof vnode.tag === 'object'。

接着，修改 mountComponent 函数：

```
01    function mountComponent(vnode, container) {
02      // vnode.tag 是组件对象，调用它的 render 函数得到组件要渲染的内容（虚拟 DOM）
03      const subtree = vnode.tag.render()
04      // 递归地调用 renderer 渲染 subtree
05      renderer(subtree, container)
06    }
```

在上述代码中，vnode.tag 是表达组件的对象，调用该对象的 render 函数得到组件要渲染的内容，也就是虚拟 DOM。

可以发现，我们只做了很小的修改，就能够满足用对象来表达组件的需求。那么大家可以继续发挥想象力，看看能否创造出其他的组件表达方式。其实 Vue.js 中的有状态组件就是使用对象结构来表达的。

3.4　模板的工作原理

无论是手写虚拟 DOM（渲染函数）还是使用模板，都属于声明式地描述 UI，并且 Vue.js 同时支持这两种描述 UI 的方式。上文中我们讲解了虚拟 DOM 是如何渲染成真实 DOM 的，那么模板是如何工作的呢？这就要提到 Vue.js 框架中的另外一个重要组成部分：**编译器**。

编译器和渲染器一样，只是一段程序而已，不过它们的工作内容不同。编译器的作用其实就是将模板编译为渲染函数，例如给出如下模板：

```
01  <div @click="handler">
02    click me
03  </div>
```

对于编译器来说，模板就是一个普通的字符串，它会分析该字符串并生成一个功能与之相同的渲染函数：

```
01  render() {
02    return h('div', { onClick: handler }, 'click me')
03  }
```

以我们熟悉的 .vue 文件为例，一个 .vue 文件就是一个组件，如下所示：

```
01  <template>
02    <div @click="handler">
03      click me
04    </div>
05  </template>
06
07  <script>
08  export default {
09    data() {/* ... */},
10    methods: {
11      handler: () => {/* ... */}
12    }
13  }
14  </script>
```

其中 `<template>` 标签里的内容就是模板内容，编译器会把模板内容编译成渲染函数并添加到 `<script>` 标签块的组件对象上，所以最终在浏览器里运行的代码就是：

```
01  export default {
02    data() {/* ... */},
03    methods: {
04      handler: () => {/* ... */}
05    },
06    render() {
07      return h('div', { onClick: handler }, 'click me')
08    }
09  }
```

所以，无论是使用模板还是直接手写渲染函数，对于一个组件来说，它要渲染的内容最终都是通过渲染函数产生的，然后**渲染器**再把渲染函数返回的虚拟 DOM 渲染为真实 DOM，这就是模板的工作原理，也是 Vue.js 渲染页面的流程。

编译器是一个比较大的话题，后面我们会着重讲解，这里大家只需要清楚编译器的作用及角色即可。

3.5　Vue.js 是由各个模块组成的有机整体

如前所述，组件的实现依赖于**渲染器**，模板的编译依赖于**编译器**，并且编译后生成的代码是根据渲染器和虚拟 DOM 的设计决定的，因此 Vue.js 的各个模块之间是互相关联、互相制约的，共同构成一个有机整体。因此，我们在学习 Vue.js 原理的时候，应该把各个模块结合到一起去看，才能明白到底是怎么回事。

这里我们以**编译器**和**渲染器**这两个非常关键的模块为例，看看它们是如何配合工作，并实现性能提升的。

假设我们有如下模板：

```
01  <div id="foo" :class="cls"></div>
```

根据上文的介绍，我们知道编译器会把这段代码编译成渲染函数：

```
01  render() {
02    // 为了效果更加直观，这里没有使用 h 函数，而是直接采用了虚拟 DOM 对象
03    // 下面的代码等价于：
04    // return h('div', { id: 'foo', class: cls })
05    return {
06      tag: 'div',
07      props: {
08        id: 'foo',
09        class: cls
10      }
11    }
12  }
```

可以发现，在这段代码中，cls 是一个变量，它可能会发生变化。我们知道渲染器的作用之一就是寻找并且只更新变化的内容，所以当变量 cls 的值发生变化时，渲染器会自行寻找变更点。对于渲染器来说，这个“寻找”的过程需要花费一些力气。那么从编译器的视角来看，它能否知道哪些内容会发生变化呢？如果编译器有能力分析动态内容，并在编译阶段把这些信息提取出来，然后直接交给渲染器，这样渲染器不就不需要花费大力气去寻找变更点了吗？这是个好想法并且能够实现。Vue.js 的模板是有特点的，拿上面的模板来说，我们一眼就能看出其中 id="foo" 是永远不会变化的，而 :class="cls" 是一个 v-bind 绑定，它是可能发生变化的。所以编译器能识别出哪些是静态属性，哪些是动态属性，在生成代码的时候完全可以附带这些信息：

```
01  render() {
02    return {
03      tag: 'div',
04      props: {
05        id: 'foo',
06        class: cls
07      },
08      patchFlags: 1 // 假设数字 1 代表 class 是动态的
```

```
09    }
10  }
```

如上面的代码所示，在生成的虚拟 DOM 对象中多出了一个 patchFlags 属性，我们假设数字 1 代表“ class 是动态的”，这样渲染器看到这个标志时就知道：“哦，原来只有 class 属性会发生改变。”对于渲染器来说，就相当于省去了寻找变更点的工作量，性能自然就提升了。

通过这个例子，我们了解到编译器和渲染器之间是存在信息交流的，它们互相配合使得性能进一步提升，而它们之间交流的媒介就是虚拟 DOM 对象。在后面的学习中，我们会看到一个虚拟 DOM 对象中会包含多种数据字段，每个字段都代表一定的含义。

3.6 总结

在本章中，我们首先介绍了声明式地描述 UI 的概念。我们知道，Vue.js 是一个声明式的框架。声明式的好处在于，它直接描述结果，用户不需要关注过程。Vue.js 采用模板的方式来描述 UI，但它同样支持使用虚拟 DOM 来描述 UI 。虚拟 DOM 要比模板更加灵活，但模板要比虚拟 DOM 更加直观。

然后我们讲解了最基本的渲染器的实现。渲染器的作用是，把虚拟 DOM 对象渲染为真实 DOM 元素。它的工作原理是，递归地遍历虚拟 DOM 对象，并调用原生 DOM API 来完成真实 DOM 的创建。渲染器的精髓在于后续的更新，它会通过 Diff 算法找出变更点，并且只会更新需要更新的内容。后面我们会专门讲解渲染器的相关知识。

接着，我们讨论了组件的本质。组件其实就是一组虚拟 DOM 元素的封装，它可以是一个返回虚拟 DOM 的函数，也可以是一个对象，但这个对象下必须要有一个函数用来产出组件要渲染的虚拟 DOM。渲染器在渲染组件时，会先获取组件要渲染的内容，即执行组件的渲染函数并得到其返回值，我们称之为 subtree，最后再递归地调用渲染器将 subtree 渲染出来即可。

Vue.js 的模板会被一个叫作编译器的程序编译为渲染函数，后面我们会着重讲解编译器相关知识。最后，编译器、渲染器都是 Vue.js 的核心组成部分，它们共同构成一个有机的整体，不同模块之间互相配合，进一步提升框架性能。

第二篇

响应系统

第 4 章

响应系统的作用与实现

前文没有提到响应系统，响应系统也是 Vue.js 的重要组成部分，所以我们会花费大量篇幅介绍。在本章中，我们首先讨论什么是响应式数据和副作用函数，然后尝试实现一个相对完善的响应系统。在这个过程中，我们会遇到各种各样的问题，例如如何避免无限递归？为什么需要嵌套的副作用函数？两个副作用函数之间会产生哪些影响？以及其他很多需要考虑的细节。接着，我们会详细讨论与响应式数据相关的内容。我们知道 Vue.js 3 采用 Proxy 实现响应式数据，这涉及语言规范层面的知识。这部分内容包括如何根据语言规范实现对数据对象的代理，以及其中的一些重要细节。接下来，我们就从认识响应式数据和副作用函数开始，一步一步地了解响应系统的设计与实现。

4.1 响应式数据与副作用函数

副作用函数指的是会产生副作用的函数，如下面的代码所示：

```
01  function effect() {
02    document.body.innerText = 'hello vue3'
03  }
```

当 effect 函数执行时，它会设置 body 的文本内容，但除了 effect 函数之外的任何函数都可以读取或设置 body 的文本内容。也就是说， effect 函数的执行会直接或间接影响其他函数的执行，这时我们说 effect 函数产生了副作用。副作用很容易产生，例如一个函数修改了全局变量，这其实也是一个副作用，如下面的代码所示：

```
01  // 全局变量
02  let val = 1
03
04  function effect() {
05    val = 2 // 修改全局变量，产生副作用
06  }
```

理解了什么是副作用函数，再来说说什么是响应式数据。假设在一个副作用函数中读取了某个对象的属性：

```
01  const obj = { text: 'hello world' }
02  function effect() {
03    // effect 函数的执行会读取 obj.text
04    document.body.innerText = obj.text
05  }
```

如上面的代码所示，副作用函数 effect 会设置 body 元素的 innerText 属性，其值为 obj.text，当 obj.text 的值发生变化时，我们希望副作用函数 effect 会重新执行：

```
01  obj.text = 'hello vue3' // 修改 obj.text 的值，同时希望副作用函数会重新执行
```

这句代码修改了字段 obj.text 的值，我们希望当值变化后，副作用函数自动重新执行，如果能实现这个目标，那么对象 obj 就是响应式数据。但很明显，以上面的代码来看，我们还做不到这一点，因为 obj 是一个普通对象，当我们修改它的值时，除了值本身发生变化之外，不会有任何其他反应。下一节中我们会讨论如何让数据变成响应式数据。

4.2　响应式数据的基本实现

接着上文思考，如何才能让 obj 变成响应式数据呢？通过观察我们能发现两点线索：

- 当副作用函数 effect 执行时，会触发字段 obj.text 的**读取**操作；
- 当修改 obj.text 的值时，会触发字段 obj.text 的**设置**操作。

如果我们能拦截一个对象的读取和设置操作，事情就变得简单了，当读取字段 obj.text 时，我们可以把副作用函数 effect 存储到一个“桶”里，如图 4-1 所示。

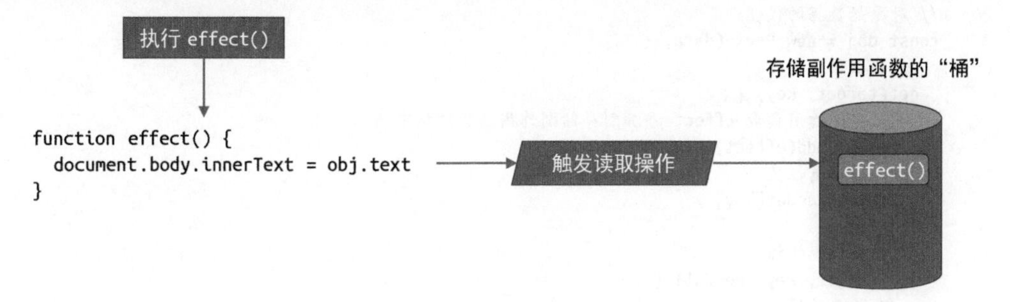

图 4-1　将副作用函数存储到“桶”中

接着，当设置 obj.text 时，再把副作用函数 effect 从“桶”里取出并执行即可，如图 4-2 所示。

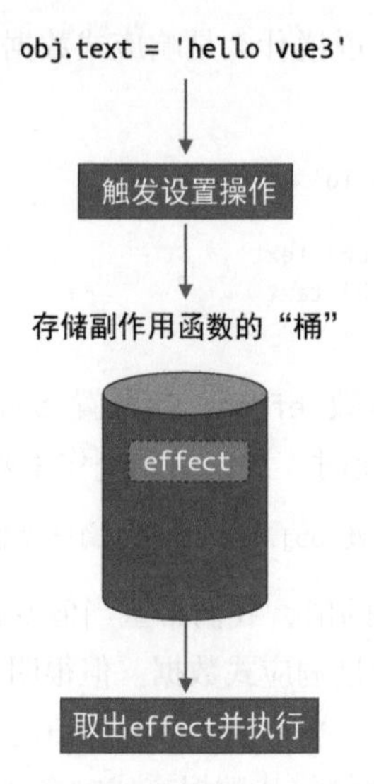

图 4-2　把副作用函数从“桶”内取出并执行

现在问题的关键变成了我们如何才能拦截一个对象属性的读取和设置操作。在 ES2015 之前，只能通过 Object.defineProperty 函数实现，这也是 Vue.js 2 所采用的方式。在 ES2015+ 中，我们可以使用代理对象 Proxy 来实现，这也是 Vue.js 3 所采用的方式。

接下来我们就根据如上思路，采用 Proxy 来实现：

```
01  // 存储副作用函数的桶
02  const bucket = new Set()
03
04  // 原始数据
05  const data = { text: 'hello world' }
06  // 对原始数据的代理
07  const obj = new Proxy(data, {
08    // 拦截读取操作
09    get(target, key) {
10      // 将副作用函数 effect 添加到存储副作用函数的桶中
11      bucket.add(effect)
12      // 返回属性值
13      return target[key]
14    },
15    // 拦截设置操作
16    set(target, key, newVal) {
17      // 设置属性值
18      target[key] = newVal
19      // 把副作用函数从桶里取出并执行
20      bucket.forEach(fn => fn())
21      // 返回 true 代表设置操作成功
22      return true
23    }
24  })
```

首先，我们创建了一个用于存储副作用函数的桶 bucket，它是 Set 类型。接着定义原始数据 data，obj 是原始数据的代理对象，我们分别设置了 get 和 set 拦截函数，用于拦截读取和设置操作。当读取属性时将副作用函数 effect 添加到桶里，即 bucket.add(effect)，然后返回属性值；当设置属性值时先更新原始数据，再将副作用函数从桶里取出并重新执行，这样我们就实现了响应式数据。可以使用下面的代码来测试一下：

```
01  // 副作用函数
02  function effect() {
03    document.body.innerText = obj.text
04  }
05  // 执行副作用函数，触发读取
06  effect()
07  // 1 秒后修改响应式数据
08  setTimeout(() => {
09    obj.text = 'hello vue3'
10  }, 1000)
```

在浏览器中运行上面这段代码，会得到期望的结果。

但是目前的实现还存在很多缺陷，例如我们直接通过名字（effect）来获取副作用函数，这种硬编码的方式很不灵活。副作用函数的名字可以任意取，我们完全可以把副作用函数命名为 myEffect，甚至是一个匿名函数，因此我们要想办法去掉这种硬编码的机制。下一节会详细讲解这一点，这里大家只需要理解响应式数据的基本实现和工作原理即可。

4.3 设计一个完善的响应系统

在上一节中，我们了解了如何实现响应式数据。但其实在这个过程中我们已经实现了一个微型响应系统，之所以说“微型”，是因为它还不完善，本节我们将尝试构造一个更加完善的响应系统。

从上一节的例子中不难看出，一个响应系统的工作流程如下：

- 当读取操作发生时，将副作用函数收集到“桶”中；
- 当设置操作发生时，从“桶”中取出副作用函数并执行。

看上去很简单，但需要处理的细节还真不少。例如在上一节的实现中，我们硬编码了副作用函数的名字（effect），导致一旦副作用函数的名字不叫 effect，那么这段代码就不能正确地工作了。而我们希望的是，哪怕副作用函数是一个匿名函数，也能够被正确地收集到“桶”中。为了实现这一点，我们需要提供一个用来注册副作用函数的机制，如以下代码所示：

```
01  // 用一个全局变量存储被注册的副作用函数
02  let activeEffect
03  // effect 函数用于注册副作用函数
04  function effect(fn) {
```

```
05    // 当调用 effect 注册副作用函数时，将副作用函数 fn 赋值给 activeEffect
06    activeEffect = fn
07    // 执行副作用函数
08    fn()
09  }
```

首先，定义了一个全局变量 activeEffect，初始值是 undefined，它的作用是存储被注册的副作用函数。接着重新定义了 effect 函数，它变成了一个用来注册副作用函数的函数，effect 函数接收一个参数 fn，即要注册的副作用函数。我们可以按照如下所示的方式使用 effect 函数：

```
01  effect(
02    // 一个匿名的副作用函数
03    () => {
04      document.body.innerText = obj.text
05    }
06  )
```

可以看到，我们使用一个匿名的副作用函数作为 effect 函数的参数。当 effect 函数执行时，首先会把匿名的副作用函数 fn 赋值给全局变量 activeEffect。接着执行被注册的匿名副作用函数 fn，这将会触发响应式数据 obj.text 的读取操作，进而触发代理对象 Proxy 的 get 拦截函数：

```
01  const obj = new Proxy(data, {
02    get(target, key) {
03      // 将 activeEffect 中存储的副作用函数收集到“桶”中
04      if (activeEffect) {  // 新增
05        bucket.add(activeEffect)  // 新增
06      }  // 新增
07      return target[key]
08    },
09    set(target, key, newVal) {
10      target[key] = newVal
11      bucket.forEach(fn => fn())
12      return true
13    }
14  })
```

如上面的代码所示，由于副作用函数已经存储到了 activeEffect 中，所以在 get 拦截函数内应该把 activeEffect 收集到“桶”中，这样响应系统就不依赖副作用函数的名字了。

但如果我们再对这个系统稍加测试，例如在响应式数据 obj 上设置一个不存在的属性时：

```
01  effect(
02    // 匿名副作用函数
03    () => {
04      console.log('effect run') // 会打印 2 次
05      document.body.innerText = obj.text
06    }
07  )
08
```

```
09  setTimeout(() => {
10    // 副作用函数中并没有读取 notExist 属性的值
11    obj.notExist = 'hello vue3'
12  }, 1000)
```

可以看到，匿名副作用函数内部读取了字段 obj.text 的值，于是匿名副作用函数与字段 obj.text 之间会建立响应联系。接着，我们开启了一个定时器，一秒钟后为对象 obj 添加新的 notExist 属性。我们知道，在匿名副作用函数内并没有读取 obj.notExist 属性的值，所以理论上，字段 obj.notExist 并没有与副作用建立响应联系，因此，定时器内语句的执行不应该触发匿名副作用函数重新执行。但如果我们执行上述这段代码就会发现，定时器到时后，匿名副作用函数却重新执行了，这是不正确的。为了解决这个问题，我们需要重新设计"桶"的数据结构。

在上一节的例子中，我们使用一个 Set 数据结构作为存储副作用函数的"桶"。导致该问题的根本原因是，我们**没有在副作用函数与被操作的目标字段之间建立明确的联系**。例如当读取属性时，无论读取的是哪一个属性，其实都一样，都会把副作用函数收集到"桶"里；当设置属性时，无论设置的是哪一个属性，也都会把"桶"里的副作用函数取出并执行。副作用函数与被操作的字段之间没有明确的联系。解决方法很简单，只需要在副作用函数与被操作的字段之间建立联系即可，这就需要我们重新设计"桶"的数据结构，而不能简单地使用一个 Set 类型的数据作为"桶"了。

那应该设计怎样的数据结构呢？在回答这个问题之前，我们需要先仔细观察下面的代码：

```
01  effect(function effectFn() {
02    document.body.innerText = obj.text
03  })
```

在这段代码中存在三个角色：

- 被操作（读取）的代理对象 obj；
- 被操作（读取）的字段名 text；
- 使用 effect 函数注册的副作用函数 effectFn。

如果用 target 来表示一个代理对象所代理的原始对象，用 key 来表示被操作的字段名，用 effectFn 来表示被注册的副作用函数，那么可以为这三个角色建立如下关系：

```
01  target
02      └── key
03          └── effectFn
```

这是一种树型结构，下面举几个例子来对其进行补充说明。

如果有两个副作用函数同时读取同一个对象的属性值：

```
01  effect(function effectFn1() {
02    obj.text
```

```
03  })
04  effect(function effectFn2() {
05    obj.text
06  })
```

那么关系如下：

```
01  target
02      └── text
03          └── effectFn1
04          └── effectFn2
```

如果一个副作用函数中读取了同一个对象的两个不同属性：

```
01  effect(function effectFn() {
02    obj.text1
03    obj.text2
04  })
```

那么关系如下：

```
01  target
02      └── text1
03          └── effectFn
04      └── text2
05          └── effectFn
```

如果在不同的副作用函数中读取了两个不同对象的不同属性：

```
01  effect(function effectFn1() {
02    obj1.text1
03  })
04  effect(function effectFn2() {
05    obj2.text2
06  })
```

那么关系如下：

```
01  target1
02      └── text1
03          └── effectFn1
04  target2
05      └── text2
06          └── effectFn2
```

总之，这其实就是一个树型数据结构。这个联系建立起来之后，就可以解决前文提到的问题了。拿上面的例子来说，如果我们设置了 obj2.text2 的值，就只会导致 effectFn2 函数重新执行，并不会导致 effectFn1 函数重新执行。

接下来我们尝试用代码来实现这个新的“桶”。首先，需要使用 WeakMap 代替 Set 作为桶的数据结构：

```
01 // 存储副作用函数的桶
02 const bucket = new WeakMap()
```

然后修改 get/set 拦截器代码：

```
01 const obj = new Proxy(data, {
02   // 拦截读取操作
03   get(target, key) {
04     // 没有 activeEffect，直接 return
05     if (!activeEffect) return target[key]
06     // 根据 target 从“桶”中取得 depsMap，它也是一个 Map 类型：key --> effects
07     let depsMap = bucket.get(target)
08     // 如果不存在 depsMap，那么新建一个 Map 并与 target 关联
09     if (!depsMap) {
10       bucket.set(target, (depsMap = new Map()))
11     }
12     // 再根据 key 从 depsMap 中取得 deps，它是一个 Set 类型，
13     // 里面存储着所有与当前 key 相关联的副作用函数：effects
14     let deps = depsMap.get(key)
15     // 如果 deps 不存在，同样新建一个 Set 并与 key 关联
16     if (!deps) {
17       depsMap.set(key, (deps = new Set()))
18     }
19     // 最后将当前激活的副作用函数添加到“桶”里
20     deps.add(activeEffect)
21 
22     // 返回属性值
23     return target[key]
24   },
25   // 拦截设置操作
26   set(target, key, newVal) {
27     // 设置属性值
28     target[key] = newVal
29     // 根据 target 从桶中取得 depsMap，它是 key --> effects
30     const depsMap = bucket.get(target)
31     if (!depsMap) return
32     // 根据 key 取得所有副作用函数 effects
33     const effects = depsMap.get(key)
34     // 执行副作用函数
35     effects && effects.forEach(fn => fn())
36   }
37 })
```

从这段代码可以看出构建数据结构的方式，我们分别使用了 WeakMap、Map 和 Set：

- WeakMap 由 target --> Map 构成；
- Map 由 key --> Set 构成。

其中 WeakMap 的键是原始对象 target，WeakMap 的值是一个 Map 实例，而 Map 的键是原始对象 target 的 key，Map 的值是一个由副作用函数组成的 Set。它们的关系如图 4-3 所示。

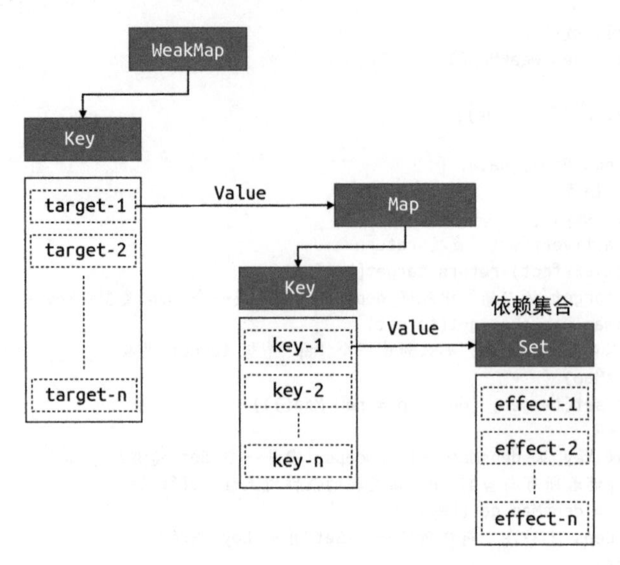

图 4-3　WeakMap、Map 和 Set 之间的关系

为了方便描述，我们把图 4-3 中的 Set 数据结构所存储的副作用函数集合称为 key 的**依赖集合**。

搞清了它们之间的关系，我们有必要解释一下这里为什么要使用 WeakMap，这其实涉及 WeakMap 和 Map 的区别，我们用一段代码来讲解：

```
01  const map = new Map();
02  const weakmap = new WeakMap();
03
04  (function(){
05      const foo = {foo: 1};
06      const bar = {bar: 2};
07
08      map.set(foo, 1);
09      weakmap.set(bar, 2);
10  })()
```

首先，我们定义了 map 和 weakmap 常量，分别对应 Map 和 WeakMap 的实例。接着定义了一个立即执行的函数表达式（IIFE），在函数表达式内部定义了两个对象：foo 和 bar，这两个对象分别作为 map 和 weakmap 的 key。当该函数表达式执行完毕后，对于对象 foo 来说，它仍然作为 map 的 key 被引用着，因此垃圾回收器（grabage collector）不会把它从内存中移除，我们仍然可以通过 map.keys 打印出对象 foo。然而对于对象 bar 来说，由于 WeakMap 的 key 是弱引用，它不影响垃圾回收器的工作，所以一旦表达式执行完毕，垃圾回收器就会把对象 bar 从内存中移除，并且我们无法获取 weakmap 的 key 值，也就无法通过 weakmap 取得对象 bar。

简单地说，WeakMap 对 key 是弱引用，不影响垃圾回收器的工作。据这个特性可知，一旦 key

被垃圾回收器回收，那么对应的键和值就访问不到了。所以 WeakMap 经常用于存储那些只有当 key 所引用的对象存在时（没有被回收）才有价值的信息，例如上面的场景中，如果 target 对象没有任何引用了，说明用户侧不再需要它了，这时垃圾回收器会完成回收任务。但如果使用 Map 来代替 WeakMap，那么即使用户侧的代码对 target 没有任何引用，这个 target 也不会被回收，最终可能导致内存溢出。

最后，我们对上文中的代码做一些封装处理。在目前的实现中，当读取属性值时，我们直接在 get 拦截函数里编写把副作用函数收集到“桶”里的这部分逻辑，但更好的做法是将这部分逻辑单独封装到一个 track 函数中，函数的名字叫 track 是为了表达**追踪**的含义。同样，我们也可以把**触发**副作用函数重新执行的逻辑封装到 trigger 函数中：

```
01  const obj = new Proxy(data, {
02    // 拦截读取操作
03    get(target, key) {
04      // 将副作用函数 activeEffect 添加到存储副作用函数的桶中
05      track(target, key)
06      // 返回属性值
07      return target[key]
08    },
09    // 拦截设置操作
10    set(target, key, newVal) {
11      // 设置属性值
12      target[key] = newVal
13      // 把副作用函数从桶里取出并执行
14      trigger(target, key)
15    }
16  })
17
18  // 在 get 拦截函数内调用 track 函数追踪变化
19  function track(target, key) {
20    // 没有 activeEffect，直接 return
21    if (!activeEffect) return
22    let depsMap = bucket.get(target)
23    if (!depsMap) {
24      bucket.set(target, (depsMap = new Map()))
25    }
26    let deps = depsMap.get(key)
27    if (!deps) {
28      depsMap.set(key, (deps = new Set()))
29    }
30    deps.add(activeEffect)
31  }
32  // 在 set 拦截函数内调用 trigger 函数触发变化
33  function trigger(target, key) {
34    const depsMap = bucket.get(target)
35    if (!depsMap) return
36    const effects = depsMap.get(key)
37    effects && effects.forEach(fn => fn())
38  }
```

如以上代码所示，分别把逻辑封装到 track 和 trigger 函数内，这能为我们带来极大的灵活性。

4.4　分支切换与 cleanup

首先，我们需要明确分支切换的定义，如下面的代码所示：

```
01  const data = { ok: true, text: 'hello world' }
02  const obj = new Proxy(data, { /* ... */ })
03
04  effect(function effectFn() {
05    document.body.innerText = obj.ok ? obj.text : 'not'
06  })
```

在 effectFn 函数内部存在一个三元表达式，根据字段 obj.ok 值的不同会执行不同的代码分支。当字段 obj.ok 的值发生变化时，代码执行的分支会跟着变化，这就是所谓的分支切换。

分支切换可能会产生遗留的副作用函数。拿上面这段代码来说，字段 obj.ok 的初始值为 true，这时会读取字段 obj.text 的值，所以当 effectFn 函数执行时会触发字段 obj.ok 和字段 obj.text 这两个属性的读取操作，此时副作用函数 effectFn 与响应式数据之间建立的联系如下：

```
01  data
02      └── ok
03          └── effectFn
04      └── text
05          └── effectFn
```

图 4-4 给出了更详细的描述。

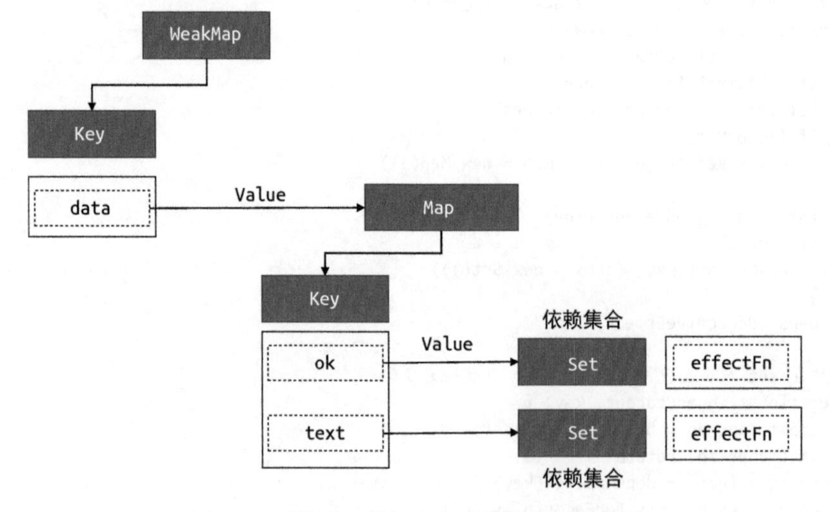

图 4-4　副作用函数与响应式数据之间的联系

可以看到，副作用函数 effectFn 分别被字段 data.ok 和字段 data.text 所对应的依赖集合收集。当字段 obj.ok 的值修改为 false，并触发副作用函数重新执行后，由于此时字段 obj.text 不会被读取，只会触发字段 obj.ok 的读取操作，所以理想情况下副作用函数 effectFn 不应该被字段 obj.text 所对应的依赖集合收集，如图 4-5 所示。

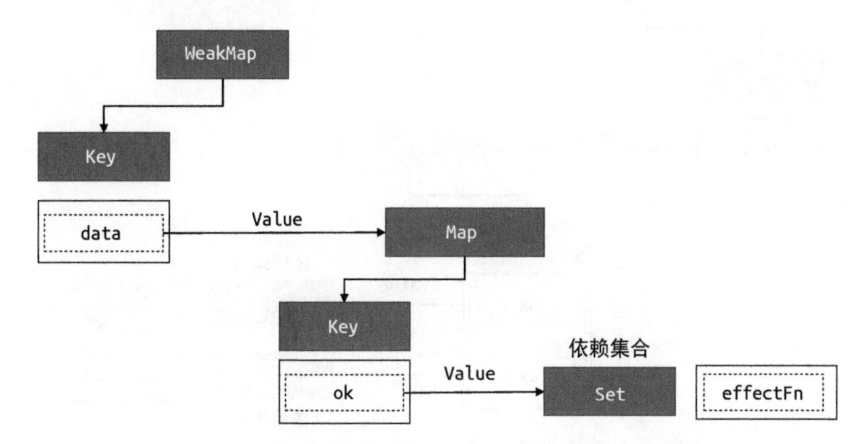

图 4-5　理想情况下副作用函数与响应式数据之间的联系

但按照前文的实现，我们还做不到这一点。也就是说，当我们把字段 obj.ok 的值修改为 false，并触发副作用函数重新执行之后，整个依赖关系仍然保持图 4-4 所描述的那样，这时就产生了遗留的副作用函数。

遗留的副作用函数会导致不必要的更新，拿下面这段代码来说：

```
01  const data = { ok: true, text: 'hello world' }
02  const obj = new Proxy(data, { /* ... */ })
03
04  effect(function effectFn() {
05    document.body.innerText = obj.ok ? obj.text : 'not'
06  })
```

obj.ok 的初始值为 true，当我们将其修改为 false 后：

```
01  obj.ok = false
```

这会触发更新，即副作用函数会重新执行。但由于此时 obj.ok 的值为 false，所以不再会读取字段 obj.text 的值。换句话说，无论字段 obj.text 的值如何改变，document.body.innerText 的值始终都是字符串 'not'。所以最好的结果是，无论 obj.text 的值怎么变，都不需要重新执行副作用函数。但事实并非如此，如果我们再尝试修改 obj.text 的值：

```
01  obj.text = 'hello vue3'
```

这仍然会导致副作用函数重新执行，即使 document.body.innerText 的值不需要变化。

解决这个问题的思路很简单，每次副作用函数执行时，我们可以先把它从所有与之关联的依赖集合中删除，如图 4-6 所示。

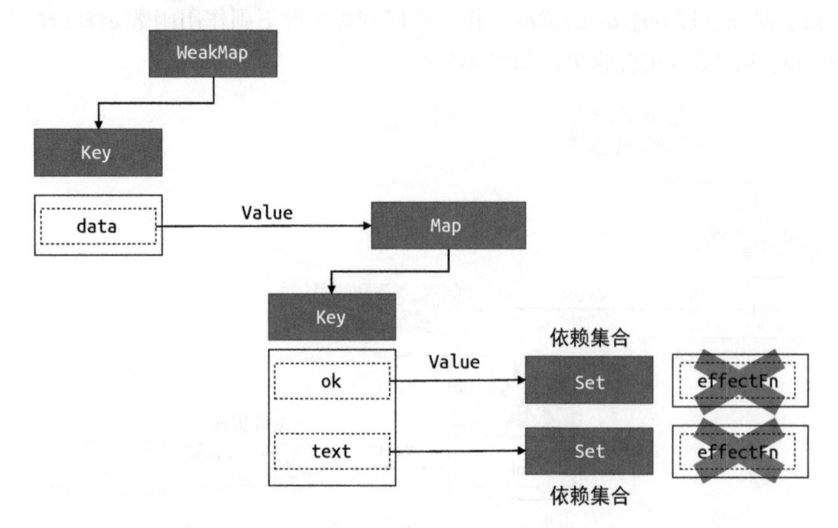

图 4-6　断开副作用函数与响应式数据之间的联系

当副作用函数执行完毕后，会重新建立联系，但在新的联系中不会包含遗留的副作用函数，即图 4-5 所描述的那样。所以，如果我们能做到每次副作用函数执行前，将其从相关联的依赖集合中移除，那么问题就迎刃而解了。

要将一个副作用函数从所有与之关联的依赖集合中移除，就需要明确知道哪些依赖集合中包含它，因此我们需要重新设计副作用函数，如下面的代码所示。在 effect 内部我们定义了新的 effectFn 函数，并为其添加了 effectFn.deps 属性，该属性是一个数组，用来存储所有包含当前副作用函数的依赖集合：

```
01  // 用一个全局变量存储被注册的副作用函数
02  let activeEffect
03  function effect(fn) {
04    const effectFn = () => {
05      // 当 effectFn 执行时，将其设置为当前激活的副作用函数
06      activeEffect = effectFn
07      fn()
08    }
09    // activeEffect.deps 用来存储所有与该副作用函数相关联的依赖集合
10    effectFn.deps = []
11    // 执行副作用函数
12    effectFn()
13  }
```

那么 effectFn.deps 数组中的依赖集合是如何收集的呢？其实是在 track 函数中：

```
01  function track(target, key) {
02    // 没有 activeEffect，直接 return
03    if (!activeEffect) return
04    let depsMap = bucket.get(target)
05    if (!depsMap) {
06      bucket.set(target, (depsMap = new Map()))
07    }
08    let deps = depsMap.get(key)
09    if (!deps) {
10      depsMap.set(key, (deps = new Set()))
11    }
12    // 把当前激活的副作用函数添加到依赖集合 deps 中
13    deps.add(activeEffect)
14    // deps 就是一个与当前副作用函数存在联系的依赖集合
15    // 将其添加到 activeEffect.deps 数组中
16    activeEffect.deps.push(deps) // 新增
17  }
```

如以上代码所示，在 track 函数中我们将当前执行的副作用函数 activeEffect 添加到依赖集合 deps 中，这说明 deps 就是一个与当前副作用函数存在联系的依赖集合，于是我们也把它添加到 activeEffect.deps 数组中，这样就完成了对依赖集合的收集。图 4-7 描述了这一步所建立的关系。

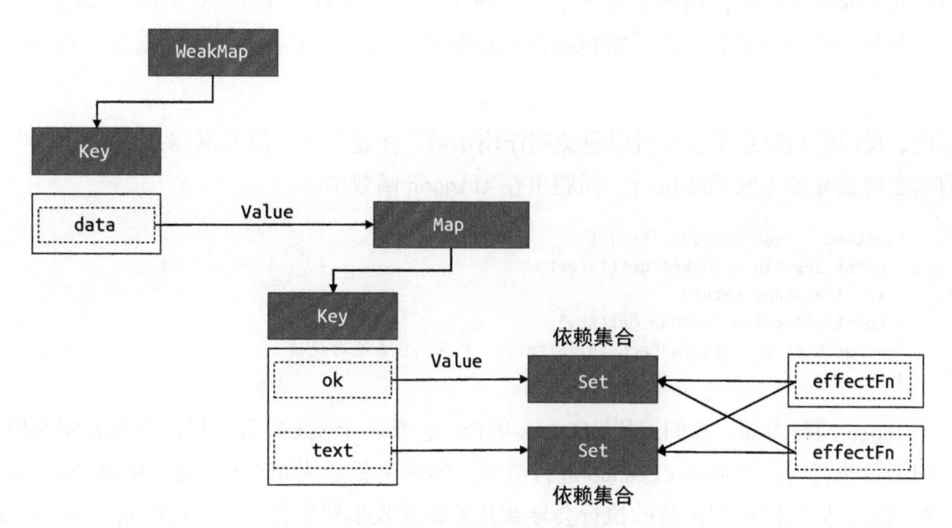

图 4-7　对依赖集合的收集

有了这个联系后，我们就可以在每次副作用函数执行时，根据 effectFn.deps 获取所有与之关联的依赖集合，进而将副作用函数从依赖集合中移除：

```
01  // 用一个全局变量存储被注册的副作用函数
02  let activeEffect
03  function effect(fn) {
04    const effectFn = () => {
```

```
05      // 调用 cleanup 函数完成清除工作
06      cleanup(effectFn)  // 新增
07      activeEffect = effectFn
08      fn()
09    }
10    effectFn.deps = []
11    effectFn()
12  }
```

下面是 cleanup 函数的实现：

```
01  function cleanup(effectFn) {
02    // 遍历 effectFn.deps 数组
03    for (let i = 0; i < effectFn.deps.length; i++) {
04      // deps 是依赖集合
05      const deps = effectFn.deps[i]
06      // 将 effectFn 从依赖集合中移除
07      deps.delete(effectFn)
08    }
09    // 最后需要重置 effectFn.deps 数组
10    effectFn.deps.length = 0
11  }
```

cleanup 函数接收副作用函数作为参数，遍历副作用函数的 effectFn.deps 数组，该数组的每一项都是一个依赖集合，然后将该副作用函数从依赖集合中移除，最后重置 effectFn.deps 数组。

至此，我们的响应系统已经可以避免副作用函数产生遗留了。但如果你尝试运行代码，会发现目前的实现会导致无限循环执行，问题出在 trigger 函数中：

```
01  function trigger(target, key) {
02    const depsMap = bucket.get(target)
03    if (!depsMap) return
04    const effects = depsMap.get(key)
05    effects && effects.forEach(fn => fn()) // 问题出在这句代码
06  }
```

在 trigger 函数内部，我们遍历 effects 集合，它是一个 Set 集合，里面存储着副作用函数。当副作用函数执行时，会调用 cleanup 进行清除，实际上就是从 effects 集合中将当前执行的副作用函数剔除，但是副作用函数的执行会导致其重新被收集到集合中，而此时对于 effects 集合的遍历仍在进行。这个行为可以用如下简短的代码来表达：

```
01  const set = new Set([1])
02
03  set.forEach(item => {
04    set.delete(1)
05    set.add(1)
06    console.log('遍历中')
07  })
```

在上面这段代码中，我们创建了一个集合 set，它里面有一个元素数字 1，接着我们调用 forEach 遍历该集合。在遍历过程中，首先调用 delete(1) 删除数字 1，紧接着调用 add(1) 将数字 1 加回，最后打印 '遍历中'。如果我们在浏览器中执行这段代码，就会发现它会无限执行下去。

语言规范中对此有明确的说明：在调用 forEach 遍历 Set 集合时，如果一个值已经被访问过了，但该值被删除并重新添加到集合，如果此时 forEach 遍历没有结束，那么该值会重新被访问。因此，上面的代码会无限执行。解决办法很简单，我们可以构造另外一个 Set 集合并遍历它：

```
01  const set = new Set([1])
02
03  const newSet = new Set(set)
04  newSet.forEach(item => {
05    set.delete(1)
06    set.add(1)
07    console.log('遍历中')
08  })
```

这样就不会无限执行了。回到 trigger 函数，我们需要同样的手段来避免无限执行：

```
01  function trigger(target, key) {
02    const depsMap = bucket.get(target)
03    if (!depsMap) return
04    const effects = depsMap.get(key)
05
06    const effectsToRun = new Set(effects)  // 新增
07    effectsToRun.forEach(effectFn => effectFn())  // 新增
08    // effects && effects.forEach(effectFn => effectFn()) // 删除
09  }
```

如以上代码所示，我们新构造了 effectsToRun 集合并遍历它，代替直接遍历 effects 集合，从而避免了无限执行。

提示

ECMA 关于 Set.prototype.forEach 的规范，可参见 ECMAScript 2020 Language Specification。

4.5 嵌套的 effect 与 effect 栈

effect 是可以发生嵌套的，例如：

```
01  effect(function effectFn1() {
02    effect(function effectFn2() { /* ... */ })
03    /* ... */
04  })
```

在上面这段代码中，effectFn1 内部嵌套了 effectFn2，effectFn1 的执行会导致 effectFn2 的执行。那么，什么场景下会出现嵌套的 effect 呢？拿 Vue.js 来说，实际上 Vue.js 的渲染函数就是在一个 effect 中执行的：

```
01  // Foo 组件
02  const Foo = {
03    render() {
04      return /* ... */
05    }
06  }
```

在一个 effect 中执行 Foo 组件的渲染函数：

```
01  effect(() => {
02    Foo.render()
03  })
```

当组件发生嵌套时，例如 Foo 组件渲染了 Bar 组件：

```
01  // Bar 组件
02  const Bar = {
03    render() { /* ... */ },
04  }
05  // Foo 组件渲染了 Bar 组件
06  const Foo = {
07    render() {
08      return <Bar /> // jsx 语法
09    },
10  }
```

此时就发生了 effect 嵌套，它相当于：

```
01  effect(() => {
02    Foo.render()
03    // 嵌套
04    effect(() => {
05      Bar.render()
06    })
07  })
```

这个例子说明了为什么 effect 要设计成可嵌套的。接下来，我们需要搞清楚，如果 effect 不支持嵌套会发生什么？实际上，按照前文的介绍与实现来看，我们所实现的响应系统并不支持 effect 嵌套，可以用下面的代码来测试一下：

```
01  // 原始数据
02  const data = { foo: true, bar: true }
03  // 代理对象
04  const obj = new Proxy(data, { /* ... */ })
05
06  // 全局变量
07  let temp1, temp2
```

```
08
09   // effectFn1 嵌套了 effectFn2
10   effect(function effectFn1() {
11     console.log('effectFn1 执行')
12
13     effect(function effectFn2() {
14       console.log('effectFn2 执行')
15       // 在 effectFn2 中读取 obj.bar 属性
16       temp2 = obj.bar
17     })
18     // 在 effectFn1 中读取 obj.foo 属性
19     temp1 = obj.foo
20   })
```

在上面这段代码中，effectFn1 内部嵌套了 effectFn2，很明显， effectFn1 的执行会导致 effectFn2 的执行。需要注意的是，我们在 effectFn2 中读取了字段 obj.bar，在 effectFn1 中读取了字段 obj.foo，并且 effectFn2 的执行先于对字段 obj.foo 的读取操作。在理想情况下，我们希望副作用函数与对象属性之间的联系如下：

```
01   data
02     └── foo
03       └── effectFn1
04     └── bar
05       └── effectFn2
```

在这种情况下，我们希望当修改 obj.foo 时会触发 effectFn1 执行。由于 effectFn2 嵌套在 effectFn1 里，所以会间接触发 effectFn2 执行，而当修改 obj.bar 时，只会触发 effectFn2 执行。但结果不是这样的，我们尝试修改 obj.foo 的值，会发现输出为：

```
01   'effectFn1 执行'
02   'effectFn2 执行'
03   'effectFn2 执行'
```

一共打印三次，前两次分别是副作用函数 effectFn1 与 effectFn2 初始执行的打印结果，到这一步是正常的，问题出在第三行打印。我们修改了字段 obj.foo 的值，发现 effectFn1 并没有重新执行，反而使得 effectFn2 重新执行了，这显然不符合预期。

问题出在哪里呢？其实就出在我们实现的 effect 函数与 activeEffect 上。观察下面这段代码：

```
01   // 用一个全局变量存储当前激活的 effect 函数
02   let activeEffect
03   function effect(fn) {
04     const effectFn = () => {
05       cleanup(effectFn)
06       // 当调用 effect 注册副作用函数时，将副作用函数赋值给 activeEffect
07       activeEffect = effectFn
08       fn()
09     }
```

```
10    // activeEffect.deps 用来存储所有与该副作用函数相关的依赖集合
11    effectFn.deps = []
12    // 执行副作用函数
13    effectFn()
14  }
```

我们用全局变量 activeEffect 来存储通过 effect 函数注册的副作用函数，这意味着同一时刻 activeEffect 所存储的副作用函数只能有一个。当副作用函数发生嵌套时，内层副作用函数的执行会覆盖 activeEffect 的值，并且永远不会恢复到原来的值。这时如果再有响应式数据进行依赖收集，即使这个响应式数据是在外层副作用函数中读取的，它们收集到的副作用函数也都会是内层副作用函数，这就是问题所在。

为了解决这个问题，我们需要一个副作用函数栈 effectStack，在副作用函数执行时，将当前副作用函数压入栈中，待副作用函数执行完毕后将其从栈中弹出，并始终让 activeEffect 指向栈顶的副作用函数。这样就能做到一个响应式数据只会收集直接读取其值的副作用函数，而不会出现互相影响的情况，如以下代码所示：

```
01  // 用一个全局变量存储当前激活的 effect 函数
02  let activeEffect
03  // effect 栈
04  const effectStack = []  // 新增
05
06  function effect(fn) {
07    const effectFn = () => {
08      cleanup(effectFn)
09      // 当调用 effect 注册副作用函数时，将副作用函数赋值给 activeEffect
10      activeEffect = effectFn
11      // 在调用副作用函数之前将当前副作用函数压入栈中
12      effectStack.push(effectFn)  // 新增
13      fn()
14      // 在当前副作用函数执行完毕后，将当前副作用函数弹出栈，并把 activeEffect 还原为之前的值
15      effectStack.pop()  // 新增
16      activeEffect = effectStack[effectStack.length - 1]  // 新增
17    }
18    // activeEffect.deps 用来存储所有与该副作用函数相关的依赖集合
19    effectFn.deps = []
20    // 执行副作用函数
21    effectFn()
22  }
```

我们定义了 effectStack 数组，用它来模拟栈，activeEffect 没有变化，它仍然指向当前正在执行的副作用函数。不同的是，当前执行的副作用函数会被压入栈顶，这样当副作用函数发生嵌套时，栈底存储的就是外层副作用函数，而栈顶存储的则是内层副作用函数，如图 4-8 所示。

当内层副作用函数 effectFn2 执行完毕后，它会被弹出栈，并将副作用函数 effectFn1 设置为 activeEffect，如图 4-9 所示。

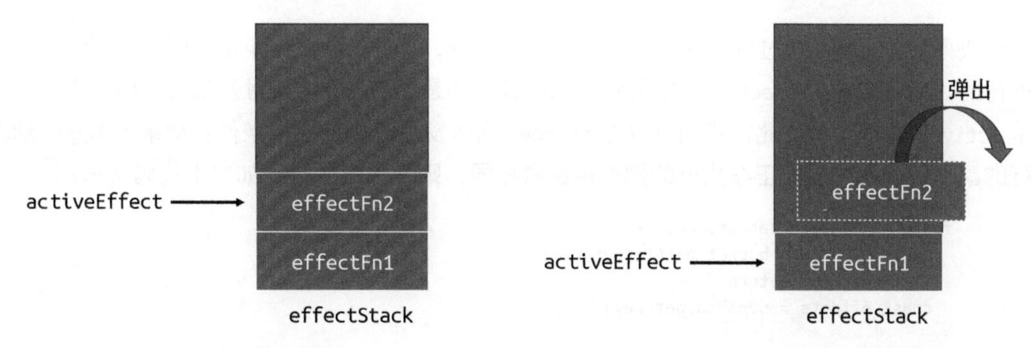

图 4-8 副作用函数栈

图 4-9 副作用函数从栈中弹出

如此一来，响应式数据就只会收集直接读取其值的副作用函数作为依赖，从而避免发生错乱。

4.6 避免无限递归循环

如前文所说，实现一个完善的响应系统要考虑诸多细节。而本节要介绍的无限递归循环就是其中之一，还是举个例子：

```
01  const data = { foo: 1 }
02  const obj = new Proxy(data, { /*...*/ })
03
04  effect(() => obj.foo++)
```

可以看到，在 effect 注册的副作用函数内有一个自增操作 obj.foo++，该操作会引起栈溢出：

```
01  Uncaught RangeError: Maximum call stack size exceeded
```

为什么会这样呢？接下来我们就尝试搞清楚这个问题，并提供解决方案。

实际上，我们可以把 obj.foo++ 这个自增操作分开来看，它相当于：

```
01  effect(() => {
02    // 语句
03    obj.foo = obj.foo + 1
04  })
```

在这个语句中，既会读取 obj.foo 的值，又会设置 obj.foo 的值，而这就是导致问题的根本原因。我们可以尝试推理一下代码的执行流程：首先读取 obj.foo 的值，这会触发 track 操作，将当前副作用函数收集到“桶”中，接着将其加 1 后再赋值给 obj.foo，此时会触发 trigger 操作，即把“桶”中的副作用函数取出并执行。但问题是该副作用函数正在执行中，还没有执行完毕，就要开始下一次的执行。这样会导致无限递归地调用自己，于是就产生了栈溢出。

解决办法并不难。通过分析这个问题我们能够发现，读取和设置操作是在同一个副作用函数内进行的。此时无论是 track 时收集的副作用函数，还是 trigger 时要触发执行的副作用函数，都是 activeEffect。基于此，我们可以在 trigger 动作发生时增加守卫条件：**如果 trigger 触发执行的副作用函数与当前正在执行的副作用函数相同，则不触发执行**，如以下代码所示：

```
01  function trigger(target, key) {
02    const depsMap = bucket.get(target)
03    if (!depsMap) return
04    const effects = depsMap.get(key)
05
06    const effectsToRun = new Set()
07    effects && effects.forEach(effectFn => {
08      // 如果 trigger 触发执行的副作用函数与当前正在执行的副作用函数相同，则不触发执行
09      if (effectFn !== activeEffect) {  // 新增
10        effectsToRun.add(effectFn)
11      }
12    })
13    effectsToRun.forEach(effectFn => effectFn())
14    // effects && effects.forEach(effectFn => effectFn())
15  }
```

这样我们就能够避免无限递归调用，从而避免栈溢出。

4.7　调度执行

可调度性是响应系统非常重要的特性。首先我们需要明确什么是可调度性。所谓可调度，指的是当 trigger 动作触发副作用函数重新执行时，有能力决定副作用函数执行的时机、次数以及方式。

首先来看一下，如何决定副作用函数的执行方式，以下面的代码为例：

```
01  const data = { foo: 1 }
02  const obj = new Proxy(data, { /* ... */ })
03
04  effect(() => {
05    console.log(obj.foo)
06  })
07
08  obj.foo++
09
10  console.log('结束了')
```

在副作用函数中，我们首先使用 console.log 语句打印 obj.foo 的值，接着对 obj.foo 执行自增操作，最后使用 console.log 语句打印 '结束了'。这段代码的输出结果如下：

```
01  1
02  2
03  '结束了'
```

现在假设需求有变，输出顺序需要调整为：

```
01  1
02  '结束了'
03  2
```

根据打印结果我们很容易想到对策，即把语句 obj.foo++ 和语句 console.log('结束了') 位置互换即可。那么有没有什么办法能够在不调整代码的情况下实现需求呢？这时就需要响应系统支持**调度**。

我们可以为 effect 函数设计一个选项参数 options，允许用户指定调度器：

```
01  effect(
02    () => {
03      console.log(obj.foo)
04    },
05    // options
06    {
07      // 调度器 scheduler 是一个函数
08      scheduler(fn) {
09        // ...
10      }
11    }
12  )
```

如上面的代码所示，用户在调用 effect 函数注册副作用函数时，可以传递第二个参数 options。它是一个对象，其中允许指定 scheduler 调度函数，同时在 effect 函数内部我们需要把 options 选项挂载到对应的副作用函数上：

```
01  function effect(fn, options = {}) {
02    const effectFn = () => {
03      cleanup(effectFn)
04      // 当调用 effect 注册副作用函数时，将副作用函数赋值给 activeEffect
05      activeEffect = effectFn
06      // 在调用副作用函数之前将当前副作用函数压栈
07      effectStack.push(effectFn)
08      fn()
09      // 在当前副作用函数执行完毕后，将当前副作用函数弹出栈，并把 activeEffect 还原为之前的值
10      effectStack.pop()
11      activeEffect = effectStack[effectStack.length - 1]
12    }
13    // 将 options 挂载到 effectFn 上
14    effectFn.options = options  // 新增
15    // activeEffect.deps 用来存储所有与该副作用函数相关的依赖集合
16    effectFn.deps = []
17    // 执行副作用函数
18    effectFn()
19  }
```

有了调度函数，我们在 trigger 函数中触发副作用函数重新执行时，就可以直接调用用户传递的调度器函数，从而把控制权交给用户：

```
01  function trigger(target, key) {
02    const depsMap = bucket.get(target)
03    if (!depsMap) return
04    const effects = depsMap.get(key)
05
06    const effectsToRun = new Set()
07    effects && effects.forEach(effectFn => {
08      if (effectFn !== activeEffect) {
09        effectsToRun.add(effectFn)
10      }
11    })
12    effectsToRun.forEach(effectFn => {
13      // 如果一个副作用函数存在调度器，则调用该调度器，并将副作用函数作为参数传递
14      if (effectFn.options.scheduler) {  // 新增
15        effectFn.options.scheduler(effectFn)  // 新增
16      } else {
17        // 否则直接执行副作用函数（之前的默认行为）
18        effectFn()  // 新增
19      }
20    })
21  }
```

如上面的代码所示，在 trigger 动作触发副作用函数执行时，我们优先判断该副作用函数是否存在调度器，如果存在，则直接调用调度器函数，并把当前副作用函数作为参数传递过去，由用户自己控制如何执行；否则保留之前的行为，即直接执行副作用函数。

有了这些基础设施之后，我们就可以实现前文的需求了，如以下代码所示：

```
01  const data = { foo: 1 }
02  const obj = new Proxy(data, { /* ... */ })
03
04  effect(
05    () => {
06      console.log(obj.foo)
07    },
08    // options
09    {
10      // 调度器 scheduler 是一个函数
11      scheduler(fn) {
12        // 将副作用函数放到宏任务队列中执行
13        setTimeout(fn)
14      }
15    }
16  )
17
18
19  obj.foo++
20
21  console.log('结束了')
```

我们使用 setTimeout 开启一个宏任务来执行副作用函数 fn，这样就能实现期望的打印顺序了：

```
01 1
02 '结束了'
03 2
```

除了控制副作用函数的执行顺序，通过调度器还可以做到控制它的执行次数，这一点也尤为重要。我们思考如下例子：

```
01 const data = { foo: 1 }
02 const obj = new Proxy(data, { /* ... */ })
03
04 effect(() => {
05   console.log(obj.foo)
06 })
07
08 obj.foo++
09 obj.foo++
```

首先在副作用函数中打印 obj.foo 的值，接着连续对其执行两次自增操作，在没有指定调度器的情况下，它的输出如下：

```
01 1
02 2
03 3
```

由输出可知，字段 obj.foo 的值一定会从 1 自增到 3，2 只是它的过渡状态。如果我们只关心最终结果而不关心过程，那么执行三次打印操作是多余的，我们期望的打印结果是：

```
01 1
02 3
```

其中不包含过渡状态，基于调度器我们可以很容易地实现此功能：

```
01 // 定义一个任务队列
02 const jobQueue = new Set()
03 // 使用 Promise.resolve() 创建一个 promise 实例，我们用它将一个任务添加到微任务队列
04 const p = Promise.resolve()
05
06 // 一个标志代表是否正在刷新队列
07 let isFlushing = false
08 function flushJob() {
09   // 如果队列正在刷新，则什么都不做
10   if (isFlushing) return
11   // 设置为 true，代表正在刷新
12   isFlushing = true
13   // 在微任务队列中刷新 jobQueue 队列
14   p.then(() => {
15     jobQueue.forEach(job => job())
16   }).finally(() => {
17     // 结束后重置 isFlushing
18     isFlushing = false
```

```
19      })
20    }
21
22
23    effect(() => {
24      console.log(obj.foo)
25    }, {
26      scheduler(fn) {
27        // 每次调度时，将副作用函数添加到 jobQueue 队列中
28        jobQueue.add(fn)
29        // 调用 flushJob 刷新队列
30        flushJob()
31      }
32    })
33
34    obj.foo++
35    obj.foo++
```

观察上面的代码，首先，我们定义了一个任务队列 jobQueue，它是一个 Set 数据结构，目的是利用 Set 数据结构的自动去重能力。接着我们看调度器 scheduler 的实现，在每次调度执行时，先将当前副作用函数添加到 jobQueue 队列中，再调用 flushJob 函数刷新队列。然后我们把目光转向 flushJob 函数，该函数通过 isFlushing 标志判断是否需要执行，只有当其为 false 时才需要执行，而一旦 flushJob 函数开始执行，isFlushing 标志就会设置为 true，意思是无论调用多少次 flushJob 函数，在一个周期内都只会执行一次。需要注意的是，在 flushJob 内通过 p.then 将一个函数添加到微任务队列，在微任务队列内完成对 jobQueue 的遍历执行。

整段代码的效果是，连续对 obj.foo 执行两次自增操作，会同步且连续地执行两次 scheduler 调度函数，这意味着同一个副作用函数会被 jobQueue.add(fn) 语句添加两次，但由于 Set 数据结构的去重能力，最终 jobQueue 中只会有一项，即当前副作用函数。类似地，flushJob 也会同步且连续地执行两次，但由于 isFlushing 标志的存在，实际上 flushJob 函数在一个事件循环内只会执行一次，即在微任务队列内执行一次。当微任务队列开始执行时，就会遍历 jobQueue 并执行里面存储的副作用函数。由于此时 jobQueue 队列内只有一个副作用函数，所以只会执行一次，并且当它执行时，字段 obj.foo 的值已经是 3 了，这样我们就实现了期望的输出：

```
01    1
02    3
```

可能你已经注意到了，这个功能有点类似于在 Vue.js 中连续多次修改响应式数据但只会触发一次更新，实际上 Vue.js 内部实现了一个更加完善的调度器，思路与上文介绍的相同。

4.8　计算属性 computed 与 lazy

前文介绍了 effect 函数，它用来注册副作用函数，同时它也允许指定一些选项参数 options，例如指定 scheduler 调度器来控制副作用函数的执行时机和方式；也介绍了用来追踪和收集依赖

的 track 函数，以及用来触发副作用函数重新执行的 trigger 函数。实际上，综合这些内容，我们就可以实现 Vue.js 中一个非常重要并且非常有特色的能力——计算属性。

在深入讲解计算属性之前，我们需要先来聊聊关于懒执行的 effect，即 lazy 的 effect。这是什么意思呢？举个例子，现在我们所实现的 effect 函数会立即执行传递给它的副作用函数，例如：

```
01  effect(
02    // 这个函数会立即执行
03    () => {
04      console.log(obj.foo)
05    }
06  )
```

但在有些场景下，我们并不希望它立即执行，而是希望它在需要的时候才执行，例如计算属性。这时我们可以通过在 options 中添加 lazy 属性来达到目的，如下面的代码所示：

```
01  effect(
02    // 指定了 lazy 选项，这个函数不会立即执行
03    () => {
04      console.log(obj.foo)
05    },
06    // options
07    {
08      lazy: true
09    }
10  )
```

lazy 选项和之前介绍的 scheduler 一样，它通过 options 选项对象指定。有了它，我们就可以修改 effect 函数的实现逻辑了，当 options.lazy 为 true 时，则不立即执行副作用函数：

```
01  function effect(fn, options = {}) {
02    const effectFn = () => {
03      cleanup(effectFn)
04      activeEffect = effectFn
05      effectStack.push(effectFn)
06      fn()
07      effectStack.pop()
08      activeEffect = effectStack[effectStack.length - 1]
09    }
10    effectFn.options = options
11    effectFn.deps = []
12    // 只有非 lazy 的时候，才执行
13    if (!options.lazy) {  // 新增
14      // 执行副作用函数
15      effectFn()
16    }
17    // 将副作用函数作为返回值返回
18    return effectFn  // 新增
19  }
```

通过这个判断，我们就实现了让副作用函数不立即执行的功能。但问题是，副作用函数应该什么时候执行呢？通过上面的代码可以看到，我们将副作用函数 effectFn 作为 effect 函数的返回值，这就意味着当调用 effect 函数时，通过其返回值能够拿到对应的副作用函数，这样我们就能手动执行该副作用函数了：

```
01    const effectFn = effect(() => {
02      console.log(obj.foo)
03    }, { lazy: true })
04
05    // 手动执行副作用函数
06    effectFn()
```

如果仅仅能够手动执行副作用函数，其意义并不大。但如果我们把传递给 effect 的函数看作一个 getter，那么这个 getter 函数可以返回任何值，例如：

```
01    const effectFn = effect(
02      // getter 返回 obj.foo 与 obj.bar 的和
03      () => obj.foo + obj.bar,
04      { lazy: true }
05    )
```

这样我们在手动执行副作用函数时，就能够拿到其返回值：

```
01    const effectFn = effect(
02      // getter 返回 obj.foo 与 obj.bar 的和
03      () => obj.foo + obj.bar,
04      { lazy: true }
05    )
06    // value 是 getter 的返回值
07    const value = effectFn()
```

为了实现这个目标，我们需要再对 effect 函数做一些修改，如以下代码所示：

```
01    function effect(fn, options = {}) {
02      const effectFn = () => {
03        cleanup(effectFn)
04        activeEffect = effectFn
05        effectStack.push(effectFn)
06        // 将 fn 的执行结果存储到 res 中
07        const res = fn()  // 新增
08        effectStack.pop()
09        activeEffect = effectStack[effectStack.length - 1]
10        // 将 res 作为 effectFn 的返回值
11        return res  // 新增
12      }
13      effectFn.options = options
14      effectFn.deps = []
15      if (!options.lazy) {
16        effectFn()
17      }
18
```

```
19     return effectFn
20   }
```

通过新增的代码可以看到，传递给 effect 函数的参数 fn 才是真正的副作用函数，而 effectFn 是我们包装后的副作用函数。为了通过 effectFn 得到真正的副作用函数 fn 的执行结果，我们需要将其保存到 res 变量中，然后将其作为 effectFn 函数的返回值。

现在我们已经能够实现懒执行的副作用函数，并且能够拿到副作用函数的执行结果了，接下来就可以实现计算属性了，如下所示：

```
01   function computed(getter) {
02     // 把 getter 作为副作用函数，创建一个 lazy 的 effect
03     const effectFn = effect(getter, {
04       lazy: true
05     })
06
07     const obj = {
08       // 当读取 value 时才执行 effectFn
09       get value() {
10         return effectFn()
11       }
12     }
13
14     return obj
15   }
```

首先我们定义一个 computed 函数，它接收一个 getter 函数作为参数，我们把 getter 函数作为副作用函数，用它创建一个 lazy 的 effect。computed 函数的执行会返回一个对象，该对象的 value 属性是一个访问器属性，只有当读取 value 的值时，才会执行 effectFn 并将其结果作为返回值返回。

我们可以使用 computed 函数来创建一个计算属性：

```
01   const data = { foo: 1, bar: 2 }
02   const obj = new Proxy(data, { /* ... */ })
03
04   const sumRes = computed(() => obj.foo + obj.bar)
05
06   console.log(sumRes.value)  // 3
```

可以看到它能够正确地工作。不过现在我们实现的计算属性只做到了懒计算，也就是说，只有当你真正读取 sumRes.value 的值时，它才会进行计算并得到值。但是还做不到对值进行缓存，即假如我们多次访问 sumRes.value 的值，会导致 effectFn 进行多次计算，即使 obj.foo 和 obj.bar 的值本身并没有变化：

```
01   console.log(sumRes.value)  // 3
02   console.log(sumRes.value)  // 3
03   console.log(sumRes.value)  // 3
```

上面的代码多次访问 sumRes.value 的值，每次访问都会调用 effectFn 重新计算。

为了解决这个问题，就需要我们在实现 computed 函数时，添加对值进行缓存的功能，如以下代码所示：

```
01  function computed(getter) {
02    // value 用来缓存上一次计算的值
03    let value
04    // dirty 标志，用来标识是否需要重新计算值，为 true 则意味着“脏”，需要计算
05    let dirty = true
06
07    const effectFn = effect(getter, {
08      lazy: true
09    })
10
11    const obj = {
12      get value() {
13        // 只有“脏”时才计算值，并将得到的值缓存到 value 中
14        if (dirty) {
15          value = effectFn()
16          // 将 dirty 设置为 false，下一次访问直接使用缓存到 value 中的值
17          dirty = false
18        }
19        return value
20      }
21    }
22
23    return obj
24  }
```

我们新增了两个变量 value 和 dirty，其中 value 用来缓存上一次计算的值，而 dirty 是一个标识，代表是否需要重新计算。当我们通过 sumRes.value 访问值时，只有当 dirty 为 true 时才会调用 effectFn 重新计算值，否则直接使用上一次缓存在 value 中的值。这样无论我们访问多少次 sumRes.value ，都只会在第一次访问时进行真正的计算，后续访问都会直接读取缓存的 value 值。

相信聪明的你已经看到问题所在了，如果此时我们修改 obj.foo 或 obj.bar 的值，再访问 sumRes.value 会发现访问到的值没有发生变化：

```
01  const data = { foo: 1, bar: 2 }
02  const obj = new Proxy(data, { /* ... */ })
03
04  const sumRes = computed(() => obj.foo + obj.bar)
05
06  console.log(sumRes.value)  // 3
07  console.log(sumRes.value)  // 3
08
09  // 修改 obj.foo
10  obj.foo++
11
```

```
12   // 再次访问，得到的仍然是 3，但预期结果应该是 4
13   console.log(sumRes.value)  // 3
```

这是因为，当第一次访问 sumRes.value 的值后，变量 dirty 会设置为 false，代表不需要计算。即使我们修改了 obj.foo 的值，但只要 dirty 的值为 false ，就不会重新计算，所以导致我们得到了错误的值。

解决办法很简单，当 obj.foo 或 obj.bar 的值发生变化时，只要 dirty 的值重置为 true 就可以了。那么应该怎么做呢？这时就用到了上一节介绍的 scheduler 选项，如以下代码所示：

```
01   function computed(getter) {
02     let value
03     let dirty = true
04
05     const effectFn = effect(getter, {
06       lazy: true,
07       // 添加调度器，在调度器中将 dirty 重置为 true
08       scheduler() {
09         dirty = true
10       }
11     })
12
13     const obj = {
14       get value() {
15         if (dirty) {
16           value = effectFn()
17           dirty = false
18         }
19         return value
20       }
21     }
22
23     return obj
24   }
```

我们为 effect 添加了 scheduler 调度器函数，它会在 getter 函数中所依赖的响应式数据变化时执行，这样我们在 scheduler 函数内将 dirty 重置为 true，当下一次访问 sumRes.value 时，就会重新调用 effectFn 计算值，这样就能够得到预期的结果了。

现在，我们设计的计算属性已经趋于完美了，但还有一个缺陷，它体现在当我们在另外一个 effect 中读取计算属性的值时：

```
01   const sumRes = computed(() => obj.foo + obj.bar)
02
03   effect(() => {
04     // 在该副作用函数中读取 sumRes.value
05     console.log(sumRes.value)
06   })
07
08   // 修改 obj.foo 的值
09   obj.foo++
```

如以上代码所示，sumRes 是一个计算属性，并且在另一个 effect 的副作用函数中读取了 sumRes.value 的值。如果此时修改 obj.foo 的值，我们期望副作用函数重新执行，就像我们在 Vue.js 的模板中读取计算属性值的时候，一旦计算属性发生变化就会触发重新渲染一样。但是如果尝试运行上面这段代码，会发现修改 obj.foo 的值并不会触发副作用函数的渲染，因此我们说这是一个缺陷。

分析问题的原因，我们发现，从本质上看这就是一个典型的 effect 嵌套。一个计算属性内部拥有自己的 effect，并且它是懒执行的，只有当真正读取计算属性的值时才会执行。对于计算属性的 getter 函数来说，它里面访问的响应式数据只会把 computed 内部的 effect 收集为依赖。而当把计算属性用于另外一个 effect 时，就会发生 effect 嵌套，外层的 effect 不会被内层 effect 中的响应式数据收集。

解决办法很简单。当读取计算属性的值时，我们可以手动调用 track 函数进行追踪；当计算属性依赖的响应式数据发生变化时，我们可以手动调用 trigger 函数触发响应：

```
01  function computed(getter) {
02    let value
03    let dirty = true
04
05    const effectFn = effect(getter, {
06      lazy: true,
07      scheduler() {
08        if (!dirty) {
09          dirty = true
10          // 当计算属性依赖的响应式数据变化时，手动调用 trigger 函数触发响应
11          trigger(obj, 'value')
12        }
13      }
14    })
15
16    const obj = {
17      get value() {
18        if (dirty) {
19          value = effectFn()
20          dirty = false
21        }
22        // 当读取 value 时，手动调用 track 函数进行追踪
23        track(obj, 'value')
24        return value
25      }
26    }
27
28    return obj
29  }
```

如以上代码所示，当读取一个计算属性的 value 值时，我们手动调用 track 函数，把计算属性返回的对象 obj 作为 target，同时作为第一个参数传递给 track 函数。当计算属性所依赖的响

应式数据变化时，会执行调度器函数，在调度器函数内手动调用 trigger 函数触发响应即可。这时，对于如下代码来说：

```
01 effect(function effectFn() {
02   console.log(sumRes.value)
03 })
```

它会建立这样的联系：

```
01 computed(obj)
02     └── value
03         └── effectFn
```

图 4-10 给出了更详细的描述.

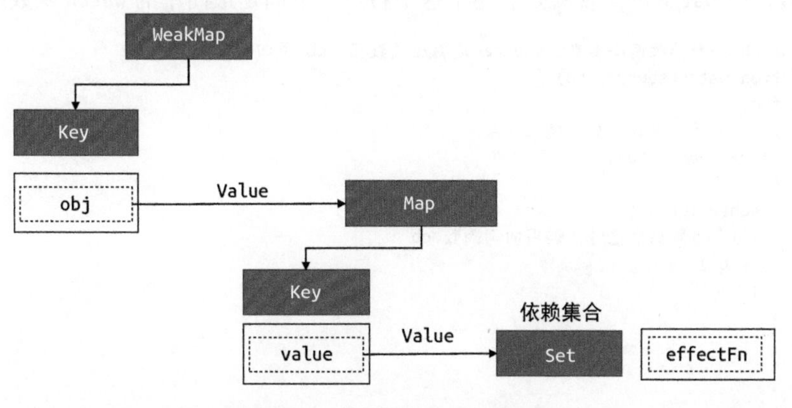

图 4-10 计算属性的响应联系

4.9 watch 的实现原理

所谓 watch，其本质就是观测一个响应式数据，当数据发生变化时通知并执行相应的回调函数。举个例子：

```
01 watch(obj, () => {
02   console.log('数据变了')
03 })
04
05 // 修改响应数据的值，会导致回调函数执行
06 obj.foo++
```

假设 obj 是一个响应数据，使用 watch 函数观测它，并传递一个回调函数，当修改响应式数据的值时，会触发该回调函数执行。

实际上，watch 的实现本质上就是利用了 effect 以及 options.scheduler 选项，如以下代码所示：

```
01  effect(() => {
02    console.log(obj.foo)
03  }, {
04    scheduler() {
05      // 当 obj.foo 的值变化时，会执行 scheduler 调度函数
06    }
07  })
```

在一个副作用函数中访问响应式数据 obj.foo，通过前面的介绍，我们知道这会在副作用函数与响应式数据之间建立联系，当响应式数据变化时，会触发副作用函数重新执行。但有一个例外，即如果副作用函数存在 scheduler 选项，当响应式数据发生变化时，会触发 scheduler 调度函数执行，而非直接触发副作用函数执行。从这个角度来看，其实 scheduler 调度函数就相当于一个回调函数，而 watch 的实现就是利用了这个特点。下面是最简单的 watch 函数的实现：

```
01  // watch 函数接收两个参数，source 是响应式数据，cb 是回调函数
02  function watch(source, cb) {
03    effect(
04      // 触发读取操作，从而建立联系
05      () => source.foo,
06      {
07        scheduler() {
08          // 当数据变化时，调用回调函数 cb
09          cb()
10        }
11      }
12    )
13  }
```

我们可以如下所示使用 watch 函数：

```
01  const data = { foo: 1 }
02  const obj = new Proxy(data, { /* ... */ })
03
04  watch(obj, () => {
05    console.log('数据变化了')
06  })
07
08  obj.foo++
```

上面这段代码能正常工作，但是我们注意到在 watch 函数的实现中，硬编码了对 source.foo 的读取操作。换句话说，现在只能观测 obj.foo 的改变。为了让 watch 函数具有通用性，我们需要一个封装一个通用的读取操作：

```
01  function watch(source, cb) {
02    effect(
03      // 调用 traverse 递归地读取
04      () => traverse(source),
05      {
06        scheduler() {
07          // 当数据变化时，调用回调函数 cb
```

```
08          cb()
09        }
10      }
11    )
12  }
13
14  function traverse(value, seen = new Set()) {
15    // 如果要读取的数据是原始值，或者已经被读取过了，那么什么都不做
16    if (typeof value !== 'object' || value === null || seen.has(value)) return
17    // 将数据添加到 seen 中，代表遍历地读取过了，避免循环引用引起的死循环
18    seen.add(value)
19    // 暂时不考虑数组等其他结构
20    // 假设 value 就是一个对象，使用 for...in 读取对象的每一个值，并递归地调用 traverse 进行处理
21    for (const k in value) {
22      traverse(value[k], seen)
23    }
24
25    return value
26  }
```

如上面的代码所示，在 watch 内部的 effect 中调用 traverse 函数进行递归的读取操作，代替硬编码的方式，这样就能读取一个对象上的任意属性，从而当任意属性发生变化时都能够触发回调函数执行。

watch 函数除了可以观测响应式数据，还可以接收一个 getter 函数：

```
01  watch(
02    // getter 函数
03    () => obj.foo,
04    // 回调函数
05    () => {
06      console.log('obj.foo 的值变了')
07    }
08  )
```

如以上代码所示，传递给 watch 函数的第一个参数不再是一个响应式数据，而是一个 getter 函数。在 getter 函数内部，用户可以指定该 watch 依赖哪些响应式数据，只有当这些数据变化时，才会触发回调函数执行。如下代码实现了这一功能：

```
01  function watch(source, cb) {
02    // 定义 getter
03    let getter
04    // 如果 source 是函数，说明用户传递的是 getter，所以直接把 source 赋值给 getter
05    if (typeof source === 'function') {
06      getter = source
07    } else {
08      // 否则按照原来的实现调用 traverse 递归地读取
09      getter = () => traverse(source)
10    }
11
12    effect(
```

```
13      // 执行 getter
14      () => getter(),
15      {
16        scheduler() {
17          cb()
18        }
19      }
20    )
21  }
```

首先判断 source 的类型，如果是函数类型，说明用户直接传递了 getter 函数，这时直接使用用户的 getter 函数；如果不是函数类型，那么保留之前的做法，即调用 traverse 函数递归地读取。这样就实现了自定义 getter 的功能，同时使得 watch 函数更加强大。

细心的你可能已经注意到了，现在的实现还缺少一个非常重要的能力，即在回调函数中拿不到旧值与新值。通常我们在使用 Vue.js 中的 watch 函数时，能够在回调函数中得到变化前后的值：

```
01  watch(
02    () => obj.foo,
03    (newValue, oldValue) => {
04      console.log(newValue, oldValue)  // 2, 1
05    }
06  )
07
08  obj.foo++
```

那么如何获得新值与旧值呢？这需要充分利用 effect 函数的 lazy 选项，如以下代码所示：

```
01  function watch(source, cb) {
02    let getter
03    if (typeof source === 'function') {
04      getter = source
05    } else {
06      getter = () => traverse(source)
07    }
08    // 定义旧值与新值
09    let oldValue, newValue
10    // 使用 effect 注册副作用函数时，开启 lazy 选项，并把返回值存储到 effectFn 中以便后续手动调用
11    const effectFn = effect(
12      () => getter(),
13      {
14        lazy: true,
15        scheduler() {
16          // 在 scheduler 中重新执行副作用函数，得到的是新值
17          newValue = effectFn()
18          // 将旧值和新值作为回调函数的参数
19          cb(newValue, oldValue)
20          // 更新旧值，不然下一次会得到错误的旧值
21          oldValue = newValue
22        }
23      }
24    )
```

```
25    // 手动调用副作用函数，拿到的值就是旧值
26    oldValue = effectFn()
27  }
```

在这段代码中，最核心的改动是使用 lazy 选项创建了一个懒执行的 effect。注意上面代码中最下面的部分，我们手动调用 effectFn 函数得到的返回值就是旧值，即第一次执行得到的值。当变化发生并触发 scheduler 调度函数执行时，会重新调用 effectFn 函数并得到新值，这样我们就拿到了旧值与新值，接着将它们作为参数传递给回调函数 cb 就可以了。最后一件非常重要的事情是，不要忘记使用新值更新旧值：oldValue = newValue，否则在下一次变更发生时会得到错误的旧值。

4.10 立即执行的 watch 与回调执行时机

上一节中我们介绍了 watch 的基本实现。在这个过程中我们认识到，watch 的本质其实是对 effect 的二次封装。本节我们继续讨论关于 watch 的两个特性：一个是立即执行的回调函数，另一个是回调函数的执行时机。

首先来看立即执行的回调函数。默认情况下，一个 watch 的回调只会在响应式数据发生变化时才执行：

```
01  // 回调函数只有在响应式数据 obj 后续发生变化时才执行
02  watch(obj, () => {
03    console.log('变化了')
04  })
```

在 Vue.js 中可以通过选项参数 immediate 来指定回调是否需要立即执行：

```
01  watch(obj, () => {
02    console.log('变化了')
03  }, {
04    // 回调函数会在 watch 创建时立即执行一次
05    immediate: true
06  })
```

当 immediate 选项存在并且为 true 时，回调函数会在该 watch 创建时立刻执行一次。仔细思考就会发现，回调函数的立即执行与后续执行本质上没有任何差别，所以我们可以把 scheduler 调度函数封装为一个通用函数，分别在初始化和变更时执行它，如以下代码所示：

```
01  function watch(source, cb, options = {}) {
02    let getter
03    if (typeof source === 'function') {
04      getter = source
05    } else {
06      getter = () => traverse(source)
07    }
08
```

```
09    let oldValue, newValue
10
11    // 提取 scheduler 调度函数为一个独立的 job 函数
12    const job = () => {
13      newValue = effectFn()
14      cb(newValue, oldValue)
15      oldValue = newValue
16    }
17
18    const effectFn = effect(
19      // 执行 getter
20      () => getter(),
21      {
22        lazy: true,
23        // 使用 job 函数作为调度器函数
24        scheduler: job
25      }
26    )
27
28    if (options.immediate) {
29      // 当 immediate 为 true 时立即执行 job，从而触发回调执行
30      job()
31    } else {
32      oldValue = effectFn()
33    }
34  }
```

这样就实现了回调函数的立即执行功能。由于回调函数是立即执行的，所以第一次回调执行时没有所谓的旧值，因此此时回调函数的 oldValue 值为 undefined，这也是符合预期的。

除了指定回调函数为立即执行之外，还可以通过其他选项参数来指定回调函数的执行时机，例如在 Vue.js 3 中使用 flush 选项来指定：

```
01  watch(obj, () => {
02    console.log('变化了')
03  }, {
04    // 回调函数会在 watch 创建时立即执行一次
05    flush: 'pre' // 还可以指定为 'post' | 'sync'
06  })
```

flush 本质上是在指定调度函数的执行时机。前文讲解过如何在微任务队列中执行调度函数 scheduler，这与 flush 的功能相同。当 flush 的值为 'post' 时，代表调度函数需要将副作用函数放到一个微任务队列中，并等待 DOM 更新结束后再执行，我们可以用如下代码进行模拟：

```
01  function watch(source, cb, options = {}) {
02    let getter
03    if (typeof source === 'function') {
04      getter = source
05    } else {
06      getter = () => traverse(source)
07    }
```

```
08
09     let oldValue, newValue
10
11     const job = () => {
12       newValue = effectFn()
13       cb(newValue, oldValue)
14       oldValue = newValue
15     }
16
17     const effectFn = effect(
18       // 执行 getter
19       () => getter(),
20       {
21         lazy: true,
22         scheduler: () => {
23           // 在调度函数中判断 flush 是否为 'post'，如果是，将其放到微任务队列中执行
24           if (options.flush === 'post') {
25             const p = Promise.resolve()
26             p.then(job)
27           } else {
28             job()
29           }
30         }
31       }
32     )
33
34     if (options.immediate) {
35       job()
36     } else {
37       oldValue = effectFn()
38     }
39   }
```

如以上代码所示，我们修改了调度器函数 scheduler 的实现方式，在调度器函数内检测 options.flush 的值是否为 post，如果是，则将 job 函数放到微任务队列中，从而实现异步延迟执行；否则直接执行 job 函数，这本质上相当于 'sync' 的实现机制，即同步执行。对于 options.flush 的值为 'pre' 的情况，我们暂时还没有办法模拟，因为这涉及组件的更新时机，其中 'pre' 和 'post' 原本的语义指的就是组件更新前和更新后，不过这并不影响我们理解如何控制回调函数的更新时机。

4.11 过期的副作用

竞态问题通常在多进程或多线程编程中被提及，前端工程师可能很少讨论它，但在日常工作中你可能早就遇到过与竞态问题相似的场景，举个例子：

```
01   let finalData
02
03   watch(obj, async () => {
```

```
04     // 发送并等待网络请求
05     const res = await fetch('/path/to/request')
06     // 将请求结果赋值给 data
07     finalData = res
08   })
```

在这段代码中，我们使用 watch 观测 obj 对象的变化，每次 obj 对象发生变化都会发送网络请求，例如请求接口数据，等数据请求成功之后，将结果赋值给 finalData 变量。

观察上面的代码，乍一看似乎没什么问题。但仔细思考会发现这段代码会发生竞态问题。假设我们第一次修改 obj 对象的某个字段值，这会导致回调函数执行，同时发送了第一次请求 A。随着时间的推移，在请求 A 的结果返回之前，我们对 obj 对象的某个字段值进行了第二次修改，这会导致发送第二次请求 B。此时请求 A 和请求 B 都在进行中，那么哪一个请求会先返回结果呢？我们不确定，如果请求 B 先于请求 A 返回结果，就会导致最终 finalData 中存储的是 A 请求的结果，如图 4-11 所示。

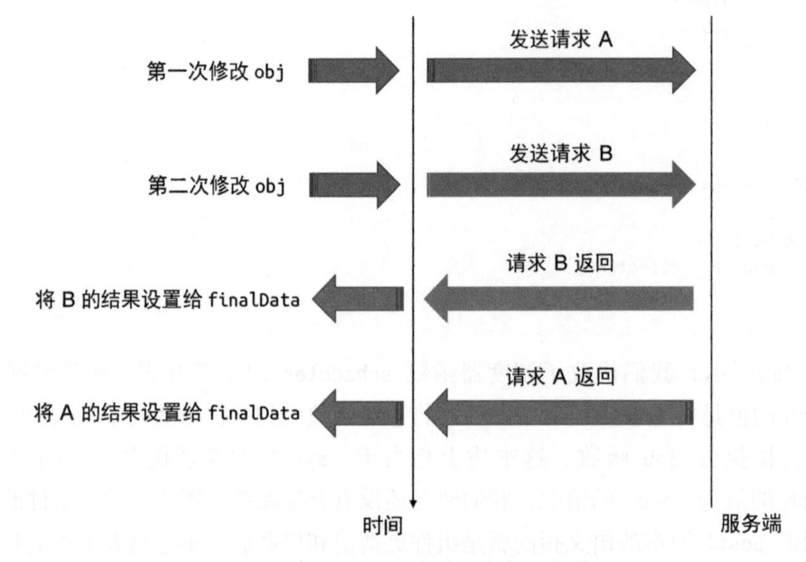

图 4-11　请求 A 的结果覆盖请求 B 的结果

但由于请求 B 是后发送的，因此我们认为请求 B 返回的数据才是“最新”的，而请求 A 则应该被视为“过期”的，所以我们希望变量 finalData 存储的值应该是由请求 B 返回的结果，而非请求 A 返回的结果。

实际上，我们可以对这个问题做进一步总结。请求 A 是副作用函数第一次执行所产生的副作用，请求 B 是副作用函数第二次执行所产生的副作用。由于请求 B 后发生，所以请求 B 的结果应该被视为“最新”的，而请求 A 已经“过期”了，其产生的结果应被视为无效。通过这种方式，就可以避免竞态问题导致的错误结果。

归根结底，我们需要的是一个让副作用过期的手段。为了让问题更加清晰，我们先拿 Vue.js 中的 watch 函数来复现场景，看看 Vue.js 是如何帮助开发者解决这个问题的，然后尝试实现这个功能。

在 Vue.js 中，watch 函数的回调函数接收第三个参数 onInvalidate，它是一个函数，类似于事件监听器，我们可以使用 onInvalidate 函数注册一个回调，这个回调函数会在当前副作用函数过期时执行：

```
01 watch(obj, async (newValue, oldValue, onInvalidate) => {
02   // 定义一个标志，代表当前副作用函数是否过期，默认为 false，代表没有过期
03   let expired = false
04   // 调用 onInvalidate() 函数注册一个过期回调
05   onInvalidate(() => {
06     // 当过期时，将 expired 设置为 true
07     expired = true
08   })
09
10   // 发送网络请求
11   const res = await fetch('/path/to/request')
12
13   // 只有当该副作用函数的执行没有过期时，才会执行后续操作。
14   if (!expired) {
15     finalData = res
16   }
17 })
```

如上面的代码所示，在发送请求之前，我们定义了 expired 标志变量，用来标识当前副作用函数的执行是否过期；接着调用 onInvalidate 函数注册了一个过期回调，当该副作用函数的执行过期时将 expired 标志变量设置为 true；最后只有当没有过期时才采用请求结果，这样就可以有效地避免上述问题了。

那么 Vue.js 是怎么做到的呢？换句话说， onInvalidate 的原理是什么呢？其实很简单，在 watch 内部每次检测到变更后，在副作用函数重新执行之前，会先调用我们通过 onInvalidate 函数注册的过期回调，仅此而已，如以下代码所示：

```
01 function watch(source, cb, options = {}) {
02   let getter
03   if (typeof source === 'function') {
04     getter = source
05   } else {
06     getter = () => traverse(source)
07   }
08
09   let oldValue, newValue
10
11   // cleanup 用来存储用户注册的过期回调
12   let cleanup
13   // 定义 onInvalidate 函数
```

```
14      function onInvalidate(fn) {
15        // 将过期回调存储到 cleanup 中
16        cleanup = fn
17      }
18
19      const job = () => {
20        newValue = effectFn()
21        // 在调用回调函数 cb 之前，先调用过期回调
22        if (cleanup) {
23          cleanup()
24        }
25        // 将 onInvalidate 作为回调函数的第三个参数，以便用户使用
26        cb(newValue, oldValue, onInvalidate)
27        oldValue = newValue
28      }
29
30      const effectFn = effect(
31        // 执行 getter
32        () => getter(),
33        {
34          lazy: true,
35          scheduler: () => {
36            if (options.flush === 'post') {
37              const p = Promise.resolve()
38              p.then(job)
39            } else {
40              job()
41            }
42          }
43        }
44      )
45
46      if (options.immediate) {
47        job()
48      } else {
49        oldValue = effectFn()
50      }
51    }
```

在这段代码中，我们首先定义了 cleanup 变量，这个变量用来存储用户通过 onInvalidate 函数注册的过期回调。可以看到 onInvalidate 函数的实现非常简单，只是把过期回调赋值给了 cleanup 变量。这里的关键点在 job 函数内，每次执行回调函数 cb 之前，先检查是否存在过期回调，如果存在，则执行过期回调函数 cleanup。最后我们把 onInvalidate 函数作为回调函数的第三个参数传递给 cb，以便用户使用。

我们还是通过一个例子来进一步说明：

```
01    watch(obj, async (newValue, oldValue, onInvalidate) => {
02      let expired = false
03      onInvalidate(() => {
04        expired = true
```

```
05    })
06
07    const res = await fetch('/path/to/request')
08
09    if (!expired) {
10      finalData = res
11    }
12  })
13
14  // 第一次修改
15  obj.foo++
16  setTimeout(() => {
17    // 200ms 后做第二次修改
18    obj.foo++
19  }, 200)
```

如以上代码所示，我们修改了两次 obj.foo 的值，第一次修改是立即执行的，这会导致 watch 的回调函数执行。由于我们在回调函数内调用了 onInvalidate，所以会注册一个过期回调，接着发送请求 A。假设请求 A 需要 1000ms 才能返回结果，而我们在 200ms 时第二次修改了 obj.foo 的值，这又会导致 watch 的回调函数执行。这时要注意的是，在我们的实现中，每次执行回调函数之前要先检查过期回调是否存在，如果存在，会优先执行过期回调。由于在 watch 的回调函数第一次执行的时候，我们已经注册了一个过期回调，所以在 watch 的回调函数第二次执行之前，会优先执行之前注册的过期回调，这会使得第一次执行的副作用函数内闭包的变量 expired 的值变为 true，即副作用函数的执行过期了。于是等请求 A 的结果返回时，其结果会被抛弃，从而避免了过期的副作用函数带来的影响，如图 4-12 所示。

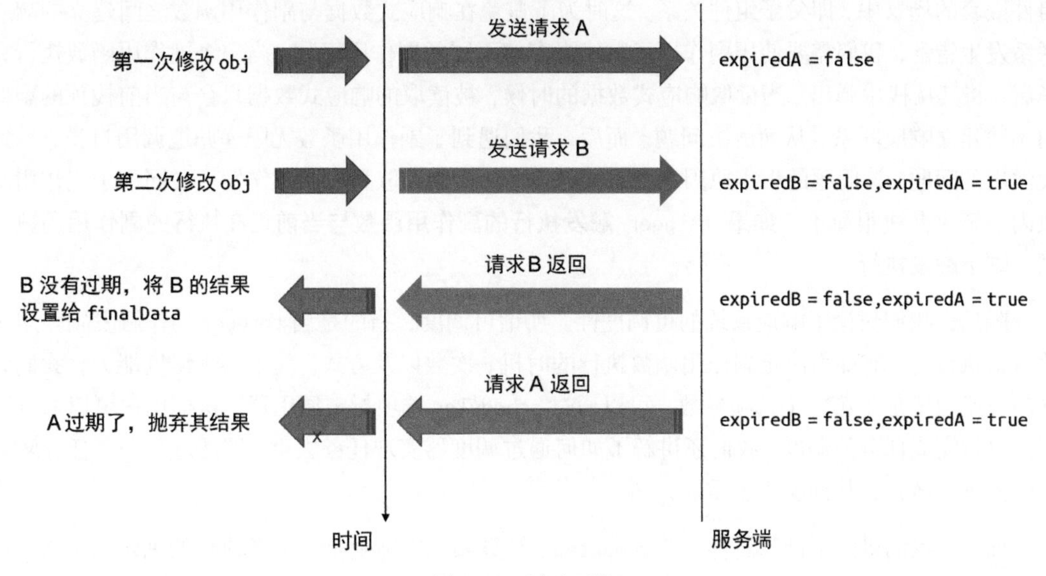

图 4-12 请求过期

4.12　总结

在本章中，我们首先介绍了副作用函数和响应式数据的概念，以及它们之间的关系。一个响应式数据最基本的实现依赖于对"读取"和"设置"操作的拦截，从而在副作用函数与响应式数据之间建立联系。当"读取"操作发生时，我们将当前执行的副作用函数存储到"桶"中；当"设置"操作发生时，再将副作用函数从"桶"里取出并执行。这就是响应系统的根本实现原理。

接着，我们实现了一个相对完善的响应系统。使用 WeakMap 配合 Map 构建了新的"桶"结构，从而能够在响应式数据与副作用函数之间建立更加精确的联系。同时，我们也介绍了 WeakMap 与 Map 这两个数据结构之间的区别。WeakMap 是弱引用的，它不影响垃圾回收器的工作。当用户代码对一个对象没有引用关系时，WeakMap 不会阻止垃圾回收器回收该对象。

我们还讨论了分支切换导致的冗余副作用的问题，这个问题会导致副作用函数进行不必要的更新。为了解决这个问题，我们需要在每次副作用函数重新执行之前，清除上一次建立的响应联系，而当副作用函数重新执行后，会再次建立新的响应联系，新的响应联系中不存在冗余副作用问题，从而解决了问题。但在此过程中，我们还遇到了遍历 Set 数据结构导致无限循环的新问题，该问题产生的原因可以从 ECMA 规范中得知，即"在调用 forEach 遍历 Set 集合时，如果一个值已经被访问过了，但这个值被删除并重新添加到集合，如果此时 forEach 遍历没有结束，那么这个值会重新被访问。"解决方案是建立一个新的 Set 数据结构用来遍历。

然后，我们讨论了关于嵌套的副作用函数的问题。在实际场景中，嵌套的副作用函数发生在组件嵌套的场景中，即父子组件关系。这时为了避免在响应式数据与副作用函数之间建立的响应联系发生错乱，我们需要使用副作用函数栈来存储不同的副作用函数。当一个副作用函数执行完毕后，将其从栈中弹出。当读取响应式数据的时候，被读取的响应式数据只会与当前栈顶的副作用函数建立响应联系，从而解决问题。而后，我们遇到了副作用函数无限递归地调用自身，导致栈溢出的问题。该问题的根本原因在于，对响应式数据的读取和设置操作发生在同一个副作用函数内。解决办法很简单，**如果 trigger 触发执行的副作用函数与当前正在执行的副作用函数相同，则不触发执行**。

随后，我们讨论了响应系统的可调度性。所谓可调度，指的是当 trigger 动作触发副作用函数重新执行时，有能力决定副作用函数执行的时机、次数以及方式。为了实现调度能力，我们为 effect 函数增加了第二个选项参数，可以通过 scheduler 选项指定调用器，这样用户可以通过调度器自行完成任务的调度。我们还讲解了如何通过调度器实现任务去重，即通过一个微任务队列对任务进行缓存，从而实现去重。

而后，我们讲解了计算属性，即 computed。计算属性实际上是一个懒执行的副作用函数，我们通过 lazy 选项使得副作用函数可以懒执行。被标记为懒执行的副作用函数可以通过手动方式让其执行。利用这个特点，我们设计了计算属性，当读取计算属性的值时，只需要手动执行副作用函数即可。当计算属性依赖的响应式数据发生变化时，会通过 scheduler 将 dirty 标记设置为 true，代表“脏”。这样，下次读取计算属性的值时，我们会重新计算真正的值。

之后，我们讨论了 watch 的实现原理。它本质上利用了副作用函数重新执行时的可调度性。一个 watch 本身会创建一个 effect，当这个 effect 依赖的响应式数据发生变化时，会执行该 effect 的调度器函数，即 scheduler。这里的 scheduler 可以理解为“回调”，所以我们只需要在 scheduler 中执行用户通过 watch 函数注册的回调函数即可。此外，我们还讲解了立即执行回调的 watch，通过添加新的 immediate 选项来实现，还讨论了如何控制回调函数的执行时机，通过 flush 选项来指定回调函数具体的执行时机，本质上是利用了调用器和异步的微任务队列。

最后，我们讨论了过期的副作用函数，它会导致竞态问题。为了解决这个问题，Vue.js 为 watch 的回调函数设计了第三个参数，即 onInvalidate。它是一个函数，用来注册过期回调。每当 watch 的回调函数执行之前，会优先执行用户通过 onInvalidate 注册的过期回调。这样，用户就有机会在过期回调中将上一次的副作用标记为“过期”，从而解决竞态问题。

第 5 章

非原始值的响应式方案

在上一章中，我们着重讨论了响应系统的概念与实现，并简单介绍了响应式数据的基本原理。本章中我们把目光聚焦在响应式数据本身，深入探讨实现响应式数据都需要考虑哪些内容，其中的难点又是什么。实际上，实现响应式数据要比想象中难很多，并不是像上一章讲述的那样，单纯地拦截 get/set 操作即可。举例来说，如何拦截 for...in 循环？track 函数如何追踪拦截到的 for...in 循环？类似的问题还有很多。除此之外，我们还应该考虑如何对数组进行代理。Vue.js 3 还支持集合类型，如 Map、Set、WeakMap 以及 WeakSet 等，那么应该如何对集合类型进行代理呢？实际上，想要实现完善的响应式数据，我们需要深入语言规范。本章在揭晓答案的同时，也会从语言规范的层面来分析原因，让你对响应式数据有更深入的理解。

另外，本章会引用 ECMA-262 规范，如不作特殊说明，皆指该规范的 2021 版本。

5.1 理解 Proxy 和 Reflect

既然 Vue.js 3 的响应式数据是基于 Proxy 实现的，那么我们就有必要了解 Proxy 以及与之相关联的 Reflect。什么是 Proxy 呢？简单地说，使用 Proxy 可以创建一个代理对象。它能够实现对**其他对象**的代理，这里的关键词是**其他对象**，也就是说，Proxy 只能代理对象，无法代理非对象值，例如字符串、布尔值等。那么，**代理**指的是什么呢？所谓代理，指的是对一个对象**基本语义**的代理。它允许我们**拦截**并**重新定义**对一个对象的基本操作。这句话的关键词比较多，我们逐一解释。

什么是**基本语义**？给出一个对象 obj，可以对它进行一些操作，例如读取属性值、设置属性值：

```
01  obj.foo // 读取属性 foo 的值
02  obj.foo++ // 读取和设置属性 foo 的值
```

类似这种读取、设置属性值的操作，就属于基本语义的操作，即基本操作。既然是基本操作，那么它就可以使用 Proxy 拦截：

```
01 const p = new Proxy(obj, {
02   // 拦截读取属性操作
03   get() { /*...*/ },
04   // 拦截设置属性操作
05   set() { /*...*/ }
06 })
```

如以上代码所示，Proxy 构造函数接收两个参数。第一个参数是被代理的对象，第二个参数也是一个对象，这个对象是一组夹子（trap）。其中 get 函数用来拦截读取操作，set 函数用来拦截设置操作。

在 JavaScript 的世界里，万物皆对象。例如一个函数也是一个对象，所以调用函数也是对一个对象的基本操作：

```
01 const fn = (name) => {
02   console.log('我是：', name)
03 }
04
05 // 调用函数是对对象的基本操作
06 fn()
```

因此，我们可以用 Proxy 来拦截函数的调用操作，这里我们使用 apply 拦截函数的调用：

```
01 const p2 = new Proxy(fn, {
02   // 使用 apply 拦截函数调用
03   apply(target, thisArg, argArray) {
04     target.call(thisArg, ...argArray)
05   }
06 })
07
08 p2('hcy') // 输出：'我是：hcy'
```

上面两个例子说明了什么是基本操作。Proxy 只能够拦截对一个对象的基本操作。那么，什么是非基本操作呢？其实调用对象下的方法就是典型的非基本操作，我们叫它**复合操作**：

```
01 obj.fn()
```

实际上，调用一个对象下的方法，是由两个基本语义组成的。第一个基本语义是 get，即先通过 get 操作得到 obj.fn 属性。第二个基本语义是函数调用，即通过 get 得到 obj.fn 的值后再调用它，也就是我们上面说到的 apply。理解 Proxy 只能够代理对象的基本语义很重要，后续我们讲解如何实现对数组或 Map、Set 等数据类型的代理时，都利用了 Proxy 的这个特点。

理解了 Proxy，我们再来讨论 Reflect。Reflect 是一个全局对象，其下有许多方法，例如：

```
01 Reflect.get()
02 Reflect.set()
03 Reflect.apply()
04 // ...
```

你可能已经注意到了，Reflect 下的方法与 Proxy 的拦截器方法名字相同，其实这不是偶然。任何在 Proxy 的拦截器中能够找到的方法，都能够在 Reflect 中找到同名函数，那么这些函数的作用是什么呢？其实它们的作用一点儿都不神秘。拿 Reflect.get 函数来说，它的功能就是提供了访问一个对象属性的默认行为，例如下面两个操作是等价的：

```
01  const obj = { foo: 1 }
02
03  // 直接读取
04  console.log(obj.foo) // 1
05  // 使用 Reflect.get 读取
06  console.log(Reflect.get(obj, 'foo')) // 1
```

可能有的读者会产生疑问：既然操作等价，那么它存在的意义是什么呢？实际上 Reflect.get 函数还能接收第三个参数，即指定接收者 receiver，你可以把它理解为函数调用过程中的 this，例如：

```
01  const obj = {
02    get foo() {
03      return this.foo
04    }
05  }
06  console.log(Reflect.get(obj, 'foo', { foo: 2 }))  // 输出的是 2 而不是 1
```

在这段代码中，我们指定第三个参数 receiver 为一个对象 { foo: 2 }，这时读取到的值是 receiver 对象的 foo 属性值。实际上，Reflect.* 方法还有很多其他方面的意义，但这里我们只关心并讨论这一点，因为它与响应式数据的实现密切相关。为了说明问题，回顾一下在上一节中实现响应式数据的代码：

```
01  const obj = { foo: 1 }
02
03  const p = new Proxy(obj, {
04    get(target, key) {
05      track(target, key)
06      // 注意，这里我们没有使用 Reflect.get 完成读取
07      return target[key]
08    },
09    set(target, key, newVal) {
10      // 这里同样没有使用 Reflect.set 完成设置
11      target[key] = newVal
12      trigger(target, key)
13    }
14  })
```

这是上一章中用来实现响应式数据的最基本的代码。在 get 和 set 拦截函数中，我们都是直接使用原始对象 target 来完成对属性的读取和设置操作的，其中原始对象 target 就是上述代码中的 obj 对象。

那么这段代码有什么问题吗？我们借助 effect 让问题暴露出来。首先，我们修改一下 obj 对象，为它添加 bar 属性：

```
01  const obj = {
02    foo: 1,
03    get bar() {
04      return this.foo
05    }
06  }
```

可以看到，bar 属性是一个访问器属性，它返回了 this.foo 属性的值。接着，我们在 effect 副作用函数中通过代理对象 p 访问 bar 属性：

```
01  effect(() => {
02    console.log(p.bar) // 1
03  })
```

我们来分析一下这个过程发生了什么。当 effect 注册的副作用函数执行时，会读取 p.bar 属性，它发现 p.bar 是一个访问器属性，因此执行 getter 函数。由于在 getter 函数中通过 this.foo 读取了 foo 属性值，因此我们认为副作用函数与属性 foo 之间也会建立联系。当我们修改 p.foo 的值时应该能够触发响应，使得副作用函数重新执行才对。然而实际并非如此，当我们尝试修改 p.foo 的值时：

```
01  p.foo++
```

副作用函数并没有重新执行，问题出在哪里呢？

实际上，问题就出在 bar 属性的访问器函数 getter 里：

```
01  const obj = {
02    foo: 1,
03    get bar() {
04      // 这里的 this 指向的是谁？
05      return this.foo
06    }
07  }
```

当我们使用 this.foo 读取 foo 属性值时，这里的 this 指向的是谁呢？我们回顾一下整个流程。首先，我们通过代理对象 p 访问 p.bar，这会触发代理对象的 get 拦截函数执行：

```
01  const p = new Proxy(obj, {
02    get(target, key) {
03      track(target, key)
04      // 注意，这里我们没有使用 Reflect.get 完成读取
05      return target[key]
06    },
07    // 省略部分代码
08  })
```

在 get 拦截函数内，通过 target[key] 返回属性值。其中 target 是原始对象 obj，而 key 就是字符串 'bar'，所以 target[key] 相当于 obj.bar。因此，当我们使用 p.bar 访问 bar 属性时，它的 getter 函数内的 this 指向的其实是原始对象 obj，这说明我们最终访问的其实是 obj.foo。

很显然，在副作用函数内通过原始对象访问它的某个属性是不会建立响应联系的，这等价于：

```
01  effect(() => {
02    // obj 是原始数据，不是代理对象，这样的访问不能够建立响应联系
03    obj.foo
04  })
```

因为这样做不会建立响应联系，所以出现了无法触发响应的问题。那么这个问题应该如何解决呢？这时 Reflect.get 函数就派上用场了。先给出解决问题的代码：

```
01  const p = new Proxy(obj, {
02    // 拦截读取操作，接收第三个参数 receiver
03    get(target, key, receiver) {
04      track(target, key)
05      // 使用 Reflect.get 返回读取到的属性值
06      return Reflect.get(target, key, receiver)
07    },
08    // 省略部分代码
09  })
```

如上面的代码所示，代理对象的 get 拦截函数接收第三个参数 receiver，它代表谁在读取属性，例如：

```
01  p.bar // 代理对象 p 在读取 bar 属性
```

当我们使用代理对象 p 访问 bar 属性时，那么 receiver 就是 p，你可以把它简单地理解为函数调用中的 this。接着关键的一步发生了，我们使用 Reflect.get(target, key, receiver) 代替之前的 target[key]，这里的关键点就是第三个参数 receiver。我们已经知道它就是代理对象 p，所以访问器属性 bar 的 getter 函数内的 this 指向代理对象 p：

```
01  const obj = {
02    foo: 1,
03    get bar() {
04      // 现在这里的 this 为代理对象 p
05      return this.foo
06    }
07  }
```

可以看到，this 由原始对象 obj 变成了代理对象 p。很显然，这会在副作用函数与响应式数据之间建立响应联系，从而达到依赖收集的效果。如果此时再对 p.foo 进行自增操作，会发现已经能够触发副作用函数重新执行了。

正是基于上述原因，后文讲解中将统一使用 Reflect.* 方法。

5.2 JavaScript 对象及 Proxy 的工作原理

我们经常听到这样的说法：“JavaScript 中一切皆对象。”那么，到底什么是对象呢？这个问

题需要我们查阅 ECMAScript 规范才能得到答案。实际上，根据 ECMAScript 规范，在 JavaScript 中有两种对象，其中一种叫作**常规对象**（ordinary object），另一种叫作**异质对象**（exotic object）。这两种对象包含了 JavaScript 世界中的所有对象，任何不属于常规对象的对象都是异质对象。那么到底什么是常规对象，什么是异质对象呢？这需要我们先了解对象的内部方法和内部槽。

我们知道，在 JavaScript 中，函数其实也是对象。假设给出一个对象 obj，如何区分它是普通对象还是函数呢？实际上，在 JavaScript 中，对象的实际语义是由对象的**内部方法**（internal method）指定的。所谓内部方法，指的是当我们对一个对象进行操作时在引擎内部调用的方法，这些方法对于 JavaScript 使用者来说是不可见的。举个例子，当我们访问对象属性时：

```
01  obj.foo
```

引擎内部会调用 [[Get]] 这个内部方法来读取属性值。这里补充说明一下，在 ECMAScript 规范中使用 [[xxx]] 来代表内部方法或内部槽。当然，一个对象不仅部署了 [[Get]] 这个内部方法，表 5-1 列出了规范要求的所有必要的内部方法[①]。

表 5-1 对象必要的内部方法

内部方法	签 名	描 述
[[GetPrototypeOf]]	( ) → Object | Null	查明为该对象提供继承属性的对象，null 代表没有继承属性
[[SetPrototypeOf]]	(Object | Null) → Boolean	将该对象与提供继承属性的另一个对象相关联。传递 null 表示没有继承属性，返回 true 表示操作成功完成，返回 false 表示操作失败
[[IsExtensible]]	( ) → Boolean	查明是否允许向该对象添加其他属性
[[PreventExtensions]]	( ) → Boolean	控制能否向该对象添加新属性。如果操作成功则返回 true，如果操作失败则返回 false
[[GetOwnProperty]]	(propertyKey) → Undefined | Property Descriptor	返回该对象自身属性的描述符，其键为 propertyKey，如果不存在这样的属性，则返回 undefined
[[DefineOwnProperty]]	(propertyKey, PropertyDescriptor) → Boolean	创建或更改自己的属性，其键为 propertyKey，以具有由 PropertyDescriptor 描述的状态。如果该属性已成功创建或更新，则返回 true；如果无法创建或更新该属性，则返回 false
[[HasProperty]]	(propertyKey) → Boolean	返回一个布尔值，指示该对象是否已经拥有键为 propertyKey 的自己的或继承的属性
[[Get]]	(propertyKey, Receiver) → any	从该对象返回键为 propertyKey 的属性的值。如果必须运行 ECMAScript 代码来检索属性值，则在运行代码时使用 Receiver 作为 this 值

① 摘自 ECMAScript 2022 Language Specification 的 Invariants of the Essential Internal Methods。

（续）

内部方法	签　名	描　述
[[Set]]	(propertyKey, value, Receiver) → Boolean	将键值为 propertyKey 的属性的值设置为 value。如果必须运行 ECMAScript 代码来设置属性值，则在运行代码时使用 Receiver 作为 this 值。如果成功设置了属性值，则返回 true；如果无法设置，则返回 false
[[Delete]]	(propertyKey) → Boolean	从该对象中删除属于自身的键为 propertyKey 的属性。如果该属性未被删除并且仍然存在，则返回 false；如果该属性已被删除或不存在，则返回 true
[[OwnPropertyKeys]]	( ) → List of propertyKey	返回一个 List，其元素都是对象自身的属性键

由表 5-1 可知，包括 [[Get]] 在内，一个对象必须部署 11 个必要的内部方法。除了表 5-1 所列的内部方法之外，还有两个额外的必要内部方法[①]：[[Call]] 和 [[Construct]]，如表 5-2 所示。

表 5-2　额外的必要内部方法

内部方法	签　名	描　述
[[Call]]	(any, a List of any) → any	将运行的代码与 this 对象关联。由函数调用触发。该内部方法的参数是一个 this 值和参数列表
[[Construct]]	(a List of any, Object) → Object	创建一个对象。通过 new 运算符或 super 调用触发。该内部方法的第一个参数是一个 List，该 List 的元素是构造函数调用或 super 调用的参数，第二个参数是最初应用 new 运算符的对象。实现该内部方法的对象称为构造函数

如果一个对象需要作为函数调用，那么这个对象就必须部署内部方法 [[Call]]。现在我们就可以回答前面的问题了：如何区分一个对象是普通对象还是函数呢？一个对象在什么情况下才能作为函数调用呢？答案是，通过内部方法和内部槽来区分对象，例如函数对象会部署内部方法 [[Call]]，而普通对象则不会。

内部方法具有多态性，这是什么意思呢？这类似于面向对象里多态的概念。这就是说，不同类型的对象可能部署了相同的内部方法，却具有不同的逻辑。例如，普通对象和 Proxy 对象都部署了 [[Get]] 这个内部方法，但它们的逻辑是不同的，普通对象部署的[[Get]] 内部方法的逻辑是由 ECMA 规范的 10.1.8 节定义的，而 Proxy 对象部署的 [[Get]] 内部方法的逻辑是由 ECMA 规范的 10.5.8 节来定义的。

了解了内部方法，就可以解释什么是常规对象，什么是异质对象了。满足以下三点要求的对象就是常规对象：

① 摘自 ECMAScript 2022 Language Specification 的 Invariants of the Essential Internal Methods。

- 对于表 5-1 列出的内部方法，必须使用 ECMA 规范 10.1.x 节给出的定义实现；
- 对于内部方法 [[Call]]，必须使用 ECMA 规范 10.2.1 节给出的定义实现；
- 对于内部方法 [[Construct]]，必须使用 ECMA 规范 10.2.2 节给出的定义实现。

而所有不符合这三点要求的对象都是异质对象。例如，由于 Proxy 对象的内部方法 [[Get]] 没有使用 ECMA 规范的 10.1.8 节给出的定义实现，所以 Proxy 是一个异质对象。

现在我们对 JavaScript 中的对象有了更加深入的理解。接下来，我们就具体看看 Proxy 对象。既然 Proxy 也是对象，那么它本身也部署了上述必要的内部方法，当我们通过代理对象访问属性值时：

```
01  const p = new Proxy(obj, {/* ... */})
02  p.foo
```

实际上，引擎会调用部署在对象 p 上的内部方法 [[Get]]。到这一步，其实代理对象和普通对象没有太大区别。它们的区别在于对于内部方法 [[Get]] 的实现，这里就体现了内部方法的多态性，即不同的对象部署相同的内部方法，但它们的行为可能不同。具体的不同体现在，如果在创建代理对象时没有指定对应的拦截函数，例如没有指定 get() 拦截函数，那么当我们通过代理对象访问属性值时，代理对象的内部方法 [[Get]] 会调用原始对象的内部方法 [[Get]] 来获取属性值，这其实就是代理透明性质。

现在相信你已经明白了，创建代理对象时指定的拦截函数，实际上是用来自定义代理对象本身的内部方法和行为的，而不是用来指定被代理对象的内部方法和行为的。表 5-3 列出了 Proxy 对象部署的所有内部方法以及用来自定义内部方法和行为的拦截函数名字[①]。

表 5-3 Proxy 对象部署的所有内部方法

内部方法	处理器函数
[[GetPrototypeOf]]	getPrototypeOf
[[SetPrototypeOf]]	setPrototypeOf
[[IsExtensible]]	isExtensible
[[PreventExtensions]]	preventExtensions
[[GetOwnProperty]]	getOwnPropertyDescriptor
[[DefineOwnProperty]]	defineProperty
[[HasProperty]]	has
[[Get]]	get
[[Set]]	set
[[Delete]]	deleteProperty

① 摘自 ECMAScript 2022 Language Specification 的 Proxy Object Internal Methods and Internal Slots。

（续）

内部方法	处理器函数
[[OwnPropertyKeys]]	ownKeys
[[Call]]	apply
[[Construct]]	construct

当然，其中 [[Call]] 和 [[Construct]] 这两个内部方法只有当被代理的对象是函数和构造函数时才会部署。

由表 5-3 可知，当我们要拦截删除属性操作时，可以使用 deleteProperty 拦截函数实现：

```
01  const obj = { foo: 1 }
02  const p = new Proxy(obj, {
03    deleteProperty(target, key) {
04      return Reflect.deleteProperty(target, key)
05    }
06  })
07
08  console.log(p.foo) // 1
09  delete p.foo
10  console.log(p.foo) // 未定义
```

这里需要强调的是，deleteProperty 实现的是代理对象 p 的内部方法和行为，所以为了删除被代理对象上的属性值，我们需要使用 Reflect.deleteProperty(target, key) 来完成。

5.3　如何代理 Object

从本节开始，我们将着手实现响应式数据。前面我们使用 get 拦截函数去拦截对属性的读取操作。但在响应系统中，“读取”是一个很宽泛的概念，例如使用 in 操作符检查对象上是否具有给定的 key 也属于“读取”操作，如下面的代码所示：

```
01  effect(() => {
02    'foo' in obj
03  })
```

这本质上也是在进行“读取”操作。响应系统应该拦截一切读取操作，以便当数据变化时能够正确地触发响应。下面列出了对一个普通对象的所有可能的读取操作。

- 访问属性：obj.foo。
- 判断对象或原型上是否存在给定的 key：key in obj。
- 使用 for...in 循环遍历对象：for (const key in obj){}。

接下来，我们逐步讨论如何拦截这些读取操作。首先是对于属性的读取，例如 obj.foo，我们知道这可以通过 get 拦截函数实现：

```
01  const obj = { foo: 1 }
02
03  const p = new Proxy(obj, {
04    get(target, key, receiver) {
05      // 建立联系
06      track(target, key)
07      // 返回属性值
08      return Reflect.get(target, key, receiver)
09    },
10  })
```

对于 in 操作符，应该如何拦截呢？我们可以先查看表 5-3，尝试寻找与 in 操作符对应的拦截函数，但表 5-3 中没有与 in 操作符相关的内容。怎么办呢？这时我们就需要查看关于 in 操作符的相关规范。在 ECMA-262 规范的 13.10.1 节中，明确定义了 in 操作符的运行时逻辑，如图 5-1 所示。

RelationalExpression : *RelationalExpression* **in** *ShiftExpression*

1. Let *lref* be the result of evaluating *RelationalExpression*.
2. Let *lval* be ? GetValue(*lref*).
3. Let *rref* be the result of evaluating *ShiftExpression*.
4. Let *rval* be ? GetValue(*rref*).
5. If Type(*rval*) is not Object, throw a **TypeError** exception.
6. Return ? HasProperty(*rval*, ? ToPropertyKey(*lval*)).

图 5-1 in 操作符的运行时逻辑

图 5-1 描述的内容如下。

1. 让 lref 的值为 RelationalExpression 的执行结果。
2. 让 lval 的值为 ? GetValue(lref)。
3. 让 rref 的值为 ShiftExpression 的执行结果。
4. 让 rval 的值为 ? GetValue(rref)。
5. 如果 Type(rval) 不是对象，则抛出 TypeError 异常。
6. 返回 ? HasProperty(rval, ? ToPropertyKey(lval))。

关键点在第 6 步，可以发现，in 操作符的运算结果是通过调用一个叫作 HasProperty 的抽象方法得到的。关于 HasProperty 抽象方法，可以在 ECMA-262 规范的 7.3.11 节中找到，它的操作如图 5-2 所示。

图 5-2 描述的内容如下。

1. 断言：Type(O) 是 Object。
2. 断言：IsPropertyKey(P) 是 true。
3. 返回 ? O.[[HasProperty]](P)。

1. Assert: Type(*O*) is Object.
2. Assert: IsPropertyKey(*P*) is **true**.
3. Return ? *O*.[[HasProperty]](*P*).

图 5-2 HasProperty 抽象方法的逻辑

在第 3 步中，可以看到 HasProperty 抽象方法的返回值是通过调用对象的内部方法 [[HasProperty]] 得到的。而 [[HasProperty]] 内部方法可以在表 5-3 中找到，它对应的拦截函数名叫 has，因此我们可以通过 has 拦截函数实现对 in 操作符的代理：

```
01  const obj = { foo: 1 }
02  const p = new Proxy(obj, {
03    has(target, key) {
04      track(target, key)
05      return Reflect.has(target, key)
06    }
07  })
```

这样，当我们在副作用函数中通过 in 操作符操作响应式数据时，就能够建立依赖关系：

```
01  effect(() => {
02    'foo' in p // 将会建立依赖关系
03  })
```

再来看看如何拦截 for...in 循环。同样，我们能够拦截的所有方法都在表 5-3 中，而表 5-3 列出的是一个对象的所有基本语义方法，也就是说，任何操作其实都是由这些基本语义方法及其组合实现的，for...in 循环也不例外。为了搞清楚 for...in 循环依赖哪些基本语义方法，还需要看规范。

由于这部分规范内容较多，因此这里只截取关键部分。在规范的 14.7.5.6 节中定义了 for...in 头部的执行规则，如图 5-3 所示。

14.7.5.6 ForIn/OfHeadEvaluation (*uninitializedBoundNames*, *expr*, *iterationKind*)

The abstract operation ForIn/OfHeadEvaluation takes arguments *uninitializedBoundNames*, *expr*, and *iterationKind* (either enumerate, iterate, or async-iterate). It performs the following steps when called:

1. Let *oldEnv* be the running execution context's LexicalEnvironment.
2. If *uninitializedBoundNames* is not an empty List, then
   a. Assert: *uninitializedBoundNames* has no duplicate entries.
   b. Let *newEnv* be NewDeclarativeEnvironment(*oldEnv*).
   c. For each String *name* of *uninitializedBoundNames*, do
      i. Perform ! *newEnv*.CreateMutableBinding(*name*, **false**).
   d. Set the running execution context's LexicalEnvironment to *newEnv*.
3. Let *exprRef* be the result of evaluating *expr*.
4. Set the running execution context's LexicalEnvironment to *oldEnv*.
5. Let *exprValue* be ? GetValue(*exprRef*).
6. If *iterationKind* is enumerate, then
   a. If *exprValue* is **undefined** or **null**, then
      i. Return Completion { [[Type]]: break, [[Value]]: empty, [[Target]]: empty }.
   b. Let *obj* be ! ToObject(*exprValue*).
   c. Let *iterator* be ? EnumerateObjectProperties(*obj*).
   d. Let *nextMethod* be ! GetV(*iterator*, **"next"**).
   e. Return the Record { [[Iterator]]: *iterator*, [[NextMethod]]: *nextMethod*, [[Done]]: **false** }.
7. Else,
   a. Assert: *iterationKind* is iterate or async-iterate.
   b. If *iterationKind* is async-iterate, let *iteratorHint* be async.
   c. Else, let *iteratorHint* be sync.
   d. Return ? GetIterator(*exprValue*, *iteratorHint*).

图 5-3　for...in 头部的执行规则

图 5-3 中第 6 步描述的内容如下。

6. 如果 iterationKind 是枚举（enumerate），则
   a. 如果 exprValue 是 undefined 或 null，那么
      i. 返回 Completion { [[Type]]: break, [[Value]]: empty, [[Target]]: empty }。
   b. 让 obj 的值为 ! ToObject(exprValue)。
   c. 让 iterator 的值为 ? EnumerateObjectProperties(obj)。
   d. 让 nextMethod 的值为 ! GetV(iterator, "next")。
   e. 返回 Record{ [[Iterator]]: iterator, [[NextMethod]]: nextMethod, [[Done]]: false }。

仔细观察第 6 步的第 c 子步骤：

让 iterator 的值为 ? EnumerateObjectProperties(obj)。

其中的关键点在于 EnumerateObjectProperties(obj)。这里的 EnumerateObjectProperties 是一个抽象方法，该方法返回一个迭代器对象，规范的 14.7.5.9 节给出了满足该抽象方法的示例实现，如下面的代码所示：

```
01  function* EnumerateObjectProperties(obj) {
02    const visited = new Set();
03    for (const key of Reflect.ownKeys(obj)) {
04      if (typeof key === "symbol") continue;
05      const desc = Reflect.getOwnPropertyDescriptor(obj, key);
06      if (desc) {
07        visited.add(key);
08        if (desc.enumerable) yield key;
09      }
10    }
11    const proto = Reflect.getPrototypeOf(obj);
12    if (proto === null) return;
13    for (const protoKey of EnumerateObjectProperties(proto)) {
14      if (!visited.has(protoKey)) yield protoKey;
15    }
16  }
```

可以看到，该方法是一个 generator 函数，接收一个参数 obj。实际上，obj 就是被 for...in 循环遍历的对象，其关键点在于使用 Reflect.ownKeys(obj) 来获取只属于对象自身拥有的键。有了这个线索，如何拦截 for...in 循环的答案已经很明显了，我们可以使用 ownKeys 拦截函数来拦截 Reflect.ownKeys 操作：

```
01  const obj = { foo: 1 }
02  const ITERATE_KEY = Symbol()
03
04  const p = new Proxy(obj, {
05    ownKeys(target) {
06      // 将副作用函数与 ITERATE_KEY 关联
```

```
07      track(target, ITERATE_KEY)
08      return Reflect.ownKeys(target)
09    }
10  })
```

如上面的代码所示，拦截 ownKeys 操作即可间接拦截 for...in 循环。但相信大家已经注意到了，我们在使用 track 函数进行追踪的时候，将 ITERATE_KEY 作为追踪的 key，为什么这么做呢？这是因为 ownKeys 拦截函数与 get/set 拦截函数不同，在 set/get 中，我们可以得到具体操作的 key，但是在 ownKeys 中，我们只能拿到目标对象 target。这也很符合直觉，因为在读写属性值时，总是能够明确地知道当前正在操作哪一个属性，所以只需要在该属性与副作用函数之间建立联系即可。而 ownKeys 用来获取一个对象的所有属于自己的键值，这个操作明显不与任何具体的键进行绑定，因此我们只能够构造唯一的 key 作为标识，即 ITERATE_KEY。

既然追踪的是 ITERATE_KEY，那么相应地，在触发响应的时候也应该触发它才行：

```
01  trigger(target, ITERATE_KEY)
```

但是在什么情况下，对数据的操作需要触发与 ITERATE_KEY 相关联的副作用函数重新执行呢？为了搞清楚这个问题，我们用一段代码来说明。假设副作用函数内有一段 for...in 循环：

```
01  const obj = { foo: 1 }
02  const p = new Proxy(obj, {/* ... */})
03
04  effect(() => {
05    // for...in 循环
06    for (const key in p) {
07      console.log(key) // foo
08    }
09  })
```

副作用函数执行后，会与 ITERATE_KEY 之间建立响应联系，接下来我们尝试为对象 p 添加新的属性 bar：

```
01  p.bar = 2
```

由于对象 p 原本只有 foo 属性，因此 for...in 循环只会执行一次。现在为它添加了新的属性 bar，所以 for...in 循环就会由执行一次变成执行两次。也就是说，当为对象添加新属性时，会对 for...in 循环产生影响，所以需要触发与 ITERATE_KEY 相关联的副作用函数重新执行。但目前的实现还做不到这一点。当我们为对象 p 添加新的属性 bar 时，并没有触发副作用函数重新执行，这是为什么呢？我们来看一下现在的 set 拦截函数的实现：

```
01  const p = new Proxy(obj, {
02    // 拦截设置操作
03    set(target, key, newVal, receiver) {
04      // 设置属性值
05      const res = Reflect.set(target, key, newVal, receiver)
06      // 把副作用函数从桶里取出并执行
```

```
07     trigger(target, key)
08 
09     return res
10   },
11   // 省略其他拦截函数
12 })
```

当为对象 p 添加新的 bar 属性时，会触发 set 拦截函数执行。此时 set 拦截函数接收到的 key 就是字符串 'bar'，因此最终调用 trigger 函数时也只是触发了与 'bar' 相关联的副作用函数重新执行。但根据前文的介绍，我们知道 for...in 循环是在副作用函数与 ITERATE_KEY 之间建立联系，这和 'bar' 一点儿关系都没有，因此当我们尝试执行 p.bar = 2 操作时，并不能正确地触发响应。

弄清楚了问题在哪里，解决方案也就随之而来了。当添加属性时，我们将那些与 ITERATE_KEY 相关联的副作用函数也取出来执行就可以了：

```
01 function trigger(target, key) {
02   const depsMap = bucket.get(target)
03   if (!depsMap) return
04   // 取得与 key 相关联的副作用函数
05   const effects = depsMap.get(key)
06   // 取得与 ITERATE_KEY 相关联的副作用函数
07   const iterateEffects = depsMap.get(ITERATE_KEY)
08 
09   const effectsToRun = new Set()
10   // 将与 key 相关联的副作用函数添加到 effectsToRun
11   effects && effects.forEach(effectFn => {
12     if (effectFn !== activeEffect) {
13       effectsToRun.add(effectFn)
14     }
15   })
16   // 将与 ITERATE_KEY 相关联的副作用函数也添加到 effectsToRun
17   iterateEffects && iterateEffects.forEach(effectFn => {
18     if (effectFn !== activeEffect) {
19       effectsToRun.add(effectFn)
20     }
21   })
22 
23   effectsToRun.forEach(effectFn => {
24     if (effectFn.options.scheduler) {
25       effectFn.options.scheduler(effectFn)
26     } else {
27       effectFn()
28     }
29   })
30 }
```

如以上代码所示，当 trigger 函数执行时，除了把那些直接与具体操作的 key 相关联的副作用函数取出来执行外，还要把那些与 ITERATE_KEY 相关联的副作用函数取出来执行。

但相信细心的你已经发现了，对于添加新的属性来说，这么做没有什么问题，但如果仅仅修改已有属性的值，而不是添加新属性，那么问题就来了。看如下代码：

```
01  const obj = { foo: 1 }
02  const p = new Proxy(obj, {/* ... */})
03
04  effect(() => {
05    // for...in 循环
06    for (const key in p) {
07      console.log(key) // foo
08    }
09  })
```

当我们修改 p.foo 的值时：

```
01  p.foo = 2
```

与添加新属性不同，修改属性不会对 for...in 循环产生影响。因为无论怎么修改一个属性的值，对于 for...in 循环来说都只会循环一次。所以在这种情况下，我们不需要触发副作用函数重新执行，否则会造成不必要的性能开销。然而无论是添加新属性，还是修改已有的属性值，其基本语义都是 [[Set]]，我们都是通过 set 拦截函数来实现拦截的，如以下代码所示：

```
01  const p = new Proxy(obj, {
02    // 拦截设置操作
03    set(target, key, newVal, receiver) {
04      // 设置属性值
05      const res = Reflect.set(target, key, newVal, receiver)
06      // 把副作用函数从桶里取出并执行
07      trigger(target, key)
08
09      return res
10    },
11    // 省略其他拦截函数
12  })
```

所以要想解决上述问题，当设置属性操作发生时，就需要我们在 set 拦截函数内能够区分操作的类型，到底是添加新属性还是设置已有属性：

```
01  const p = new Proxy(obj, {
02    // 拦截设置操作
03    set(target, key, newVal, receiver) {
04      // 如果属性不存在，则说明是在添加新属性，否则是设置已有属性
05      const type = Object.prototype.hasOwnProperty.call(target, key) ? 'SET' : 'ADD'
06
07      // 设置属性值
08      const res = Reflect.set(target, key, newVal, receiver)
09
10      // 将 type 作为第三个参数传递给 trigger 函数
11      trigger(target, key, type)
12
13      return res
```

```
14    },
15    // 省略其他拦截函数
16  })
```

如以上代码所示，我们优先使用 `Object.prototype.hasOwnProperty` 检查当前操作的属性是否已经存在于目标对象上，如果存在，则说明当前操作类型为 `'SET'`，即修改属性值；否则认为当前操作类型为 `'ADD'`，即添加新属性。最后，我们把类型结果 `type` 作为第三个参数传递给 `trigger` 函数。

在 `trigger` 函数内就可以通过类型 `type` 来区分当前的操作类型，并且只有当操作类型 `type` 为 `'ADD'` 时，才会触发与 `ITERATE_KEY` 相关联的副作用函数重新执行，这样就避免了不必要的性能损耗：

```
01  function trigger(target, key, type) {
02    const depsMap = bucket.get(target)
03    if (!depsMap) return
04    const effects = depsMap.get(key)
05
06    const effectsToRun = new Set()
07    effects && effects.forEach(effectFn => {
08      if (effectFn !== activeEffect) {
09        effectsToRun.add(effectFn)
10      }
11    })
12
13    console.log(type, key)
14    // 只有当操作类型为 'ADD' 时，才触发与 ITERATE_KEY 相关联的副作用函数重新执行
15    if (type === 'ADD') {
16      const iterateEffects = depsMap.get(ITERATE_KEY)
17      iterateEffects && iterateEffects.forEach(effectFn => {
18        if (effectFn !== activeEffect) {
19          effectsToRun.add(effectFn)
20        }
21      })
22    }
23
24    effectsToRun.forEach(effectFn => {
25      if (effectFn.options.scheduler) {
26        effectFn.options.scheduler(effectFn)
27      } else {
28        effectFn()
29      }
30    })
31  }
```

通常我们会将操作类型封装为一个枚举值，例如：

```
01  const TriggerType = {
02    SET: 'SET',
03    ADD: 'ADD'
04  }
```

这样无论是对后期代码的维护，还是对代码的清晰度，都是非常有帮助的。但这里我们就不讨论这些细枝末节了。

关于对象的代理，还剩下最后一项工作需要做，即删除属性操作的代理：

```
01  delete p.foo
```

如何代理 delete 操作符呢？还是看规范，规范的 13.5.1.2 节中明确定义了 delete 操作符的行为，如图 5-4 所示。

13.5.1.2 Runtime Semantics: Evaluation
UnaryExpression : **delete** *UnaryExpression*

1. Let *ref* be the result of evaluating *UnaryExpression*.
2. ReturnIfAbrupt(*ref*).
3. If *ref* is not a Reference Record, return **true**.
4. If IsUnresolvableReference(*ref*) is **true**, then
   a. Assert: *ref*.[[Strict]] is **false**.
   b. Return **true**.
5. If IsPropertyReference(*ref*) is **true**, then
   a. Assert: ! IsPrivateReference(*ref*) is **false**.
   b. If IsSuperReference(*ref*) is **true**, throw a **ReferenceError** exception.
   c. Let *baseObj* be ! ToObject(*ref*.[[Base]]).
   d. Let *deleteStatus* be ? *baseObj*.[[Delete]](*ref*.[[ReferencedName]]).
   e. If *deleteStatus* is **false** and *ref*.[[Strict]] is **true**, throw a **TypeError** exception.
   f. Return *deleteStatus*.
6. Else,
   a. Let *base* be *ref*.[[Base]].
   b. Assert: *base* is an Environment Record.
   c. Return ? *base*.DeleteBinding(*ref*.[[ReferencedName]]).

图 5-4　delete 操作符的行为

图 5-4 中的第 5 步描述的内容如下。

5. 如果 IsPropertyReference(ref) 是 true，那么
   a. 断言：! IsPrivateReference(ref) 是 false。
   b. 如果 IsSuperReference(ref) 也是 true，则抛出 ReferenceError 异常。
   c. 让 baseObj 的值为 ! ToObject(ref,[[Base]])。
   d. 让 deleteStatus 的值为 ? baseObj.[[Delete]](ref.[[ReferencedName]])。
   e. 如果 deleteStatus 的值为 false 并且 ref.[[Strict]] 的值是 true，则抛出 TypeError 异常。
   f. 返回 deleteStatus。

由第 5 步中的 d 子步骤可知，delete 操作符的行为依赖 [[Delete]] 内部方法。接着查看表 5-3 可知，该内部方法可以使用 deleteProperty 拦截：

```
01  const p = new Proxy(obj, {
02    deleteProperty(target, key) {
03      // 检查被操作的属性是否是对象自己的属性
04      const hadKey = Object.prototype.hasOwnProperty.call(target, key)
05      // 使用 Reflect.deleteProperty 完成属性的删除
06      const res = Reflect.deleteProperty(target, key)
07
08      if (res && hadKey) {
09        // 只有当被删除的属性是对象自己的属性并且成功删除时，才触发更新
10        trigger(target, key, 'DELETE')
11      }
12
13      return res
14    }
15  })
```

如以上代码所示，首先检查被删除的属性是否属于对象自身，然后调用 Reflect.deleteProperty 函数完成属性的删除工作，只有当这两步的结果都满足条件时，才调用 trigger 函数触发副作用函数重新执行。需要注意的是，在调用 trigger 函数时，我们传递了新的操作类型 'DELETE'。由于删除操作会使得对象的键变少，它会影响 for...in 循环的次数，因此当操作类型为 'DELETE' 时，我们也应该触发那些与 ITERATE_KEY 相关联的副作用函数重新执行：

```
01  function trigger(target, key, type) {
02    const depsMap = bucket.get(target)
03    if (!depsMap) return
04    const effects = depsMap.get(key)
05
06    const effectsToRun = new Set()
07    effects && effects.forEach(effectFn => {
08      if (effectFn !== activeEffect) {
09        effectsToRun.add(effectFn)
10      }
11    })
12
13    // 当操作类型为 ADD 或 DELETE 时，需要触发与 ITERATE_KEY 相关联的副作用函数重新执行
14    if (type === 'ADD' || type === 'DELETE') {
15      const iterateEffects = depsMap.get(ITERATE_KEY)
16      iterateEffects && iterateEffects.forEach(effectFn => {
17        if (effectFn !== activeEffect) {
18          effectsToRun.add(effectFn)
19        }
20      })
21    }
22
23    effectsToRun.forEach(effectFn => {
24      if (effectFn.options.scheduler) {
25        effectFn.options.scheduler(effectFn)
26      } else {
27        effectFn()
28      }
29    })
30  }
```

在这段代码中，我们添加了 type === 'DELETE' 判断，使得删除属性操作能够触发与 ITERATE_KEY 相关联的副作用函数重新执行。

5.4 合理地触发响应

上一节中，我们从规范的角度详细介绍了如何代理对象，在这个过程中，处理了很多边界条件。例如，我们需要明确知道操作的类型是 'ADD' 还是 'SET'，抑或是其他操作类型，从而正确地触发响应。但想要合理地触发响应，还有许多工作要做。

首先，我们来看要面临的第一个问题，即当值没有发生变化时，应该不需要触发响应才对：

```
01    const obj = { foo: 1 }
02    const p = new Proxy(obj, { /* ... */ })
03
04    effect(() => {
05      console.log(p.foo)
06    })
07
08    // 设置 p.foo 的值，但值没有变化
09    p.foo = 1
```

如上面的代码所示，p.foo 的初始值为 1，当为 p.foo 设置新的值时，如果值没有发生变化，则不需要触发响应。为了满足需求，我们需要修改 set 拦截函数的代码，在调用 trigger 函数触发响应之前，需要检查值是否真的发生了变化：

```
01    const p = new Proxy(obj, {
02      set(target, key, newVal, receiver) {
03        // 先获取旧值
04        const oldVal = target[key]
05
06        const type = Object.prototype.hasOwnProperty.call(target, key) ? 'SET' : 'ADD'
07        const res = Reflect.set(target, key, newVal, receiver)
08        // 比较新值与旧值，只要当不全等的时候才触发响应
09        if (oldVal !== newVal) {
10          trigger(target, key, type)
11        }
12
13        return res
14      },
15    })
```

如上面的代码所示，我们在 set 拦截函数内首先获取旧值 oldVal，接着比较新值与旧值，只有当它们不全等的时候才触发响应。现在，如果我们再次测试本节开头的例子，会发现重新设置相同的值已经不会触发响应了。

然而，仅仅进行全等比较是有缺陷的，这体现在对 NaN 的处理上。我们知道 NaN 与 NaN 进行全等比较总会得到 false：

```
01  NaN === NaN // false
02  NaN !== NaN // true
```

换句话说，如果 p.foo 的初始值是 NaN，并且后续又为其设置了 NaN 作为新值，那么仅仅进行全等比较的缺陷就暴露了：

```
01  const obj = { foo: NaN }
02  const p = new Proxy(obj, { /* ... */ })
03
04  effect(() => {
05    console.log(p.foo)
06  })
07
08  // 仍然会触发响应，因为 NaN !== NaN 为 true
09  p.foo = NaN
```

这仍然会触发响应，并导致不必要的更新。为了解决这个问题，我们需要再加一个条件，即在新值和旧值不全等的情况下，要保证它们都不是 NaN：

```
01  const p = new Proxy(obj, {
02    set(target, key, newVal, receiver) {
03      // 先获取旧值
04      const oldVal = target[key]
05
06      const type = Object.prototype.hasOwnProperty.call(target, key) ? 'SET' : 'ADD'
07      const res = Reflect.set(target, key, newVal, receiver)
08      // 比较新值与旧值，只有当它们不全等，并且不都是 NaN 的时候才触发响应
09      if (oldVal !== newVal && (oldVal === oldVal || newVal === newVal)) {
10        trigger(target, key, type)
11      }
12
13      return res
14    },
15  })
```

这样我们就解决了 NaN 的问题。

但想要合理地触发响应，仅仅处理关于 NaN 的问题还不够。接下来，我们讨论一种从原型上继承属性的情况。为了后续讲解方便，我们需要封装一个 reactive 函数，该函数接收一个对象作为参数，并返回为其创建的响应式数据：

```
01  function reactive(obj) {
02    return new Proxy(obj, {
03      // 省略前文讲解的拦截函数
04    })
05  }
```

可以看到，reactive 函数只是对 Proxy 进行了一层封装。接下来，我们基于 reactive 创建一个例子：

```
01  const obj = {}
02  const proto = { bar: 1 }
03  const child = reactive(obj)
04  const parent = reactive(proto)
05  // 使用 parent 作为 child 的原型
06  Object.setPrototypeOf(child, parent)
07
08  effect(() => {
09    console.log(child.bar) // 1
10  })
11  // 修改 child.bar 的值
12  child.bar = 2 // 会导致副作用函数重新执行两次
```

观察如上代码，我们定义了空对象 obj 和对象 proto，分别为二者创建了对应的响应式数据 child 和 parent，并且使用 Object.setPrototypeOf 方法将 parent 设置为 child 的原型。接着，在副作用函数内访问 child.bar 的值。从代码中可以看出，child 本身并没有 bar 属性，因此当访问 child.bar 时，值是从原型上继承而来的。但无论如何，既然 child 是响应式数据，那么它与副作用函数之间就会建立联系，因此当我们执行 child.bar = 2 时，期望副作用函数会重新执行。但如果你尝试运行上面的代码，会发现副作用函数不仅执行了，还执行了两次，这会造成不必要的更新。

为了搞清楚问题的原因，我们需要逐步分析整个过程。当在副作用函数中读取 child.bar 的值时，会触发 child 代理对象的 get 拦截函数。我们知道，在拦截函数内是使用 Reflect.get(target, key, receiver) 来得到最终结果的，对应到上例，这句话相当于：

```
01  Reflect.get(obj, 'bar', receiver)
```

这其实是实现了通过 obj.bar 来访问属性值的默认行为。也就是说，引擎内部是通过调用 obj 对象所部署的 [[Get]] 内部方法来得到最终结果的，因此我们有必要查看规范 10.1.8.1 节来了解 [[Get]] 内部方法的执行流程，如图 5-5 所示。

1. Assert: IsPropertyKey(*P*) is **true**.
2. Let *desc* be ? *O*.[[GetOwnProperty]](*P*).
3. If *desc* is **undefined**, then
   a. Let *parent* be ? *O*.[[GetPrototypeOf]]().
   b. If *parent* is **null**, return **undefined**.
   c. Return ? *parent*.[[Get]](*P*, *Receiver*).
4. If IsDataDescriptor(*desc*) is **true**, return *desc*.[[Value]].
5. Assert: IsAccessorDescriptor(*desc*) is **true**.
6. Let *getter* be *desc*.[[Get]].
7. If *getter* is **undefined**, return **undefined**.
8. Return ? Call(*getter*, *Receiver*).

图 5-5　[[Get]] 内部方法的执行流程

图 5-5 中的第 3 步所描述的内容如下。

3. 如果 desc 是 undefined，那么

   a. 让 parent 的值为 ? O.[[GetPrototypeOf]]()。

   b. 如果 parent 是 null，则返回 undefined。

   c. 返回 ? parent.[[Get]](P, Receiver)。

在第 3 步中，我们能够了解到非常关键的信息，即如果对象自身不存在该属性，那么会获取对象的原型，并调用原型的 [[Get]] 方法得到最终结果。对应到上例中，当读取 child.bar 属性值时，由于 child 代理的对象 obj 自身没有 bar 属性，因此会获取对象 obj 的原型，也就是 parent 对象，所以最终得到的实际上是 parent.bar 的值。但是大家不要忘了，parent 本身也是响应式数据，因此在副作用函数中访问 parent.bar 的值时，会导致副作用函数被收集，从而也建立响应联系。所以我们能够得出一个结论，即 child.bar 和 parent.bar 都与副作用函数建立了响应联系。

但这仍然解释不了为什么当设置 child.bar 的值时，会连续触发两次副作用函数执行，所以接下来我们需要看看当设置操作发生时的具体执行流程。我们知道，当执行 child.bar = 2 时，会调用 child 代理对象的 set 拦截函数。同样，在 set 拦截函数内，我们使用 Reflect.set(target, key, newVal, receiver) 来完成默认的设置行为，即引擎会调用 obj 对象部署的 [[Set]] 内部方法，根据规范的 10.1.9.2 节可知 [[Set]] 内部方法的执行流程，如图 5-6 所示。

1. Assert: IsPropertyKey(*P*) is **true**.
2. If *ownDesc* is **undefined**, then
   a. Let *parent* be ? *O*.[[GetPrototypeOf]]().
   b. If *parent* is not **null**, then
      i. Return ? *parent*.[[Set]](*P*, *V*, *Receiver*).
   c. Else,
      i. Set *ownDesc* to the PropertyDescriptor { [[Value]]: **undefined**, [[Writable]]: **true**, [[Enumerable]]: **true**, [[Configurable]]: **true** }.
3. If IsDataDescriptor(*ownDesc*) is **true**, then
   a. If *ownDesc*.[[Writable]] is **false**, return **false**.
   b. If Type(*Receiver*) is not Object, return **false**.
   c. Let *existingDescriptor* be ? *Receiver*.[[GetOwnProperty]](*P*).
   d. If *existingDescriptor* is not **undefined**, then
      i. If IsAccessorDescriptor(*existingDescriptor*) is **true**, return **false**.
      ii. If *existingDescriptor*.[[Writable]] is **false**, return **false**.
      iii. Let *valueDesc* be the PropertyDescriptor { [[Value]]: *V* }.
      iv. Return ? *Receiver*.[[DefineOwnProperty]](*P*, *valueDesc*).
   e. Else,
      i. Assert: *Receiver* does not currently have a property *P*.
      ii. Return ? CreateDataProperty(*Receiver*, *P*, *V*).
4. Assert: IsAccessorDescriptor(*ownDesc*) is **true**.
5. Let *setter* be *ownDesc*.[[Set]].
6. If *setter* is **undefined**, return **false**.
7. Perform ? Call(*setter*, *Receiver*, « *V* »).
8. Return **true**.

图 5-6 [[Set]] 内部方法的执行流程

图 5-6 中第 2 步所描述的内容如下。

2. 如果 ownDesc 是 undefined，那么

   a. 让 parent 的值为 O.[[GetPrototypeOf]]()。

   b. 如果 parent 不是 null，则

      I. 返回 ? parent.[[Set]](P, V, Receiver);

   c. 否则

      I. 将 ownDesc 设置为 { [[Value]]: undefined, [[Writable]]: true, [[Enumerable]]: true, [[Configurable]]: true }。

由第 2 步可知，如果设置的属性不存在于对象上，那么会取得其原型，并调用原型的 [[Set]] 方法，也就是 parent 的 [[Set]] 内部方法。由于 parent 是代理对象，所以这就相当于执行了它的 set 拦截函数。换句话说，虽然我们操作的是 child.bar，但这也会导致 parent 代理对象的 set 拦截函数被执行。前面我们分析过，当读取 child.bar 的值时，副作用函数不仅会被 child.bar 收集，也会被 parent.bar 收集。所以当 parent 代理对象的 set 拦截函数执行时，就会触发副作用函数重新执行，这就是为什么修改 child.bar 的值会导致副作用函数重新执行两次。

接下来，我们需要思考解决方案。思路很简单，既然执行两次，那么只要屏蔽其中一次不就可以了吗？我们可以把由 parent.bar 触发的那次副作用函数的重新执行屏蔽。怎么屏蔽呢？我们知道，两次更新是由于 set 拦截函数被触发了两次导致的，所以只要我们能够在 set 拦截函数内区分这两次更新就可以了。当我们设置 child.bar 的值时，会执行 child 代理对象的 set 拦截函数：

```
01  // child 的 set 拦截函数
02  set(target, key, value, receiver) {
03    // target 是原始对象 obj
04    // receiver 是代理对象 child
05  }
```

此时的 target 是原始对象 obj，receiver 是代理对象 child，我们发现 receiver 其实就是 target 的代理对象。

但由于 obj 上不存在 bar 属性，所以会取得 obj 的原型 parent，并执行 parent 代理对象的 set 拦截函数：

```
01  // parent 的 set 拦截函数
02  set(target, key, value, receiver) {
03    // target 是原始对象 proto
04    // receiver 仍然是代理对象 child
05  }
```

我们发现，当 parent 代理对象的 set 拦截函数执行时，此时 target 是原始对象 proto，而 receiver 仍然是代理对象 child，而不再是 target 的代理对象。通过这个特点，我们可以看到

target 和 receiver 的区别。由于我们最初设置的是 child.bar 的值，所以无论在什么情况下，receiver 都是 child，而 target 则是变化的。根据这个区别，我们很容易想到解决办法，只需要判断 receiver 是否是 target 的代理对象即可。只有当 receiver 是 target 的代理对象时才触发更新，这样就能够屏蔽由原型引起的更新了。

所以接下来的问题变成了如何确定 receiver 是不是 target 的代理对象，这需要我们为 get 拦截函数添加一个能力，如以下代码所示：

```
01  function reactive(obj) {
02    return new Proxy(obj {
03      get(target, key, receiver) {
04        // 代理对象可以通过 raw 属性访问原始数据
05        if (key === 'raw') {
06          return target
07        }
08
09        track(target, key)
10        return Reflect.get(target, key, receiver)
11      }
12      // 省略其他拦截函数
13    })
14  }
```

我们增加了一段代码，它实现的功能是，代理对象可以通过 raw 属性读取原始数据，例如：

```
01  child.raw === obj // true
02  parent.raw === proto // true
```

有了它，我们就能够在 set 拦截函数中判断 receiver 是不是 target 的代理对象了：

```
01  function reactive(obj) {
02    return new Proxy(obj {
03      set(target, key, newVal, receiver) {
04        const oldVal = target[key]
05        const type = Object.prototype.hasOwnProperty.call(target, key) ? 'SET' : 'ADD'
06        const res = Reflect.set(target, key, newVal, receiver)
07
08        // target === receiver.raw 说明 receiver 就是 target 的代理对象
09        if (target === receiver.raw) {
10          if (oldVal !== newVal && (oldVal === oldVal || newVal === newVal)) {
11            trigger(target, key, type)
12          }
13        }
14
15        return res
16      }
17      // 省略其他拦截函数
18    })
19  }
```

如以上代码所示，我们新增了一个判断条件，只有当 receiver 是 target 的代理对象时才触发更新，这样就能屏蔽由原型引起的更新，从而避免不必要的更新操作。

5.5　浅响应与深响应

本节中我们将介绍 reactive 与 shallowReactive 的区别，即深响应和浅响应的区别。实际上，我们目前所实现的 reactive 是浅响应的。拿如下代码来说：

```
01  const obj = reactive({ foo: { bar: 1 } })
02
03  effect(() => {
04    console.log(obj.foo.bar)
05  })
06  // 修改 obj.foo.bar 的值，并不能触发响应
07  obj.foo.bar = 2
```

首先，创建 obj 代理对象，该对象的 foo 属性值也是一个对象，即 { bar: 1 }。接着，在副作用函数内访问 obj.foo.bar 的值。但是我们发现，后续对 obj.foo.bar 的修改不能触发副作用函数重新执行，这是为什么呢？来看一下现在的实现：

```
01  function reactive(obj) {
02    return new Proxy(obj {
03      get(target, key, receiver) {
04        if (key === 'raw') {
05          return target
06        }
07
08        track(target, key)
09        // 当读取属性值时，直接返回结果
10        return Reflect.get(target, key, receiver)
11      }
12      // 省略其他拦截函数
13    })
14  }
```

由上面这段代码可知，当我们读取 obj.foo.bar 时，首先要读取 obj.foo 的值。这里我们直接使用 Reflect.get 函数返回 obj.foo 的结果。由于通过 Reflect.get 得到 obj.foo 的结果是一个普通对象，即 { bar: 1 }，它并不是一个响应式对象，所以在副作用函数中访问 obj.foo.bar 时，是不能建立响应联系的。要解决这个问题，我们需要对 Reflect.get 返回的结果做一层包装：

```
01  function reactive(obj) {
02    return new Proxy(obj {
03      get(target, key, receiver) {
04        if (key === 'raw') {
05          return target
06        }
07
08        track(target, key)
```

```
09         // 得到原始值结果
10         const res = Reflect.get(target, key, receiver)
11         if (typeof res === 'object' && res !== null) {
12           // 调用 reactive 将结果包装成响应式数据并返回
13           return reactive(res)
14         }
15         // 返回 res
16         return res
17       }
18       // 省略其他拦截函数
19     })
20   }
```

如上面的代码所示，当读取属性值时，我们首先检测该值是否是对象，如果是对象，则递归地调用 reactive 函数将其包装成响应式数据并返回。这样当使用 obj.foo 读取 foo 属性值时，得到的就会是一个响应式数据，因此再通过 obj.foo.bar 读取 bar 属性值时，自然就会建立响应联系。这样，当修改 obj.foo.bar 的值时，就能够触发副作用函数重新执行了。

然而，并非所有情况下我们都希望深响应，这就催生了 shallowReactive，即浅响应。所谓浅响应，指的是只有对象的第一层属性是响应的，例如：

```
01   const obj = shallowReactive({ foo: { bar: 1 } })
02
03   effect(() => {
04     console.log(obj.foo.bar)
05   })
06   // obj.foo 是响应的，可以触发副作用函数重新执行
07   obj.foo = { bar: 2 }
08   // obj.foo.bar 不是响应的，不能触发副作用函数重新执行
09   obj.foo.bar = 3
```

在这个例子中，我们使用 shallowReactive 函数创建了一个浅响应的代理对象 obj。可以发现，只有对象的第一层属性是响应的，第二层及更深层次的属性则不是响应的。实现此功能并不难，如下面的代码所示：

```
01   // 封装 createReactive 函数，接收一个参数 isShallow，代表是否为浅响应，默认为 false，即非浅响应
02   function createReactive(obj, isShallow = false) {
03     return new Proxy(obj, {
04       // 拦截读取操作
05       get(target, key, receiver) {
06         if (key === 'raw') {
07           return target
08         }
09
10         const res = Reflect.get(target, key, receiver)
11
12         track(target, key)
13
14         // 如果是浅响应，则直接返回原始值
15         if (isShallow) {
16           return res
```

```
17          }
18
19          if (typeof res === 'object' && res !== null) {
20            return reactive(res)
21          }
22
23          return res
24        }
25        // 省略其他拦截函数
26      })
27    }
```

在上面这段代码中，我们把对象创建的工作封装到一个新的函数 createReactive 中。该函数除了接收原始对象 obj 之外，还接收参数 isShallow，它是一个布尔值，代表是否创建浅响应对象。默认情况下，isShallow 的值为 false ，代表创建深响应对象。这里需要注意的是，当读取属性操作发生时，在 get 拦截函数内如果发现是浅响应的，那么直接返回原始数据即可。有了 createReactive 函数后，我们就可以使用它轻松地实现 reactive 以及 shallowReactive 函数了：

```
01    function reactive(obj) {
02      return createReactive(obj)
03    }
04    function shallowReactive(obj) {
05      return createReactive(obj, true)
06    }
```

5.6　只读和浅只读

我们希望一些数据是只读的，当用户尝试修改只读数据时，会收到一条警告信息。这样就实现了对数据的保护，例如组件接收到的 props 对象应该是一个只读数据。这时就要用到接下来要讨论的 readonly 函数，它能够将一个数据变成只读的：

```
01    const obj = readonly({ foo: 1 })
02    // 尝试修改数据，会得到警告
03    obj.foo = 2
```

只读本质上也是对数据对象的代理，我们同样可以使用 createReactive 函数来实现。如下面的代码所示，我们为 createReactive 函数增加第三个参数 isReadonly：

```
01    // 增加第三个参数 isReadonly，代表是否只读，默认为 false，即非只读
02    function createReactive(obj, isShallow = false, isReadonly = false) {
03      return new Proxy(obj, {
04        // 拦截设置操作
05        set(target, key, newVal, receiver) {
06          // 如果是只读的，则打印警告信息并返回
07          if (isReadonly) {
08            console.warn(`属性 ${key} 是只读的`)
09            return true
10          }
```

```
11          const oldVal = target[key]
12          const type = Object.prototype.hasOwnProperty.call(target, key) ? 'SET' : 'ADD'
13          const res = Reflect.set(target, key, newVal, receiver)
14          if (target === receiver.raw) {
15            if (oldVal !== newVal && (oldVal === oldVal || newVal === newVal)) {
16              trigger(target, key, type)
17            }
18          }
19
20          return res
21        },
22        deleteProperty(target, key) {
23          // 如果是只读的，则打印警告信息并返回
24          if (isReadonly) {
25            console.warn(`属性 ${key} 是只读的`)
26            return true
27          }
28          const hadKey = Object.prototype.hasOwnProperty.call(target, key)
29          const res = Reflect.deleteProperty(target, key)
30
31          if (res && hadKey) {
32            trigger(target, key, 'DELETE')
33          }
34
35          return res
36        }
37        // 省略其他拦截函数
38      })
39    }
```

在这段代码中，当使用 createReactive 创建代理对象时，可以通过第三个参数指定是否创建一个只读的代理对象。同时，我们还修改了 set 拦截函数和 deleteProperty 拦截函数的实现，因为对于一个对象来说，只读意味着既不可以设置对象的属性值，也不可以删除对象的属性。在这两个拦截函数中，我们分别添加了是否是只读的判断，一旦数据是只读的，则当这些操作发生时，会打印警告信息，提示用户这是一个非法操作。

当然，如果一个数据是只读的，那就意味着任何方式都无法修改它。因此，没有必要为只读数据建立响应联系。出于这个原因，当在副作用函数中读取一个只读属性的值时，不需要调用 track 函数追踪响应：

```
01  const obj = readonly({ foo: 1 })
02  effect(() => {
03    obj.foo // 可以读取值，但是不需要在副作用函数与数据之间建立响应联系
04  })
```

为了实现该功能，我们需要修改 get 拦截函数的实现：

```
01  function createReactive(obj, isShallow = false, isReadonly = false) {
02    return new Proxy(obj, {
03      // 拦截读取操作
```

```
04      get(target, key, receiver) {
05        if (key === 'raw') {
06          return target
07        }
08        // 非只读的时候才需要建立响应联系
09        if (!isReadonly) {
10          track(target, key)
11        }
12
13        const res = Reflect.get(target, key, receiver)
14
15        if (isShallow) {
16          return res
17        }
18
19        if (typeof res === 'object' && res !== null) {
20          return reactive(res)
21        }
22
23        return res
24      }
25      // 省略其他拦截函数
26    })
27  }
```

如上面的代码所示，在 get 拦截函数内检测 isReadonly 变量的值，判断是否是只读的，只有在非只读的情况下才会调用 track 函数建立响应联系。基于此，我们就可以实现 readonly 函数了：

```
01  function readonly(obj) {
02    return createReactive(obj, false, true /* 只读 */)
03  }
```

然而，上面实现的 readonly 函数更应该叫作 shallowReadonly，因为它没有做到深只读：

```
01  const obj = readonly({ foo: { bar: 1 } })
02  obj.foo.bar = 2 // 仍然可以修改
```

所以为了实现深只读，我们还应该在 get 拦截函数内递归地调用 readonly 将数据包装成只读的代理对象，并将其作为返回值返回：

```
01  function createReactive(obj, isShallow = false, isReadonly = false) {
02    return new Proxy(obj, {
03      // 拦截读取操作
04      get(target, key, receiver) {
05        if (key === 'raw') {
06          return target
07        }
08        if (!isReadonly) {
09          track(target, key)
10        }
11
```

```
12        const res = Reflect.get(target, key, receiver)
13
14        if (isShallow) {
15          return res
16        }
17
18        if (typeof res === 'object' && res !== null) {
19          // 如果数据为只读，则调用 readonly 对值进行包装
20          return isReadonly ? readonly(res) : reactive(res)
21        }
22
23        return res
24      }
25      // 省略其他拦截函数
26    })
27  }
```

如上面的代码所示，我们在返回属性值之前，判断它是否是只读的，如果是只读的，则调用 readonly 函数对值进行包装，并把包装后的只读对象返回。

对于 shallowReadonly，实际上我们只需要修改 createReactive 的第二个参数即可：

```
01  function readonly(obj) {
02    return createReactive(obj, false, true)
03  }
04
05  function shallowReadonly(obj) {
06    return createReactive(obj, true /* shallow */, true)
07  }
```

如上面的代码所示，在 shallowReadonly 函数内调用 createReactive 函数创建代理对象时，将第二个参数 isShallow 设置为 true，这样就可以创建一个浅只读的代理对象了。

5.7 代理数组

从本节开始，我们讲解如何代理数组。实际上，在 JavaScript 中，数组只是一个特殊的对象而已，因此想要更好地实现对数组的代理，就有必要了解相比普通对象，数组到底有何特殊之处。

在 5.2 节中，我们深入讲解了 JavaScript 中的对象。我们知道，在 JavaScript 中有两种对象：常规对象和异质对象。我们还讨论了两者的差异。而本节中我们要介绍的数组就是一个异质对象，这是因为数组对象的 [[DefineOwnProperty]] 内部方法与常规对象不同。换句话说，数组对象除了 [[DefineOwnProperty]] 这个内部方法之外，其他内部方法的逻辑都与常规对象相同。因此，当实现对数组的代理时，用于代理普通对象的大部分代码可以继续使用，如下所示：

```
01  const arr = reactive(['foo'])
02
03  effect(() => {
```

```
04    console.log(arr[0]) // 'foo'
05  })
06
07  arr[0] = 'bar' // 能够触发响应
```

上面这段代码能够按预期工作。实际上，当我们通过索引读取或设置数组元素的值时，代理对象的 get/set 拦截函数也会执行，因此我们不需要做任何额外的工作，就能够让数组索引的读取和设置操作是响应式的了。

但对数组的操作与对普通对象的操作仍然存在不同，下面总结了所有对数组元素或属性的“读取”操作。

- 通过索引访问数组元素值：arr[0]。
- 访问数组的长度：arr.length。
- 把数组作为对象，使用 for...in 循环遍历。
- 使用 for...of 迭代遍历数组。
- 数组的原型方法，如 concat/join/every/some/find/findIndex/includes 等，以及其他所有不改变原数组的原型方法。

可以看到，对数组的读取操作要比普通对象丰富得多。我们再来看看对数组元素或属性的设置操作有哪些。

- 通过索引修改数组元素值：arr[1] = 3。
- 修改数组长度：arr.length = 0。
- 数组的栈方法：push/pop/shift/unshift。
- 修改原数组的原型方法：splice/fill/sort 等。

除了通过数组索引修改数组元素值这种基本操作之外，数组本身还有很多会修改原数组的原型方法。调用这些方法也属于对数组的操作，有些方法的操作语义是“读取”，而有些方法的操作语义是“设置”。因此，当这些操作发生时，也应该正确地建立响应联系或触发响应。

从上面列出的这些对数组的操作来看，似乎代理数组的难度要比代理普通对象的难度大很多。但事实并非如此，这是因为数组本身也是对象，只不过它是异质对象罢了，它与常规对象的差异并不大。因此，大部分用来代理常规对象的代码对于数组也是生效的。接下来，我们就从通过索引读取或设置数组的元素值说起。

5.7.1　数组的索引与 length

拿本节开头的例子来说，当通过数组的索引访问元素的值时，已经能够建立响应联系了：

```
01 const arr = reactive(['foo'])
02
03 effect(() => {
04   console.log(arr[0]) // 'foo'
05 })
06
07 arr[0] = 'bar' // 能够触发响应
```

但通过索引设置数组的元素值与设置对象的属性值仍然存在根本上的不同，这是因为数组对象部署的内部方法 [[DefineOwnProperty]] 不同于常规对象。实际上，当我们通过索引设置数组元素的值时，会执行数组对象所部署的内部方法 [[Set]]，这一步与设置常规对象的属性值一样。根据规范可知，内部方法 [[Set]] 其实依赖于 [[DefineOwnProperty]]，到了这里就体现出了差异。数组对象所部署的内部方法 [[DefineOwnProperty]] 的逻辑定义在规范的 10.4.2.1 节，如图 5-7 所示。

10.4.2.1 [[DefineOwnProperty]] (*P*, *Desc*)

The [[DefineOwnProperty]] internal method of an Array exotic object *A* takes arguments *P* (a property key) and *Desc* (a Property Descriptor). It performs the following steps when called:

1. Assert: IsPropertyKey(*P*) is **true**.
2. If *P* is **"length"**, then
   a. Return ? ArraySetLength(*A*, *Desc*).
3. Else if *P* is an array index, then
   a. Let *oldLenDesc* be OrdinaryGetOwnProperty(*A*, **"length"**).
   b. Assert: ! IsDataDescriptor(*oldLenDesc*) is **true**.
   c. Assert: *oldLenDesc*.[[Configurable]] is **false**.
   d. Let *oldLen* be *oldLenDesc*.[[Value]].
   e. Assert: *oldLen* is a non-negative integral Number.
   f. Let *index* be ! ToUint32(*P*).
   g. If *index* ≥ *oldLen* and *oldLenDesc*.[[Writable]] is **false**, return **false**.
   h. Let *succeeded* be ! OrdinaryDefineOwnProperty(*A*, *P*, *Desc*).
   i. If *succeeded* is **false**, return **false**.
   j. If *index* ≥ *oldLen*, then
      i. Set *oldLenDesc*.[[Value]] to *index* + $\mathbf{1}_{\mathbb{F}}$.
      ii. Let *succeeded* be OrdinaryDefineOwnProperty(*A*, **"length"**, *oldLenDesc*).
      iii. Assert: *succeeded* is **true**.
   k. Return **true**.
4. Return OrdinaryDefineOwnProperty(*A*, *P*, *Desc*).

图 5-7 [[DefineOwnProperty]] 内部方法的执行流程

图 5-7 中第 3 步的 j 子步骤描述的内容如下。

j. 如果 index >= oldLen，那么

I. 将 oldLenDesc.[[Value]] 设置为 index + 1。

II. 让 succeeded 的值为 OrdinaryDefineOwnProperty(A, "length", oldLenDesc)。

III. 断言：succeeded 是 true。

可以看到，规范中明确说明，如果设置的索引值大于数组当前的长度，那么要更新数组的 length 属性。所以当通过索引设置元素值时，可能会隐式地修改 length 的属性值。因此在触发响应时，也应该触发与 length 属性相关联的副作用函数重新执行，如下面的代码所示：

```
01  const arr = reactive(['foo']) // 数组的原长度为 1
02
03  effect(() => {
04    console.log(arr.length) // 1
05  })
06  // 设置索引 1 的值，会导致数组的长度变为 2
07  arr[1] = 'bar'
```

在这段代码中，数组的原长度为 1，并且在副作用函数中访问了 length 属性。然后设置数组索引为 1 的元素值，这会导致数组的长度变为 2，因此应该触发副作用函数重新执行。但目前的实现还做不到这一点，为了实现目标，我们需要修改 set 拦截函数，如下面的代码所示：

```
01  function createReactive(obj, isShallow = false, isReadonly = false) {
02    return new Proxy(obj, {
03      // 拦截设置操作
04      set(target, key, newVal, receiver) {
05        if (isReadonly) {
06          console.warn(`属性 ${key} 是只读的`)
07          return true
08        }
09        const oldVal = target[key]
10        // 如果属性不存在，则说明是在添加新的属性，否则是设置已有属性
11        const type = Array.isArray(target)
12          // 如果代理目标是数组，则检测被设置的索引值是否小于数组长度，
13          // 如果是，则视作 SET 操作，否则是 ADD 操作
14          ? Number(key) < target.length ? 'SET' : 'ADD'
15          : Object.prototype.hasOwnProperty.call(target, key) ? 'SET' : 'ADD'
16
17        const res = Reflect.set(target, key, newVal, receiver)
18        if (target === receiver.raw) {
19          if (oldVal !== newVal && (oldVal === oldVal || newVal === newVal)) {
20            trigger(target, key, type)
21          }
22        }
23
24        return res
25      }
26      // 省略其他拦截函数
27  }
```

我们在判断操作类型时，新增了对数组类型的判断。如果代理的目标对象是数组，那么对于操作类型的判断会有所区别。即被设置的索引值如果小于数组长度，就视作 SET 操作，因为它不会改变数组长度；如果设置的索引值大于数组的当前长度，则视作 ADD 操作，因为这会隐式地改变数组的 length 属性值。有了这些信息，我们就可以在 trigger 函数中正确地触发与数组对象的 length 属性相关联的副作用函数重新执行了：

```
01  function trigger(target, key, type) {
02    const depsMap = bucket.get(target)
03    if (!depsMap) return
04    // 省略部分内容
05
06    // 当操作类型为 ADD 并且目标对象是数组时，应该取出并执行那些与 length 属性相关联的副作用函数
07    if (type === 'ADD' && Array.isArray(target)) {
08      // 取出与 length 相关联的副作用函数
09      const lengthEffects = depsMap.get('length')
10      // 将这些副作用函数添加到 effectsToRun 中，待执行
11      lengthEffects && lengthEffects.forEach(effectFn => {
12        if (effectFn !== activeEffect) {
13          effectsToRun.add(effectFn)
14        }
15      })
16    }
17
18    effectsToRun.forEach(effectFn => {
19      if (effectFn.options.scheduler) {
20        effectFn.options.scheduler(effectFn)
21      } else {
22        effectFn()
23      }
24    })
25  }
```

但是反过来思考，其实修改数组的 length 属性也会隐式地影响数组元素，例如：

```
01  const arr = reactive(['foo'])
02
03  effect(() => {
04    // 访问数组的第 0 个元素
05    console.log(arr[0]) // foo
06  })
07  // 将数组的长度修改为 0，导致第 0 个元素被删除，因此应该触发响应
08  arr.length = 0
```

如上面的代码所示，在副作用函数内访问了数组的第 0 个元素，接着将数组的 length 属性修改为 0。我们知道这会隐式地影响数组元素，即所有元素都被删除，所以应该触发副作用函数重新执行。然而并非所有对 length 属性的修改都会影响数组中的已有元素，拿上例来说，如果我们将 length 属性设置为 100，这并不会影响第 0 个元素，所以也就不需要触发副作用函数重新执行。这让我们意识到，当修改 length 属性值时，只有那些索引值大于或等于新的 length 属性值的元素才需要触发响应。但无论如何，目前的实现还做不到这一点，为了实现目标，我们需要修改 set 拦截函数。在调用 trigger 函数触发响应时，应该把新的属性值传递过去：

```
01  function createReactive(obj, isShallow = false, isReadonly = false) {
02    return new Proxy(obj, {
03      // 拦截设置操作
04      set(target, key, newVal, receiver) {
05        if (isReadonly) {
```

```
06          console.warn(`属性 ${key} 是只读的`)
07          return true
08        }
09        const oldVal = target[key]
10
11        const type = Array.isArray(target)
12          ? Number(key) < target.length ? 'SET' : 'ADD'
13          : Object.prototype.hasOwnProperty.call(target, key) ? 'SET' : 'ADD'
14
15        const res = Reflect.set(target, key, newVal, receiver)
16        if (target === receiver.raw) {
17          if (oldVal !== newVal && (oldVal === oldVal || newVal === newVal)) {
18            // 增加第四个参数，即触发响应的新值
19            trigger(target, key, type, newVal)
20          }
21        }
22
23        return res
24      },
25    })
26  }
```

接着，我们还需要修改 trigger 函数：

```
01  // 为 trigger 函数增加第四个参数，newVal，即新值
02  function trigger(target, key, type, newVal) {
03    const depsMap = bucket.get(target)
04    if (!depsMap) return
05    // 省略其他代码
06
07    // 如果操作目标是数组，并且修改了数组的 length 属性
08    if (Array.isArray(target) && key === 'length') {
09      // 对于索引大于或等于新的 length 值的元素，
10      // 需要把所有相关联的副作用函数取出并添加到 effectsToRun 中待执行
11      depsMap.forEach((effects, key) => {
12        if (key >= newVal) {
13          effects.forEach(effectFn => {
14            if (effectFn !== activeEffect) {
15              effectsToRun.add(effectFn)
16            }
17          })
18        }
19      })
20    }
21
22    effectsToRun.forEach(effectFn => {
23      if (effectFn.options.scheduler) {
24        effectFn.options.scheduler(effectFn)
25      } else {
26        effectFn()
27      }
28    })
29  }
```

如上面的代码所示，为 trigger 函数增加了第四个参数，即触发响应时的新值。在本例中，新值指的是新的 length 属性值，它代表新的数组长度。接着，我们判断操作的目标是否是数组，如果是，则需要找到所有索引值大于或等于新的 length 值的元素，然后把与它们相关联的副作用函数取出并执行。

5.7.2 遍历数组

既然数组也是对象，就意味着同样可以使用 for...in 循环遍历：

```
01 const arr = reactive(['foo'])
02
03 effect(() => {
04   for (const key in arr) {
05     console.log(key) // 0
06   }
07 })
```

这里有必要指出一点，我们应该尽量避免使用 for...in 循环遍历数组。但既然在语法上是可行的，那么当然也需要考虑。前面我们提到，数组对象和常规对象的不同仅体现在 [[DefineOwnProperty]] 这个内部方法上，也就是说，使用 for...in 循环遍历数组与遍历常规对象并无差异，因此同样可以使用 ownKeys 拦截函数进行拦截。下面是我们之前实现的 ownKeys 拦截函数：

```
01 function createReactive(obj, isShallow = false, isReadonly = false) {
02   return new Proxy(obj, {
03     // 省略其他拦截函数
04     ownKeys(target) {
05       track(target, ITERATE_KEY)
06       return Reflect.ownKeys(target)
07     }
08   })
09 }
```

这段代码取自前文，当初我们为了追踪对普通对象的 for...in 操作，人为创造了 ITERATE_KEY 作为追踪的 key。但这是为了代理普通对象而考虑的，对于一个普通对象来说，只有当添加或删除属性值时才会影响 for...in 循环的结果。所以当添加或删除属性操作发生时，我们需要取出与 ITERATE_KEY 相关联的副作用函数重新执行。不过，对于数组来说情况有所不同，我们看看哪些操作会影响 for...in 循环对数组的遍历。

- 添加新元素：arr[100] = 'bar'。
- 修改数组长度：arr.length = 0。

其实，无论是为数组添加新元素，还是直接修改数组的长度，本质上都是因为修改了数组的 length 属性。一旦数组的 length 属性被修改，那么 for...in 循环对数组的遍历结果就会改变，所以在这种情况下我们应该触发响应。很自然的，我们可以在 ownKeys 拦截函数内，判断当前操作目标 target 是否是数组，如果是，则使用 length 作为 key 去建立响应联系：

```
01  function createReactive(obj, isShallow = false, isReadonly = false) {
02    return new Proxy(obj, {
03      // 省略其他拦截函数
04      ownKeys(target) {
05        // 如果操作目标 target 是数组，则使用 length 属性作为 key 并建立响应联系
06        track(target, Array.isArray(target) ? 'length' : ITERATE_KEY)
07        return Reflect.ownKeys(target)
08      }
09    })
10  }
```

这样无论是为数组添加新元素，还是直接修改 length 属性，都能够正确地触发响应了：

```
01  const arr = reactive(['foo'])
02
03  effect(() => {
04    for (const key in arr) {
05      console.log(key)
06    }
07  })
08
09  arr[1] = 'bar' // 能够触发副作用函数重新执行
10  arr.length = 0 // 能够触发副作用函数重新执行
```

讲解了使用 for...in 遍历数组，接下来我们再看看使用 for...of 遍历数组的情况。与 for...in 不同，for...of 是用来遍历**可迭代对象**（iterable object）的，因此我们需要先搞清楚什么是可迭代对象。ES2015 为 JavaScript 定义了**迭代协议**（iteration protocol），它不是新的语法，而是一种协议。具体来说，一个对象能否被迭代，取决于该对象或者该对象的原型是否实现了 @@iterator 方法。这里的 @@[name] 标志在 ECMAScript 规范里用来代指 JavaScript 内建的 symbols 值，例如 @@iterator 指的就是 Symbol.iterator 这个值。如果一个对象实现了 Symbol.iterator 方法，那么这个对象就是可以迭代的，例如：

```
01  const obj = {
02    val: 0,
03    [Symbol.iterator]() {
04      return {
05        next() {
06          return {
07            value: obj.val++,
08            done: obj.val > 10 ? true : false
09          }
10        }
11      }
12    }
13  }
```

该对象实现了 Symbol.iterator 方法，因此可以使用 for...of 循环遍历它：

```
01  for (const value of obj) {
02    console.log(value)  // 0, 1, 2, 3, 4, 5, 6, 7, 8, 9
03  }
```

数组内建了 `Symbol.iterator` 方法的实现，我们可以做一个实验：

```
01  const arr = [1, 2, 3, 4, 5]
02  // 获取并调用数组内建的迭代器方法
03  const itr = arr[Symbol.iterator]()
04
05  console.log(itr.next())  // {value: 1, done: false}
06  console.log(itr.next())  // {value: 2, done: false}
07  console.log(itr.next())  // {value: 3, done: false}
08  console.log(itr.next())  // {value: 4, done: false}
09  console.log(itr.next())  // {value: 5, done: false}
10  console.log(itr.next())  // {value: undefined, done: true}
```

可以看到，我们能够通过将 `Symbol.iterator` 作为键，获取数组内建的迭代器方法。然后手动执行迭代器的 `next` 函数，这样也可以得到期望的结果。这也是默认情况下数组可以使用 `for...of` 遍历的原因：

```
01  const arr = [1, 2, 3, 4, 5]
02
03  for (const val of arr) {
04    console.log(val)  // 1, 2, 3, 4, 5
05  }
```

实际上，想要实现对数组进行 `for...of` 遍历操作的拦截，关键点在于找到 `for...of` 操作依赖的基本语义。在规范的 23.1.5.1 节中定义了数组迭代器的执行流程，如图 5-8 所示。

23.1.5.1 CreateArrayIterator (*array*, *kind* **)**

The abstract operation CreateArrayIterator takes arguments *array* and *kind*. This operation is used to create iterator objects for Array methods that return such iterators. It performs the following steps when called:

1. Assert: Type(*array*) is Object.
2. Assert: *kind* is **key+value**, **key**, or **value**.
3. Let *closure* be a new Abstract Closure with no parameters that captures *kind* and *array* and performs the following steps when called:
   a. Let *index* be 0.
   b. Repeat,
      i. If *array* has a [[TypedArrayName]] internal slot, then
         1. If IsDetachedBuffer(*array*.[[ViewedArrayBuffer]]) is **true**, throw a **TypeError** exception.
         2. Let *len* be *array*.[[ArrayLength]].
      ii. Else,
         1. Let *len* be ? LengthOfArrayLike(*array*).
      iii. If *index* ≥ *len*, return **undefined**.
      iv. If *kind* is **key**, perform ? Yield(𝔽(*index*)).
      v. Else,
         1. Let *elementKey* be ! ToString(𝔽(*index*)).
         2. Let *elementValue* be ? Get(*array*, *elementKey*).
         3. If *kind* is **value**, perform ? Yield(*elementValue*).
         4. Else,
            a. Assert: *kind* is **key+value**.
            b. Perform ? Yield(! CreateArrayFromList(« 𝔽(*index*), *elementValue* »)).
      vi. Set *index* to *index* + 1.
4. Return ! CreateIteratorFromClosure(*closure*, **"%ArrayIteratorPrototype%"**, %ArrayIteratorPrototype%).

图 5-8 数组迭代器的执行流程

图 5-8 中第 3 步的 b 子步骤所描述的内容如下。

b. 重复以下步骤。
   i. 如果 array 有 [[TypedArrayName]] 内部槽，那么
      1. 如果 IsDetachedBuffer(array.[[ViewedArrayBuffer]]) 是 true，则抛出 TypeError 异常。
      2. 让 len 的值为 array.[[ArrayLength]]。
   ii. 否则
      1. 让 len 的值为 LengthOfArrayLike(array)。
   iii. 如果 index >= len，则返回 undefined。
   iv. 如果 kind 是 key，则执行 ? Yield(𝔽(index))。
   v. 否则
      1. 让 elementKey 的值为 ! ToString(𝔽(index))。
      2. 让 elementValue 的值为 ? Get(array, elementKey)。
      3. 如果 kind 是 value，执行 ? Yield(elementValue)。
      4. 否则
         a. 断言：kind 是 key + value。
         b. 执行：? Yield(! CreateArrayFromList(« 𝔽(index), elementValue »))。
   vi. 将 index 设置为 index + 1。

可以看到，数组迭代器的执行会读取数组的 length 属性。如果迭代的是数组元素值，还会读取数组的索引。其实我们可以给出一个数组迭代器的模拟实现：

```
01  const arr = [1, 2, 3, 4, 5]
02
03  arr[Symbol.iterator] = function() {
04    const target = this
05    const len = target.length
06    let index = 0
07
08    return {
09      next() {
10        return {
11          value: index < len ? target[index] : undefined,
12          done: index++ >= len
13        }
14      }
15    }
16  }
```

如上面的代码所示，我们用自定义的实现覆盖了数组内建的迭代器方法，但它仍然能够正常工作。

这个例子表明，迭代数组时，只需要在副作用函数与数组的长度和索引之间建立响应联系，就能够实现响应式的 for...of 迭代：

```
01  const arr = reactive([1, 2, 3, 4, 5])
02
03  effect(() => {
04    for (const val of arr) {
05      console.log(val)
06    }
07  })
08
09  arr[1] = 'bar'  // 能够触发响应
10  arr.length = 0  // 能够触发响应
```

可以看到，不需要增加任何代码就能够使其正确地工作。这是因为只要数组的长度和元素值发生改变，副作用函数自然会重新执行。

这里不得不提的一点是，数组的 values 方法的返回值实际上就是数组内建的迭代器，我们可以验证这一点：

```
01  console.log(Array.prototype.values === Array.prototype[Symbol.iterator]) // true
```

换句话说，在不增加任何代码的情况下，我们也能够让数组的迭代器方法正确地工作：

```
01  const arr = reactive([1, 2, 3, 4, 5])
02
03  effect(() => {
04    for (const val of arr.values()) {
05      console.log(val)
06    }
07  })
08
09  arr[1] = 'bar'  // 能够触发响应
10  arr.length = 0  // 能够触发响应
```

最后需要指出的是，无论是使用 for...of 循环，还是调用 values 等方法，它们都会读取数组的 Symbol.iterator 属性。该属性是一个 symbol 值，为了避免发生意外的错误，以及性能上的考虑，我们不应该在副作用函数与 Symbol.iterator 这类 symbol 值之间建立响应联系，因此需要修改 get 拦截函数，如以下代码所示：

```
01  function createReactive(obj, isShallow = false, isReadonly = false) {
02    return new Proxy(obj, {
03      // 拦截读取操作
04      get(target, key, receiver) {
05        console.log('get: ', key)
06        if (key === 'raw') {
07          return target
08        }
09
10        // 添加判断，如果 key 的类型是 symbol ，则不进行追踪
```

```
11      if (!isReadonly && typeof key !== 'symbol') {
12        track(target, key)
13      }
14
15      const res = Reflect.get(target, key, receiver)
16
17      if (isShallow) {
18        return res
19      }
20
21      if (typeof res === 'object' && res !== null) {
22        return isReadonly ? readonly(res) : reactive(res)
23      }
24
25      return res
26    },
27  })
28 }
```

在调用 track 函数进行追踪之前，需要添加一个判断条件，即只有当 key 的类型不是 symbol 时才进行追踪，这样就避免了上述问题。

5.7.3 数组的查找方法

通过上一节的介绍我们意识到，数组的方法内部其实都依赖了对象的基本语义。所以大多数情况下，我们不需要做特殊处理即可让这些方法按预期工作，例如：

```
01 const arr = reactive([1, 2])
02
03 effect(() => {
04   console.log(arr.includes(1)) // 初始打印 true
05 })
06
07 arr[0] = 3 // 副作用函数重新执行，并打印 false
```

这是因为 includes 方法为了找到给定的值，它内部会访问数组的 length 属性以及数组的索引，因此当我们修改某个索引指向的元素值后能够触发响应。

然而 includes 方法并不总是按照预期工作，举个例子：

```
01 const obj = {}
02 const arr = reactive([obj])
03
04 console.log(arr.includes(arr[0]))  // false
```

如上面的代码所示。我们首先定义一个对象 obj，并将其作为数组的第一个元素，然后调用 reactive 函数为其创建一个响应式对象，接着尝试调用 includes 方法在数组中进行查找，看看其中是否包含第一个元素。很显然，这个操作应该返回 true，但如果你尝试运行这段代码，会发现它返回了 false。

为什么会这样呢？这需要我们去查阅语言规范，看看 includes 方法的执行流程是怎样的。规范的 23.1.3.13 节给出了 includes 方法的执行流程，如图 5-9 所示。

When the **includes** method is called, the following steps are taken:

1. Let *O* be ? ToObject(**this** value).
2. Let *len* be ? LengthOfArrayLike(*O*).
3. If *len* is 0, return **false**.
4. Let *n* be ? ToIntegerOrInfinity(*fromIndex*).
5. Assert: If *fromIndex* is **undefined**, then *n* is 0.
6. If *n* is +∞, return **false**.
7. Else if *n* is -∞, set *n* to 0.
8. If *n* ≥ 0, then
   a. Let *k* be *n*.
9. Else,
   a. Let *k* be *len* + *n*.
   b. If *k* < 0, set *k* to 0.
10. Repeat, while *k* < *len*,
    a. Let *elementK* be the result of ? Get(*O*, ! ToString(𝔽(*k*))).
    b. If SameValueZero(*searchElement*, *elementK*) is **true**, return **true**.
    c. Set *k* to *k* + 1.
11. Return **false**.

图 5-9 includes 方法的执行流程

图 5-9 展示了数组的 includes 方法的执行流程，我们重点关注第 1 步和第 10 步。其中，第 1 步所描述的内容如下。

1. 让 O 的值为 ? ToObject(this value)。

第 10 步所描述的内容如下。

10. 重复，while 循环（条件 k < len），
    a. 让 elementK 的值为 ? Get(O, ! ToString(𝔽(k))) 的结果。
    b. 如果 SameValueZero(searchElement, elementK) 是 true，则返回 true。
    c. 将 k 设置为 k + 1。

这里我们注意第 1 步，让 O 的值为 ? ToObject(this value)，这里的 this 是谁呢？在 arr.includes(arr[0]) 语句中，arr 是代理对象，所以 includes 函数执行时的 this 指向的是代理对象，即 arr。接着我们看第 10.a 步，可以看到 includes 方法会通过索引读取数组元素的值，但是这里的 O 是代理对象 arr。我们知道，通过代理对象来访问元素值时，如果值仍然是可以被代理的，那么得到的值就是新的代理对象而非原始对象。下面这段 get 拦截函数内的代码可以证明这一点：

```
01  if (typeof res === 'object' && res !== null) {
02    // 如果值可以被代理，则返回代理对象
03    return isReadonly ? readonly(res) : reactive(res)
04  }
```

知道这些后，我们再回头看这句代码：arr.includes(arr[0])。其中，arr[0] 得到的是一个代理对象，而在 includes 方法内部也会通过 arr 访问数组元素，从而也得到一个代理对象，问题是这两个代理对象是不同的。这是因为每次调用 reactive 函数时都会创建一个新的代理对象：

```
01 function reactive(obj) {
02   // 每次调用 reactive 时，都会创建新的代理对象
03   return createReactive(obj)
04 }
```

即使参数 obj 是相同的，每次调用 reactive 函数时，也都会创建新的代理对象。这个问题的解决方案如下所示：

```
01 // 定义一个 Map 实例，存储原始对象到代理对象的映射
02 const reactiveMap = new Map()
03
04 function reactive(obj) {
05   // 优先通过原始对象 obj 寻找之前创建的代理对象，如果找到了，直接返回已有的代理对象
06   const existionProxy = reactiveMap.get(obj)
07   if (existionProxy) return existionProxy
08
09   // 否则，创建新的代理对象
10   const proxy = createReactive(obj)
11   // 存储到 Map 中，从而避免重复创建
12   reactiveMap.set(obj, proxy)
13
14   return proxy
15 }
```

在上面这段代码中，我们定义了 reactiveMap，用来存储原始对象到代理对象的映射。每次调用 reactive 函数创建代理对象之前，优先检查是否已经存在相应的代理对象，如果存在，则直接返回已有的代理对象，这样就避免了为同一个原始对象多次创建代理对象的问题。接下来，我们再次运行本节开头的例子：

```
01 const obj = {}
02 const arr = reactive([obj])
03
04 console.log(arr.includes(arr[0]))  // true
```

可以发现，此时的行为已经符合预期了。

然而，还不能高兴得太早，再来看下面的代码：

```
01 const obj = {}
02 const arr = reactive([obj])
03
04 console.log(arr.includes(obj))  // false
```

在上面这段代码中，我们直接把原始对象作为参数传递给 includes 方法，这是很符合直觉的行为。而从用户的角度来看，自己明明把 obj 作为数组的第一个元素了，为什么在数组中却仍

然找不到 obj 对象呢？其实原因很简单，因为 includes 内部的 this 指向的是代理对象 arr，并且在获取数组元素时得到的值也是代理对象，所以拿原始对象 obj 去查找肯定找不到，因此返回 false。为此，我们需要重写数组的 includes 方法并实现自定义的行为，才能解决这个问题。首先，我们来看如何重写 includes 方法，如下面的代码所示：

```
01  const arrayInstrumentations = {
02    includes: function() {/* ... */}
03  }
04
05  function createReactive(obj, isShallow = false, isReadonly = false) {
06    return new Proxy(obj, {
07      // 拦截读取操作
08      get(target, key, receiver) {
09        console.log('get: ', key)
10        if (key === 'raw') {
11          return target
12        }
13        // 如果操作的目标对象是数组，并且 key 存在于 arrayInstrumentations 上，
14        // 那么返回定义在 arrayInstrumentations 上的值
15        if (Array.isArray(target) && arrayInstrumentations.hasOwnProperty(key)) {
16          return Reflect.get(arrayInstrumentations, key, receiver)
17        }
18
19        if (!isReadonly && typeof key !== 'symbol') {
20          track(target, key)
21        }
22
23        const res = Reflect.get(target, key, receiver)
24
25        if (isShallow) {
26          return res
27        }
28
29        if (typeof res === 'object' && res !== null) {
30          return isReadonly ? readonly(res) : reactive(res)
31        }
32
33        return res
34      },
35    })
36  }
```

在上面这段代码中，我们修改了 get 拦截函数，目的是重写数组的 includes 方法。具体怎么做呢？我们知道，arr.includes 可以理解为读取代理对象 arr 的 includes 属性，这就会触发 get 拦截函数，在该函数内检查 target 是否是数组，如果是数组并且读取的键值存在于 arrayInstrumentations 上，则返回定义在 arrayInstrumentations 对象上相应的值。也就是说，当执行 arr.includes 时，实际执行的是定义在 arrayInstrumentations 上的 includes 函数，这样就实现了重写。

接下来，我们就可以自定义 includes 函数了：

```
01  const originMethod = Array.prototype.includes
02  const arrayInstrumentations = {
03    includes: function(...args) {
04      // this 是代理对象，先在代理对象中查找，将结果存储到 res 中
05      let res = originMethod.apply(this, args)
06
07      if (res === false) {
08        // res 为 false 说明没找到，通过 this.raw 拿到原始数组，再去其中查找并更新 res 值
09        res = originMethod.apply(this.raw, args)
10      }
11      // 返回最终结果
12      return res
13    }
14  }
```

如上面这段代码所示，其中 includes 方法内的 this 指向的是代理对象，我们先在代理对象中进行查找，这其实是实现了 arr.include(obj) 的默认行为。如果找不到，通过 this.raw 拿到原始数组，再去其中查找，最后返回结果，这样就解决了上述问题。运行如下测试代码：

```
01  const obj = {}
02  const arr = reactive([obj])
03
04  console.log(arr.includes(obj))  // true
```

可以发现，现在代码的行为已经符合预期了。

除了 includes 方法之外，还需要做类似处理的数组方法有 indexOf 和 lastIndexOf，因为它们都属于根据给定的值返回查找结果的方法。完整的代码如下：

```
01  const arrayInstrumentations = {}
02
03  ;['includes', 'indexOf', 'lastIndexOf'].forEach(method => {
04    const originMethod = Array.prototype[method]
05    arrayInstrumentations[method] = function(...args) {
06      // this 是代理对象，先在代理对象中查找，将结果存储到 res 中
07      let res = originMethod.apply(this, args)
08
09      if (res === false || res === -1) {
10        // res 为 false 说明没找到，通过 this.raw 拿到原始数组，再去其中查找，并更新 res 值
11        res = originMethod.apply(this.raw, args)
12      }
13      // 返回最终结果
14      return res
15    }
16  })
```

5.7.4 隐式修改数组长度的原型方法

本节中我们讲解如何处理那些会隐式修改数组长度的方法，主要指的是数组的栈方法，例如 push/pop/shift/unshift。除此之外，splice 方法也会隐式地修改数组长度，我们可以查阅规范来证实这一点。以 push 方法为例，规范的 23.1.3.20 节定义了 push 方法的执行流程，如图 5-10 所示。

When the **push** method is called with zero or more arguments, the following steps are taken:

1. Let *O* be ? ToObject(**this** value).
2. Let *len* be ? LengthOfArrayLike(*O*).
3. Let *argCount* be the number of elements in *items*.
4. If *len* + *argCount* > 2^{53} - 1, throw a **TypeError** exception.
5. For each element *E* of *items*, do
   a. Perform ? Set(*O*, ! ToString(𝔽(*len*)), *E*, **true**).
   b. Set *len* to *len* + 1.
6. Perform ? Set(*O*, **"length"**, 𝔽(*len*), **true**).
7. Return 𝔽(*len*).

The **"length"** property of the **push** method is $\mathbf{1}_{\mathbb{F}}$.

图 5-10 数组 push 方法的执行流程

图 5-10 所描述的内容如下。

当调用 push 方法并传递 0 个或多个参数时，会执行以下步骤。

1. 让 O 的值为 ? ToObject(this value)。
2. 让 len 的值为 ? LengthOfArrayLike(O)。
3. 让 argCount 的值为 items 的元素数量。
4. 如果 len + argCount > 2^{53} - 1，则抛出 TypeError 异常。
5. 对于 items 中的每一个元素 E：
   a. 执行 ? Set(O, ! ToString(𝔽(len)), E, true);
   b. 将 len 设置为 len + 1。
6. 执行 ? Set(O, "length", 𝔽(len), true)。
7. 返回 𝔽(len)。

由第 2 步和第 6 步可知，当调用数组的 push 方法向数组中添加元素时，既会读取数组的 length 属性值，也会设置数组的 length 属性值。这会导致两个独立的副作用函数互相影响。以下面的代码为例：

```
01  const arr = reactive([])
02  // 第一个副作用函数
03  effect(() => {
04    arr.push(1)
05  })
06
```

```
07  // 第二个副作用函数
08  effect(() => {
09    arr.push(1)
10  })
```

如果你尝试在浏览器中运行上面这段代码，会得到栈溢出的错误（Maximum call stack size exceeded）。

为什么会这样呢？我们来详细分析上面这段代码的执行过程。

- 第一个副作用函数执行。在该函数内，调用 arr.push 方法向数组中添加了一个元素。我们知道，调用数组的 push 方法会间接读取数组的 length 属性。所以，当第一个副作用函数执行完毕后，会与 length 属性建立响应联系。
- 接着，第二个副作用函数执行。同样，它也会与 length 属性建立响应联系。但不要忘记，调用 arr.push 方法不仅会间接读取数组的 length 属性，还会间接设置 length 属性的值。
- 第二个函数内的 arr.push 方法的调用设置了数组的 length 属性值。于是，响应系统尝试把与 length 属性相关联的副作用函数全部取出并执行，其中就包括第一个副作用函数。问题就出在这里，可以发现，第二个副作用函数还未执行完毕，就要再次执行第一个副作用函数了。
- 第一个副作用函数再次执行。同样，这会间接设置数组的 length 属性。于是，响应系统又要尝试把所有与 length 属性相关联的副作用函数取出并执行，其中就包含第二个副作用函数。
- 如此循环往复，最终导致调用栈溢出。

问题的原因是 push 方法的调用会间接读取 length 属性。所以，只要我们"屏蔽"对 length 属性的读取，从而避免在它与副作用函数之间建立响应联系，问题就迎刃而解了。这个思路是正确的，因为数组的 push 方法在语义上是修改操作，而非读取操作，所以避免建立响应联系并不会产生其他副作用。有了解决思路后，我们尝试实现它，这需要重写数组的 push 方法，如下面的代码所示：

```
01  // 一个标记变量，代表是否进行追踪。默认值为 true，即允许追踪
02  let shouldTrack = true
03  // 重写数组的 push 方法
04  ;['push'].forEach(method => {
05    // 取得原始 push 方法
06    const originMethod = Array.prototype[method]
07    // 重写
08    arrayInstrumentations[method] = function(...args) {
09      // 在调用原始方法之前，禁止追踪
10      shouldTrack = false
11      // push 方法的默认行为
12      let res = originMethod.apply(this, args)
13      // 在调用原始方法之后，恢复原来的行为，即允许追踪
```

```
14        shouldTrack = true
15        return res
16      }
17    })
```

在这段代码中，我们定义了一个标记变量 shouldTrack，它是一个布尔值，代表是否允许追踪。接着，我们重写了数组的 push 方法，利用了前文介绍的 arrayInstrumentations 对象。重写后的 push 方法保留了默认行为，只不过在执行默认行为之前，先将标记变量 shouldTrack 的值设置为 false，即禁止追踪。当 push 方法的默认行为执行完毕后，再将标记变量 shouldTrack 的值还原为 true，代表允许追踪。最后，我们还需要修改 track 函数，如下面的代码所示：

```
01    function track(target, key) {
02      // 当禁止追踪时，直接返回
03      if (!activeEffect || !shouldTrack) return
04      // 省略部分代码
05    }
```

可以看到，当标记变量 shouldTrack 的值为 false 时，即禁止追踪时，track 函数会直接返回。这样，当 push 方法间接读取 length 属性值时，由于此时是禁止追踪的状态，所以 length 属性与副作用函数之间不会建立响应联系。这样就实现了前文给出的方案。我们再次尝试运行下面这段测试代码：

```
01    const arr = reactive([])
02    // 第一个副作用函数
03    effect(() => {
04      arr.push(1)
05    })
06
07    // 第二个副作用函数
08    effect(() => {
09      arr.push(1)
10    })
```

会发现它能够正确地工作，并且不会导致调用栈溢出。

除了 push 方法之外，pop、shift、unshift 以及 splice 等方法都需要做类似的处理。完整的代码如下：

```
01    let shouldTrack = true
02    // 重写数组的 push、pop、shift、unshift 以及 splice 方法
03    ;['push', 'pop', 'shift', 'unshift', 'splice'].forEach(method => {
04      const originMethod = Array.prototype[method]
05      arrayInstrumentations[method] = function(...args) {
06        shouldTrack = false
07        let res = originMethod.apply(this, args)
08        shouldTrack = true
09        return res
10      }
11    })
```

5.8 代理 Set 和 Map

从本节开始，我们将介绍集合类型数据的响应式方案。集合类型包括 Map/Set 以及 WeakMap/WeakSet。使用 Proxy 代理集合类型的数据不同于代理普通对象，因为集合类型数据的操作与普通对象存在很大的不同。下面总结了 Set 和 Map 这两个数据类型的原型属性和方法。

Set 类型的原型属性和方法如下。

- size：返回集合中元素的数量。
- add(value)：向集合中添加给定的值。
- clear()：清空集合。
- delete(value)：从集合中删除给定的值。
- has(value)：判断集合中是否存在给定的值。
- keys()：返回一个迭代器对象。可用于 for...of 循环，迭代器对象产生的值为集合中的元素值。
- values()：对于 Set 集合类型来说，keys() 与 values() 等价。
- entries()：返回一个迭代器对象。迭代过程中为集合中的每一个元素产生一个数组值 [value, value]。
- forEach(callback[, thisArg])：forEach 函数会遍历集合中的所有元素，并对每一个元素调用 callback 函数。forEach 函数接收可选的第二个参数 thisArg，用于指定 callback 函数执行时的 this 值。

Map 类型的原型属性和方法如下。

- size：返回 Map 数据中的键值对数量。
- clear()：清空 Map。
- delete(key)：删除指定 key 的键值对。
- has(key)：判断 Map 中是否存在指定 key 的键值对。
- get(key)：读取指定 key 对应的值。
- set(key, value)：为 Map 设置新的键值对。
- keys()：返回一个迭代器对象。迭代过程中会产生键值对的 key 值。
- values()：返回一个迭代器对象。迭代过程中会产生键值对的 value 值。
- entries()：返回一个迭代器对象。迭代过程中会产生由 [key, value] 组成的数组值。
- forEach(callback[, thisArg])：forEach 函数会遍历 Map 数据的所有键值对，并对每一个键值对调用 callback 函数。forEach 函数接收可选的第二个参数 thisArg，用于指定 callback 函数执行时的 this 值。

观察上述列表可以发现，Map 和 Set 这两个数据类型的操作方法相似。它们之间最大的不同体现在，Set 类型使用 add(value) 方法添加元素，而 Map 类型使用 set(key, value) 方法设置键值对，并且 Map 类型可以使用 get(key) 方法读取相应的值。既然两者如此相似，那么是不是意味着我们可以用相同的处理办法来实现对它们的代理呢？没错，接下来，我们就深入探讨如何实现对 Set 和 Map 类型数据的代理。

5.8.1 如何代理 Set 和 Map

前文讲到，Set 和 Map 类型的数据有特定的属性和方法用来操作自身。这一点与普通对象不同，如下面的代码所示：

```
01  // 普通对象的读取和设置操作
02  const obj = { foo: 1 }
03  obj.foo // 读取属性
04  obj.foo = 2 // 设置属性
05
06  // 用 get/set 方法操作 Map 数据
07  const map = new Map()
08  map.set('key', 1) // 设置数据
09  map.get('key') // 读取数据
```

正是因为这些差异的存在，我们不能像代理普通对象那样代理 Set 和 Map 类型的数据。但整体思路不变，即当读取操作发生时，应该调用 track 函数建立响应联系；当设置操作发生时，应该调用 trigger 函数触发响应，例如：

```
01  const proxy = reactive(new Map([['key', 1]]))
02
03  effect(() => {
04    console.log(proxy.get('key')) // 读取键为 key 的值
05  })
06
07  proxy.set('key', 2) // 修改键为 key 的值，应该触发响应
```

当然，这段代码展示的效果是我们最终要实现的目标。但在动手实现之前，我们有必要先了解关于使用 Proxy 代理 Set 或 Map 类型数据的注意事项。

先来看一段代码，如下：

```
01  const s = new Set([1, 2, 3])
02  const p = new Proxy(s, {})
03
04  console.log(p.size) // 报错 TypeError: Method get Set.prototype.size called on incompatible receiver
```

在这段代码中，我们首先定义了一个 Set 类型的数据 s，接着为它创建一个代理对象 p。由于代理的目标对象是 Set 类型，因此我们可以通过读取它的 p.size 属性获取元素的数量。但不幸的是，我们得到了一个错误。错误信息的大意是“在不兼容的 receiver 上调用了 get Set.prototype.size

方法”。由此我们大概能猜到，size 属性应该是一个访问器属性，所以它作为方法被调用了。通过查阅规范可以证实这一点，如图 5-11 所示。

24.2.3.9 get Set.prototype.size

Set.prototype.size is an accessor property whose set accessor function is **undefined**. Its get accessor function performs the following steps:

1. Let *S* be the **this** value.
2. Perform ? RequireInternalSlot(*S*, [[SetData]]).
3. Let *entries* be the List that is *S*.[[SetData]].
4. Let *count* be 0.
5. For each element *e* of *entries*, do
   a. If *e* is not empty, set *count* to *count* + 1.
6. Return 𝔽(*count*).

图 5-11　Set.prototype.size 属性的定义

图 5-11 所描述的内容如下。

Set.prototype.size 是一个访问器属性，它的 set 访问器函数是 undefined，它的 get 访问器函数会执行以下步骤。

1. 让 S 的值为 this。
2. 执行 ? RequireInternalSlot(S, [[SetData]])。
3. 让 entries 的值为 List，即 S.[[SetData]]。
4. 让 count 的值为 0。
5. 对于 entries 中的每个元素 e，执行：
   a. 如果 e 不是空的，则将 count 设置为 count + 1。
6. 返回 𝔽(count)。

由此可知，Set.prototype.size 是一个访问器属性。这里的关键点在第 1 步和第 2 步。根据第 1 步的描述：让 S 的值为 this。这里的 this 是谁呢？由于我们是通过代理对象 p 来访问 size 属性的，所以 this 就是代理对象 p。接着在第 2 步中，调用抽象方法 RequireInternalSlot(S, [[SetData]]) 来检查 S 是否存在内部槽 [[SetData]]。很显然，代理对象 S 不存在 [[SetData]] 这个内部槽，于是会抛出一个错误，也就是前面例子中得到的错误。

为了修复这个问题，我们需要修正访问器属性的 getter 函数执行时的 this 指向，如下面的代码所示：

```
01  const s = new Set([1, 2, 3])
02  const p = new Proxy(s, {
03      get(target, key, receiver) {
04        if (key === 'size') {
```

```
05          // 如果读取的是 size 属性
06          // 通过指定第三个参数 receiver 为原始对象 target 从而修复问题
07          return Reflect.get(target, key, target)
08        }
09        // 读取其他属性的默认行为
10        return Reflect.get(target, key, receiver)
11      }
12  })
13
14  console.log(s.size) // 3
```

在上面这段代码中，我们在创建代理对象时增加了 get 拦截函数。然后检查读取的属性名称是不是 size，如果是，则在调用 Reflect.get 函数时指定第三个参数为原始 Set 对象，这样访问器属性 size 的 getter 函数在执行时，其 this 指向的就是原始 Set 对象而非代理对象了。由于原始 Set 对象上存在 [[SetData]] 内部槽，因此程序得以正确运行。

接着，我们再来尝试从 Set 中删除数据，如下面的代码所示：

```
01  const s = new Set([1, 2, 3])
02  const p = new Proxy(s, {
03      get(target, key, receiver) {
04        if (key === 'size') {
05          return Reflect.get(target, key, target)
06        }
07        // 读取其他属性的默认行为
08        return Reflect.get(target, key, receiver)
09      }
10    }
11  )
12
13  // 调用 delete 方法删除值为 1 的元素
14  // 会得到错误 TypeError: Method Set.prototype.delete called on incompatible receiver [object Object]
15  p.delete(1)
```

可以看到，调用 p.delete 方法时会得到一个错误，这个错误与前文讲解的访问 p.size 属性时发生的错误非常相似。为了搞清楚问题的原因，我们需要详细分析当调用 p.delete(1) 方法时都发生了什么。

实际上，访问 p.size 与访问 p.delete 是不同的。这是因为 size 是属性，是一个访问器属性，而 delete 是一个方法。当访问 p.size 时，访问器属性的 getter 函数会立即执行，此时我们可以通过修改 receiver 来改变 getter 函数的 this 的指向。而当访问 p.delete 时，delete 方法并没有执行，真正使其执行的语句是 p.delete(1) 这句函数调用。因此，无论怎么修改 receiver，delete 方法执行时的 this 都会指向代理对象 p，而不会指向原始 Set 对象。想要修复这个问题也不难，只需要把 delete 方法与原始数据对象绑定即可，如以下代码所示：

```
01  const s = new Set([1, 2, 3])
02  const p = new Proxy(s, {
03      get(target, key, receiver) {
```

```
04          if (key === 'size') {
05            return Reflect.get(target, key, target)
06          }
07          // 将方法与原始数据对象 target 绑定后返回
08          return target[key].bind(target)
09        }
10      }
11    )
12
13    // 调用 delete 方法删除值为 1 的元素，正确执行
14    p.delete(1)
```

在上面这段代码中，我们使用 target[key].bind(target) 代替了 Reflect.get(target, key, receiver)。可以看到，我们使用bind函数将用于操作数据的方法与原始数据对象target做了绑定。这样当p.delete(1)语句执行时，delete函数的this总是指向原始数据对象而非代理对象，于是代码能够正确执行。

最后，为了后续讲解方便以及代码的可扩展性，我们将 new Proxy 也封装到前文介绍的createReactive函数中：

```
01    const reactiveMap = new Map()
02    // reactive 函数与之前相比没有变化
03    function reactive(obj) {
04
05      const existionProxy = reactiveMap.get(obj)
06      if (existionProxy) return existionProxy
07      const proxy = createReactive(obj)
08
09      reactiveMap.set(obj, proxy)
10
11      return proxy
12    }
13    // 在 createReactive 里封装用于代理 Set/Map 类型数据的逻辑
14    function createReactive(obj, isShallow = false, isReadonly = false) {
15      return new Proxy(obj, {
16        get(target, key, receiver) {
17          if (key === 'size') {
18            return Reflect.get(target, key, target)
19          }
20
21          return target[key].bind(target)
22        }
23      })
24    }
```

这样，我们就可以很简单地创建代理数据了：

```
01    const p = reactive(new Set([1, 2, 3]))
02    console.log(p.size) // 3
```

5.8.2 建立响应联系

了解了为 Set 和 Map 类型数据创建代理时的注意事项之后，我们就可以着手实现 Set 类型数据的响应式方案了。其实思路并不复杂，以下面的代码为例：

```
01  const p = reactive(new Set([1, 2, 3]))
02
03  effect(() => {
04    // 在副作用函数内访问 size 属性
05    console.log(p.size)
06  })
07  // 添加值为 1 的元素，应该触发响应
08  p.add(1)
```

这段代码展示了响应式 Set 类型数据的工作方式。首先，在副作用函数内访问了 p.size 属性；接着，调用 p.add 函数向集合中添加数据。由于这个行为会间接改变集合的 size 属性值，所以我们期望副作用函数会重新执行。为了实现这个目标，我们需要在访问 size 属性时调用 track 函数进行依赖追踪，然后在 add 方法执行时调用 trigger 函数触发响应。下面的代码展示了如何进行依赖追踪：

```
01  function createReactive(obj, isShallow = false, isReadonly = false) {
02    return new Proxy(obj, {
03      get(target, key, receiver) {
04        if (key === 'size') {
05          // 调用 track 函数建立响应联系
06          track(target, ITERATE_KEY)
07          return Reflect.get(target, key, target)
08        }
09
10        return target[key].bind(target)
11      }
12    })
13  }
```

可以看到，当读取 size 属性时，只需要调用 track 函数建立响应联系即可。这里需要注意的是，响应联系需要建立在 ITERATE_KEY 与副作用函数之间，这是因为任何新增、删除操作都会影响 size 属性。接着，我们来看如何触发响应。当调用 add 方法向集合中添加新元素时，应该怎么触发响应呢？很显然，这需要我们实现一个自定义的 add 方法才行，如以下代码所示：

```
01  // 定义一个对象，将自定义的 add 方法定义到该对象下
02  const mutableInstrumentations = {
03    add(key) {/* ... */}
04  }
05
06  function createReactive(obj, isShallow = false, isReadonly = false) {
07    return new Proxy(obj, {
08      get(target, key, receiver) {
09        // 如果读取的是 raw 属性，则返回原始数据对象 target
```

```
10        if (key === 'raw') return target
11        if (key === 'size') {
12          track(target, ITERATE_KEY)
13          return Reflect.get(target, key, target)
14        }
15        // 返回定义在 mutableInstrumentations 对象下的方法
16        return mutableInstrumentations[key]
17      }
18    })
19  }
```

首先，定义一个对象 mutableInstrumentations，我们会将所有自定义实现的方法都定义到该对象下，例如 mutableInstrumentations.add 方法。然后，在 get 拦截函数内返回定义在 mutableInstrumentations 对象中的方法。这样，当通过 p.add 获取方法时，得到的就是我们自定义的 mutableInstrumentations.add 方法了。有了自定义实现的方法后，就可以在其中调用 trigger 函数触发响应了：

```
01  // 定义一个对象，将自定义的 add 方法定义到该对象下
02  const mutableInstrumentations = {
03    add(key) {
04      // this 仍然指向的是代理对象，通过 raw 属性获取原始数据对象
05      const target = this.raw
06      // 通过原始数据对象执行 add 方法添加具体的值，
07      // 注意，这里不再需要 .bind 了，因为是直接通过 target 调用并执行的
08      const res = target.add(key)
09      // 调用 trigger 函数触发响应，并指定操作类型为 ADD
10      trigger(target, key, 'ADD')
11      // 返回操作结果
12      return res
13    }
14  }
```

如上面的代码所示，自定义的 add 函数内的 this 仍然指向代理对象，所以需要通过 this.raw 获取原始数据对象。有了原始数据对象后，就可以通过它调用 target.add 方法，这样就不再需要 .bind 绑定了。待添加操作完成后，调用 trigger 函数触发响应。需要注意的是，我们指定了操作类型为 ADD，这一点很重要。还记得 trigger 函数的实现吗？我们来回顾一下，如下面的代码片段所示：

```
01  function trigger(target, key, type, newVal) {
02    const depsMap = bucket.get(target)
03    if (!depsMap) return
04    const effects = depsMap.get(key)
05
06    // 省略无关内容
07
08    // 当操作类型 type 为 ADD 时，会取出与 ITERATE_KEY 相关联的副作用函数并执行
09    if (type === 'ADD' || type === 'DELETE') {
10      const iterateEffects = depsMap.get(ITERATE_KEY)
11      iterateEffects && iterateEffects.forEach(effectFn => {
```

```
12          if (effectFn !== activeEffect) {
13            effectsToRun.add(effectFn)
14          }
15        })
16      }
17
18      effectsToRun.forEach(effectFn => {
19        if (effectFn.options.scheduler) {
20          effectFn.options.scheduler(effectFn)
21        } else {
22          effectFn()
23        }
24      })
25    }
```

当操作类型是 ADD 或 DELETE 时，会取出与 ITERATE_KEY 相关联的副作用函数并执行，这样就可以触发通过访问 size 属性所收集的副作用函数来执行了。

当然，如果调用 add 方法添加的元素已经存在于 Set 集合中了，就不再需要触发响应了，这样做对性能更加友好，因此，我们可以对代码做如下优化：

```
01    const mutableInstrumentations = {
02      add(key) {
03        const target = this.raw
04        // 先判断值是否已经存在
05        const hadKey = target.has(key)
06        // 只有在值不存在的情况下，才需要触发响应
07        const res = target.add(key)
08        if (!hadKey) {
09          trigger(target, key, 'ADD')
10        }
11        return res
12      }
13    }
```

在上面这段代码中，我们先调用 target.has 方法判断值是否已经存在，只有在值不存在的情况下才需要触发响应。

在此基础上，我们可以按照类似的思路轻松地实现 delete 方法：

```
01    const mutableInstrumentations = {
02      delete(key) {
03        const target = this.raw
04        const hadKey = target.has(key)
05        const res = target.delete(key)
06        // 当要删除的元素确实存在时，才触发响应
07        if (hadKey) {
08          trigger(target, key, 'DELETE')
09        }
10        return res
11      }
12    }
```

如上面的代码所示，与 add 方法的区别在于，delete 方法只有在要删除的元素确实在集合中存在时，才需要触发响应，这一点恰好与 add 方法相反。

5.8.3　避免污染原始数据

本节中我们借助 Map 类型数据的 set 和 get 这两个方法来讲解什么是“避免污染原始数据”及其原因。

Map 数据类型拥有 get 和 set 这两个方法，当调用 get 方法读取数据时，需要调用 track 函数追踪依赖建立响应联系；当调用 set 方法设置数据时，需要调用 trigger 方法触发响应。如下面的代码所示：

```
01  const p = reactive(new Map([['key', 1]]))
02
03  effect(() => {
04    console.log(p.get('key'))
05  })
06
07  p.set('key', 2) // 触发响应
```

其实想要实现上面这段代码所展示的功能并不难，因为我们已经有了实现 add 、delete 等方法的经验。下面是 get 方法的具体实现：

```
01  const mutableInstrumentations = {
02    get(key) {
03      // 获取原始对象
04      const target = this.raw
05      // 判断读取的 key 是否存在
06      const had = target.has(key)
07      // 追踪依赖，建立响应联系
08      track(target, key)
09     // 如果存在，则返回结果。这里要注意的是，如果得到的结果 res 仍然是可代理的数据，
10     // 则要返回使用 reactive 包装后的响应式数据
11      if (had) {
12        const res = target.get(key)
13        return typeof res === 'object' ? reactive(res) : res
14      }
15    }
16  }
```

如上面的代码及注释所示，整体思路非常清晰。这里有一点需要注意，在非浅响应的情况下，如果得到的数据仍然可以被代理，那么要调用 reactive(res) 将数据转换成响应式数据后返回。在浅响应模式下，就不需要这一步了。由于前文讲解过如何实现浅响应，因此这里不再详细讨论。

接着，我们来讨论 set 方法的实现。简单来说，当 set 方法被调用时，需要调用 trigger 方法触发响应。只不过在触发响应的时候，需要区分操作的类型是 SET 还是 ADD，如下面的代码所示：

```
01 const mutableInstrumentations = {
02   set(key, value) {
03     const target = this.raw
04     const had = target.has(key)
05     // 获取旧值
06     const oldValue = target.get(key)
07     // 设置新值
08     target.set(key, value)
09     // 如果不存在，则说明是 ADD 类型的操作，意味着新增
10     if (!had) {
11       trigger(target, key, 'ADD')
12     } else if (oldValue !== value || (oldValue === oldValue && value === value)) {
13       // 如果不存在，并且值变了，则是 SET 类型的操作，意味着修改
14       trigger(target, key, 'SET')
15     }
16   }
17 }
```

这段代码的关键点在于，我们需要判断设置的 key 是否存在，以便区分不同的操作类型。我们知道，对于 SET 类型和 ADD 类型的操作来说，它们最终触发的副作用函数是不同的。因为 ADD 类型的操作会对数据的 size 属性产生影响，所以任何依赖 size 属性的副作用函数都需要在 ADD 类型的操作发生时重新执行。

上面给出的 set 函数的实现能够正常工作，但它仍然存在问题，即 set 方法会污染原始数据。这是什么意思呢？来看下面的代码：

```
01 // 原始 Map 对象 m
02 const m = new Map()
03 // p1 是 m 的代理对象
04 const p1 = reactive(m)
05 // p2 是另外一个代理对象
06 const p2 = reactive(new Map())
07 // 为 p1 设置一个键值对，值是代理对象 p2
08 p1.set('p2', p2)
09 
10 effect(() => {
11   // 注意，这里我们通过原始数据 m 访问 p2
12   console.log(m.get('p2').size)
13 })
14 // 注意，这里我们通过原始数据 m 为 p2 设置一个键值对 foo --> 1
15 m.get('p2').set('foo', 1)
```

在这段代码中，我们首先创建了一个原始 Map 对象 m，p1 是对象 m 的代理对象，接着创建另外一个代理对象 p2，并将其作为值设置给 p1，即 p1.set('p2', p2)。接下来问题出现了，在副作用函数中，我们通过原始数据 m 来读取数据值，然后又通过原始数据 m 设置数据值，此时发现副作用函数重新执行了。这其实不是我们所期望的行为，因为原始数据不应该具有响应式数据的能力，否则就意味着用户既可以操作原始数据，又能够操作响应式数据，这样一来代码就乱套了。

那么，导致问题的原因是什么呢？其实很简单，观察我们前面实现的 set 方法：

```
01  const mutableInstrumentations = {
02    set(key, value) {
03      const target = this.raw
04      const had = target.has(key)
05      const oldValue = target.get(key)
06      // 我们把 value 原封不动地设置到原始数据上
07      target.set(key, value)
08      if (!had) {
09        trigger(target, key, 'ADD')
10      } else if (oldValue !== value || (oldValue === oldValue && value === value)) {
11        trigger(target, key, 'SET')
12      }
13    }
14  }
```

在 set 方法内，我们把 value 原样设置到了原始数据 target 上。如果 value 是响应式数据，就意味着设置到原始对象上的也是响应式数据，我们把**响应式数据设置到原始数据上的行为称为数据污染**。

要解决数据污染也不难，只需要在调用 target.set 函数设置值之前对值进行检查即可：只要发现即将要设置的值是响应式数据，那么就通过 raw 属性获取原始数据，再把原始数据设置到 target 上，如下面的代码所示：

```
01  const mutableInstrumentations = {
02    set(key, value) {
03      const target = this.raw
04      const had = target.has(key)
05
06      const oldValue = target.get(key)
07      // 获取原始数据，由于 value 本身可能已经是原始数据，所以此时 value.raw 不存在，则直接使用 value
08      const rawValue = value.raw || value
09      target.set(key, rawValue)
10
11      if (!had) {
12        trigger(target, key, 'ADD')
13      } else if (oldValue !== value || (oldValue === oldValue && value === value)) {
14        trigger(target, key, 'SET')
15      }
16    }
17  }
```

现在的实现已经不会造成数据污染了。不过，细心观察上面的代码，会发现新的问题。我们一直使用 raw 属性来访问原始数据是有缺陷的，因为它可能与用户自定义的 raw 属性冲突，所以在一个严谨的实现中，我们需要使用唯一的标识来作为访问原始数据的键，例如使用 Symbol 类型来代替。

本节中，我们通过 Map 类型数据的 set 方法讲解了关于避免污染原始数据的问题。其实除了 set 方法需要避免污染原始数据之外，Set 类型的 add 方法、普通对象的写值操作，还有为数组添加元素的方法等，都需要做类似的处理。

5.8.4 处理 forEach

集合类型的 forEach 方法类似于数组的 forEach 方法，我们先来看看它是如何工作的：

```
01  const m = new Map([
02    [{ key: 1 }, { value: 1 }]
03  ])
04
05  effect(() => {
06    m.forEach(function (value, key, m) {
07      console.log(value) // { value: 1 }
08      console.log(key) // { key: 1 }
09    })
10  })
```

以 Map 为例，forEach 方法接收一个回调函数作为参数，该回调函数会在 Map 的每个键值对上被调用。回调函数接收三个参数，分别是值、键以及原始 Map 对象。如上面的代码所示，我们可以使用 forEach 方法遍历 Map 数据的每一组键值对。

遍历操作只与键值对的数量有关，因此任何会修改 Map 对象键值对数量的操作都应该触发副作用函数重新执行，例如 delete 和 add 方法等。所以当 forEach 函数被调用时，我们应该让副作用函数与 ITERATE_KEY 建立响应联系，如下面的代码所示：

```
01  const mutableInstrumentations = {
02    forEach(callback) {
03      // 取得原始数据对象
04      const target = this.raw
05      // 与 ITERATE_KEY 建立响应联系
06      track(target, ITERATE_KEY)
07      // 通过原始数据对象调用 forEach 方法，并把 callback 传递过去
08      target.forEach(callback)
09    }
10  }
```

这样我们就实现了对 forEach 操作的追踪，可以使用下面的代码进行测试：

```
01  const p = reactive(new Map([
02    [{ key: 1 }, { value: 1 }]
03  ]))
04
05  effect(() => {
06    p.forEach(function (value, key) {
07      console.log(value) // { value: 1 }
08      console.log(key) // { key: 1 }
09    })
10  })
11
12  // 能够触发响应
13  p.set({ key: 2 }, { value: 2 })
```

可以发现，这段代码能够按照预期工作。然而，上面给出的 forEach 函数仍然存在缺陷，我

们在自定义实现的 forEach 方法内，通过原始数据对象调用了原生的 forEach 方法，即

```
01  // 通过原始数据对象调用 forEach 方法，并把 callback 传递过去
02  target.forEach(callback)
```

这意味着，传递给 callback 回调函数的参数将是非响应式数据。这导致下面的代码不能按预期工作：

```
01  const key = { key: 1 }
02  const value = new Set([1, 2, 3])
03  const p = reactive(new Map([
04    [key, value]
05  ]))
06
07  effect(() => {
08    p.forEach(function (value, key) {
09      console.log(value.size) // 3
10    })
11  })
12
13  p.get(key).delete(1)
```

在上面这段代码中，响应式数据 p 有一个键值对，其中键是普通对象 { key: 1 }，值是 Set 类型的原始数据 new Set([1, 2, 3])。接着，我们在副作用函数中使用 forEach 方法遍历 p，并在回调函数中访问 value.size。最后，我们尝试删除 Set 类型数据中值为 1 的元素，却发现没能触发副作用函数重新执行。导致问题的原因就是上面曾提到的，当通过 value.size 访问 size 属性时，这里的 value 是原始数据对象，即 new Set([1, 2, 3])，而非响应式数据对象，因此无法建立响应联系。但这其实不符合直觉，因为 reactive 本身是深响应，forEach 方法的回调函数所接收到的参数也应该是响应式数据才对。为了解决这个问题，我们需要对现有实现做一些修改，如下面的代码所示：

```
01  const mutableInstrumentations = {
02    forEach(callback) {
03      // wrap 函数用来把可代理的值转换为响应式数据
04      const wrap = (val) => typeof val === 'object' ? reactive(val) : val
05      const target = this.raw
06      track(target, ITERATE_KEY)
07      // 通过 target 调用原始 forEach 方法进行遍历
08      target.forEach((v, k) => {
09        // 手动调用 callback，用 wrap 函数包裹 value 和 key 后再传给 callback，这样就实现了深响应
10        callback(wrap(v), wrap(k), this)
11      })
12    }
13  }
```

其实思路很简单，既然 callback 函数的参数不是响应式的，那就将它转换成响应式的。所以在上面的代码中，我们又对 callback 函数的参数做了一层包装，即把传递给 callback 函数的参数包装成响应式的。此时，如果再次尝试运行前文给出的例子，会发现它能够按预期工作了。

最后，出于严谨性，我们还需要做一些补充。因为 forEach 函数除了接收 callback 作为参数之外，它还接收第二个参数，该参数可以用来指定 callback 函数执行时的 this 值。更加完善的实现如下所示：

```
01  const mutableInstrumentations = {
02    // 接收第二个参数
03    forEach(callback, thisArg) {
04      const wrap = (val) => typeof val === 'object' ? reactive(val) : val
05      const target = this.raw
06      track(target, ITERATE_KEY)
07
08      target.forEach((v, k) => {
09        // 通过 .call 调用 callback，并传递 thisArg
10        callback.call(thisArg, wrap(v), wrap(k), this)
11      })
12    }
13  }
```

至此，我们的工作仍然没有完成。现在我们知道，无论是使用 for...in 循环遍历一个对象，还是使用 forEach 循环遍历一个集合，它们的响应联系都是建立在 ITERATE_KEY 与副作用函数之间的。然而，使用 for...in 来遍历对象与使用 forEach 遍历集合之间存在本质的不同。具体体现在，当使用 for...in 循环遍历对象时，它只关心对象的键，而不关心对象的值，如以下代码所示：

```
01  effect(() => {
02    for (const key in obj) {
03      console.log(key)
04    }
05  })
```

只有当新增、删除对象的 key 时，才需要重新执行副作用函数。所以我们在 trigger 函数内判断操作类型是否是 ADD 或 DELETE，进而知道是否需要触发那些与 ITERATE_KEY 相关联的副作用函数重新执行。对于 SET 类型的操作来说，因为它不会改变一个对象的键的数量，所以当 SET 类型的操作发生时，不需要触发副作用函数重新执行。

但这个规则不适用于 Map 类型的 forEach 遍历，如以下代码所示：

```
01  const p = reactive(new Map([
02    ['key', 1]
03  ]))
04
05  effect(() => {
06    p.forEach(function (value, key) {
07      // forEach 循环不仅关心集合的键，还关心集合的值
08      console.log(value) // 1
09    })
10  })
11
12  p.set('key', 2) // 即使操作类型是 SET，也应该触发响应
```

当使用 forEach 遍历 Map 类型的数据时，它既关心键，又关心值。这意味着，当调用 p.set('key', 2) 修改值的时候，也应该触发副作用函数重新执行，即使它的操作类型是 SET。因此，我们应该修改 trigger 函数的代码来弥补这个缺陷：

```
01  function trigger(target, key, type, newVal) {
02
03    const depsMap = bucket.get(target)
04    if (!depsMap) return
05    const effects = depsMap.get(key)
06
07    const effectsToRun = new Set()
08    effects && effects.forEach(effectFn => {
09      if (effectFn !== activeEffect) {
10        effectsToRun.add(effectFn)
11      }
12    })
13
14    if (
15      type === 'ADD' ||
16      type === 'DELETE' ||
17      // 如果操作类型是 SET，并且目标对象是 Map 类型的数据，
18      // 也应该触发那些与 ITERATE_KEY 相关联的副作用函数重新执行
19      (
20        type === 'SET' &&
21        Object.prototype.toString.call(target) === '[object Map]'
22      )
23    ) {
24      const iterateEffects = depsMap.get(ITERATE_KEY)
25      iterateEffects && iterateEffects.forEach(effectFn => {
26        if (effectFn !== activeEffect) {
27          effectsToRun.add(effectFn)
28        }
29      })
30    }
31
32    // 省略部分内容
33
34    effectsToRun.forEach(effectFn => {
35      if (effectFn.options.scheduler) {
36        effectFn.options.scheduler(effectFn)
37      } else {
38        effectFn()
39      }
40    })
41  }
```

如上面的代码所示，我们增加了一个判断条件：如果操作的目标对象是 Map 类型的，则 SET 类型的操作也应该触发那些与 ITERATE_KEY 相关联的副作用函数重新执行。

5.8.5 迭代器方法

接下来，我们讨论关于集合类型的迭代器方法，实际上前面讲解如何拦截 for...of 循环遍历数组的时候介绍过迭代器的相关知识。集合类型有三个迭代器方法：

- entries
- keys
- values

调用这些方法会得到相应的迭代器，并且可以使用 for...of 进行循环迭代，例如：

```
01    const m = new Map([
02      ['key1', 'value1'],
03      ['key2', 'value2']
04    ])
05
06    for (const [key, value] of m.entries()) {
07      console.log(key, value)
08    }
09    // 输出：
10    // key1 value1
11    // key2 value2
```

另外，由于 Map 或 Set 类型本身部署了 Symbol.iterator 方法，因此它们可以使用 for...of 进行迭代：

```
01    for (const [key, value] of m) {
02      console.log(key, value)
03    }
04    // 输出：
05    // key1 value1
06    // key2 value2
```

当然，我们也可以调用迭代器函数取得迭代器对象后，手动调用迭代器对象的 next 方法获取对应的值：

```
01    const itr = m[Symbol.iterator]()
02    console.log(itr.next())  // { value: ['key1', 'value1'], done: false }
03    console.log(itr.next())  // { value: ['key2', 'value2'], done: false }
04    console.log(itr.next())  // { value: undefined, done: true }
```

实际上，m[Symbol.iterator] 与 m.entries 是等价的：

```
01    console.log(m[Symbol.iterator] === m.entries) // true
```

这就是为什么上例中使用 for...of 循环迭代 m.entries 和 m 会得到同样的结果。

理解了这些内容后，我们就可以尝试实现对迭代器方法的代理了。不过在这之前，不妨做一些尝试，看看会发生什么，如以下代码所示：

```
01  const p = reactive(new Map([
02    ['key1', 'value1'],
03    ['key2', 'value2']
04  ]))
05
06  effect(() => {
07    // TypeError: p is not iterable
08    for (const [key, value] of p) {
09      console.log(key, value)
10    }
11  })
12
13  p.set('key3', 'value3')
```

在这段代码中，我们首先创建一个代理对象 p，接着尝试使用 for...of 循环遍历它，却得到了一个错误：“p 是不可迭代的”。我们知道一个对象能否迭代，取决于该对象是否实现了迭代协议，如果一个对象正确地实现了 Symbol.iterator 方法，那么它就是可迭代的。很显然，代理对象 p 没有实现 Symbol.iterator 方法，因此我们得到了上面的错误。

但实际上，当我们使用 for...of 循环迭代一个代理对象时，内部会试图从代理对象 p 上读取 p[Symbol.iterator] 属性，这个操作会触发 get 拦截函数，所以我们仍然可以把 Symbol.iterator 方法的实现放到 mutableInstrumentations 中，如以下代码所示：

```
01  const mutableInstrumentations = {
02    [Symbol.iterator]() {
03      // 获取原始数据对象 target
04      const target = this.raw
05      // 获取原始迭代器方法
06      const itr = target[Symbol.iterator]()
07      // 将其返回
08      return itr
09    }
10  }
```

实现很简单，不过是把原始的迭代器对象返回而已，这样就能够使用 for...of 循环迭代代理对象 p 了，然而事情不可能这么简单。在 5.8.4 节中讲解 forEach 方法时我们提到过，传递给 callback 的参数是包装后的响应式数据，如：

```
01  p.forEach((value, key) => {
02    // value 和 key 如果可以被代理，那么它们就是代理对象，即响应式数据
03  })
```

同理，使用 for...of 循环迭代集合时，如果迭代产生的值也是可以被代理的，那么也应该将其包装成响应式数据，例如：

```
01  for (const [key, value] of p) {
02    // 期望 key 和 value 是响应式数据
03  }
```

因此，我们需要修改代码：

```
01  const mutableInstrumentations = {
02    [Symbol.iterator]() {
03      // 获取原始数据对象 target
04      const target = this.raw
05      // 获取原始迭代器方法
06      const itr = target[Symbol.iterator]()
07
08      const wrap = (val) => typeof val === 'object' && val !== null ? reactive(val) : val
09
10      // 返回自定义的迭代器
11      return {
12        next() {
13          // 调用原始迭代器的 next 方法获取 value 和 done
14          const { value, done } = itr.next()
15          return {
16            // 如果 value 不是 undefined ，则对其进行包裹
17            value: value ? [wrap(value[0]), wrap(value[1])] : value,
18            done
19          }
20        }
21      }
22    }
23  }
```

如以上代码所示，为了实现对 key 和 value 的包装，我们需要自定义实现的迭代器，在其中调用原始迭代器获取值 value 以及代表是否结束的 done。如果值 value 不为 undefined，则对其进行包装，最后返回包装后的代理对象，这样当使用 for...of 循环进行迭代时，得到的值就会是响应式数据了。

最后，为了追踪 for...of 对数据的迭代操作，我们还需要调用 track 函数，让副作用函数与 ITERATE_KEY 建立联系：

```
01  const mutableInstrumentations = {
02    [Symbol.iterator]() {
03      const target = this.raw
04      const itr = target[Symbol.iterator]()
05
06      const wrap = (val) => typeof val === 'object' && val !== null ? reactive(val) : val
07
08      // 调用 track 函数建立响应联系
09      track(target, ITERATE_KEY)
10
11      return {
12        next() {
13          const { value, done } = itr.next()
14          return {
15            value: value ? [wrap(value[0]), wrap(value[1])] : value,
16            done
17          }
```

```
18        }
19      }
20    }
21  }
```

由于迭代操作与集合中元素的数量有关，所以只要集合的 size 发生变化，就应该触发迭代操作重新执行。因此，我们在调用 track 函数时让 ITERATE_KEY 与副作用函数建立联系。完成这一步后，集合的响应式数据功能就相对完整了，我们可以通过如下代码测试一下：

```
01  const p = reactive(new Map([
02    ['key1', 'value1'],
03    ['key2', 'value2']
04  ]))
05
06  effect(() => {
07    for (const [key, value] of p) {
08      console.log(key, value)
09    }
10  })
11
12  p.set('key3', 'value3') // 能够触发响应
```

前面我们说过，由于 p.entries 与 p[Symbol.iterator] 等价，所以我们可以使用同样的代码来实现对 p.entries 函数的拦截，如以下代码所示：

```
01  const mutableInstrumentations = {
02    // 共用 iterationMethod 方法
03    [Symbol.iterator]: iterationMethod,
04    entries: iterationMethod
05  }
06  // 抽离为独立的函数，便于复用
07  function iterationMethod() {
08    const target = this.raw
09    const itr = target[Symbol.iterator]()
10
11    const wrap = (val) => typeof val === 'object' ? reactive(val) : val
12
13    track(target, ITERATE_KEY)
14
15    return {
16      next() {
17        const { value, done } = itr.next()
18        return {
19          value: value ? [wrap(value[0]), wrap(value[1])] : value,
20          done
21        }
22      }
23    }
24  }
```

但当你尝试运行代码使用 for...of 进行迭代时，会得到一个错误：

```
01 // TypeError: p.entries is not a function or its return value is not iterable
02 for (const [key, value] of p.entries()) {
03   console.log(key, value)
04 }
```

错误的大意是 p.entries 的返回值不是一个可迭代对象。很显然，p.entries 函数的返回值是一个对象，该对象带有 next 方法，但不具有 Symbol.iterator 方法，因此它确实不是一个可迭代对象。这里是经常出错的地方，大家切勿把可迭代协议与迭代器协议搞混。可迭代协议指的是一个对象实现了 Symbol.iterator 方法，而迭代器协议指的是一个对象实现了 next 方法。但一个对象可以同时实现可迭代协议和迭代器协议，例如：

```
01 const obj = {
02   // 迭代器协议
03   next() {
04     // ...
05   }
06   // 可迭代协议
07   [Symbol.iterator]() {
08     return this
09   }
10 }
```

所以解决问题的方法也自然而然地出现了：

```
01 // 抽离为独立的函数，便于复用
02 function iterationMethod() {
03   const target = this.raw
04   const itr = target[Symbol.iterator]()
05 
06   const wrap = (val) => typeof val === 'object' ? reactive(val) : val
07 
08   track(target, ITERATE_KEY)
09 
10   return {
11     next() {
12       const { value, done } = itr.next()
13       return {
14         value: value ? [wrap(value[0]), wrap(value[1])] : value,
15         done
16       }
17     }
18     // 实现可迭代协议
19     [Symbol.iterator]() {
20       return this
21     }
22   }
23 }
```

现在一切都能正常工作了。

5.8.6　values 与 keys 方法

values 方法的实现与 entries 方法类似，不同的是，当使用 for...of 迭代 values 时，得到的仅仅是 Map 数据的值，而非键值对：

```
01 for (const value of p.values()) {
02   console.log(value)
03 }
```

values 方法的实现如下：

```
01 const mutableInstrumentations = {
02   // 共用 iterationMethod 方法
03   [Symbol.iterator]: iterationMethod,
04   entries: iterationMethod,
05   values: valuesIterationMethod
06 }
07
08 function valuesIterationMethod() {
09   // 获取原始数据对象 target
10   const target = this.raw
11   // 通过 target.values 获取原始迭代器方法
12   const itr = target.values()
13
14   const wrap = (val) => typeof val === 'object' ? reactive(val) : val
15
16   track(target, ITERATE_KEY)
17
18   // 将其返回
19   return {
20     next() {
21       const { value, done } = itr.next()
22       return {
23         // value 是值，而非键值对，所以只需要包裹 value 即可
24         value: wrap(value),
25         done
26       }
27     },
28     [Symbol.iterator]() {
29       return this
30     }
31   }
32 }
```

其中，valuesIterationMethod 与 iterationMethod 这两个方法有两点区别：

- iterationMethod 通过 target[Symbol.iterator] 获取迭代器对象，而 valuesIterationMethod 通过 target.values 获取迭代器对象；
- iterationMethod 处理的是键值对，即 [wrap(value[0]), wrap(value[1])]，而 valuesIterationMethod 只处理值，即 wrap(value)。

由于它们的大部分逻辑相同，所以我们可以将它们封装到一个可复用的函数中。但为了便于理解，这里仍然将它们设计为两个独立的函数来实现。

keys 方法与 values 方法非常类似，不同点在于，前者处理的是键而非值。因此，我们只需要修改 valuesIterationMethod 方法中的一行代码，即可实现对 keys 方法的代理。把下面这句代码：

```
01  const itr = target.values()
```

替换成：

```
01  const itr = target.keys()
```

这么做的确能够达到目的，但如果我们尝试运行如下测试用例，就会发现存在缺陷：

```
01  const p = reactive(new Map([
02    ['key1', 'value1'],
03    ['key2', 'value2']
04  ]))
05
06  effect(() => {
07    for (const value of p.keys()) {
08      console.log(value) // key1 key2
09    }
10  })
11
12  p.set('key2', 'value3') // 这是一个 SET 类型的操作，它修改了 key2 的值
```

在上面这段代码中，我们使用 for...of 循环来遍历 p.keys，然后调用 p.set('key2', 'value3') 修改键为 key2 的值。在这个过程中，Map 类型数据的所有键都没有发生变化，仍然是 key1 和 key2，所以在理想情况下，副作用函数不应该执行。但如果你尝试运行上例，会发现副作用函数仍然重新执行了。

这是因为，我们对 Map 类型的数据进行了特殊处理。前文提到，即使操作类型为 SET，也会触发那些与 ITERATE_KEY 相关联的副作用函数重新执行，trigger 函数的代码可以证明这一点：

```
01  function trigger(target, key, type, newVal) {
02    // 省略其他代码
03
04    if (
05      type === 'ADD' ||
06      type === 'DELETE' ||
07      // 即使是 SET 类型的操作，也会触发那些与 ITERATE_KEY 相关联的副作用函数重新执行
08      (
09        type === 'SET' &&
10        Object.prototype.toString.call(target) === '[object Map]'
11      )
12    ) {
13      const iterateEffects = depsMap.get(ITERATE_KEY)
```

```
14      iterateEffects && iterateEffects.forEach(effectFn => {
15        if (effectFn !== activeEffect) {
16          effectsToRun.add(effectFn)
17        }
18      })
19    }
20
21    // 省略其他代码
22  }
```

这对于 values 或 entries 等方法来说是必需的，但对于 keys 方法来说则没有必要，因为 keys 方法只关心 Map 类型数据的键的变化，而不关心值的变化。

解决办法很简单，如以下代码所示：

```
01  const MAP_KEY_ITERATE_KEY = Symbol()
02
03  function keysIterationMethod() {
04    // 获取原始数据对象 target
05    const target = this.raw
06    // 获取原始迭代器方法
07    const itr = target.keys()
08
09    const wrap = (val) => typeof val === 'object' ? reactive(val) : val
10
11    // 调用 track 函数追踪依赖，在副作用函数与 MAP_KEY_ITERATE_KEY 之间建立响应联系
12    track(target, MAP_KEY_ITERATE_KEY)
13
14    // 将其返回
15    return {
16      next() {
17        const { value, done } = itr.next()
18        return {
19          value: wrap(value),
20          done
21        }
22      },
23      [Symbol.iterator]() {
24        return this
25      }
26    }
27  }
```

在上面这段代码中，当调用 track 函数追踪依赖时，我们使用 MAP_KEY_ITERATE_KEY 代替了 ITERATE_KEY。其中 MAP_KEY_ITERATE_KEY 与 ITERATE_KEY 类似，是一个新的 Symbol 类型，用来作为抽象的键。这样就实现了依赖收集的分离，即 values 和 entries 等方法仍然依赖 ITERATE_KEY，而 keys 方法则依赖 MAP_KEY_ITERATE_KEY。当 SET 类型的操作只会触发与 ITERATE_KEY 相关联的副作用函数重新执行时，自然就会忽略那些与 MAP_KEY_ITERATE_KEY 相关联的副作用函数。但当 ADD 和 DELETE 类型的操作发生时，除了触发与 ITERATE_KEY 相关联的副作用函数重新执行之外，还需要触发与 MAP_KEY_ITERATE_KEY 相关联的副作用函数重新执行，因此我们需要修改 trigger

函数的代码，如下所示：

```
01 function trigger(target, key, type, newVal) {
02   // 省略其他代码
03 
04   if (
05     // 操作类型为 ADD 或 DELETE
06     (type === 'ADD' || type === 'DELETE') &&
07     // 并且是 Map 类型的数据
08     Object.prototype.toString.call(target) === '[object Map]'
09   ) {
10     // 则取出那些与 MAP_KEY_ITERATE_KEY 相关联的副作用函数并执行
11     const iterateEffects = depsMap.get(MAP_KEY_ITERATE_KEY)
12     iterateEffects && iterateEffects.forEach(effectFn => {
13       if (effectFn !== activeEffect) {
14         effectsToRun.add(effectFn)
15       }
16     })
17   }
18 
19   // 省略其他代码
20 }
```

这样，就能够避免不必要的更新了：

```
01 const p = reactive(new Map([
02   ['key1', 'value1'],
03   ['key2', 'value2']
04 ]))
05 
06 effect(() => {
07   for (const value of p.keys()) {
08     console.log(value)
09   }
10 })
11 
12 p.set('key2', 'value3') // 不会触发响应
13 p.set('key3', 'value3') // 能够触发响应
```

5.9 总结

在本章中，我们首先介绍了 Proxy 与 Reflect。Vue.js 3 的响应式数据是基于 Proxy 实现的，Proxy 可以为其他对象创建一个代理对象。所谓代理，指的是对一个对象**基本语义**的代理。它允许我们**拦截**并**重新定义**对一个对象的基本操作。在实现代理的过程中，我们遇到了访问器属性的 this 指向问题，这需要使用 Reflect.* 方法并指定正确的 receiver 来解决。

然后我们详细讨论了 JavaScript 中对象的概念，以及 Proxy 的工作原理。在 ECMAScript 规范中，JavaScript 中有两种对象，其中一种叫作常规对象，另一种叫作异质对象。满足以下三点要求的对象就是常规对象：

- 对于表 5-1 给出的内部方法，必须使用规范 10.1.x 节给出的定义实现；
- 对于内部方法 [[Call]]，必须使用规范 10.2.1 节给出的定义实现；
- 对于内部方法 [[Construct]]，必须使用规范 10.2.2 节给出的定义实现。

而所有不符合这三点要求的对象都是异质对象。一个对象是函数还是其他对象，是由部署在该对象上的内部方法和内部槽决定的。

接着，我们讨论了关于对象 Object 的代理。代理对象的本质，就是查阅规范并找到可拦截的基本操作的方法。有一些操作并不是基本操作，而是复合操作，这需要我们查阅规范了解它们都依赖哪些基本操作，从而通过基本操作的拦截方法间接地处理复合操作。我们还详细分析了添加、修改、删除属性对 for...in 操作的影响，其中添加和删除属性都会影响 for...in 循环的执行次数，所以当这些操作发生时，需要触发与 ITERATE_KEY 相关联的副作用函数重新执行。而修改属性值则不影响 for...in 循环的执行次数，因此无须处理。我们还讨论了如何合理地触发副作用函数重新执行，包括对 NaN 的处理，以及访问原型链上的属性导致的副作用函数重新执行两次的问题。对于 NaN，我们主要注意的是 NaN === NaN 永远等于 false。对于原型链属性问题，需要我们查阅规范定位问题的原因。由此可见，想要基于 Proxy 实现一个相对完善的响应系统，免不了去了解 ECMAScript 规范。

而后，我们讨论了深响应与浅响应，以及深只读与浅只读。这里的深和浅指的是对象的层级，浅响应（或只读）代表仅代理一个对象的第一层属性，即只有对象的第一层属性值是响应（或只读）的。深响应（或只读）则恰恰相反，为了实现深响应（或只读），我们需要在返回属性值之前，对值做一层包装，将其包装为响应式（或只读）数据后再返回。

之后，我们讨论了关于数组的代理。数组是一个异质对象，因为数组对象部署的内部方法 [[DefineOwnProperty]] 不同于常规对象。通过索引为数组设置新的元素，可能会隐式地改变数组 length 属性的值。对应地，修改数组 length 属性的值，也可能会间接影响数组中的已有元素。所以在触发响应的时候需要额外注意。我们还讨论了如何拦截 for...in 和 for...of 对数组的遍历操作。使用 for...in 循环遍历数组与遍历普通对象区别不大，唯一需要注意的是，当追踪 for...in 操作时，应该使用数组的 length 作为追踪的 key。for...of 基于迭代协议工作，数组内建了 Symbol.iterator 方法。根据规范的 23.1.5.1 节可知，数组迭代器执行时，会读取数组的 length 属性或数组的索引。因此，我们不需要做其他额外的处理，就能够实现对 for...of 迭代的响应式支持。

我们还讨论了数组的查找方法。如 includes、indexOf 以及 lastIndexOf 等。对于数组元素的查找，需要注意的一点是，用户既可能使用代理对象进行查找，也可能使用原始对象进行查找。为了支持这两种形式，我们需要重写数组的查找方法。原理很简单，当用户使用这些方法查找元素时，我们可以先去代理对象中查找，如果找不到，再去原始数组中查找。

我们还介绍了会隐式修改数组长度的原型方法，即 push、pop、shift、unshift 以及 splice 等方法。调用这些方法会间接地读取和设置数组的 length 属性，因此，在不同的副作用函数内对同一个数组执行上述方法，会导致多个副作用函数之间循环调用，最终导致调用栈溢出。为了解决这个问题，我们使用一个标记变量 shouldTrack 来代表是否允许进行追踪，然后重写了上述这些方法，目的是，当这些方法间接读取 length 属性值时，我们会先将 shouldTrack 的值设置为 false，即禁止追踪。这样就可以断开 length 属性与副作用函数之间的响应联系，从而避免循环调用导致的调用栈溢出。

最后，我们讨论了关于集合类型数据的响应式方案。集合类型指 Set、Map、WeakSet 以及 WeakMap。我们讨论了使用 Proxy 为集合类型创建代理对象的一些注意事项。集合类型不同于普通对象，它有特定的数据操作方法。当使用 Proxy 代理集合类型的数据时要格外注意，例如，集合类型的 size 属性是一个访问器属性，当通过代理对象访问 size 属性时，由于代理对象本身并没有部署 [[SetData]] 这样的内部槽，所以会发生错误。另外，通过代理对象执行集合类型的操作方法时，要注意这些方法执行时的 this 指向，我们需要在 get 拦截函数内通过 .bind 函数为这些方法绑定正确的 this 值。我们还讨论了集合类型响应式数据的实现。我们需要通过“重写”集合方法的方式来实现自定义的能力，当 Set 集合的 add 方法执行时，需要调用 trigger 函数触发响应。我们也讨论了关于“数据污染”的问题。数据污染指的是不小心将响应式数据添加到原始数据中，它导致用户可以通过原始数据执行响应式相关操作，这不是我们所期望的。为了避免这类问题发生，我们通过响应式数据对象的 raw 属性来访问对应的原始数据对象，后续操作使用原始数据对象就可以了。我们还讨论了关于集合类型的遍历，即 forEach 方法。集合的 forEach 方法与对象的 for...in 遍历类似，最大的不同体现在，当使用 for...in 遍历对象时，我们只关心对象的键是否变化，而不关心值；但使用 forEach 遍历集合时，我们既关心键的变化，也关心值的变化。

第 6 章

原始值的响应式方案

在第 5 章中，我们讨论了非原始值的响应式方案，本章我们将讨论原始值的响应式方案。原始值指的是 Boolean、Number、BigInt、String、Symbol 、undefined 和 null 等类型的值。在 JavaScript 中，原始值是按值传递的，而非按引用传递。这意味着，如果一个函数接收原始值作为参数，那么形参与实参之间没有引用关系，它们是两个完全独立的值，对形参的修改不会影响实参。另外，JavaScript 中的 Proxy 无法提供对原始值的代理，因此想要将原始值变成响应式数据，就必须对其做一层包裹，也就是我们接下来要介绍的 ref 。

6.1 引入 ref 的概念

由于 Proxy 的代理目标必须是非原始值，所以我们没有任何手段拦截对原始值的操作，例如：

```
01  let str = 'vue'
02  // 无法拦截对值的修改
03  str = 'vue3'
```

对于这个问题，我们能够想到的唯一办法是，使用一个非原始值去“包裹”原始值，例如使用一个对象包裹原始值：

```
01  const wrapper = {
02    value: 'vue'
03  }
04  // 可以使用 Proxy 代理 wrapper，间接实现对原始值的拦截
05  const name = reactive(wrapper)
06  name.value // vue
07  // 修改值可以触发响应
08  name.value = 'vue3'
```

但这样做会导致两个问题：

- 用户为了创建一个响应式的原始值，不得不顺带创建一个包裹对象；
- 包裹对象由用户定义，而这意味着不规范。用户可以随意命名，例如 wrapper.value、wrapper.val 都是可以的。

为了解决这两个问题，我们可以封装一个函数，将包裹对象的创建工作都封装到该函数中：

```
01  // 封装一个 ref 函数
02  function ref(val) {
03    // 在 ref 函数内部创建包裹对象
04    const wrapper = {
05      value: val
06    }
07    // 将包裹对象变成响应式数据
08    return reactive(wrapper)
09  }
```

如上面的代码所示，我们把创建 wrapper 对象的工作封装到 ref 函数内部，然后使用 reactive 函数将包裹对象变成响应式数据并返回。这样我们就解决了上述两个问题。运行如下测试代码：

```
01  // 创建原始值的响应式数据
02  const refVal = ref(1)
03
04  effect(() => {
05    // 在副作用函数内通过 value 属性读取原始值
06    console.log(refVal.value)
07  })
08  // 修改值能够触发副作用函数重新执行
09  refVal.value = 2
```

上面这段代码能够按照预期工作。现在是否一切都完美了呢？并不是，接下来我们面临的第一个问题是，如何区分 refVal 到底是原始值的包裹对象，还是一个非原始值的响应式数据，如以下代码所示：

```
01  const refVal1 = ref(1)
02  const refVal2 = reactive({ value: 1 })
```

思考一下，这段代码中的 refVal1 和 refVal2 有什么区别呢？从我们的实现来看，它们没有任何区别。但是，我们有必要区分一个数据到底是不是 ref，因为这涉及下文讲解的自动脱 ref 能力。

想要区分一个数据是否是 ref 很简单，怎么做呢？如下面的代码所示：

```
01  function ref(val) {
02    const wrapper = {
03      value: val
04    }
05    // 使用 Object.defineProperty 在 wrapper 对象上定义一个不可枚举的属性 __v_isRef，并且值为 true
06    Object.defineProperty(wrapper, '__v_isRef', {
07      value: true
08    })
09
10    return reactive(wrapper)
11  }
```

我们使用 Object.defineProperty 为包裹对象 wrapper 定义了一个不可枚举且不可写的属性

__v_isRef，它的值为 true，代表这个对象是一个 ref，而非普通对象。这样我们就可以通过检查 __v_isRef 属性来判断一个数据是否是 ref 了。

6.2 响应丢失问题

ref 除了能够用于原始值的响应式方案之外，还能用来解决响应丢失问题。首先，我们来看什么是响应丢失问题。在编写 Vue.js 组件时，我们通常要把数据暴露到模板中使用，例如：

```
01  export default {
02    setup() {
03      // 响应式数据
04      const obj = reactive({ foo: 1, bar: 2 })
05
06      // 将数据暴露到模板中
07      return {
08        ...obj
09      }
10    }
11  }
```

接着，我们就可以在模板中访问从 setup 中暴露出来的数据：

```
01  <template>
02    <p>{{ foo }} / {{ bar }}</p>
03  </template>
```

然而，这么做会导致响应丢失。其表现是，当我们修改响应式数据的值时，不会触发重新渲染：

```
01  export default {
02    setup() {
03      // 响应式数据
04      const obj = reactive({ foo: 1, bar: 2 })
05
06      // 1s 后修改响应式数据的值，不会触发重新渲染
07      setTimeout(() => {
08        obj.foo = 100
09      }, 1000)
10
11      return {
12        ...obj
13      }
14    }
15  }
```

为什么会导致响应丢失呢？这是由展开运算符（...）导致的。实际上，下面这段代码：

```
01  return {
02    ...obj
03  }
```

等价于：

```
01  return {
02    foo: 1,
03    bar: 2
04  }
```

可以发现，这其实就是返回了一个普通对象，它不具有任何响应式能力。把一个普通对象暴露到模板中使用，是不会在渲染函数与响应式数据之间建立响应联系的。所以当我们尝试在一个定时器中修改 obj.foo 的值时，不会触发重新渲染。我们可以用另一种方式来描述响应丢失问题：

```
01  // obj 是响应式数据
02  const obj = reactive({ foo: 1, bar: 2 })
03
04  // 将响应式数据展开到一个新的对象 newObj
05  const newObj = {
06    ...obj
07  }
08
09  effect(() => {
10    // 在副作用函数内通过新的对象 newObj 读取 foo 属性值
11    console.log(newObj.foo)
12  })
13
14  // 很显然，此时修改 obj.foo 并不会触发响应
15  obj.foo = 100
```

如上面的代码所示，首先创建一个响应式的数据对象 obj，然后使用展开运算符得到一个新的对象 newObj，它是一个普通对象，不具有响应能力。这里的关键点在于，副作用函数内访问的是普通对象 newObj，它没有任何响应能力，所以当我们尝试修改 obj.foo 的值时，不会触发副作用函数重新执行。

如何解决这个问题呢？换句话说，有没有办法能够帮助我们实现：在副作用函数内，即使通过普通对象 newObj 来访问属性值，也能够建立响应联系？其实是可以的，代码如下：

```
01  // obj 是响应式数据
02  const obj = reactive({ foo: 1, bar: 2 })
03
04  // newObj 对象下具有与 obj 对象同名的属性，并且每个属性值都是一个对象，
05  // 该对象具有一个访问器属性 value，当读取 value 的值时，其实读取的是 obj 对象下相应的属性值
06  const newObj = {
07    foo: {
08      get value() {
09        return obj.foo
10      }
11    },
12    bar: {
13      get value() {
14        return obj.bar
15      }
```

```
16      }
17    }
18
19    effect(() => {
20      // 在副作用函数内通过新的对象 newObj 读取 foo 属性值
21      console.log(newObj.foo.value)
22    })
23
24    // 这时能够触发响应了
25    obj.foo = 100
```

在上面这段代码中，我们修改了 newObj 对象的实现方式。可以看到，在现在的 newObj 对象下，具有与 obj 对象同名的属性，而且每个属性的值都是一个对象，例如 foo 属性的值是：

```
01    {
02      get value() {
03        return obj.foo
04      }
05    }
```

该对象有一个访问器属性 value，当读取 value 的值时，最终读取的是响应式数据 obj 下的同名属性值。也就是说，当在副作用函数内读取 newObj.foo 时，等价于间接读取了 obj.foo 的值。这样响应式数据自然能够与副作用函数建立响应联系。于是，当我们尝试修改 obj.foo 的值时，能够触发副作用函数重新执行。

观察 newObj 对象，可以发现它的结构存在相似之处：

```
01    const newObj = {
02      foo: {
03        get value() {
04          return obj.foo
05        }
06      },
07      bar: {
08        get value() {
09          return obj.bar
10        }
11      }
12    }
```

foo 和 bar 这两个属性的结构非常像，这启发我们将这种结构抽象出来并封装成函数，如下面的代码所示：

```
01    function toRef(obj, key) {
02      const wrapper = {
03        get value() {
04          return obj[key]
05        }
06      }
07
08      return wrapper
09    }
```

toRef 函数接收两个参数，第一个参数 obj 是一个响应式数据，第二个参数是 obj 对象的一个键。该函数会返回一个类似于 ref 结构的 wrapper 对象。有了 toRef 函数后，我们就可以重新实现 newObj 对象了：

```
01 const newObj = {
02   foo: toRef(obj, 'foo'),
03   bar: toRef(obj, 'bar')
04 }
```

可以看到，代码变得非常简洁。但如果响应式数据 obj 的键非常多，我们还是要花费很大力气来做这一层转换。为此，我们可以封装 toRefs 函数，来批量地完成转换：

```
01 function toRefs(obj) {
02   const ret = {}
03   // 使用 for...in 循环遍历对象
04   for (const key in obj) {
05     // 逐个调用 toRef 完成转换
06     ret[key] = toRef(obj, key)
07   }
08   return ret
09 }
```

现在，我们只需要一步操作即可完成对一个对象的转换：

```
01 const newObj = { ...toRefs(obj) }
```

可以使用如下代码进行测试：

```
01 const obj = reactive({ foo: 1, bar: 2 })
02
03 const newObj = { ...toRefs(obj) }
04 console.log(newObj.foo.value) // 1
05 console.log(newObj.bar.value) // 2
```

现在，响应丢失问题就被我们彻底解决了。解决问题的思路是，将响应式数据转换成类似于 ref 结构的数据。但为了概念上的统一，我们会将通过 toRef 或 toRefs 转换后得到的结果视为真正的 ref 数据，为此我们需要为 toRef 函数增加一段代码：

```
01 function toRef(obj, key) {
02   const wrapper = {
03     get value() {
04       return obj[key]
05     }
06   }
07   // 定义 __v_isRef 属性
08   Object.defineProperty(wrapper, '__v_isRef', {
09     value: true
10   })
11
12   return wrapper
13 }
```

可以看到，我们使用 Object.defineProperty 函数为 wrapper 对象定义了 __v_isRef 属性。这样，toRef 函数的返回值就是真正意义上的 ref 了。通过上述讲解我们能注意到，ref 的作用不仅仅是实现原始值的响应式方案，它还用来解决响应丢失问题。

但上文中实现的 toRef 函数存在缺陷，即通过 toRef 函数创建的 ref 是只读的，如下面的代码所示：

```
01  const obj = reactive({ foo: 1, bar: 2 })
02  const refFoo = toRef(obj, 'foo')
03
04  refFoo.value = 100 // 无效
```

这是因为 toRef 返回的 wrapper 对象的 value 属性只有 getter，没有 setter。为了功能的完整性，我们应该为它加上 setter 函数，所以最终的实现如下：

```
01  function toRef(obj, key) {
02    const wrapper = {
03      get value() {
04        return obj[key]
05      },
06      // 允许设置值
07      set value(val) {
08        obj[key] = val
09      }
10    }
11
12    Object.defineProperty(wrapper, '__v_isRef', {
13      value: true
14    })
15
16    return wrapper
17  }
```

可以看到，当设置 value 属性的值时，最终设置的是响应式数据的同名属性的值，这样就能正确地触发响应了。

6.3　自动脱 ref

toRefs 函数的确解决了响应丢失问题，但同时也带来了新的问题。由于 toRefs 会把响应式数据的第一层属性值转换为 ref，因此必须通过 value 属性访问值，如以下代码所示：

```
01  const obj = reactive({ foo: 1, bar: 2 })
02  obj.foo // 1
03  obj.bar // 2
04
05  const newObj = { ...toRefs(obj) }
06  // 必须使用 value 访问值
07  newObj.foo.value // 1
08  newObj.bar.value // 2
```

这其实增加了用户的心智负担，因为通常情况下用户是在模板中访问数据的，例如：

```
01    <p>{{ foo }} / {{ bar }}</p>
```

用户肯定不希望编写下面这样的代码：

```
01    <p>{{ foo.value }} / {{ bar.value }}</p>
```

因此，我们需要自动脱 ref 的能力。所谓自动脱 ref，指的是属性的访问行为，即如果读取的属性是一个 ref，则直接将该 ref 对应的 value 属性值返回，例如：

```
01    newObj.foo // 1
```

可以看到，即使 newObj.foo 是一个 ref，也无须通过 newObj.foo.value 来访问它的值。要实现此功能，需要使用 Proxy 为 newObj 创建一个代理对象，通过代理来实现最终目标，这时就用到了上文中介绍的 ref 标识，即 __v_isRef 属性，如下面的代码所示：

```
01    function proxyRefs(target) {
02      return new Proxy(target, {
03        get(target, key, receiver) {
04          const value = Reflect.get(target, key, receiver)
05          // 自动脱 ref 实现：如果读取的值是 ref，则返回它的 value 属性值
06          return value.__v_isRef ? value.value : value
07        }
08      })
09    }
10
11    // 调用 proxyRefs 函数创建代理
12    const newObj = proxyRefs({ ...toRefs(obj) })
```

在上面这段代码中，我们定义了 proxyRefs 函数，该函数接收一个对象作为参数，并返回该对象的代理对象。代理对象的作用是拦截 get 操作，当读取的属性是一个 ref 时，则直接返回该 ref 的 value 属性值，这样就实现了自动脱 ref：

```
01    console.log(newObj.foo) // 1
02    console.log(newObj.bar) // 2
```

实际上，我们在编写 Vue.js 组件时，组件中的 setup 函数所返回的数据会传递给 proxyRefs 函数进行处理：

```
01    const MyComponent = {
02      setup() {
03        const count = ref(0)
04
05        // 返回的这个对象会传递给 proxyRefs
06        return { count }
07      }
08    }
```

这也是为什么我们可以在模板直接访问一个 ref 的值，而无须通过 value 属性来访问：

```
01  <p>{{ count }}</p>
```

既然读取属性的值有自动脱 ref 的能力，对应地，设置属性的值也应该有自动为 ref 设置值的能力，例如：

```
01  newObj.foo = 100 // 应该生效
```

实现此功能很简单，只需要添加对应的 set 拦截函数即可：

```
01  function proxyRefs(target) {
02    return new Proxy(target, {
03      get(target, key, receiver) {
04        const value = Reflect.get(target, key, receiver)
05        return value.__v_isRef ? value.value : value
06      },
07      set(target, key, newValue, receiver) {
08        // 通过 target 读取真实值
09        const value = target[key]
10        // 如果值是 Ref，则设置其对应的 value 属性值
11        if (value.__v_isRef) {
12          value.value = newValue
13          return true
14        }
15        return Reflect.set(target, key, newValue, receiver)
16      }
17    })
18  }
```

如上面的代码所示，我们为 proxyRefs 函数返回的代理对象添加了 set 拦截函数。如果设置的属性是一个 ref，则间接设置该 ref 的 value 属性的值即可。

实际上，自动脱 ref 不仅存在于上述场景。在 Vue.js 中， reactive 函数也有自动脱 ref 的能力，如以下代码所示：

```
01  const count = ref(0)
02  const obj = reactive({ count })
03
04  obj.count // 0
```

可以看到，obj.count 本应该是一个 ref，但由于自动脱 ref 能力的存在，使得我们无须通过 value 属性即可读取 ref 的值。这么设计旨在减轻用户的心智负担，因为在大部分情况下，用户并不知道一个值到底是不是 ref。有了自动脱 ref 的能力后，用户在模板中使用响应式数据时，将不再需要关心哪些是 ref，哪些不是 ref。

6.4 总结

在本章中，我们首先介绍了 ref 的概念。ref 本质上是一个“包裹对象”。因为 JavaScript 的 Proxy 无法提供对原始值的代理，所以我们需要使用一层对象作为包裹，间接实现原始值的响应

式方案。由于“包裹对象”本质上与普通对象没有任何区别，因此为了区分 ref 与普通响应式对象，我们还为“包裹对象”定义了一个值为 true 的属性，即 __v_isRef，用它作为 ref 的标识。

ref 除了能够用于原始值的响应式方案之外，还能用来解决响应丢失问题。为了解决该问题，我们实现了 toRef 以及 toRefs 这两个函数。它们本质上是对响应式数据做了一层包装，或者叫作“访问代理”。

最后，我们讲解了自动脱 ref 的能力。为了减轻用户的心智负担，我们自动对暴露到模板中的响应式数据进行脱 ref 处理。这样，用户在模板中使用响应式数据时，就无须关心一个值是不是 ref 了。

第三篇

渲 染 器

第 7 章

渲染器的设计

在第 3 章中，我们初步讨论了虚拟 DOM 和渲染器的工作原理，并尝试编写了一个微型的渲染器。从本章开始，我们将详细讨论渲染器的实现细节。在这个过程中，你将认识到渲染器是 Vue.js 中非常重要的一部分。在 Vue.js 中，很多功能依赖渲染器来实现，例如 Transition 组件、Teleport 组件、Suspense 组件，以及 template `ref` 和自定义指令等。

另外，渲染器也是框架性能的核心，渲染器的实现直接影响框架的性能。Vue.js 3 的渲染器不仅仅包含传统的 Diff 算法，它还独创了快捷路径的更新方式，能够充分利用编译器提供的信息，大大提升了更新性能。

渲染器的代码量非常庞大，需要合理的架构设计来保证可维护性，不过它的实现思路并不复杂。接下来，我们就从讨论渲染器如何与响应系统结合开始，逐步实现一个完整的渲染器。

7.1 渲染器与响应系统的结合

顾名思义，渲染器是用来执行渲染任务的。在浏览器平台上，用它来渲染其中的真实 DOM 元素。渲染器不仅能够渲染真实 DOM 元素，它还是框架跨平台能力的关键。因此，在设计渲染器的时候一定要考虑好可自定义的能力。

本节，我们暂时将渲染器限定在 DOM 平台。既然渲染器用来渲染真实 DOM 元素，那么严格来说，下面的函数就是一个合格的渲染器：

```
01  function renderer(domString, container) {
02    container.innerHTML = domString
03  }
```

我们可以如下所示使用它：

```
01  renderer('<h1>Hello</h1>', document.getElementById('app'))
```

如果页面中存在 `id` 为 `app` 的 DOM 元素，那么上面的代码就会将 `<h1>hello</h1>` 插入到该 DOM 元素内。

当然，我们不仅可以渲染静态的字符串，还可以渲染动态拼接的 HTML 内容，如下所示：

```
01  let count = 1
02  renderer(`<h1>${count}</h1>`, document.getElementById('app'))
```

这样，最终渲染出来的内容将会是 <h1>1</h1>。注意上面这段代码中的变量 count，如果它是一个响应式数据，会怎么样呢？这让我们联想到副作用函数和响应式数据。利用响应系统，我们可以让整个渲染过程自动化：

```
01  const count = ref(1)
02
03  effect(() => {
04    renderer(`<h1>${count.value}</h1>`, document.getElementById('app'))
05  })
06
07  count.value++
```

在这段代码中，我们首先定义了一个响应式数据 count，它是一个 ref，然后在副作用函数内调用 renderer 函数执行渲染。副作用函数执行完毕后，会与响应式数据建立响应联系。当我们修改 count.value 的值时，副作用函数会重新执行，完成重新渲染。所以上面的代码运行完毕后，最终渲染到页面的内容是<h1>2</h1>。

这就是响应系统和渲染器之间的关系。我们利用响应系统的能力，自动调用渲染器完成页面的渲染和更新。这个过程与渲染器的具体实现无关，在上面给出的渲染器的实现中，仅仅设置了元素的 innerHTML 内容。

从本章开始，我们将使用 @vue/reactivity 包提供的响应式 API 进行讲解。关于 @vue/reactivity 的实现原理，第二篇已有讲解。@vue/reactivity 提供了 IIFE 模块格式，因此我们可以直接通过 <script> 标签引用到页面中使用：

```
01  <script src="https://unpkg.com/@vue/reactivity@3.0.5/dist/reactivity.global.js"></script>
```

它暴露的全局 API 名叫 VueReactivity，因此上述内容的完整代码如下：

```
01  const { effect, ref } = VueReactivity
02
03  function renderer(domString, container) {
04    container.innerHTML = domString
05  }
06
07  const count = ref(1)
08
09  effect(() => {
10    renderer(`<h1>${count.value}</h1>`, document.getElementById('app'))
11  })
12
13  count.value++
```

可以看到，我们通过 VueReactivity 得到了 effect 和 ref 这两个 API。

7.2 渲染器的基本概念

理解渲染器所涉及的基本概念，有利于理解后续内容。因此，本节我们会介绍渲染器所涉及的术语及其含义，并通过代码来举例说明。

我们通常使用英文 renderer 来表达“渲染器”。千万不要把 renderer 和 render 弄混了，前者代表渲染器，而后者是动词，表示“渲染”。渲染器的作用是把虚拟 DOM 渲染为特定平台上的真实元素。在浏览器平台上，渲染器会把虚拟 DOM 渲染为真实 DOM 元素。

虚拟 DOM 通常用英文 virtual DOM 来表达，有时会简写成 vdom。虚拟 DOM 和真实 DOM 的结构一样，都是由一个个节点组成的树型结构。所以，我们经常能听到“虚拟节点”这样的词，即 virtual node，有时会简写成 vnode。虚拟 DOM 是树型结构，这棵树中的任何一个 vnode 节点都可以是一棵子树，因此 vnode 和 vdom 有时可以替换使用。为了避免造成困惑，在本书中将统一使用 vnode。

渲染器把虚拟 DOM 节点渲染为真实 DOM 节点的过程叫作**挂载**，通常用英文 mount 来表达。例如 Vue.js 组件中的 mounted 钩子就会在挂载完成时触发。这就意味着，在 mounted 钩子中可以访问真实 DOM 元素。理解这些名词有助于我们更好地理解框架的 API 设计。

那么，渲染器把真实 DOM 挂载到哪里呢？其实渲染器并不知道应该把真实 DOM 挂载到哪里。因此，渲染器通常需要接收一个挂载点作为参数，用来指定具体的挂载位置。这里的“挂载点”其实就是一个 DOM 元素，渲染器会把该 DOM 元素作为容器元素，并把内容渲染到其中。我们通常用英文 container 来表达容器。

上文分别阐述了渲染器、虚拟 DOM（或虚拟节点）、挂载以及容器等概念。为了便于理解，下面举例说明：

```
01  function createRenderer() {
02    function render(vnode, container) {
03      // ...
04    }
05
06    return render
07  }
```

如上面的代码所示，其中 createRenderer 函数用来创建一个渲染器。调用 createRenderer 函数会得到一个 render 函数，该 render 函数会以 container 为挂载点，将 vnode 渲染为真实 DOM 并添加到该挂载点下。

你可能会对这段代码产生疑惑，如为什么需要 createRenderer 函数？直接定义 render 不就好了吗？其实不然，正如上文提到的，渲染器与渲染是不同的。渲染器是更加宽泛的概念，它包含渲染。渲染器不仅可以用来渲染，还可以用来激活已有的 DOM 元素，这个过程通常发生在同构渲染的情况下，如以下代码所示：

```
01  function createRenderer() {
02    function render(vnode, container) {
03      // ...
04    }
05
06    function hydrate(vnode, container) {
07      // ...
08    }
09
10    return {
11      render,
12      hydrate
13    }
14  }
```

可以看到，当调用 createRenderer 函数创建渲染器时，渲染器不仅包含 render 函数，还包含 hydrate 函数。关于 hydrate 函数，介绍服务端渲染时会详细讲解。这个例子说明，渲染器的内容非常广泛，而用来把 vnode 渲染为真实 DOM 的 render 函数只是其中一部分。实际上，在 Vue.js 3 中，甚至连创建应用的 createApp 函数也是渲染器的一部分。

有了渲染器，我们就可以用它来执行渲染任务了，如下面的代码所示：

```
01  const renderer = createRenderer()
02  // 首次渲染
03  renderer.render(vnode, document.querySelector('#app'))
```

在上面这段代码中，我们首先调用 createRenderer 函数创建一个渲染器，接着调用渲染器的 renderer.render 函数执行渲染。当首次调用 renderer.render 函数时，只需要创建新的 DOM 元素即可，这个过程只涉及挂载。

而当多次在同一个 container 上调用 renderer.render 函数进行渲染时，渲染器除了要执行挂载动作外，还要执行更新动作。例如：

```
01  const renderer = createRenderer()
02  // 首次渲染
03  renderer.render(oldVNode, document.querySelector('#app'))
04  // 第二次渲染
05  renderer.render(newVNode, document.querySelector('#app'))
```

如上面的代码所示，由于首次渲染时已经把 oldVNode 渲染到 container 内了，所以当再次调用 renderer.render 函数并尝试渲染 newVNode 时，就不能简单地执行挂载动作了。在这种情况下，渲染器会使用 newVNode 与上一次渲染的 oldVNode 进行比较，试图找到并更新变更点。这个过程叫作"打补丁"（或更新），英文通常用 patch 来表达。但实际上，挂载动作本身也可以看作一种特殊的打补丁，它的特殊之处在于旧的 vnode 是不存在的。所以我们不必过于纠结"挂载"和"打补丁"这两个概念。代码示例如下：

```
01  function createRenderer() {
02    function render(vnode, container) {
03      if (vnode) {
04        // 新 vnode 存在，将其与旧 vnode 一起传递给 patch 函数，进行打补丁
05        patch(container._vnode, vnode, container)
06      } else {
07        if (container._vnode) {
08          // 旧 vnode 存在，且新 vnode 不存在，说明是卸载（unmount）操作
09          // 只需要将 container 内的 DOM 清空即可
10          container.innerHTML = ''
11        }
12      }
13      // 把 vnode 存储到 container._vnode 下，即后续渲染中的旧 vnode
14      container._vnode = vnode
15    }
16
17    return {
18      render
19    }
20  }
```

上面这段代码给出了 render 函数的基本实现。我们可以配合下面的代码分析其执行流程，从而更好地理解 render 函数的实现思路。假设我们连续三次调用 renderer.render 函数来执行渲染：

```
01  const renderer = createRenderer()
02
03  // 首次渲染
04  renderer.render(vnode1, document.querySelector('#app'))
05  // 第二次渲染
06  renderer.render(vnode2, document.querySelector('#app'))
07  // 第三次渲染
08  renderer.render(null, document.querySelector('#app'))
```

- 在首次渲染时，渲染器会将 vnode1 渲染为真实 DOM。渲染完成后，vnode1 会存储到容器元素的 container._vnode 属性中，它会在后续渲染中作为旧 vnode 使用。
- 在第二次渲染时，旧 vnode 存在，此时渲染器会把 vnode2 作为新 vnode，并将新旧 vnode 一同传递给 patch 函数进行打补丁。
- 在第三次渲染时，新 vnode 的值为 null，即什么都不渲染。但此时容器中渲染的是 vnode2 所描述的内容，所以渲染器需要清空容器。从上面的代码中可以看出，我们使用 container.innerHTML = '' 来清空容器。需要注意的是，这样清空容器是有问题的，不过这里我们暂时使用它来达到目的。

另外，在上面给出的代码中，我们注意到 patch 函数的签名，如下：

```
01  patch(container._vnode, vnode, container)
```

我们并没有给出 patch 的具体实现，但从上面的代码中，仍然可以窥探 patch 函数的部分细

节。实际上，patch 函数是整个渲染器的核心入口，它承载了最重要的渲染逻辑，我们会花费大量篇幅来详细讲解它，但这里仍有必要对它做一些初步的解释。patch 函数至少接收三个参数：

```
01  function patch(n1, n2, container) {
02    // ...
03  }
```

- 第一个参数 n1：旧 vnode。
- 第二个参数 n2：新 vnode。
- 第三个参数 container：容器。

在首次渲染时，容器元素的 container._vnode 属性是不存在的，即 undefined。这意味着，在首次渲染时传递给 patch 函数的第一个参数 n1 也是 undefined。这时，patch 函数会执行挂载动作，它会忽略 n1，并直接将 n2 所描述的内容渲染到容器中。从这一点可以看出，patch 函数不仅可以用来完成打补丁，也可以用来执行挂载。

7.3 自定义渲染器

正如我们一直强调的，渲染器不仅能够把虚拟 DOM 渲染为浏览器平台上的真实 DOM。通过将渲染器设计为可配置的“通用”渲染器，即可实现渲染到任意目标平台上。本节我们将以浏览器作为渲染的目标平台，编写一个渲染器，在这个过程中，看看哪些内容是可以抽象的，然后通过抽象，将浏览器特定的 API 抽离，这样就可以使得渲染器的核心不依赖于浏览器。在此基础上，我们再为那些被抽离的 API 提供可配置的接口，即可实现渲染器的跨平台能力。

我们从渲染一个普通的 <h1> 标签开始。可以使用如下 vnode 对象来描述一个 <h1> 标签：

```
01  const vnode = {
02    type: 'h1',
03    children: 'hello'
04  }
```

观察上面的 vnode 对象。我们使用 type 属性来描述一个 vnode 的类型，不同类型的 type 属性值可以描述多种类型的 vnode。当 type 属性是字符串类型值时，可以认为它描述的是普通标签，并使用该 type 属性的字符串值作为标签的名称。对于这样一个 vnode，我们可以使用 render 函数渲染它，如下面的代码所示：

```
01  const vnode = {
02    type: 'h1',
03    children: 'hello'
04  }
05  // 创建一个渲染器
06  const renderer = createRenderer()
07  // 调用 render 函数渲染该 vnode
08  renderer.render(vnode, document.querySelector('#app'))
```

为了完成渲染工作，我们需要补充 patch 函数：

```
01 function createRenderer() {
02   function patch(n1, n2, container) {
03     // 在这里编写渲染逻辑
04   }
05
06   function render(vnode, container) {
07     if (vnode) {
08       patch(container._vnode, vnode, container)
09     } else {
10       if (container._vnode) {
11         container.innerHTML = ''
12       }
13     }
14     container._vnode = vnode
15   }
16
17   return {
18     render
19   }
20 }
```

如上面的代码所示，我们将 patch 函数也编写在 createRenderer 函数内。在后续的讲解中，如果没有特殊声明，我们编写的函数都定义在 createRenderer 函数内。

patch 函数的代码如下：

```
01 function patch(n1, n2, container) {
02   // 如果 n1 不存在，意味着挂载，则调用 mountElement 函数完成挂载
03   if (!n1) {
04     mountElement(n2, container)
05   } else {
06     // n1 存在，意味着打补丁，暂时省略
07   }
08 }
```

在上面这段代码中，第一个参数 n1 代表旧 vnode，第二个参数 n2 代表新 vnode。当 n1 不存在时，意味着没有旧 vnode，此时只需要执行挂载即可。这里我们调用 mountElement 完成挂载，它的实现如下：

```
01 function mountElement(vnode, container) {
02   // 创建 DOM 元素
03   const el = document.createElement(vnode.type)
04   // 处理子节点，如果子节点是字符串，代表元素具有文本节点
05   if (typeof vnode.children === 'string') {
06     // 因此只需要设置元素的 textContent 属性即可
07     el.textContent = vnode.children
08   }
09   // 将元素添加到容器中
10   container.appendChild(el)
11 }
```

上面这段代码我们并不陌生，第 3 章曾初步讲解过渲染器的相关内容。首先调用 `document.createElement` 函数，以 `vnode.type` 的值作为标签名称创建新的 DOM 元素。接着处理 `vnode.children`，如果它的值是字符串类型，则代表该元素具有文本子节点，这时只需要设置元素的 `textContent` 即可。最后调用 `appendChild` 函数将新创建的 DOM 元素添加到容器元素内。这样，我们就完成了一个 vnode 的挂载。

挂载一个普通标签元素的工作已经完成。接下来，我们分析这段代码存在的问题。我们的目标是设计一个不依赖于浏览器平台的通用渲染器，但很明显，`mountElement` 函数内调用了大量依赖于浏览器的 API，例如 `document.createElement`、`el.textContent` 以及 `appendChild` 等。想要设计通用渲染器，第一步要做的就是将这些浏览器特有的 API 抽离。怎么做呢？我们可以将这些操作 DOM 的 API 作为配置项，该配置项可以作为 `createRenderer` 函数的参数，如下面的代码所示：

```
01  // 在创建 renderer 时传入配置项
02  const renderer = createRenderer({
03    // 用于创建元素
04    createElement(tag) {
05      return document.createElement(tag)
06    },
07    // 用于设置元素的文本节点
08    setElementText(el, text) {
09      el.textContent = text
10    },
11    // 用于在给定的 parent 下添加指定元素
12    insert(el, parent, anchor = null) {
13      parent.insertBefore(el, anchor)
14    }
15  })
```

可以看到，我们把用于操作 DOM 的 API 封装为一个对象，并把它传递给 `createRenderer` 函数。这样，在 `mountElement` 等函数内就可以通过配置项来取得操作 DOM 的 API 了：

```
01  function createRenderer(options) {
02
03    // 通过 options 得到操作 DOM 的 API
04    const {
05      createElement,
06      insert,
07      setElementText
08    } = options
09
10    // 在这个作用域内定义的函数都可以访问那些 API
11    function mountElement(vnode, container) {
12      // ...
13    }
14
15    function patch(n1, n2, container) {
16      // ...
```

```
17    }
18
19    function render(vnode, container) {
20      // ...
21    }
22
23    return {
24      render
25    }
26  }
```

接着，我们就可以使用从配置项中取得的 API 重新实现 mountElement 函数：

```
01  function mountElement(vnode, container) {
02    // 调用 createElement 函数创建元素
03    const el = createElement(vnode.type)
04    if (typeof vnode.children === 'string') {
05      // 调用 setElementText 设置元素的文本节点
06      setElementText(el, vnode.children)
07    }
08    // 调用 insert 函数将元素插入到容器内
09    insert(el, container)
10  }
```

如上面的代码所示，重构后的 mountElement 函数在功能上没有任何变化。不同的是，它不再直接依赖于浏览器的特有 API 了。这意味着，只要传入不同的配置项，就能够完成非浏览器环境下的渲染工作。为了展示这一点，我们可以实现一个用来打印渲染器操作流程的自定义渲染器，如下面的代码所示：

```
01  const renderer = createRenderer({
02    createElement(tag) {
03      console.log(`创建元素 ${tag}`)
04      return { tag }
05    },
06    setElementText(el, text) {
07      console.log(`设置 ${JSON.stringify(el)} 的文本内容：${text}`)
08      el.textContent = text
09    },
10    insert(el, parent, anchor = null) {
11      console.log(`将 ${JSON.stringify(el)} 添加到 ${JSON.stringify(parent)} 下`)
12      parent.children = el
13    }
14  })
```

观察上面的代码，在调用 createRenderer 函数创建 renderer 时，传入了不同的配置项。在 createElement 内，我们不再调用浏览器的 API，而是仅仅返回一个对象 { tag }，并将其作为创建出来的“DOM 元素”。同样，在 setElementText 以及 insert 函数内，我们也没有调用浏览器相关的 API，而是自定义了一些逻辑，并打印信息到控制台。这样，我们就实现了一个自定义渲染器，可以用下面这段代码来检测它的能力：

```
01  const vnode = {
02    type: 'h1',
03    children: 'hello'
04  }
05  // 使用一个对象模拟挂载点
06  const container = { type: 'root' }
07  renderer2.render(vnode, container)
```

需要指出的是，由于上面实现的自定义渲染器不依赖浏览器特有的API，所以这段代码不仅可以在浏览器中运行，还可以在Node.js中运行。图7-1给出了在浏览器中的运行结果。

图7-1 渲染器的运行结果

现在，我们对自定义渲染器有了更深刻的认识了。自定义渲染器并不是"黑魔法"，它只是通过抽象的手段，让核心代码不再依赖平台特有的API，再通过支持个性化配置的能力来实现跨平台。

7.4 总结

在本章中，我们首先介绍了渲染器与响应系统的关系。利用响应系统的能力，我们可以做到，当响应式数据变化时自动完成页面更新（或重新渲染）。同时我们注意到，这与渲染器的具体实现无关。我们实现了一个极简的渲染器，它只能利用 `innerHTML` 属性将给定的HTML字符串内容设置到容器中。

接着，我们讨论了与渲染器相关的基本名词和概念。渲染器的作用是把虚拟DOM渲染为特定平台上的真实元素，我们用英文renderer来表达渲染器。虚拟DOM通常用英文virtual DOM来表达，有时会简写成 `vdom` 或 `vnode`。渲染器会执行挂载和打补丁操作，对于新的元素，渲染器会将它挂载到容器内；对于新旧 `vnode` 都存在的情况，渲染器则会执行打补丁操作，即对比新旧 `vnode`，只更新变化的内容。

最后，我们讨论了自定义渲染器的实现。在浏览器平台上，渲染器可以利用DOM API完成DOM元素的创建、修改和删除。为了让渲染器不直接依赖浏览器平台特有的API，我们将这些用来创建、修改和删除元素的操作抽象成可配置的对象。用户可以在调用 `createRenderer` 函数创建渲染器的时候指定自定义的配置对象，从而实现自定义的行为。我们还实现了一个用来打印渲染器操作流程的自定义渲染器，它不仅可以在浏览器中运行，还可以在Node.js中运行。

第 8 章

挂载与更新

在第 7 章中，我们主要介绍了渲染器的基本概念和整体架构。本章，我们将讲解渲染器的核心功能：挂载与更新。

8.1 挂载子节点和元素的属性

第 7 章提到，当 vnode.children 的值是字符串类型时，会把它设置为元素的文本内容。一个元素除了具有文本子节点外，还可以包含其他元素子节点，并且子节点可以是很多个。为了描述元素的子节点，我们需要将 vnode.children 定义为数组：

```
01  const vnode = {
02    type: 'div',
03    children: [
04      {
05        type: 'p',
06        children: 'hello'
07      }
08    ]
09  }
```

上面这段代码描述的是“一个 div 标签具有一个子节点，且子节点是 p 标签”。可以看到，vnode.children 是一个数组，它的每一个元素都是一个独立的虚拟节点对象。这样就形成了树型结构，即虚拟 DOM 树。

为了完成子节点的渲染，我们需要修改 mountElement 函数，如下面的代码所示：

```
01  function mountElement(vnode, container) {
02    const el = createElement(vnode.type)
03    if (typeof vnode.children === 'string') {
04      setElementText(el, vnode.children)
05    } else if (Array.isArray(vnode.children)) {
06      // 如果 children 是数组，则遍历每一个子节点，并调用 patch 函数挂载它们
07      vnode.children.forEach(child => {
08        patch(null, child, el)
09      })
```

```
10    }
11    insert(el, container)
12  }
```

在上面这段代码中，我们增加了新的判断分支。使用 Array.isArray 函数判断 vnode.children 是否是数组，如果是数组，则循环遍历它，并调 patch 函数挂载数组中的虚拟节点。在挂载子节点时，需要注意以下两点。

- 传递给 patch 函数的第一个参数是 null。因为是挂载阶段，没有旧 vnode，所以只需要传递 null 即可。这样，当 patch 函数执行时，就会递归地调用 mountElement 函数完成挂载。
- 传递给 patch 函数的第三个参数是挂载点。由于我们正在挂载的子元素是 div 标签的子节点，所以需要把刚刚创建的 div 元素作为挂载点，这样才能保证这些子节点挂载到正确位置。

完成了子节点的挂载后，我们再来看看如何用 vnode 描述一个标签的属性，以及如何渲染这些属性。我们知道，HTML 标签有很多属性，其中有些属性是通用的，例如 id、class 等，而有些属性是特定元素才有的，例如 form 元素的 action 属性。实际上，渲染一个元素的属性比想象中要复杂，不过我们仍然秉承一切从简的原则，先来看看最基本的属性处理。

为了描述元素的属性，我们需要为虚拟 DOM 定义新的 vnode.props 字段，如下面的代码所示：

```
01  const vnode = {
02    type: 'div',
03    // 使用 props 描述一个元素的属性
04    props: {
05      id: 'foo'
06    },
07    children: [
08      {
09        type: 'p',
10        children: 'hello'
11      }
12    ]
13  }
```

vnode.props 是一个对象，它的键代表元素的属性名称，它的值代表对应属性的值。这样，我们就可以通过遍历 props 对象的方式，把这些属性渲染到对应的元素上，如下面的代码所示：

```
01  function mountElement(vnode, container) {
02    const el = createElement(vnode.type)
03    // 省略 children 的处理
04
05    // 如果 vnode.props 存在才处理它
06    if (vnode.props) {
07      // 遍历 vnode.props
08      for (const key in vnode.props) {
```

```
09        // 调用 setAttribute 将属性设置到元素上
10        el.setAttribute(key, vnode.props[key])
11      }
12    }
13
14    insert(el, container)
15  }
```

在这段代码中，我们首先检查了 vnode.props 字段是否存在，如果存在则遍历它，并调用 setAttribute 函数将属性设置到元素上。实际上，除了使用 setAttribute 函数为元素设置属性之外，还可以通过 DOM 对象直接设置：

```
01  function mountElement(vnode, container) {
02    const el = createElement(vnode.type)
03    // 省略 children 的处理
04
05    if (vnode.props) {
06      for (const key in vnode.props) {
07        // 直接设置
08        el[key] = vnode.props[key]
09      }
10    }
11
12    insert(el, container)
13  }
```

在这段代码中，我们没有选择使用 setAttribute 函数，而是直接将属性设置在 DOM 对象上，即 el[key] = vnode.props[key]。实际上，无论是使用 setAttribute 函数，还是直接操作 DOM 对象，都存在缺陷。如前所述，为元素设置属性比想象中要复杂得多。不过，在讨论具体有哪些缺陷之前，我们有必要先搞清楚两个重要的概念：HTML Attributes 和 DOM Properties。

8.2　HTML Attributes 与 DOM Properties

理解 HTML Attributes 和 DOM Properties 之间的差异和关联非常重要，这能够帮助我们合理地设计虚拟节点的结构，更是正确地为元素设置属性的关键。

我们从最基本的 HTML 说起。给出如下 HTML 代码：

```
01  <input id="my-input" type="text" value="foo" />
```

HTML Attributes 指的就是定义在 HTML 标签上的属性，这里指的就是 id="my-input"、type="text" 和 value="foo"。当浏览器解析这段 HTML 代码后，会创建一个与之相符的 DOM 元素对象，我们可以通过 JavaScript 代码来读取该 DOM 对象：

```
01  const el = document.querySelector('#my-input')
```

这个 DOM 对象会包含很多**属性**（properties），如图 8-1 所示。

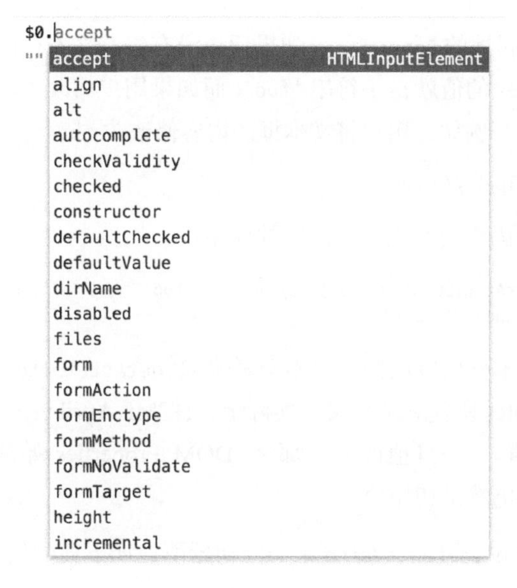

图 8-1　DOM 对象下的属性

这些属性就是所谓的 DOM Properties。很多 HTML Attributes 在 DOM 对象上有与之同名的 DOM Properties，例如 `id="my-input"` 对应 `el.id`，`type="text"` 对应 `el.type`，`value="foo"` 对应 `el.value` 等。但 DOM Properties 与 HTML Attributes 的名字不总是一模一样的，例如：

```
01    <div class="foo"></div>
```

`class="foo"` 对应的 DOM Properties 则是 `el.className`。另外，并不是所有 HTML Attributes 都有与之对应的 DOM Properties，例如：

```
01    <div aria-valuenow="75"></div>
```

`aria-*` 类的 HTML Attributes 就没有与之对应的 DOM Properties。

类似地，也不是所有 DOM Properties 都有与之对应的 HTML Attributes，例如可以用 `el.textContent` 来设置元素的文本内容，但并没有与之对应的 HTML Attributes 来完成同样的工作。

HTML Attributes 的值与 DOM Properties 的值之间是有关联的，例如下面的 HTML 片段：

```
01    <div id="foo"></div>
```

这个片段描述了一个具有 `id` 属性的 `div` 标签。其中，`id="foo"` 对应的 DOM Properties 是 `el.id`，并且值为字符串 `'foo'`。我们把这种 HTML Attributes 与 DOM Properties 具有相同名称（即 `id`）的属性看作直接映射。但并不是所有 HTML Attributes 与 DOM Properties 之间都是直接映射的关系，例如：

```
01    <input value="foo" />
```

这是一个具有 value 属性的 input 标签。如果用户没有修改文本框的内容，那么通过 el.value 读取对应的 DOM Properties 的值就是字符串 'foo'。而如果用户修改了文本框的值，那么 el.value 的值就是当前文本框的值。例如，用户将文本框的内容修改为 'bar'，那么：

```
01    console.log(el.value) // 'bar'
```

但如果运行下面的代码，会发生“奇怪”的现象：

```
01    console.log(el.getAttribute('value')) // 仍然是 'foo'
02    console.log(el.value) // 'bar'
```

可以发现，用户对文本框内容的修改并不会影响 el.getAttribute('value') 的返回值，这个现象蕴含着 HTML Attributes 所代表的意义。实际上，HTML Attributes 的作用是设置与之对应的 DOM Properties 的初始值。一旦值改变，那么 DOM Properties 始终存储着当前值，而通过 getAttribute 函数得到的仍然是初始值。

但我们仍然可以通过 el.defaultValue 来访问初始值，如下面的代码所示：

```
01    el.getAttribute('value') // 仍然是 'foo'
02    el.value // 'bar'
03    el.defaultValue // 'foo'
```

这说明一个 HTML Attributes 可能关联多个 DOM Properties。例如在上例中，value="foo" 与 el.value 和 el.defaultValue 都有关联。

虽然我们可以认为 HTML Attributes 是用来设置与之对应的 DOM Properties 的初始值的，但有些值是受限制的，就好像浏览器内部做了默认值校验。如果你通过 HTML Attributes 提供的默认值不合法，那么浏览器会使用内建的合法值作为对应 DOM Properties 的默认值，例如：

```
01    <input type="foo" />
```

我们知道，为 <input/> 标签的 type 属性指定字符串 'foo' 是不合法的，因此浏览器会矫正这个不合法的值。所以当我们尝试读取 el.type 时，得到的其实是矫正后的值，即字符串 'text'，而非字符串 'foo'：

```
01    console.log(el.type) // 'text'
```

从上述分析来看，HTML Attributes 与 DOM Properties 之间的关系很复杂，但其实我们只需要记住一个核心原则即可：**HTML Attributes 的作用是设置与之对应的 DOM Properties 的初始值。**

8.3 正确地设置元素属性

上一节我们详细讨论了 HTML Attributes 和 DOM Properties 相关的内容，因为 HTML Attributes 和 DOM Properties 会影响 DOM 属性的添加方式。对于普通的 HTML 文件来说，当浏览器解析 HTML 代码后，会自动分析 HTML Attributes 并设置合适的 DOM Properties。但用户编写在 Vue.js 的单文件组件中的模板不会被浏览器解析，这意味着，原本需要浏览器来完成的工作，现在需要框架来完成。

我们以禁用的按钮为例，如下面的 HTML 代码所示：

```
01 <button disabled>Button</button>
```

浏览器在解析这段 HTML 代码时，发现这个按钮存在一个叫作 disabled 的 HTML Attributes，于是浏览器会将该按钮设置为禁用状态，并将它的 el.disabled 这个 DOM Properties 的值设置为 true，这一切都是浏览器帮我们处理好的。但同样的代码如果出现在 Vue.js 的模板中，则情况会有所不同。首先，这个 HTML 模板会被编译成 vnode，它等价于：

```
01 const button = {
02   type: 'button',
03   props: {
04     disabled: ''
05   }
06 }
```

注意，这里的 props.disabled 的值是空字符串，如果在渲染器中调用 setAttribute 函数设置属性，则相当于：

```
01 el.setAttribute('disabled', '')
```

这么做的确没问题，浏览器会将按钮禁用。但考虑如下模板：

```
01 <button :disabled="false">Button</button>
```

它对应的 vnode 为：

```
01 const button = {
02   type: 'button',
03   props: {
04     disabled: false
05   }
06 }
```

用户的本意是“不禁用”按钮，但如果渲染器仍然使用 setAttribute 函数设置属性值，则会产生意外的效果，即按钮被禁用了：

```
01 el.setAttribute('disabled', false)
```

在浏览器中运行上面这句代码，我们发现浏览器仍然将按钮禁用了。这是因为使用 setAttribute 函数设置的值总是会被字符串化，所以上面这句代码等价于：

```
01 el.setAttribute('disabled', 'false')
```

对于按钮来说，它的 el.disabled 属性值是布尔类型的，并且它不关心具体的 HTML Attributes

的值是什么，只要 disabled 属性存在，按钮就会被禁用。所以我们发现，渲染器不应该总是使用 setAttribute 函数将 vnode.props 对象中的属性设置到元素上。那么应该怎么办呢？一个很自然的思路是，我们可以优先设置 DOM Properties，例如：

```
01    el.disabled = false
```

这样是可以正确工作的，但又带来了新的问题。还是以上面给出的模板为例：

```
01    <button disabled>Button</button>
```

这段模板对应的 vnode 是：

```
01    const button = {
02      type: 'button',
03      props: {
04        disabled: ''
05      }
06    }
```

我们注意到，在模板经过编译后得到的 vnode 对象中，props.disabled 的值是一个空字符串。如果直接用它设置元素的 DOM Properties，那么相当于：

```
01    el.disabled = ''
```

由于 el.disabled 是布尔类型的值，所以当我们尝试将它设置为空字符串时，浏览器会将它的值矫正为布尔类型的值，即 false。所以上面这句代码的执行结果等价于：

```
01    el.disabled = false
```

这违背了用户的本意，因为用户希望禁用按钮，而 el.disabled = false 则是不禁用的意思。

这么看来，无论是使用 setAttribute 函数，还是直接设置元素的 DOM Properties，都存在缺陷。要彻底解决这个问题，我们只能做特殊处理，即优先设置元素的 DOM Properties，但当值为空字符串时，要手动将值矫正为 true。只有这样，才能保证代码的行为符合预期。下面的 mountElement 函数给出了具体的实现：

```
01    function mountElement(vnode, container) {
02      const el = createElement(vnode.type)
03      // 省略 children 的处理
04
05      if (vnode.props) {
06        for (const key in vnode.props) {
07          // 用 in 操作符判断 key 是否存在对应的 DOM Properties
08          if (key in el) {
09            // 获取该 DOM Properties 的类型
10            const type = typeof el[key]
11            const value = vnode.props[key]
12            // 如果是布尔类型，并且 value 是空字符串，则将值矫正为 true
13            if (type === 'boolean' && value === '') {
14              el[key] = true
```

```
15          } else {
16            el[key] = value
17          }
18        } else {
19          // 如果要设置的属性没有对应的 DOM Properties ，则使用 setAttribute 函数设置属性
20          el.setAttribute(key, vnode.props[key])
21        }
22      }
23    }
24
25    insert(el, container)
26  }
```

如上面的代码所示，我们检查每一个 `vnode.props` 中的属性，看看是否存在对应的 DOM Properties，如果存在，则优先设置 DOM Properties。同时，我们对布尔类型的 DOM Properties 做了值的矫正，即当要设置的值为空字符串时，将其矫正为布尔值 `true`。当然，如果 `vnode.props` 中的属性不具有对应的 DOM Properties ，则仍然使用 `setAttribute` 函数完成属性的设置。

但上面给出的实现仍然存在问题，因为有一些 DOM Properties 是只读的，如以下代码所示：

```
01  <form id="form1"></form>
02  <input form="form1" />
```

在这段代码中，我们为 `<input/>` 标签设置了 `form` 属性（HTML Attributes）。它对应的 DOM Properties 是 `el.form`，但 `el.form` 是只读的，因此我们只能够通过 `setAttribute` 函数来设置它。这就需要我们修改现有的逻辑：

```
01  function shouldSetAsProps(el, key, value) {
02    // 特殊处理
03    if (key === 'form' && el.tagName === 'INPUT') return false
04    // 兜底
05    return key in el
06  }
07
08  function mountElement(vnode, container) {
09    const el = createElement(vnode.type)
10    // 省略 children 的处理
11
12    if (vnode.props) {
13      for (const key in vnode.props) {
14        const value = vnode.props[key]
15        // 使用 shouldSetAsProps 函数判断是否应该作为 DOM Properties 设置
16        if (shouldSetAsProps(el, key, value)) {
17          const type = typeof el[key]
18          if (type === 'boolean' && value === '') {
19            el[key] = true
20          } else {
21            el[key] = value
22          }
23        } else {
24          el.setAttribute(key, value)
```

```
25          }
26        }
27      }
28
29      insert(el, container)
30    }
```

如上面的代码所示，为了代码的可读性，我们提取了一个 shouldSetAsProps 函数。该函数会返回一个布尔值，代表属性是否应该作为 DOM Properties 被设置。如果返回 true，则代表应该作为 DOM Properties 被设置，否则应该使用 setAttribute 函数来设置。在 shouldSetAsProps 函数内，我们对 <input form="xxx" /> 进行特殊处理，即 <input/> 标签的 form 属性必须使用 setAttribute 函数来设置。实际上，不仅仅是 <input/> 标签，所有表单元素都具有 form 属性，它们都应该作为 HTML Attributes 被设置。

当然，<input form="xxx"/> 是一个特殊的例子，还有一些其他类似于这种需要特殊处理的情况。我们不会列举所有情况并一一讲解，因为掌握处理问题的思路更加重要。另外，我们也不可能把所有需要特殊处理的地方都记住，更何况有时我们根本不知道在什么情况下才需要特殊处理。所以，上述解决方案本质上是经验之谈。不要惧怕写出不完美的代码，只要在后续迭代过程中"见招拆招"，代码就会变得越来越完善，框架也会变得越来越健壮。

最后，我们需要把属性的设置也变成与平台无关，因此需要把属性设置相关操作也提取到渲染器选项中，如下面的代码所示：

```
01  const renderer = createRenderer({
02    createElement(tag) {
03      return document.createElement(tag)
04    },
05    setElementText(el, text) {
06      el.textContent = text
07    },
08    insert(el, parent, anchor = null) {
09      parent.insertBefore(el, anchor)
10    },
11    // 将属性设置相关操作封装到 patchProps 函数中，并作为渲染器选项传递
12    patchProps(el, key, prevValue, nextValue) {
13      if (shouldSetAsProps(el, key, nextValue)) {
14        const type = typeof el[key]
15        if (type === 'boolean' && nextValue === '') {
16          el[key] = true
17        } else {
18          el[key] = nextValue
19        }
20      } else {
21        el.setAttribute(key, nextValue)
22      }
23    }
24  })
```

而在 mountElement 函数中，只需要调用 patchProps 函数，并为其传递相关参数即可：

```
01 function mountElement(vnode, container) {
02   const el = createElement(vnode.type)
03   if (typeof vnode.children === 'string') {
04     setElementText(el, vnode.children)
05   } else if (Array.isArray(vnode.children)) {
06     vnode.children.forEach(child => {
07       patch(null, child, el)
08     })
09   }
10 
11   if (vnode.props) {
12     for (const key in vnode.props) {
13       // 调用 patchProps 函数即可
14       patchProps(el, key, null, vnode.props[key])
15     }
16   }
17 
18   insert(el, container)
19 }
```

这样，我们就把属性相关的渲染逻辑从渲染器的核心中抽离了出来。

8.4 class 的处理

在上一节中，我们讲解了如何正确地把 vnode.props 中定义的属性设置到 DOM 元素上。但在 Vue.js 中，仍然有一些属性需要特殊处理，比如 class 属性。为什么需要对 class 属性进行特殊处理呢？这是因为 Vue.js 对 calss 属性做了增强。在 Vue.js 中为元素设置类名有以下几种方式。

方式一：指定 class 为一个字符串值。

```
01 <p class="foo bar"></p>
```

这段模板对应的 vnode 是：

```
01 const vnode = {
02   type: 'p',
03   props: {
04     class: 'foo bar'
05   }
06 }
```

方式二：指定 class 为一个对象值。

```
01 <p :class="cls"></p>
```

假设对象 cls 的内容如下：

```
01 const cls = { foo: true, bar: false }
```

那么，这段模板对应的 vnode 是：

```
01  const vnode = {
02    type: 'p',
03    props: {
04      class: { foo: true, bar: false }
05    }
06  }
```

方式三：class 是包含上述两种类型的数组。

```
01  <p :class="arr"></p>
```

这个数组可以是字符串值与对象值的组合：

```
01  const arr = [
02    // 字符串
03    'foo bar',
04    // 对象
05    {
06      baz: true
07    }
08  ]
```

那么，这段模板对应的 vnode 是：

```
01  const vnode = {
02    type: 'p',
03    props: {
04      class: [
05        'foo bar',
06        { baz: true }
07      ]
08    }
09  }
```

可以看到，因为 class 的值可以是多种类型，所以我们必须在设置元素的 class 之前将值归一化为统一的字符串形式，再把该字符串作为元素的 class 值去设置。因此，我们需要封装 normalizeClass 函数，用它来将不同类型的 class 值正常化为字符串，例如：

```
01  const vnode = {
02    type: 'p',
03    props: {
04      // 使用 normalizeClass 函数对值进行序列化
05      class: normalizeClass([
06        'foo bar',
07        { baz: true }
08      ])
09    }
10  }
```

最后的结果等价于：

```
01 const vnode = {
02   type: 'p',
03   props: {
04     // 序列化后的结果
05     class: 'foo bar baz'
06   }
07 }
```

至于 normalizeClass 函数的实现，这里我们不会做详细讲解，因为它本质上就是一个数据结构转换的小算法，实现起来并不复杂。

假设现在我们已经能够对 class 值进行正常化了。接下来，我们将讨论如何将正常化后的 class 值设置到元素上。其实，我们目前实现的渲染器已经能够完成 class 的渲染了。观察前文中函数的代码，由于 class 属性对应的 DOM Properties 是 el.className，所以表达式 'class' in el 的值将会是 false，因此，patchProps 函数会使用 setAttribute 函数来完成 class 的设置。但是我们知道，在浏览器中为一个元素设置 class 有三种方式，即使用 setAttribute、el.className 或 el.classList。那么哪一种方法的性能更好呢？图 8-2 对比了这三种方式为元素设置 1000 次 class 的性能。

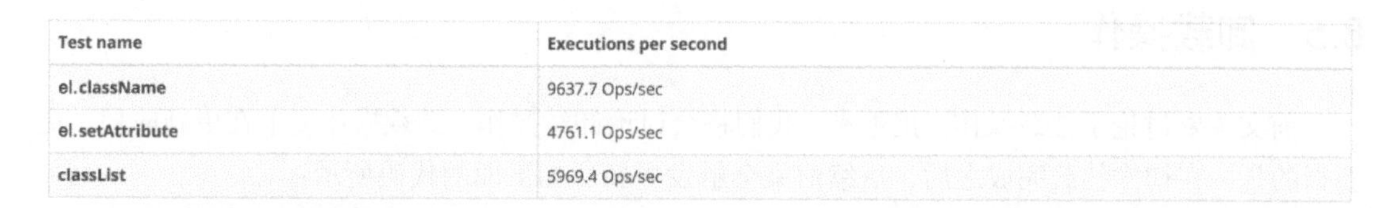

Test name	Executions per second
el.className	9637.7 Ops/sec
el.setAttribute	4761.1 Ops/sec
classList	5969.4 Ops/sec

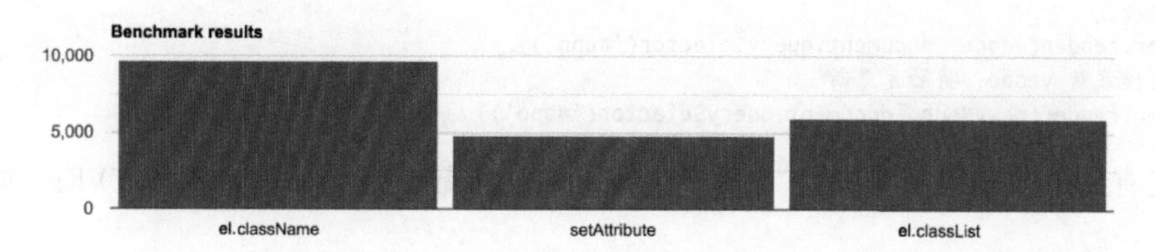

图 8-2 el.className、setAttribute 和 el.classList 的性能比较

可以看到，el.className 的性能最优。因此，我们需要调整 patchProps 函数的实现，如下面的代码所示：

```
01 const renderer = createRenderer({
02   // 省略其他选项
03 
04   patchProps(el, key, prevValue, nextValue) {
05     // 对 class 进行特殊处理
06     if (key === 'class') {
07       el.className = nextValue || ''
08     } else if (shouldSetAsProps(el, key, nextValue)) {
09       const type = typeof el[key]
10       if (type === 'boolean' && nextValue === '') {
```

```
11          el[key] = true
12        } else {
13          el[key] = nextValue
14        }
15      } else {
16        el.setAttribute(key, nextValue)
17      }
18    }
19  })
```

从上面的代码中可以看到，我们对 class 进行了特殊处理，即使用 el.className 代替 setAttribute 函数。其实除了 class 属性之外，Vue.js 对 style 属性也做了增强，所以我们也需要对 style 做类似的处理。

通过对 class 的处理，我们能够意识到，vnode.props 对象中定义的属性值的类型并不总是与 DOM 元素属性的数据结构保持一致，这取决于上层 API 的设计。Vue.js 允许对象类型的值作为 class 是为了方便开发者，在底层的实现上，必然需要对值进行正常化后再使用。另外，正常化值的过程是有代价的，如果需要进行大量的正常化操作，则会消耗更多性能。

8.5　卸载操作

前文主要讨论了挂载操作。接下来，我们将会讨论卸载操作。卸载操作发生在更新阶段，更新指的是，在初次挂载完成之后，后续渲染会触发更新，如下面的代码所示：

```
01  // 初次挂载
02  renderer.render(vnode, document.querySelector('#app'))
03  // 再次挂载新 vnode，将触发更新
04  renderer.render(newVNode, document.querySelector('#app'))
```

更新的情况有几种，我们逐个来看。当后续调用 render 函数渲染空内容（即 null）时，如下面的代码所示：

```
01  // 初次挂载
02  renderer.render(vnode, document.querySelector('#app'))
03  // 新 vnode 为 null，意味着卸载之前渲染的内容
04  renderer.render(null, document.querySelector('#app'))
```

首次挂载完成后，后续渲染时如果传递了 null 作为新 vnode，则意味着什么都不渲染，这时我们需要卸载之前渲染的内容。回顾前文实现的 render 函数，如下：

```
01  function render(vnode, container) {
02    if (vnode) {
03      patch(container._vnode, vnode, container)
04    } else {
05      if (container._vnode) {
06        // 卸载，清空容器
07        container.innerHTML = ''
```

```
08      }
09    }
10    container._vnode = vnode
11  }
```

可以看到，当vnode为null，并且容器元素的container._vnode属性存在时，我们直接通过innerHTML清空容器。但这么做是不严谨的，原因有三点。

- 容器的内容可能是由某个或多个组件渲染的，当卸载操作发生时，应该正确地调用这些组件的beforeUnmount、unmounted等生命周期函数。
- 即使内容不是由组件渲染的，有的元素存在自定义指令，我们应该在卸载操作发生时正确执行对应的指令钩子函数。
- 使用innerHTML清空容器元素内容的另一个缺陷是，它不会移除绑定在DOM元素上的事件处理函数。

正如上述三点原因，我们不能简单地使用innerHTML来完成卸载操作。正确的卸载方式是，根据vnode对象获取与其相关联的真实DOM元素，然后使用原生DOM操作方法将该DOM元素移除。为此，我们需要在vnode与真实DOM元素之间建立联系，修改mountElement函数，如下面的代码所示：

```
01  function mountElement(vnode, container) {
02    // 让 vnode.el 引用真实 DOM 元素
03    const el = vnode.el = createElement(vnode.type)
04    if (typeof vnode.children === 'string') {
05      setElementText(el, vnode.children)
06    } else if (Array.isArray(vnode.children)) {
07      vnode.children.forEach(child => {
08        patch(null, child, el)
09      })
10    }
11
12    if (vnode.props) {
13      for (const key in vnode.props) {
14        patchProps(el, key, null, vnode.props[key])
15      }
16    }
17
18    insert(el, container)
19  }
```

可以看到，当我们调用createElement函数创建真实DOM元素时，会把真实DOM元素赋值给vnode.el属性。这样，在vnode与真实DOM元素之间就建立了联系，我们可以通过vnode.el来获取该虚拟节点对应的真实DOM元素。有了这些，当卸载操作发生的时候，只需要根据虚拟节点对象vnode.el取得真实DOM元素，再将其从父元素中移除即可：

```
01  function render(vnode, container) {
02    if (vnode) {
```

```
03      patch(container._vnode, vnode, container)
04    } else {
05      if (container._vnode) {
06        // 根据 vnode 获取要卸载的真实 DOM 元素
07        const el = container._vnode.el
08        // 获取 el 的父元素
09        const parent = el.parentNode
10        // 调用 removeChild 移除元素
11        if (parent) parent.removeChild(el)
12      }
13    }
14    container._vnode = vnode
15  }
```

如上面的代码所示，其中 container._vnode 代表旧 vnode，即要被卸载的 vnode。然后通过 container._vnode.el 取得真实 DOM 元素，并调用 removeChild 函数将其从父元素中移除即可。

由于卸载操作是比较常见且基本的操作，所以我们应该将它封装到 unmount 函数中，以便后续代码可以复用它，如下面的代码所示：

```
01  function unmount(vnode) {
02    const parent = vnode.el.parentNode
03    if (parent) {
04      parent.removeChild(vnode.el)
05    }
06  }
```

unmount 函数接收一个虚拟节点作为参数，并将该虚拟节点对应的真实 DOM 元素从父元素中移除。现在 unmount 函数的代码还非常简单，后续我们会慢慢充实它，让它变得更加完善。有了 unmount 函数后，就可以直接在 render 函数中调用它来完成卸载任务了：

```
01  function render(vnode, container) {
02    if (vnode) {
03      patch(container._vnode, vnode, container)
04    } else {
05      if (container._vnode) {
06        // 调用 unmount 函数卸载 vnode
07        unmount(container._vnode)
08      }
09    }
10    container._vnode = vnode
11  }
```

最后，将卸载操作封装到 unmount 中，还能够带来两点额外的好处。

- 在 unmount 函数内，我们有机会调用绑定在 DOM 元素上的指令钩子函数，例如 beforeUnmount、unmounted 等。
- 当 unmount 函数执行时，我们有机会检测虚拟节点 vnode 的类型。如果该虚拟节点描述的是组件，则我们有机会调用组件相关的生命周期函数。

8.6 区分 vnode 的类型

在上一节中我们了解到，当后续调用 render 函数渲染空内容（即 null）时，会执行卸载操作。如果在后续渲染时，为 render 函数传递了新的 vnode，则不会进行卸载操作，而是会把新旧 vnode 都传递给 patch 函数进行打补丁操作。回顾前文实现的 patch 函数，如下面的代码所示：

```
01  function patch(n1, n2, container) {
02    if (!n1) {
03      mountElement(n2, container)
04    } else {
05      // 更新
06    }
07  }
```

其中，patch 函数的两个参数 n1 和 n2 分别代表旧 vnode 与新 vnode。如果旧 vnode 存在，则需要在新旧 vnode 之间打补丁。但在具体执行打补丁操作之前，我们需要保证新旧 vnode 所描述的内容相同。这是什么意思呢？举个例子，假设初次渲染的 vnode 是一个 p 元素：

```
01  const vnode = {
02    type: 'p'
03  }
04  renderer.render(vnode, document.querySelector('#app'))
```

后续又渲染了一个 input 元素：

```
01  const vnode = {
02    type: 'input'
03  }
04  renderer.render(vnode, document.querySelector('#app'))
```

这就会造成新旧 vnode 所描述的内容不同，即 vnode.type 属性的值不同。对于上例来说，p 元素和 input 元素之间不存在打补丁的意义，因为对于不同的元素来说，每个元素都有特有的属性，例如：

```
01  <p id="foo" />
02  <!-- type 属性是 input 标签特有的，p 标签则没有该属性 -->
03  <input type="submit" />
```

在这种情况下，正确的更新操作是，先将 p 元素卸载，再将 input 元素挂载到容器中。因此我们需要调整 patch 函数的代码：

```
01  function patch(n1, n2, container) {
02    // 如果 n1 存在，则对比 n1 和 n2 的类型
03    if (n1 && n1.type !== n2.type) {
04      // 如果新旧 vnode 的类型不同，则直接将旧 vnode 卸载
05      unmount(n1)
06      n1 = null
07    }
08
```

```
09    if (!n1) {
10      mountElement(n2, container)
11    } else {
12      // 更新
13    }
14  }
```

如上面的代码所示，在真正执行更新操作之前，我们优先检查新旧 vnode 所描述的内容是否相同，如果不同，则直接调用 unmount 函数将旧 vnode 卸载。这里需要注意的是，卸载完成后，我们应该将参数 n1 的值重置为 null，这样才能保证后续挂载操作正确执行。

即使新旧 vnode 描述的内容相同，我们仍然需要进一步确认它们的类型是否相同。我们知道，一个 vnode 可以用来描述普通标签，也可以用来描述组件，还可以用来描述 Fragment 等。对于不同类型的 vnode，我们需要提供不同的挂载或打补丁的处理方式。所以，我们需要继续修改 patch 函数的代码以满足需求，如下面的代码所示：

```
01  function patch(n1, n2, container) {
02    if (n1 && n1.type !== n2.type) {
03      unmount(n1)
04      n1 = null
05    }
06    // 代码运行到这里，证明 n1 和 n2 所描述的内容相同
07    const { type } = n2
08    // 如果 n2.type 的值是字符串类型，则它描述的是普通标签元素
09    if (typeof type === 'string') {
10      if (!n1) {
11        mountElement(n2, container)
12      } else {
13        patchElement(n1, n2)
14      }
15    } else if (typeof type === 'object') {
16      // 如果 n2.type 的值的类型是对象，则它描述的是组件
17    } else if (type === 'xxx') {
18      // 处理其他类型的 vnode
19    }
20  }
```

实际上，在前文的讲解中，我们一直假设 vnode 的类型是普通标签元素。但严谨的做法是根据 vnode.type 进一步确认它们的类型是什么，从而使用相应的处理函数进行处理。例如，如果 vnode.type 的值是字符串类型，则它描述的是普通标签元素，这时我们会调用 mountElement 或 patchElement 完成挂载和更新操作；如果 vnode.type 的值的类型是对象，则它描述的是组件，这时我们会调用与组件相关的挂载和更新方法。

8.7 事件的处理

本节我们将讨论如何处理事件，包括如何在虚拟节点中描述事件，如何把事件添加到 DOM 元素上，以及如何更新事件。

我们先来解决第一个问题，即如何在虚拟节点中描述事件。事件可以视作一种特殊的属性，因此我们可以约定，在 vnode.props 对象中，凡是以字符串 on 开头的属性都视作事件。例如：

```
01 const vnode = {
02   type: 'p',
03   props: {
04     // 使用 onXxx 描述事件
05     onClick: () => {
06       alert('clicked')
07     }
08   },
09   children: 'text'
10 }
```

解决了事件在虚拟节点层面的描述问题后，我们再来看看如何将事件添加到 DOM 元素上。这非常简单，只需要在 patchProps 中调用 addEventListener 函数来绑定事件即可，如下面的代码所示：

```
01 patchProps(el, key, prevValue, nextValue) {
02   // 匹配以 on 开头的属性，视其为事件
03   if (/^on/.test(key)) {
04     // 根据属性名称得到对应的事件名称，例如 onClick ---> click
05     const name = key.slice(2).toLowerCase()
06     // 绑定事件，nextValue 为事件处理函数
07     el.addEventListener(name, nextValue)
08   } else if (key === 'class') {
09     // 省略部分代码
10   } else if (shouldSetAsProps(el, key, nextValue)) {
11     // 省略部分代码
12   } else {
13     // 省略部分代码
14   }
15 }
```

那么，更新事件要如何处理呢？按照一般的思路，我们需要先移除之前添加的事件处理函数，然后再将新的事件处理函数绑定到 DOM 元素上，如下面的代码所示：

```
01 patchProps(el, key, prevValue, nextValue) {
02   if (/^on/.test(key)) {
03     const name = key.slice(2).toLowerCase()
04     // 移除上一次绑定的事件处理函数
05     prevValue && el.removeEventListener(name, prevValue)
06     // 绑定新的事件处理函数
07     el.addEventListener(name, nextValue)
08   } else if (key === 'class') {
09     // 省略部分代码
10   } else if (shouldSetAsProps(el, key, nextValue)) {
11     // 省略部分代码
12   } else {
13     // 省略部分代码
14   }
15 }
```

这么做代码能够按照预期工作，但其实还有一种性能更优的方式来完成事件更新。在绑定事件时，我们可以绑定一个伪造的事件处理函数 invoker，然后把真正的事件处理函数设置为 invoker.value 属性的值。这样当更新事件的时候，我们将不再需要调用 removeEventListener 函数来移除上一次绑定的事件，只需要更新 invoker.value 的值即可，如下面的代码所示：

```
01  patchProps(el, key, prevValue, nextValue) {
02    if (/^on/.test(key)) {
03      // 获取为该元素伪造的事件处理函数 invoker
04      let invoker = el._vei
05      const name = key.slice(2).toLowerCase()
06      if (nextValue) {
07        if (!invoker) {
08          // 如果没有 invoker，则将一个伪造的 invoker 缓存到 el._vei 中
09          // vei 是 vue event invoker 的首字母缩写
10          invoker = el._vei = (e) => {
11            // 当伪造的事件处理函数执行时，会执行真正的事件处理函数
12            invoker.value(e)
13          }
14          // 将真正的事件处理函数赋值给 invoker.value
15          invoker.value = nextValue
16          // 绑定 invoker 作为事件处理函数
17          el.addEventListener(name, invoker)
18        } else {
19          // 如果 invoker 存在，意味着更新，并且只需要更新 invoker.value 的值即可
20          invoker.value = nextValue
21        }
22      } else if (invoker) {
23        // 新的事件绑定函数不存在，且之前绑定的 invoker 存在，则移除绑定
24        el.removeEventListener(name, invoker)
25      }
26    } else if (key === 'class') {
27      // 省略部分代码
28    } else if (shouldSetAsProps(el, key, nextValue)) {
29      // 省略部分代码
30    } else {
31      // 省略部分代码
32    }
33  }
```

观察上面的代码，事件绑定主要分为两个步骤。

- 先从 el._vei 中读取对应的 invoker，如果 invoker 不存在，则将伪造的 invoker 作为事件处理函数，并将它缓存到 el._vei 属性中。
- 把真正的事件处理函数赋值给 invoker.value 属性，然后把伪造的 invoker 函数作为事件处理函数绑定到元素上。可以看到，当事件触发时，实际上执行的是伪造的事件处理函数，在其内部间接执行了真正的事件处理函数 invoker.value(e)。

当更新事件时，由于 el._vei 已经存在了，所以我们只需要将 invoker.value 的值修改为新的事件处理函数即可。这样，在更新事件时可以避免一次 removeEventListener 函数的调用，从

而提升了性能。实际上，伪造的事件处理函数的作用不止于此，它还能解决事件冒泡与事件更新之间相互影响的问题，下文会详细讲解。

但目前的实现仍然存在问题。现在我们将事件处理函数缓存在 el._vei 属性中，问题是，在同一时刻只能缓存一个事件处理函数。这意味着，如果一个元素同时绑定了多种事件，将会出现事件覆盖的现象。例如同时给元素绑定 click 和 contextmenu 事件：

```
01  const vnode = {
02    type: 'p',
03    props: {
04      onClick: () => {
05        alert('clicked')
06      },
07      onContextmenu: () => {
08        alert('contextmenu')
09      }
10    },
11    children: 'text'
12  }
13  renderer.render(vnode, document.querySelector('#app'))
```

当渲染器尝试渲染这上面代码中给出的 vnode 时，会先绑定 click 事件，然后再绑定 contextmenu 事件。后绑定的 contextmenu 事件的处理函数将覆盖先绑定的 click 事件的处理函数。为了解决事件覆盖的问题，我们需要重新设计 el._vei 的数据结构。我们应该将 el._vei 设计为一个对象，它的键是事件名称，它的值则是对应的事件处理函数，这样就不会发生事件覆盖的现象了，如下面的代码所示：

```
01  patchProps(el, key, prevValue, nextValue) {
02    if (/^on/.test(key)) {
03      // 定义 el._vei 为一个对象，存在事件名称到事件处理函数的映射
04      const invokers = el._vei || (el._vei = {})
05      //根据事件名称获取 invoker
06      let invoker = invokers[key]
07      const name = key.slice(2).toLowerCase()
08      if (nextValue) {
09        if (!invoker) {
10          // 将事件处理函数缓存到 el._vei[key] 下，避免覆盖
11          invoker = el._vei[key] = (e) => {
12            invoker.value(e)
13          }
14          invoker.value = nextValue
15          el.addEventListener(name, invoker)
16        } else {
17          invoker.value = nextValue
18        }
19      } else if (invoker) {
20        el.removeEventListener(name, invoker)
21      }
22    } else if (key === 'class') {
```

```
23        // 省略部分代码
24      } else if (shouldSetAsProps(el, key, nextValue)) {
25        // 省略部分代码
26      } else {
27        // 省略部分代码
28      }
29    }
```

另外，一个元素不仅可以绑定多种类型的事件，对于同一类型的事件而言，还可以绑定多个事件处理函数。我们知道，在原生 DOM 编程中，当多次调用 addEventListener 函数为元素绑定同一类型的事件时，多个事件处理函数可以共存，例如：

```
01 el.addEventListener('click', fn1)
02 el.addEventListener('click', fn2)
```

当点击元素时，事件处理函数 fn1 和 fn2 都会执行。因此，为了描述同一个事件的多个事件处理函数，我们需要调整 vnode.props 对象中事件的数据结构，如下面的代码所示：

```
01 const vnode = {
02   type: 'p',
03   props: {
04     onClick: [
05       // 第一个事件处理函数
06       () => {
07         alert('clicked 1')
08       },
09       // 第二个事件处理函数
10       () => {
11         alert('clicked 2')
12       }
13     ]
14   },
15   children: 'text'
16 }
17 renderer.render(vnode, document.querySelector('#app'))
```

在上面这段代码中，我们使用一个数组来描述事件，数组中的每个元素都是一个独立的事件处理函数，并且这些事件处理函数都能够正确地绑定到对应元素上。为了实现此功能，我们需要修改 patchProps 函数中事件处理相关的代码，如下面的代码所示：

```
01 patchProps(el, key, prevValue, nextValue) {
02   if (/^on/.test(key)) {
03     const invokers = el._vei || (el._vei = {})
04     let invoker = invokers[key]
05     const name = key.slice(2).toLowerCase()
06     if (nextValue) {
07       if (!invoker) {
08         invoker = el._vei[key] = (e) => {
09           // 如果 invoker.value 是数组，则遍历它并逐个调用事件处理函数
10           if (Array.isArray(invoker.value)) {
11             invoker.value.forEach(fn => fn(e))
```

```
12            } else {
13              // 否则直接作为函数调用
14              invoker.value(e)
15            }
16          }
17          invoker.value = nextValue
18          el.addEventListener(name, invoker)
19        } else {
20          invoker.value = nextValue
21        }
22      } else if (invoker) {
23        el.removeEventListener(name, invoker)
24      }
25    } else if (key === 'class') {
26      // 省略部分代码
27    } else if (shouldSetAsProps(el, key, nextValue)) {
28      // 省略部分代码
29    } else {
30      // 省略部分代码
31    }
32  }
```

在这段代码中，我们修改了 invoker 函数的实现。当 invoker 函数执行时，在调用真正的事件处理函数之前，要先检查 invoker.value 的数据结构是否是数组，如果是数组则遍历它，并逐个调用定义在数组中的事件处理函数。

8.8 事件冒泡与更新时机问题

在上一节中，我们介绍了基本的事件处理。本节我们将讨论事件冒泡与更新时机相结合所导致的问题。为了更清晰地描述问题，我们需要构造一个小例子：

```
01  const { effect, ref } = VueReactivity
02
03  const bol = ref(false)
04
05  effect(() => {
06    // 创建 vnode
07    const vnode = {
08      type: 'div',
09      props: bol.value ? {
10        onClick: () => {
11          alert('父元素 clicked')
12        }
13      } : {},
14      children: [
15        {
16          type: 'p',
17          props: {
18            onClick: () => {
19              bol.value = true
```

```
20              }
21            },
22            children: 'text'
23          }
24        ]
25      }
26      // 渲染 vnode
27      renderer.render(vnode, document.querySelector('#app'))
28    })
```

这个例子比较复杂。在上面这段代码中，我们创建一个响应式数据 bol，它是一个 ref，初始值为 false。接着，创建了一个 effect，并在副作用函数内调用 renderer.render 函数来渲染 vnode。这里的重点在于该 vnode 对象，它描述了一个 div 元素，并且该 div 元素具有一个 p 元素作为子节点。我们再来详细看看 div 元素以及 p 元素的特点。

- div 元素

  它的 props 对象的值是由一个三元表达式决定的。在首次渲染时，由于 bol.value 的值为 false，所以它的 props 的值是一个空对象。

- p 元素

  它具有 click 点击事件，并且当点击它时，事件处理函数会将 bol.value 的值设置为 true。

结合上述特点，我们来思考一个问题：当首次渲染完成后，用鼠标点击 p 元素，会触发父级 div 元素的 click 事件的事件处理函数执行吗？

答案其实很明显，在首次渲染完成之后，由于 bol.value 的值为 false，所以渲染器并不会为 div 元素绑定点击事件。当用鼠标点击 p 元素时，即使 click 事件可以从 p 元素冒泡到父级 div 元素，但由于 div 元素没有绑定 click 事件的事件处理函数，所以什么都不会发生。但事实是，当你尝试运行上面这段代码并点击 p 元素时，会发现父级 div 元素的 click 事件的事件处理函数竟然执行了。为什么会发生如此奇怪的现象呢？这其实与更新机制有关，我们来分析一下当点击 p 元素时，到底发生了什么。

当点击 p 元素时，绑定到它身上的 click 事件处理函数会执行，于是 bol.value 的值被改为 true。接下来的一步非常关键，由于 bol 是一个响应式数据，所以当它的值发生变化时，会触发副作用函数重新执行。由于此时的 bol.value 已经变成了 true，所以在更新阶段，渲染器会为父级 div 元素绑定 click 事件处理函数。当更新完成之后，点击事件才从 p 元素冒泡到父级 div 元素。由于此时 div 元素已经绑定了 click 事件的处理函数，因此就发生了上述奇怪的现象。图 8-3 给出了当点击 p 元素后，整个更新和事件触发的流程图。

根据图 8-3 我们能够发现，之所以会出现上述奇怪的现象，是因为更新操作发生在事件冒泡之前，即**为 div 元素绑定事件处理函数发生在事件冒泡之前**。那如何避免这个问题呢？一个很自然的想法是，能否将绑定事件的动作挪到事件冒泡之后？但这个想法不可靠，因为我们无法知道事件冒泡是否完成，以及完成到什么程度。你可能会想，Vue.js 的更新难道不是在一个异步的微任务队列中进行的吗？那是不是自然能够避免这个问题了呢？其实不然，换句话说，微任务会穿插在由事件冒泡触发的多个事件处理函数之间被执行。因此，即使把绑定事件的动作放到微任务中，也无法避免这个问题。

那应该如何解决呢？其实，仔细观察图 **8-3** 就会发现，触发事件的时间与绑定事件的时间之间是有联系的，如图 **8-4** 所示。

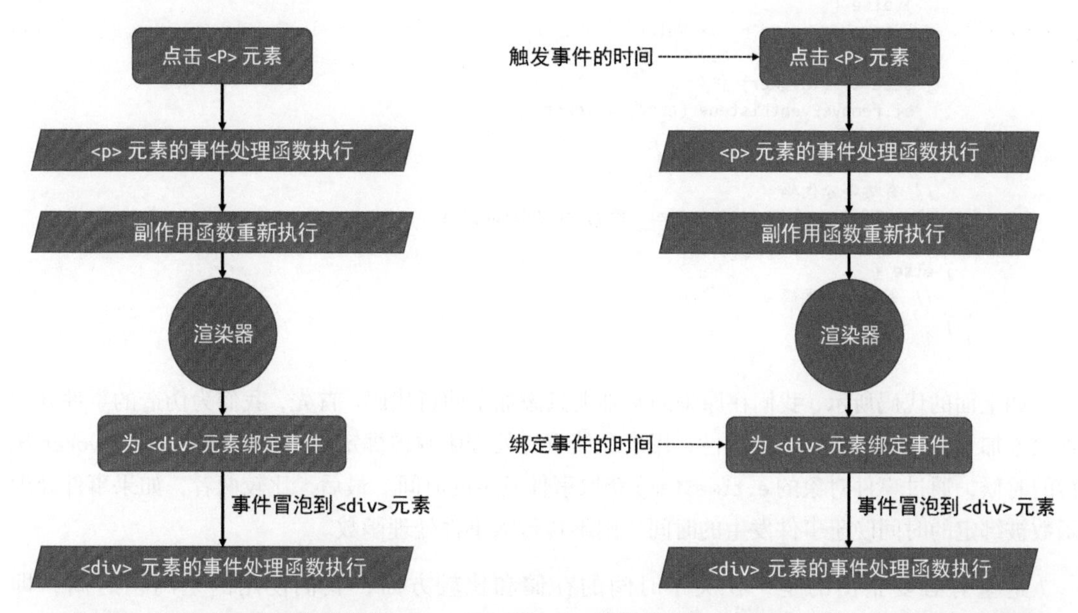

图 **8-3** 更新和事件触发的流程　　图 **8-4** 触发事件的时间与绑定事件的时间之间的联系

由图 **8-4** 可以发现，事件触发的时间要早于事件处理函数被绑定的时间。这意味着当一个事件触发时，目标元素上还没有绑定相关的事件处理函数，我们可以根据这个特点来解决问题：**屏蔽所有绑定时间晚于事件触发时间的事件处理函数的执行**。基于此，我们可以调整 `patchProps` 函数中关于事件的代码，如下：

```
01  patchProps(el, key, prevValue, nextValue) {
02    if (/^on/.test(key)) {
03      const invokers = el._vei || (el._vei = {})
04      let invoker = invokers[key]
05      const name = key.slice(2).toLowerCase()
06      if (nextValue) {
07        if (!invoker) {
08          invoker = el._vei[key] = (e) => {
09            // e.timeStamp 是事件发生的时间
10            // 如果事件发生的时间早于事件处理函数绑定的时间，则不执行事件处理函数
11            if (e.timeStamp < invoker.attached) return
12            if (Array.isArray(invoker.value)) {
```

```
13            invoker.value.forEach(fn => fn(e))
14          } else {
15            invoker.value(e)
16          }
17        }
18        invoker.value = nextValue
19        // 添加 invoker.attached 属性，存储事件处理函数被绑定的时间
20        invoker.attached = performance.now()
21        el.addEventListener(name, invoker)
22      } else {
23        invoker.value = nextValue
24      }
25    } else if (invoker) {
26      el.removeEventListener(name, invoker)
27    }
28  } else if (key === 'class') {
29    // 省略部分代码
30  } else if (shouldSetAsProps(el, key, nextValue)) {
31    // 省略部分代码
32  } else {
33    // 省略部分代码
34  }
35 }
```

如上面的代码所示，我们在原来的基础上只添加了两行代码。首先，我们为伪造的事件处理函数添加了 invoker.attached 属性，用来存储事件处理函数被绑定的时间。然后，在 invoker 执行的时候，通过事件对象的 e.timeStamp 获取事件发生的时间。最后，比较两者，如果事件处理函数被绑定的时间晚于事件发生的时间，则不执行该事件处理函数。

这里有必要指出的是，在关于时间的存储和比较方面，我们使用的是高精时间，即 performance.now。但根据浏览器的不同，e.timeStamp 的值也会有所不同。它既可能是高精时间，也可能是非高精时间。因此，严格来讲，这里需要做兼容处理。不过在 Chrome 49、Firefox 54、Opera 36 以及之后的版本中，e.timeStamp 的值都是高精时间。

8.9　更新子节点

前几节我们讲解了元素属性的更新，包括普通标签属性和事件。接下来，我们将讨论如何更新元素的子节点。首先，回顾一下元素的子节点是如何被挂载的，如下面 mountElement 函数的代码所示：

```
01 function mountElement(vnode, container) {
02   const el = vnode.el = createElement(vnode.type)
03
04   // 挂载子节点，首先判断 children 的类型
05   // 如果是字符串类型，说明是文本子节点
06   if (typeof vnode.children === 'string') {
07     setElementText(el, vnode.children)
```

```
08     } else if (Array.isArray(vnode.children)) {
09       // 如果是数组，说明是多个子节点
10       vnode.children.forEach(child => {
11         patch(null, child, el)
12       })
13     }
14
15     if (vnode.props) {
16       for (const key in vnode.props) {
17         patchProps(el, key, null, vnode.props[key])
18       }
19     }
20
21     insert(el, container)
22   }
```

在挂载子节点时，首先要区分其类型：

- 如果 vnode.children 是字符串，则说明元素具有文本子节点；
- 如果 vnode.children 是数组，则说明元素具有多个子节点。

这里需要思考的是，为什么要区分子节点的类型呢？其实这是一个规范性的问题，因为只有子节点的类型是规范化的，才有利于我们编写更新逻辑。因此，在具体讨论如何更新子节点之前，我们有必要先规范化 vnode.children。那应该设定怎样的规范呢？为了搞清楚这个问题，我们需要先搞清楚在一个 HTML 页面中，元素的子节点都有哪些情况，如下面的 HTML 代码所示：

```
01   <!-- 没有子节点 -->
02   <div></div>
03   <!-- 文本子节点 -->
04   <div>Some Text</div>
05   <!-- 多个子节点 -->
06   <div>
07     <p/>
08     <p/>
09   </div>
```

对于一个元素来说，它的子节点无非有以下三种情况。

- 没有子节点，此时 vnode.children 的值为 null。
- 具有文本子节点，此时 vnode.children 的值为字符串，代表文本的内容。
- 其他情况，无论是单个元素子节点，还是多个子节点（可能是文本和元素的混合），都可以用数组来表示。

如下面的代码所示：

```
01   // 没有子节点
02   vnode = {
03     type: 'div',
04     children: null
```

```
05  }
06  // 文本子节点
07  vnode = {
08    type: 'div',
09    children: 'Some Text'
10  }
11  // 其他情况，子节点使用数组表示
12  vnode = {
13    type: 'div',
14    children: [
15      { type: 'p' },
16      'Some Text'
17    ]
18  }
```

现在，我们已经规范化了 vnode.children 的类型。既然一个 vnode 的子节点可能有三种情况，那么当渲染器执行更新时，新旧子节点都分别是三种情况之一。所以，我们可以总结出更新子节点时全部九种可能，如图 8-5 所示。

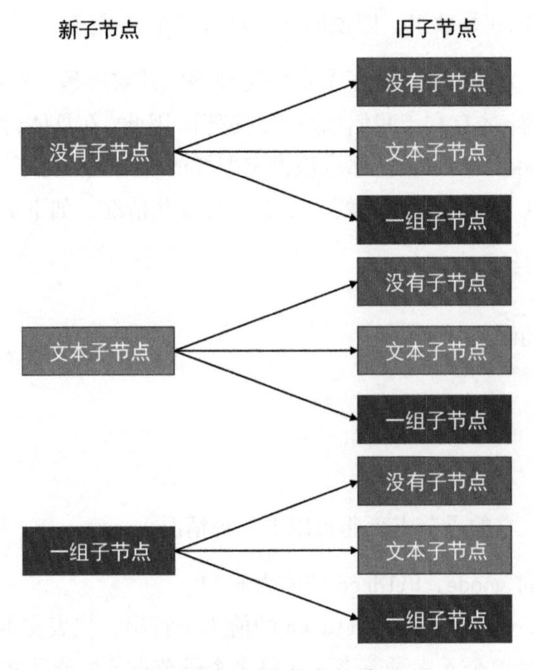

图 8-5　新旧子节点的关系

但落实到代码，我们会发现其实并不需要完全覆盖这九种可能。接下来我们就开始着手实现，如下面 patchElement 函数的代码所示：

```
01  function patchElement(n1, n2) {
02    const el = n2.el = n1.el
03    const oldProps = n1.props
```

```
04     const newProps = n2.props
05     // 第一步：更新 props
06     for (const key in newProps) {
07       if (newProps[key] !== oldProps[key]) {
08         patchProps(el, key, oldProps[key], newProps[key])
09       }
10     }
11     for (const key in oldProps) {
12       if (!(key in newProps)) {
13         patchProps(el, key, oldProps[key], null)
14       }
15     }
16
17     // 第二步：更新 children
18     patchChildren(n1, n2, el)
19   }
```

如上面的代码所示，更新子节点是对一个元素进行打补丁的最后一步操作。我们将它封装到 patchChildren 函数中，并将新旧 vnode 以及当前正在被打补丁的 DOM 元素 el 作为参数传递给它。

patchChildren 函数的实现如下：

```
01   function patchChildren(n1, n2, container) {
02     // 判断新子节点的类型是否是文本节点
03     if (typeof n2.children === 'string') {
04       // 旧子节点的类型有三种可能：没有子节点、文本子节点以及一组子节点
05       // 只有当旧子节点为一组子节点时，才需要逐个卸载，其他情况下什么都不需要做
06       if (Array.isArray(n1.children)) {
07         n1.children.forEach((c) => unmount(c))
08       }
09       // 最后将新的文本节点内容设置给容器元素
10       setElementText(container, n2.children)
11     }
12   }
```

如上面这段代码所示，首先，我们检测新子节点的类型是否是文本节点，如果是，则还要检查旧子节点的类型。旧子节点的类型可能有三种情况，分别是：没有子节点、文本子节点或一组子节点。如果没有旧子节点或者旧子节点的类型是文本子节点，那么只需要将新的文本内容设置给容器元素即可；如果旧子节点存在，并且不是文本子节点，则说明它的类型是一组子节点。这时我们需要循环遍历它们，并逐个调用 unmount 函数进行卸载。

如果新子节点的类型不是文本子节点，我们需要再添加一个判断分支，判断它是否是一组子节点，如下面的代码所示：

```
01   function patchChildren(n1, n2, container) {
02     if (typeof n2.children === 'string') {
03       // 省略部分代码
04     } else if (Array.isArray(n2.children)) {
```

```
05      // 说明新子节点是一组子节点
06
07      // 判断旧子节点是否也是一组子节点
08      if (Array.isArray(n1.children)) {
09        // 代码运行到这里，则说明新旧子节点都是一组子节点，这里涉及核心的 Diff 算法
10      } else {
11        // 此时：
12        // 旧子节点要么是文本子节点，要么不存在
13        // 但无论哪种情况，我们都只需要将容器清空，然后将新的一组子节点逐个挂载
14        setElementText(container, '')
15        n2.children.forEach(c => patch(null, c, container))
16      }
17    }
18  }
```

在上面这段代码中，我们新增了对 n2.children 类型的判断：检测它是否是一组子节点，如果是，接着再检查旧子节点的类型。同样，旧子节点也有三种可能：没有子节点、文本子节点和一组子节点。对于没有旧子节点或者旧子节点是文本子节点的情况，我们只需要将容器元素清空，然后逐个将新的一组子节点挂载到容器中即可。如果旧子节点也是一组子节点，则涉及新旧两组子节点的比对，这里就涉及我们常说的 Diff 算法。但由于我们目前还没有讲解 Diff 算法的工作方式，因此可以暂时用一种相对傻瓜式的方法来保证功能可用。这个方法很简单，即把旧的一组子节点全部卸载，再将新的一组子节点全部挂载，如下面的代码所示：

```
01  function patchChildren(n1, n2, container) {
02    if (typeof n2.children === 'string') {
03      if (Array.isArray(n1.children)) {
04        n1.children.forEach((c) => unmount(c))
05      }
06      setElementText(container, n2.children)
07    } else if (Array.isArray(n2.children)) {
08      if (Array.isArray(n1.children)) {
09        // 将旧的一组子节点全部卸载
10        n1.children.forEach(c => unmount(c))
11        // 再将新的一组子节点全部挂载到容器中
12        n2.children.forEach(c => patch(null, c, container))
13      } else {
14        setElementText(container, '')
15        n2.children.forEach(c => patch(null, c, container))
16      }
17    }
18  }
```

这样做虽然能够实现需求，但并不是最优解，我们将在下一章讲解如何使用 Diff 算法高效地更新两组子节点。现在，对于新子节点来说，还剩下最后一种情况，即新子节点不存在，如下面的代码所示：

```
01  function patchChildren(n1, n2, container) {
02    if (typeof n2.children === 'string') {
03      if (Array.isArray(n1.children)) {
```

```
04        n1.children.forEach((c) => unmount(c))
05      }
06      setElementText(container, n2.children)
07    } else if (Array.isArray(n2.children)) {
08      if (Array.isArray(n1.children)) {
09        //
10      } else {
11        setElementText(container, '')
12        n2.children.forEach(c => patch(null, c, container))
13      }
14    } else {
15      // 代码运行到这里，说明新子节点不存在
16      // 旧子节点是一组子节点，只需逐个卸载即可
17      if (Array.isArray(n1.children)) {
18        n1.children.forEach(c => unmount(c))
19      } else if (typeof n1.children === 'string') {
20        // 旧子节点是文本子节点，清空内容即可
21        setElementText(container, '')
22      }
23      // 如果也没有旧子节点，那么什么都不需要做
24    }
25  }
```

可以看到，如果代码走到了 else 分支，则说明新子节点不存在。这时，对于旧子节点来说仍然有三种可能：没有子节点、文本子节点以及一组子节点。如果旧子节点也不存在，则什么都不需要做；如果旧子节点是一组子节点，则逐个卸载即可；如果旧的子节点是文本子节点，则清空文本内容即可。

8.10 文本节点和注释节点

在前面的章节中，我们只讲解了一种类型的 vnode，即用于描述普通标签的 vnode，如下面的代码所示：

```
01  const vnode = {
02    type: 'div'
03  }
```

我们用 vnode.type 来描述元素的名称，它是一个字符串类型的值。

接下来，我们讨论如何用虚拟 DOM 描述更多类型的真实 DOM。其中最常见的两种节点类型是文本节点和注释节点，如下面的 HTML 代码所示：

```
01  <div><!-- 注释节点 -->我是文本节点</div>
```

<div> 是元素节点，它包含一个注释节点和一个文本节点。那么，如何使用 vnode 描述注释节点和文本节点呢？

我们知道，vnode.type 属性能够代表一个 vnode 的类型。如果 vnode.type 的值是字符串类型，

则代表它描述的是普通标签，并且该值就代表标签的名称。但注释节点与文本节点不同于普通标签节点，它们不具有标签名称，所以我们需要人为创造一些唯一的标识，并将其作为注释节点和文本节点的 type 属性值，如下面的代码所示：

```
01  // 文本节点的 type 标识
02  const Text = Symbol()
03  const newVNode = {
04    // 描述文本节点
05    type: Text,
06    children: '我是文本内容'
07  }
08
09  // 注释节点的 type 标识
10  const Comment = Symbol()
11  const newVNode = {
12    // 描述注释节点
13    type: Comment,
14    children: '我是注释内容'
15  }
```

可以看到，我们分别为文本节点和注释节点创建了 symbol 类型的值，并将其作为 vnode.type 属性的值。这样就能够用 vnode 来描述文本节点和注释节点了。由于文本节点和注释节点只关心文本内容，所以我们用 vnode.children 来存储它们对应的文本内容。

有了用于描述文本节点和注释节点的 vnode 对象后，我们就可以使用渲染器来渲染它们了，如下面的代码所示：

```
01  function patch(n1, n2, container) {
02    if (n1 && n1.type !== n2.type) {
03      unmount(n1)
04      n1 = null
05    }
06
07    const { type } = n2
08
09    if (typeof type === 'string') {
10      if (!n1) {
11        mountElement(n2, container)
12      } else {
13        patchElement(n1, n2)
14      }
15    } else if (type === Text) { // 如果新 vnode 的类型是 Text，则说明该 vnode 描述的是文本节点
16      // 如果没有旧节点，则进行挂载
17      if (!n1) {
18        // 使用 createTextNode 创建文本节点
19        const el = n2.el = document.createTextNode(n2.children)
20        // 将文本节点插入到容器中
21        insert(el, container)
22      } else {
23        // 如果旧 vnode 存在，只需要使用新文本节点的文本内容更新旧文本节点即可
```

```
24          const el = n2.el = n1.el
25          if (n2.children !== n1.children) {
26            el.nodeValue = n2.children
27          }
28        }
29      }
30    }
```

观察上面这段代码，我们增加了一个判断条件，即判断表达式 `type === Text` 是否成立，如果成立，则说明要处理的节点是文本节点。接着，还需要判断旧的虚拟节点（`n1`）是否存在，如果不存在，则直接挂载新的虚拟节点（`n2`）。这里我们使用 `createTextNode` 函数来创建文本节点，并将它插入到容器元素中。如果旧的虚拟节点（`n1`）存在，则需要更新文本内容，这里我们使用文本节点的 `nodeValue` 属性完成文本内容的更新。

另外，从上面的代码中我们还能注意到，`patch` 函数依赖浏览器平台特有的 API，即 `createTextNode` 和 `el.nodeValue`。为了保证渲染器核心的跨平台能力，我们需要将这两个操作 DOM 的 API 封装到渲染器的选项中，如下面的代码所示：

```
01  const renderer = createRenderer({
02    createElement(tag) {
03      // 省略部分代码
04    },
05    setElementText(el, text) {
06      // 省略部分代码
07    },
08    insert(el, parent, anchor = null) {
09      // 省略部分代码
10    },
11    createText(text) {
12      return document.createTextNode(text)
13    },
14    setText(el, text) {
15      el.nodeValue = text
16    },
17    patchProps(el, key, prevValue, nextValue) {
18      // 省略部分代码
19    }
20  })
```

在上面这段代码中，我们在调用 `createRenderer` 函数创建渲染器时，传递的选项参数中封装了 `createText` 函数和 `setText` 函数。这两个函数分别用来创建文本节点和设置文本节点的内容。我们可以用这两个函数替换渲染器核心代码中所依赖的浏览器特有的 API，如下面的代码所示：

```
01  function patch(n1, n2, container) {
02    if (n1 && n1.type !== n2.type) {
03      unmount(n1)
04      n1 = null
05    }
06
```

```
07    const { type } = n2
08
09    if (typeof type === 'string') {
10      if (!n1) {
11        mountElement(n2, container)
12      } else {
13        patchElement(n1, n2)
14      }
15    } else if (type === Text) {
16      if (!n1) {
17        // 调用 createText 函数创建文本节点
18        const el = n2.el = createText(n2.children)
19        insert(el, container)
20      } else {
21        const el = n2.el = n1.el
22        if (n2.children !== n1.children) {
23          // 调用 setText 函数更新文本节点的内容
24          setText(el, n2.children)
25        }
26      }
27    }
28  }
```

注释节点的处理方式与文本节点的处理方式类似。不同的是，我们需要使用 document.createComment 函数创建注释节点元素。

8.11 Fragment

Fragment（片断）是 Vue.js 3 中新增的一个 vnode 类型。在具体讨论 Fragment 的实现之前，我们有必要先了解为什么需要 Fragment。请思考这样的场景，假设我们要封装一组列表组件：

```
01  <List>
02    <Items />
03  </List>
```

整体由两个组件构成，即 <List> 组件和 <Items> 组件。其中 <List> 组件会渲染一个 <ul> 标签作为包裹层：

```
01  <!-- List.vue -->
02  <template>
03    <ul>
04      <slot />
05    </ul>
06  </template>
```

而 <Items> 组件负责渲染一组 <li> 列表：

```
01  <!-- Items.vue -->
02  <template>
03    <li>1</li>
```

```
04    <li>2</li>
05    <li>3</li>
06  </template>
```

这在 Vue.js 2 中是无法实现的。在 Vue.js 2 中，组件的模板不允许存在多个根节点。这意味着，一个 `<Items>` 组件最多只能渲染一个 `<li>` 标签：

```
01  <!-- Item.vue -->
02  <template>
03    <li>1</li>
04  </template>
```

因此在 Vue.js 2 中，我们通常需要配合 `v-for` 指令来达到目的：

```
01  <List>
02    <Items v-for="item in list" />
03  </List>
```

类似的组合还有 `<select>` 标签与 `<option>` 标签。

而 Vue.js 3 支持多根节点模板，所以不存在上述问题。那么，Vue.js 3 是如何用 `vnode` 来描述多根节点模板的呢？答案是，使用 `Fragment`，如下面的代码所示：

```
01  const Fragment = Symbol()
02  const vnode = {
03    type: Fragment,
04    children: [
05      { type: 'li', children: 'text 1' },
06      { type: 'li', children: 'text 2' },
07      { type: 'li', children: 'text 3' }
08    ]
09  }
```

与文本节点和注释节点类似，片段也没有所谓的标签名称，因此我们也需要为片段创建唯一标识，即 `Fragment`。对于 `Fragment` 类型的 `vnode` 的来说，它的 `children` 存储的内容就是模板中所有根节点。有了 `Fragment` 后，我们就可以用它来描述 `Items.vue` 组件的模板了：

```
01  <!-- Items.vue -->
02  <template>
03    <li>1</li>
04    <li>2</li>
05    <li>3</li>
06  </template>
```

这段模板对应的虚拟节点是：

```
01  const vnode = {
02    type: Fragment,
03    children: [
04      { type: 'li', children: '1' },
05      { type: 'li', children: '2' },
```

```
06      { type: 'li', children: '3' }
07    ]
08  }
```

类似地，对于如下模板：

```
01  <List>
02    <Items />
03  </List>
```

我们可以用下面这个虚拟节点来描述它：

```
01  const vnode = {
02    type: 'ul',
03    children: [
04      {
05        type: Fragment,
06        children: [
07          { type: 'li', children: '1' },
08          { type: 'li', children: '2' },
09          { type: 'li', children: '3' }
10        ]
11      }
12    ]
13  }
```

可以看到，vnode.children 数组包含一个类型为 Fragment 的虚拟节点。

当渲染器渲染 Fragment 类型的虚拟节点时，由于 Fragment 本身并不会渲染任何内容，所以渲染器只会渲染 Fragment 的子节点，如下面的代码所示：

```
01  function patch(n1, n2, container) {
02    if (n1 && n1.type !== n2.type) {
03      unmount(n1)
04      n1 = null
05    }
06
07    const { type } = n2
08
09    if (typeof type === 'string') {
10      // 省略部分代码
11    } else if (type === Text) {
12      // 省略部分代码
13    } else if (type === Fragment) { // 处理 Fragment 类型的 vnode
14      if (!n1) {
15        // 如果旧 vnode 不存在，则只需要将 Fragment 的 children 逐个挂载即可
16        n2.children.forEach(c => patch(null, c, container))
17      } else {
18        // 如果旧 vnode 存在，则只需要更新 Fragment 的 children 即可
19        patchChildren(n1, n2, container)
20      }
21    }
22  }
```

观察上面这段代码，我们在 patch 函数中增加了对 Fragment 类型虚拟节点的处理。渲染 Fragment 的逻辑比想象中要简单得多，因为从本质上来说，渲染 Fragment 与渲染普通元素的区别在于，Fragment 本身并不渲染任何内容，所以只需要处理它的子节点即可。

但仍然需要注意一点，unmount 函数也需要支持 Fragment 类型的虚拟节点的卸载，如下面 unmount 函数的代码所示：

```
01  function unmount(vnode) {
02    // 在卸载时，如果卸载的 vnode 类型为 Fragment，则需要卸载其 children
03    if (vnode.type === Fragment) {
04      vnode.children.forEach(c => unmount(c))
05      return
06    }
07    const parent = vnode.el.parentNode
08    if (parent) {
09      parent.removeChild(vnode.el)
10    }
11  }
```

当卸载 Fragment 类型的虚拟节点时，由于 Fragment 本身并不会渲染任何真实 DOM，所以只需要遍历它的 children 数组，并将其中的节点逐个卸载即可。

8.12 总结

在本章中，我们首先讨论了如何挂载子节点，以及节点的属性。对于子节点，只需要递归地调用 patch 函数完成挂载即可。而节点的属性比想象中的复杂，它涉及两个重要的概念：HTML Attributes 和 DOM Properties。为元素设置属性时，我们不能总是使用 setAttribute 函数，也不能总是通过元素的 DOM Properties 来设置。至于如何正确地为元素设置属性，取决于被设置属性的特点。例如，表单元素的 el.form 属性是只读的，因此只能使用 setAttribute 函数来设置。

接着，我们讨论了特殊属性的处理。以 class 为例，Vue.js 对 class 属性做了增强，它允许我们为 class 指定不同类型的值。但在把这些值设置给 DOM 元素之前，要对值进行正常化。我们还讨论了为元素设置 class 的三种方式及其性能情况。其中，el.className 的性能最优，所以我们选择在 patchProps 函数中使用 el.className 来完成 class 属性的设置。除了 class 属性之外，Vue.js 也对 style 属性做了增强，所以 style 属性也需要做类似的处理。

然后，我们讨论了卸载操作。一开始，我们直接使用 innerHTML 来清空容器元素，但是这样存在诸多问题。

- 容器的内容可能是由某个或多个组件渲染的，当卸载操作发生时，应该正确地调用这些组件的 beforeUnmount、unmounted 等生命周期函数。

- 即使内容不是由组件渲染的，有的元素存在自定义指令，我们应该在卸载操作发生时正确地执行对应的指令钩子函数。
- 使用 innerHTML 清空容器元素内容的另一个缺陷是，它不会移除绑定在 DOM 元素上的事件处理函数。

因此，我们不能直接使用 innerHTML 来完成卸载任务。为了解决这些问题，我们封装了 unmount 函数。该函数是以一个 vnode 的维度来完成卸载的，它会根据 vnode.el 属性取得该虚拟节点对应的真实 DOM，然后调用原生 DOM API 完成 DOM 元素的卸载。这样做还有两点额外的好处。

- 在 unmount 函数内，我们有机会调用绑定在 DOM 元素上的指令钩子函数，例如 beforeUnmount、unmounted 等。
- 当 unmount 函数执行时，我们有机会检测虚拟节点 vnode 的类型。如果该虚拟节点描述的是组件，则我们也有机会调用组件相关的生命周期函数。

而后，我们讨论了 vnode 类型的区分。渲染器在执行更新时，需要优先检查新旧 vnode 所描述的内容是否相同。只有当它们所描述的内容相同时，才有打补丁的必要。另外，即使它们描述的内容相同，我们也需要进一步检查它们的类型，即检查 vnode.type 属性值的类型，据此判断它描述的具体内容是什么。如果类型是字符串，则它描述的是普通标签元素，这时我们会调用 mountElement 和 patchElement 来完成挂载和打补丁；如果类型是对象，则它描述的是组件，这时需要调用 mountComponent 和 patchComponent 来完成挂载和打补丁。

我们还讲解了事件的处理。首先介绍了如何在虚拟节点中描述事件，我们把 vnode.props 对象中以字符串 on 开头的属性当作事件对待。接着，我们讲解了如何绑定和更新事件。在更新事件的时候，为了提升性能，我们伪造了 invoker 函数，并把真正的事件处理函数存储在 invoker.value 属性中，当事件需要更新时，只更新 invoker.value 的值即可，这样可以避免一次 removeEventListener 函数的调用。

我们还讲解了如何处理事件与更新时机的问题。解决方案是，利用事件处理函数被绑定到 DOM 元素的时间与事件触发时间之间的差异。我们需要**屏蔽所有绑定时间晚于事件触发时间的事件处理函数的执行**。

之后，我们讨论了子节点的更新。我们对虚拟节点中的 children 属性进行了规范化，规定 vnode.children 属性只能有如下三种类型。

- 字符串类型：代表元素具有文本子节点。
- 数组类型：代表元素具有一组子节点。
- null：代表元素没有子节点。

在更新时，新旧 vnode 的子节点都有可能是以上三种情况之一，所以在执行更新时一共要考虑九种可能，即图 8-5 所展示的那样。但落实到代码中，我们并不需要罗列所有情况。另外，当新旧 vnode 都具有一组子节点时，我们采用了比较笨的方式来完成更新，即卸载所有旧子节点，再挂载所有新子节点。更好的做法是，通过 Diff 算法比较新旧两组子节点，试图最大程度复用 DOM 元素。我们会在后续章节中详细讲解 Diff 算法的工作原理。

我们还讨论了如何使用虚拟节点来描述文本节点和注释节点。我们利用了 symbol 类型值的唯一性，为文本节点和注释节点分别创建唯一标识，并将其作为 vnode.type 属性的值。

最后，我们讨论了 Fragment 及其用途。渲染器渲染 Fragment 的方式类似于渲染普通标签，不同的是，Fragment 本身并不会渲染任何 DOM 元素。所以，只需要渲染一个 Fragment 的所有子节点即可。

第 9 章

简单 Diff 算法

从本章开始，我们将介绍渲染器的核心 Diff 算法。简单来说，当新旧 vnode 的子节点都是一组节点时，为了以最小的性能开销完成更新操作，需要比较两组子节点，用于比较的算法就叫作 Diff 算法。我们知道，操作 DOM 的性能开销通常比较大，而渲染器的核心 Diff 算法就是为了解决这个问题而诞生的。

9.1 减少 DOM 操作的性能开销

核心 Diff 只关心新旧虚拟节点都存在一组子节点的情况。在上一章中，我们针对两组子节点的更新，采用了一种简单直接的手段，即卸载全部旧子节点，再挂载全部新子节点。这么做的确可以完成更新，但由于没有复用任何 DOM 元素，所以会产生极大的性能开销。

以下面的新旧虚拟节点为例：

```
01  // 旧 vnode
02  const oldVNode = {
03    type: 'div',
04    children: [
05      { type: 'p', children: '1' },
06      { type: 'p', children: '2' },
07      { type: 'p', children: '3' }
08    ]
09  }
10
11  // 新 vnode
12  const newVNode = {
13    type: 'div',
14    children: [
15      { type: 'p', children: '4' },
16      { type: 'p', children: '5' },
17      { type: 'p', children: '6' }
18    ]
19  }
```

按照之前的做法，当更新子节点时，我们需要执行 6 次 DOM 操作：

- 卸载所有旧子节点，需要 3 次 DOM 删除操作；

- 挂载所有新子节点，需要 3 次 DOM 添加操作。

但是，通过观察上面新旧 vnode 的子节点，可以发现：

- 更新前后的所有子节点都是 p 标签，即标签元素不变；
- 只有 p 标签的子节点（文本节点）会发生变化。

例如，oldVNode 的第一个子节点是一个 p 标签，且该 p 标签的子节点类型是文本节点，内容是 '1'。而 newVNode 的第一个子节点也是一个 p 标签，它的子节点的类型也是文本节点，内容是 '4'。可以发现，更新前后改变的只有 p 标签文本节点的内容。所以，最理想的更新方式是，直接更新这个 p 标签的文本节点的内容。这样只需要一次 DOM 操作，即可完成一个 p 标签更新。新旧虚拟节点都有 3 个 p 标签作为子节点，所以一共只需要 3 次 DOM 操作就可以完成全部节点的更新。相比原来需要执行 6 次 DOM 操作才能完成更新的方式，其性能提升了一倍。

按照这个思路，我们可以重新实现两组子节点的更新逻辑，如下面 patchChildren 函数的代码所示：

```
01  function patchChildren(n1, n2, container) {
02    if (typeof n2.children === 'string') {
03      // 省略部分代码
04    } else if (Array.isArray(n2.children)) {
05      // 重新实现两组子节点的更新方式
06      // 新旧 children
07      const oldChildren = n1.children
08      const newChildren = n2.children
09      // 遍历旧的 children
10      for (let i = 0; i < oldChildren.length; i++) {
11        // 调用 patch 函数逐个更新子节点
12        patch(oldChildren[i], newChildren[i])
13      }
14    } else {
15      // 省略部分代码
16    }
17  }
```

在这段代码中，oldChildren 和 newChildren 分别是旧的一组子节点和新的一组子节点。我们遍历前者，并将两者中对应位置的节点分别传递给 patch 函数进行更新。patch 函数在执行更新时，发现新旧子节点只有文本内容不同，因此只会更新其文本节点的内容。这样，我们就成功地将 6 次 DOM 操作减少为 3 次。图 9-1 是整个更新过程的示意图，其中**菱形**代表新子节点，**矩形**代表旧子节点，**圆形**代表真实 DOM 节点。

这种做法虽然能够减少 DOM 操作次数，但问题也很明显。在上面的代码中，我们通过遍历旧的一组子节点，并假设新的一组子节点的数量与之相同，只有在这种情况下，这段代码才能正确地工作。但是，新旧两组子节点的数量未必相同。当新的一组子节点的数量少于旧的一组子节点的数量时，意味着有些节点在更新后应该被卸载，如图 9-2 所示。

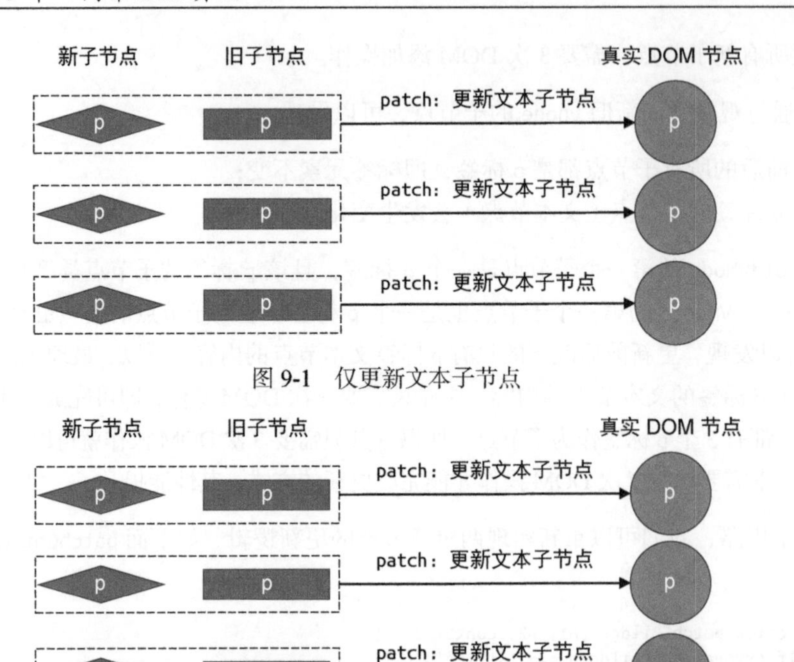

图 9-1　仅更新文本子节点

图 9-2　卸载已经不存在的节点

在图 9-2 中，旧的一组子节点中一共有 4 个 p 标签，而新的一组子节点中只有 3 个 p 标签。这说明，在更新过程中，需要将不存在的 p 标签卸载。类似地，新的一组子节点的数量也可能比旧的一组子节点的数量多，如图 9-3 所示。

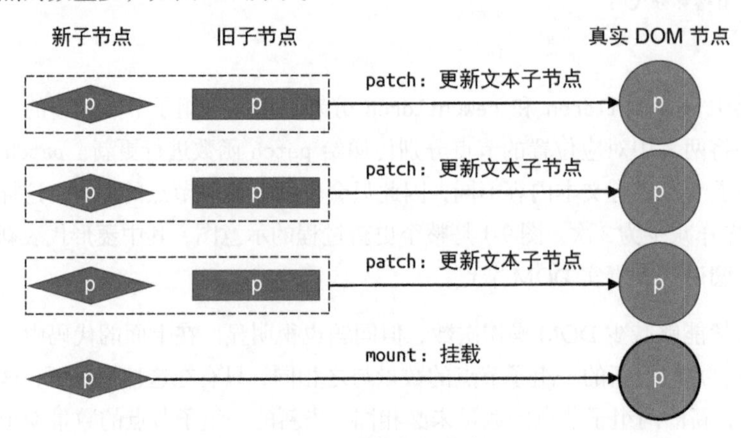

图 9-3　挂载新的节点

在图 9-3 中，新的一组子节点比旧的一组子节点多了一个 p 标签。在这种情况下，我们应该挂载新增节点。

通过上面的分析我们意识到，在进行新旧两组子节点的更新时，不应该总是遍历旧的一组子节点或遍历新的一组子节点，而是应该遍历其中长度较短的那一组。这样，我们才能够尽可能多地调用 patch 函数进行更新。接着，再对比新旧两组子节点的长度，如果新的一组子节点更长，则说明有新子节点需要挂载，否则说明有旧子节点需要卸载。最终实现如下：

```
01  function patchChildren(n1, n2, container) {
02    if (typeof n2.children === 'string') {
03      // 省略部分代码
04    } else if (Array.isArray(n2.children)) {
05      const oldChildren = n1.children
06      const newChildren = n2.children
07      // 旧的一组子节点的长度
08      const oldLen = oldChildren.length
09      // 新的一组子节点的长度
10      const newLen = newChildren.length
11      // 两组子节点的公共长度，即两者中较短的那一组子节点的长度
12      const commonLength = Math.min(oldLen, newLen)
13      // 遍历 commonLength 次
14      for (let i = 0; i < commonLength; i++) {
15        patch(oldChildren[i], newChildren[i], container)
16      }
17      // 如果 newLen > oldLen，说明有新子节点需要挂载
18      if (newLen > oldLen) {
19        for (let i = commonLength; i < newLen; i++) {
20          patch(null, newChildren[i], container)
21        }
22      } else if (oldLen > newLen) {
23        // 如果 oldLen > newLen，说明有旧子节点需要卸载
24        for (let i = commonLength; i < oldLen; i++) {
25          unmount(oldChildren[i])
26        }
27      }
28    } else {
29      // 省略部分代码
30    }
31  }
```

这样，无论新旧两组子节点的数量关系如何，渲染器都能够正确地挂载或卸载它们。

9.2 DOM 复用与 key 的作用

在上一节中，我们通过减少 DOM 操作的次数，提升了更新性能。但这种方式仍然存在可优化的空间。举个例子，假设新旧两组子节点的内容如下：

```
01  // oldChildren
02  [
```

```
03    { type: 'p' },
04    { type: 'div' },
05    { type: 'span' }
06  ]
07
08  // newChildren
09  [
10    { type: 'span' },
11    { type: 'p' },
12    { type: 'div' }
13  ]
```

如果使用上一节介绍的算法来完成上述两组子节点的更新，则需要 6 次 DOM 操作。

- 调用 patch 函数在旧子节点 { type: 'p' } 与新子节点 { type: 'span' } 之间打补丁，由于两者是不同的标签，所以 patch 函数会卸载 { type: 'p' }，然后再挂载 { type: 'span' }，这需要执行 2 次 DOM 操作。
- 与第 1 步类似，卸载旧子节点 { type: 'div' }，然后再挂载新子节点 { type: 'p' }，这也需要执行 2 次 DOM 操作。
- 与第 1 步类似，卸载旧子节点 { type: 'span' }，然后再挂载新子节点 { type: 'div' }，同样需要执行 2 次 DOM 操作。

因此，一共进行 6 次 DOM 操作才能完成上述案例的更新。但是，观察新旧两组子节点，很容易发现，二者只是顺序不同。所以最优的处理方式是，通过 DOM 的移动来完成子节点的更新，这要比不断地执行子节点的卸载和挂载性能更好。但是，想要通过 DOM 的移动来完成更新，必须要保证一个前提：新旧两组子节点中的确存在可复用的节点。这个很好理解，如果新的子节点没有在旧的一组子节点中出现，就无法通过移动节点的方式完成更新。所以现在问题变成了：应该如何确定新的子节点是否出现在旧的一组子节点中呢？拿上面的例子来说，怎么确定新的一组子节点中第 1 个子节点 { type: 'span' }与旧的一组子节点中第 3 个子节点相同呢？一种解决方案是，通过 vnode.type 来判断，只要 vnode.type 的值相同，我们就认为两者是相同的节点。但这种方式并不可靠，思考如下例子：

```
01  // oldChildren
02  [
03    { type: 'p', children: '1' },
04    { type: 'p', children: '2' },
05    { type: 'p', children: '3' }
06  ]
07
08  // newChildren
09  [
10    { type: 'p', children: '3' },
11    { type: 'p', children: '1' },
12    { type: 'p', children: '2' }
13  ]
```

观察上面两组子节点，我们发现，这个案例可以通过移动 DOM 的方式来完成更新。但是所有节点的 vnode.type 属性值都相同，这导致我们无法确定新旧两组子节点中节点的对应关系，也就无法得知应该进行怎样的 DOM 移动才能完成更新。这时，我们就需要引入额外的 key 来作为 vnode 的标识，如下面的代码所示：

```
01  // oldChildren
02  [
03    { type: 'p', children: '1', key: 1 },
04    { type: 'p', children: '2', key: 2 },
05    { type: 'p', children: '3', key: 3 }
06  ]
07
08  // newChildren
09  [
10    { type: 'p', children: '3', key: 3 },
11    { type: 'p', children: '1', key: 1 },
12    { type: 'p', children: '2', key: 2 }
13  ]
```

key 属性就像虚拟节点的“身份证”号，只要两个虚拟节点的 type 属性值和 key 属性值都相同，那么我们就认为它们是相同的，即可以进行 DOM 的复用。图 9-4 展示了有 key 和 无 key 时新旧两组子节点的映射情况。

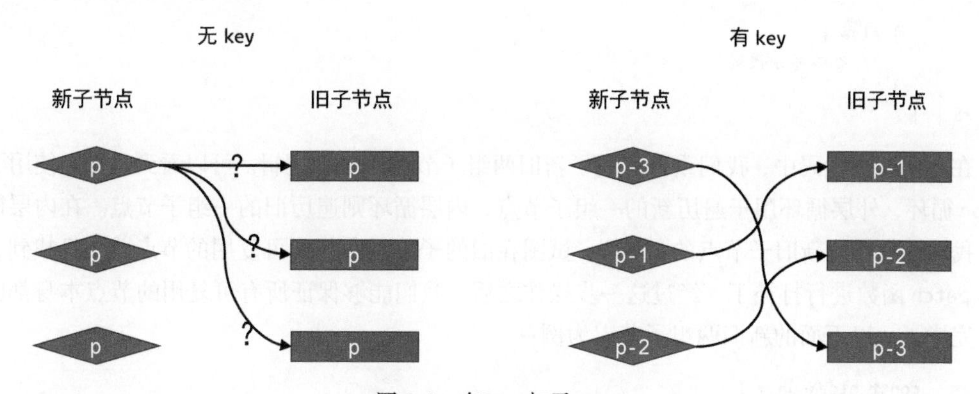

图 9-4　有 key 与无 key

由图 9-4 可知，如果没有 key，我们无法知道新子节点与旧子节点间的映射关系，也就无法知道应该如何移动节点。有 key 的话情况则不同，我们根据子节点的 key 属性，能够明确知道新子节点在旧子节点中的位置，这样就可以进行相应的 DOM 移动操作了。

有必要强调的一点是，DOM 可复用并不意味着不需要更新，如下面的两个虚拟节点所示：

```
01  const oldVNode = { type: 'p', key: 1, children: 'text 1' }
02  const newVNode = { type: 'p', key: 1, children: 'text 2' }
```

这两个虚拟节点拥有相同的 key 值和 vnode.type 属性值。这意味着，在更新时可以复用 DOM

元素，即只需要通过移动操作来完成更新。但仍需要对这两个虚拟节点进行打补丁操作，因为新的虚拟节点（newVNode）的文本子节点的内容已经改变了（由 'text 1' 变成 'text 2'）。因此，在讨论如何移动 DOM 之前，我们需要先完成打补丁操作，如下面 patchChildren 函数的代码所示：

```
01 function patchChildren(n1, n2, container) {
02   if (typeof n2.children === 'string') {
03     // 省略部分代码
04   } else if (Array.isArray(n2.children)) {
05     const oldChildren = n1.children
06     const newChildren = n2.children
07
08     // 遍历新的 children
09     for (let i = 0; i < newChildren.length; i++) {
10       const newVNode = newChildren[i]
11       // 遍历旧的 children
12       for (let j = 0; j < oldChildren.length; j++) {
13         const oldVNode = oldChildren[j]
14         // 如果找到了具有相同 key 值的两个节点，说明可以复用，但仍然需要调用 patch 函数更新
15         if (newVNode.key === oldVNode.key) {
16           patch(oldVNode, newVNode, container)
17           break // 这里需要 break
18         }
19       }
20     }
21
22   } else {
23     // 省略部分代码
24   }
25 }
```

在上面这段代码中，我们重新实现了新旧两组子节点的更新逻辑。可以看到，我们使用了两层 for 循环，外层循环用于遍历新的一组子节点，内层循环则遍历旧的一组子节点。在内层循环中，我们逐个对比新旧子节点的 key 值，试图在旧的子节点中找到可复用的节点。一旦找到，则调用 patch 函数进行打补丁。经过这一步操作之后，我们能够保证所有可复用的节点本身都已经更新完毕了。以下面的新旧两组子节点为例：

```
01 const oldVNode = {
02   type: 'div',
03   children: [
04     { type: 'p', children: '1', key: 1 },
05     { type: 'p', children: '2', key: 2 },
06     { type: 'p', children: 'hello', key: 3 }
07   ]
08 }
09
10 const newVNode = {
11   type: 'div',
12   children: [
13     { type: 'p', children: 'world', key: 3 },
14     { type: 'p', children: '1', key: 1 },
```

```
15      { type: 'p', children: '2', key: 2 }
16    ]
17  }
18
19  // 首次挂载
20  renderer.render(oldVNode, document.querySelector('#app'))
21  setTimeout(() => {
22    // 1 秒钟后更新
23    renderer.render(newVNode, document.querySelector('#app'))
24  }, 1000);
```

运行上面这段代码，1 秒钟后，key 值为 3 的子节点对应的真实 DOM 的文本内容会由字符串 'hello' 更新为字符串 'world'。下面我们详细分析上面这段代码在执行更新操作时具体发生了什么。

- 第一步，取新的一组子节点中的第一个子节点，即 key 值为 3 的节点。尝试在旧的一组子节点中寻找具有相同 key 值的节点。我们发现，旧的子节点 oldVNode[2] 的 key 值为 3，于是调用 patch 函数进行打补丁。在这一步操作完成之后，渲染器会把 key 值为 3 的虚拟节点所对应的真实 DOM 的文本内容由字符串 'hello' 更新为字符串 'world'。
- 第二步，取新的一组子节点中的第二个子节点，即 key 值为 1 的节点。尝试在旧的一组子节点中寻找具有相同 key 值的节点。我们发现，旧的子节点 oldVNode[0] 的 key 值为 1，于是调用 patch 函数进行打补丁。由于 key 值等于 1 的新旧子节点没有任何差异，所以什么都不会做。
- 第三步，取新的一组子节点中的最后一个子节点，即 key 值为 2 的节点，最终结果与第二步相同。

经过上述更新操作后，所有节点对应的真实 DOM 元素都更新完毕了。但真实 DOM 仍然保持旧的一组子节点的顺序，即 key 值为 3 的节点对应的真实 DOM 仍然是最后一个子节点。由于在新的一组子节点中，key 值为 3 的节点已经变为第一个子节点了，因此我们还需要通过移动节点来完成真实 DOM 顺序的更新。

9.3 找到需要移动的元素

现在，我们已经能够通过 key 值找到可复用的节点了。接下来需要思考的是，如何判断一个节点是否需要移动，以及如何移动。对于第一个问题，我们可以采用逆向思维的方式，先想一想在什么情况下节点不需要移动？答案很简单，当新旧两组子节点的节点顺序不变时，就不需要额外的移动操作，如图 9-5 所示。

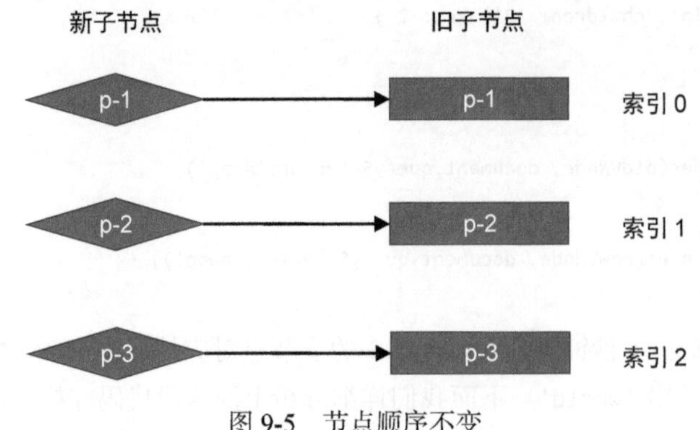

图 9-5　节点顺序不变

在图 9-5 中，新旧两组子节点的顺序没有发生变化，图中也给出了旧的一组子节点中各个节点的索引：

- key 值为 1 的节点在旧 children 数组中的索引为 0；
- key 值为 2 的节点在旧 children 数组中的索引为 1；
- key 值为 3 的节点在旧 children 数组中的索引为 2。

接着，我们对新旧两组子节点采用上一节介绍的更新算法，看看当新旧两组子节点的顺序没有发生变化时，更新算法具有怎样的特点。

- 第一步：取新的一组子节点中的第一个节点 p-1，它的 key 为 1。尝试在旧的一组子节点中找到具有相同 key 值的可复用节点，发现能够找到，并且该节点在旧的一组子节点中的索引为 0。
- 第二步：取新的一组子节点中的第二个节点 p-2，它的 key 为 2。尝试在旧的一组子节点中找到具有相同 key 值的可复用节点，发现能够找到，并且该节点在旧的一组子节点中的索引为 1。
- 第三步：取新的一组子节点中的第三个节点 p-3，它的 key 为 3。尝试在旧的一组子节点中找到具有相同 key 值的可复用节点，发现能够找到，并且该节点在旧的一组子节点中的索引为 2。

在这个过程中，每一次寻找可复用的节点时，都会记录该可复用节点在旧的一组子节点中的位置索引。如果把这些位置索引值按照先后顺序排列，则可以得到一个序列：0、1、2。这是一个递增的序列，在这种情况下不需要移动任何节点。

我们再来看看另外一个例子，如图 9-6 所示。

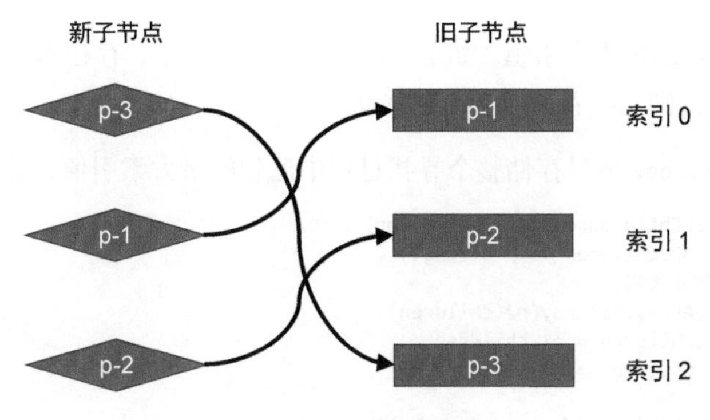

图 9-6 节点顺序变化

同样，我们根据图 9-6 中给出的例子再次执行更新算法，看看这一次会有什么不同。

- 第一步：取新的一组子节点中的第一个节点 `p-3`，它的 key 为 3。尝试在旧的一组子节点中找到具有相同 key 值的可复用节点，发现能够找到，并且该节点在旧的一组子节点中的索引为 `2`。
- 第二步：取新的一组子节点中的第二个节点 `p-1`，它的 key 为 1。尝试在旧的一组子节点中找到具有相同 key 值的可复用节点，发现能够找到，并且该节点在旧的一组子节点中的索引为 `0`。

  到了这一步我们发现，索引值递增的顺序被打破了。节点 `p-1` 在旧 `children` 中的索引是 `0`，它小于节点 `p-3` 在旧 `children` 中的索引 `2`。这说明**节点 `p-1` 在旧 `children` 中排在节点 `p-3` 前面，但在新的 `children` 中，它排在节点 `p-3` 后面**。因此，我们能够得出一个结论：**节点 `p-1` 对应的真实 DOM 需要移动**。

- 第三步：取新的一组子节点中的第三个节点 `p-2`，它的 key 为 2。尝试在旧的一组子节点中找到具有相同 key 值的可复用节点，发现能够找到，并且该节点在旧的一组子节点中的索引为 `1`。

  到了这一步我们发现，节点 `p-2` 在旧 `children` 中的索引 `1` 要小于节点 `p-3` 在旧 `children` 中的索引 `2`。这说明，**节点 `p-2` 在旧 `children` 中排在节点 `p-3` 前面，但在新的 `children` 中，它排在节点 `p-3` 后面。因此，节点 `p-2` 对应的真实 DOM 也需要移动**。

以上就是 Diff 算法在执行更新的过程中，判断节点是否需要移动的方式。在上面的例子中，我们得出了节点 `p-1` 和节点 `p-2` 需要移动的结论。这是因为它们在旧 `children` 中的索引要小于节点 `p-3` 在旧 `children` 中的索引。如果我们按照先后顺序记录在寻找节点过程中所遇到的位置索引，将会得到序列：`2`、`0`、`1`。可以发现，这个序列不具有递增的趋势。

其实我们可以将节点 `p-3` 在旧 `children` 中的索引定义为：**在旧 `children` 中寻找具有相同 key**

值节点的过程中，遇到的最大索引值。如果在后续寻找的过程中，存在索引值比当前遇到的最大索引值还要小的节点，则意味着该节点需要移动。

我们可以用 lastIndex 变量存储整个寻找过程中遇到的最大索引值，如下面的代码所示：

```
01  function patchChildren(n1, n2, container) {
02    if (typeof n2.children === 'string') {
03      // 省略部分代码
04    } else if (Array.isArray(n2.children)) {
05      const oldChildren = n1.children
06      const newChildren = n2.children
07
08      // 用来存储寻找过程中遇到的最大索引值
09      let lastIndex = 0
10      for (let i = 0; i < newChildren.length; i++) {
11        const newVNode = newChildren[i]
12        for (let j = 0; j < oldChildren.length; j++) {
13          const oldVNode = oldChildren[j]
14          if (newVNode.key === oldVNode.key) {
15            patch(oldVNode, newVNode, container)
16            if (j < lastIndex) {
17              // 如果当前找到的节点在旧 children 中的索引小于最大索引值 lastIndex,
18              // 说明该节点对应的真实 DOM 需要移动
19            } else {
20              // 如果当前找到的节点在旧 children 中的索引不小于最大索引值,
21              // 则更新 lastIndex 的值
22              lastIndex = j
23            }
24            break // 这里需要 break
25          }
26        }
27      }
28
29    } else {
30      // 省略部分代码
31    }
32  }
```

如以上代码及注释所示，如果新旧节点的 key 值相同，说明我们在旧 children 中找到了可复用DOM的节点。此时我们用该节点在旧 children 中的索引 j 与 lastIndex 进行比较，如果 j 小于 lastIndex，说明当前 oldVNode 对应的真实DOM需要移动，否则说明不需要移动。但此时应该将变量 j 的值赋给变量 lastIndex，以保证寻找节点的过程中，变量 lastIndex 始终存储着当前遇到的最大索引值。

现在，我们已经找到了需要移动的节点，下一节我们将讨论如何移动节点，从而完成节点顺序的更新。

9.4　如何移动元素

在上一节中，我们讨论了如何判断节点是否需要移动。移动节点指的是，移动一个虚拟节点所对应的真实 DOM 节点，并不是移动虚拟节点本身。既然移动的是真实 DOM 节点，那么就需要取得对它的引用才行。我们知道，当一个虚拟节点被挂载后，其对应的真实 DOM 节点会存储在它的 `vnode.el` 属性中，如图 9-7 所示。

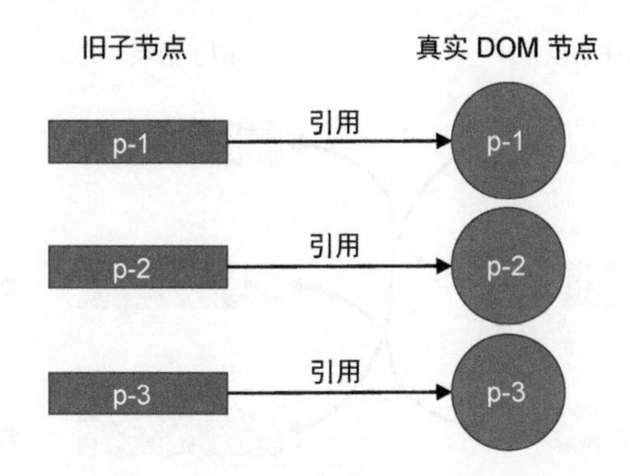

图 9-7 虚拟节点引用了真实 DOM 元素

因此，在代码中，我们可以通过旧子节点的 `vnode.el` 属性取得它对应的真实 DOM 节点。

当更新操作发生时，渲染器会调用 `patchElement` 函数在新旧虚拟节点之间进行打补丁。回顾一下 `patchElement` 函数的代码，如下：

```
01 function patchElement(n1, n2) {
02   // 新的 vnode 也引用了真实 DOM 元素
03   const el = n2.el = n1.el
04   // 省略部分代码
05 }
```

可以看到，`patchElement` 函数首先将旧节点的 `n1.el` 属性赋值给新节点的 `n2.el` 属性。这个赋值语句的真正含义其实就是 DOM 元素的**复用**。在复用了 DOM 元素之后，新节点也将持有对真实 DOM 的引用，如图 9-8 所示。

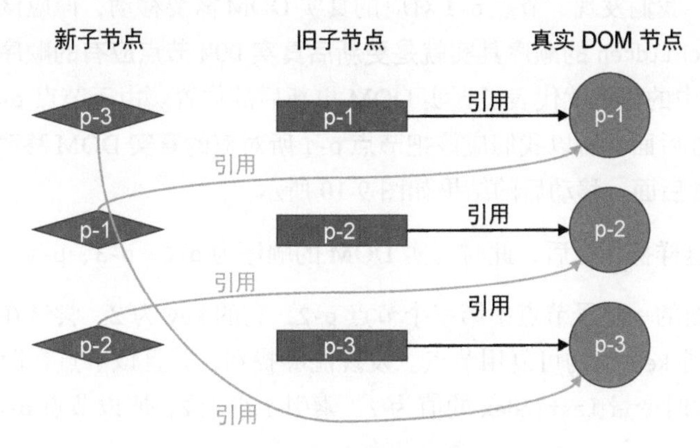

图 9-8 使新的子节点也引用真实 DOM 元素

可以看到，无论是新子节点还是旧子节点，都存在对真实 DOM 的引用，在此基础上，我们就可以进行 DOM 移动操作了。

为了阐述具体应该怎样移动 DOM 节点，我们仍然引用上一节的更新案例，如图 9-9 所示。

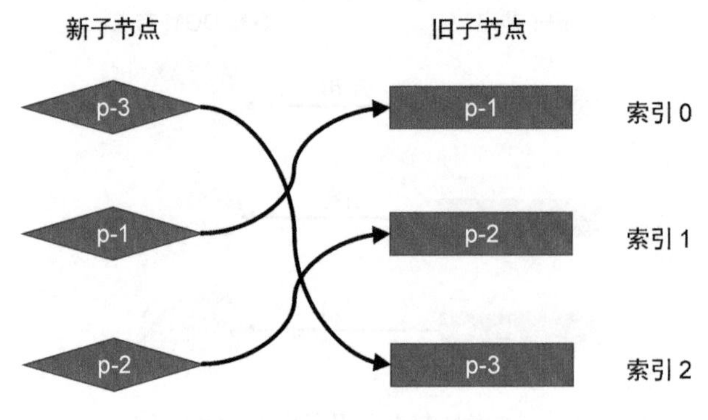

图 9-9　新旧子节点的关系

它的更新步骤如下。

- 第一步：取新的一组子节点中第一个节点 `p-3`，它的 `key` 为 3，尝试在旧的一组子节点中找到具有相同 `key` 值的可复用节点。发现能够找到，并且该节点在旧的一组子节点中的索引为 `2`。此时变量 `lastIndex` 的值为 `0`，索引 `2` 不小于 `0`，所以节点 `p-3` 对应的真实 DOM 不需要移动，但需要更新变量 `lastIndex` 的值为 2。
- 第二步：取新的一组子节点中第二个节点 `p-1`，它的 `key` 为 1，尝试在旧的一组子节点中找到具有相同 `key` 值的可复用节点。发现能够找到，并且该节点在旧的一组子节点中的索引为 `0`。此时变量 `lastIndex` 的值为 2，索引 `0` 小于 2，所以节点 `p-1` 对应的真实 DOM 需要移动。

  到了这一步，我们发现，节点 `p-1` 对应的真实 DOM 需要移动，但应该移动到哪里呢？我们知道，**新 `children` 的顺序其实就是更新后真实 DOM 节点应有的顺序**。所以节点 `p-1` 在新 `children` 中的位置就代表了真实 DOM 更新后的位置。由于节点 `p-1` 在新 `children` 中排在节点 `p-3` 后面，所以我们应该**把节点 `p-1` 所对应的真实 DOM 移动到节点 `p-3` 所对应的真实 DOM 后面**。移动后的结果如图 9-10 所示。

  可以看到，这样操作之后，此时真实 DOM 的顺序为 `p-2`、`p-3`、`p-1`。
- 第三步：取新的一组子节点中第三个节点 `p-2`，它的 `key` 为 2。尝试在旧的一组子节点中找到具有相同 `key` 值的可复用节点。发现能够找到，并且该节点在旧的一组子节点中的索引为 `1`。此时变量 `lastIndex` 的值为 `2`，索引 `1` 小于 `2`，所以节点 `p-2` 对应的真实 DOM 需要移动。

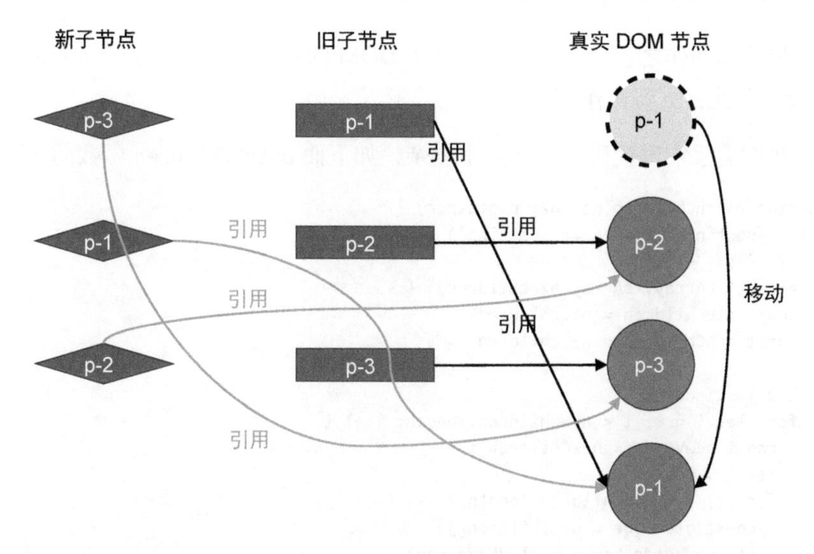

图 9-10 把节点 `p-1` 对应的真实 DOM 移动到节点 `p-3` 对应的真实 DOM 后面

第三步与第二步类似，节点 `p-2` 对应的真实 DOM 也需要移动。同样，由于节点 `p-2` 在新 `children` 中排在节点 `p-1` 后面，所以我们应该把节点 `p-2` 对应的真实 DOM 移动到节点 `p-1` 对应的真实 DOM 后面。移动后的结果如图 9-11 所示。

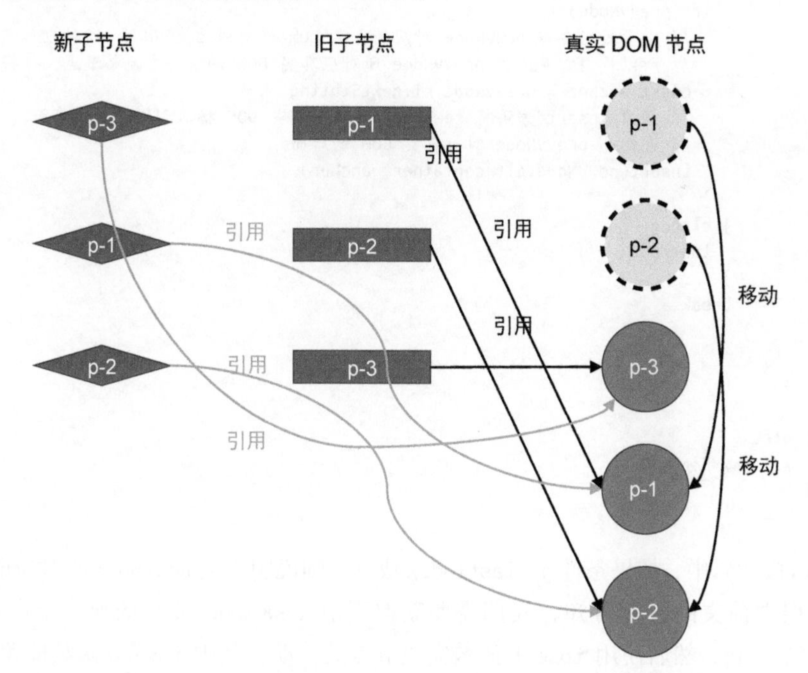

图 9-11 把节点 `p-2` 对应的真实 DOM 移动到节点 `p-1` 对应的真实 DOM 后面

经过这一步移动操作之后，我们发现，真实 DOM 的顺序与新的一组子节点的顺序相同了：p-3、p-1、p-2。至此，更新操作完成。

接下来，我们着手实现代码。其实并不复杂，如下面 patchChildren 函数的代码所示：

```
01 function patchChildren(n1, n2, container) {
02   if (typeof n2.children === 'string') {
03     // 省略部分代码
04   } else if (Array.isArray(n2.children)) {
05     const oldChildren = n1.children
06     const newChildren = n2.children
07
08     let lastIndex = 0
09     for (let i = 0; i < newChildren.length; i++) {
10       const newVNode = newChildren[i]
11       let j = 0
12       for (j; j < oldChildren.length; j++) {
13         const oldVNode = oldChildren[j]
14         if (newVNode.key === oldVNode.key) {
15           patch(oldVNode, newVNode, container)
16           if (j < lastIndex) {
17             // 代码运行到这里，说明 newVNode 对应的真实 DOM 需要移动
18             // 先获取 newVNode 的前一个 vnode，即 prevVNode
19             const prevVNode = newChildren[i - 1]
20             // 如果 prevVNode 不存在，则说明当前 newVNode 是第一个节点，它不需要移动
21             if (prevVNode) {
22               // 由于我们要将 newVNode 对应的真实 DOM 移动到 prevVNode 所对应真实 DOM 后面，
23               // 所以我们需要获取 prevVNode 所对应真实 DOM 的下一个兄弟节点，并将其作为锚点
24               const anchor = prevVNode.el.nextSibling
25               // 调用 insert 方法将 newVNode 对应的真实 DOM 插入到锚点元素前面，
26               // 也就是 prevVNode 对应真实 DOM 的后面
27               insert(newVNode.el, container, anchor)
28             }
29           } else {
30             lastIndex = j
31           }
32           break
33         }
34       }
35     }
36
37   } else {
38     // 省略部分代码
39   }
40 }
```

在上面这段代码中，如果条件 j < lastIndex 成立，则说明当前 newVNode 所对应的真实 DOM 需要移动。根据前文的分析可知，我们需要获取当前 newVNode 节点的前一个虚拟节点，即 newChildren[i - 1]，然后使用 insert 函数完成节点的移动，其中 insert 函数依赖浏览器原生的 insertBefore 函数，如下面的代码所示：

```
01  const renderer = createRenderer({
02    // 省略部分代码
03
04    insert(el, parent, anchor = null) {
05      // insertBefore 需要锚点元素 anchor
06      parent.insertBefore(el, anchor)
07    }
08
09    // 省略部分代码
10  })
```

9.5 添加新元素

本节我们将讨论添加新节点的情况，如图 9-12 所示。

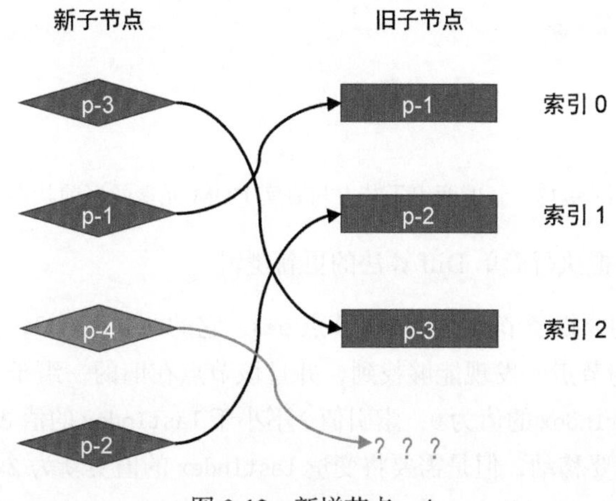

图 9-12　新增节点 p-4

观察图 9-12 可知，在新的一组子节点中，多出来一个节点 p-4，它的 key 值为 4，该节点在旧的一组子节点不存在，因此应该将其视为新增节点。对于新增节点，在更新时我们应该正确地将它挂载，这主要分为两步：

- 想办法找到新增节点；
- 将新增节点挂载到正确位置。

首先，我们来看一下如何找到新增节点。为了搞清楚这个问题，我们需要根据图 9-12 中给出的例子模拟执行简单 Diff 算法的逻辑。在此之前，我们需要弄清楚新旧两组子节点与真实 DOM 元素的当前状态，如图 9-13 所示。

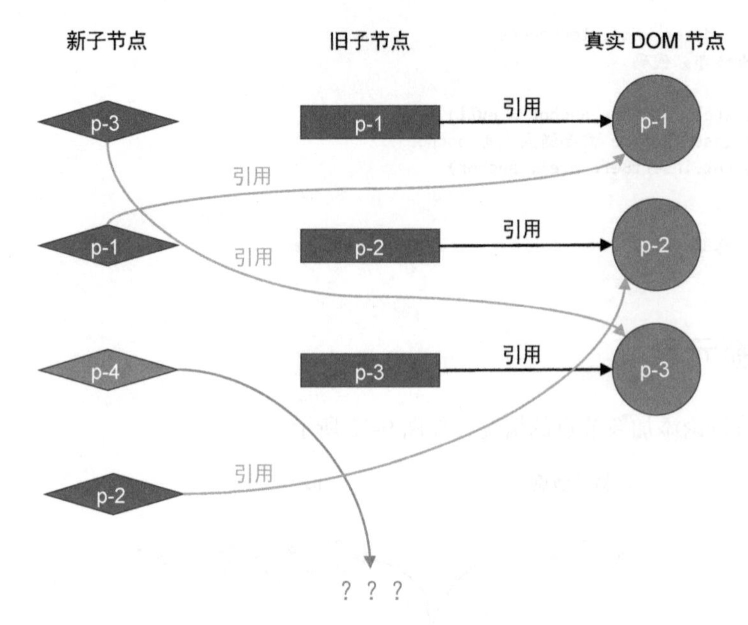

图 9-13　新旧两组子节点与真实 DOM 元素的当前状态

接着，我们开始模拟执行简单 Diff 算法的更新逻辑。

- 第一步：取新的一组子节点中第一个节点 `p-3`，它的 key 值为 3，尝试在旧的一组子节点中寻找可复用的节点。发现能够找到，并且该节点在旧的一组子节点中的索引值为 `2`。此时，变量 `lastIndex` 的值为 `0`，索引值 2 不小于 `lastIndex` 的值 `0`，所以节点 `p-3` 对应的真实 DOM 不需要移动，但是需要将变量 `lastIndex` 的值更新为 `2`。
- 第二步：取新的一组子节点中第二个节点 `p-1`，它的 key 值为 1，尝试在旧的一组子节点中寻找可复用的节点。发现能够找到，并且该节点在旧的一组子节点中的索引值为 `0`。此时变量 `lastIndex` 的值为 2，索引值 `0` 小于 `lastIndex` 的值 2，所以节点 `p-1` 对应的真实 DOM 需要移动，并且应该移动到节点 `p-3` 对应的真实 DOM 后面。经过这一步的移动操作后，真实 DOM 的状态如图 9-14 所示。

  此时真实 DOM 的顺序为 `p-2`、`p-3`、`p-1`。

- 第三步：取新的一组子节点中第三个节点 `p-4`，它的 key 值为 4，尝试在旧的一组子节点中寻找可复用的节点。由于在旧的一组子节点中，没有 key 值为 4 的节点，因此渲染器会把节点 `p-4` 看作新增节点并挂载它。那么，应该将它挂载到哪里呢？为了搞清楚这个问题，我们需要观察节点 `p-4` 在新的一组子节点中的位置。由于节点 `p-4` 出现在节点 `p-1` 后面，所以我们应该把节点 `p-4` 挂载到节点 `p-1` 所对应的真实 DOM 后面。在经过这一步挂载操作之后，真实 DOM 的状态如图 9-15 所示。

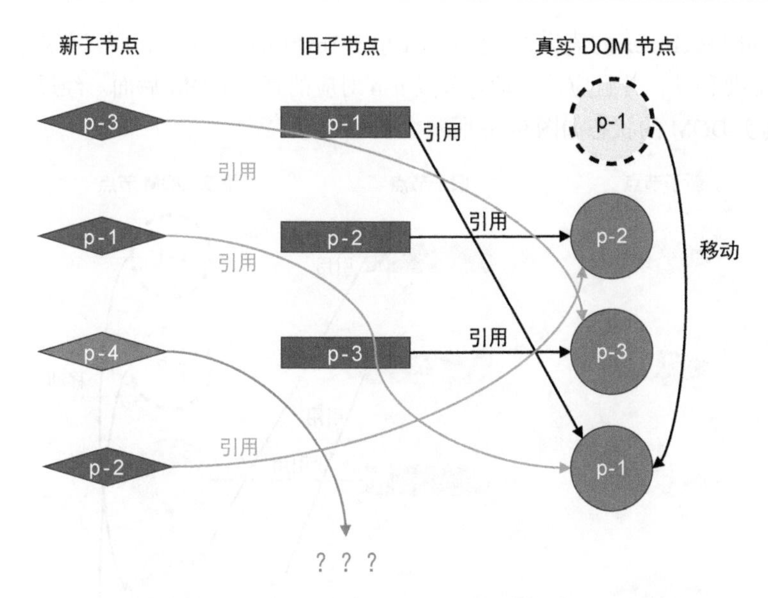

图 9-14 真实 DOM 的当前状态

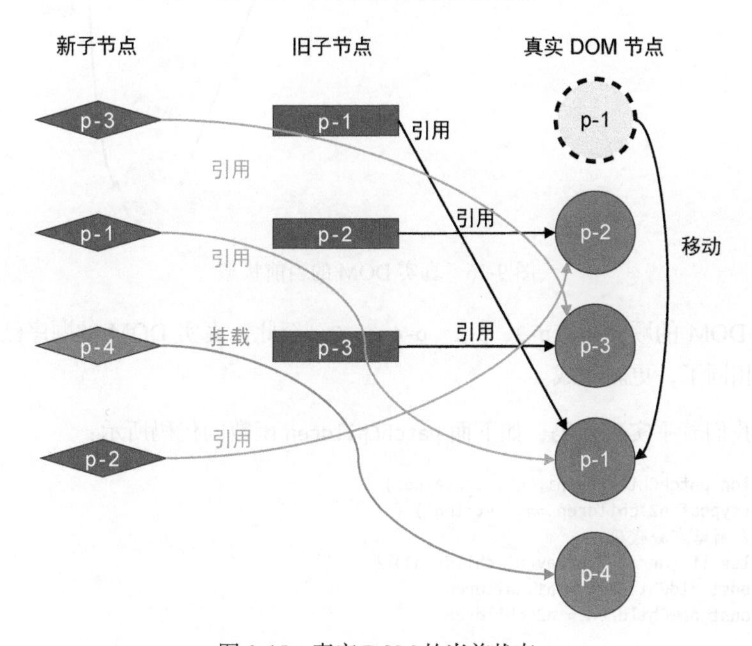

图 9-15 真实 DOM 的当前状态

此时真实 DOM 的顺序是：p-2、p-3、p-1、p-4，其中 p-4 是刚刚挂载的。

- 第四步：取新的一组子节点中第四个节点 p-2，它的 key 值为 2，尝试在旧的一组子节点中寻找可复用的节点。发现能够找到，并且该节点在旧的一组子节点中的索引值为 1。

此时变量 lastIndex 的值为 2，索引值 1 小于 lastIndex 的值 2，所以节点 p-2 对应的真实 DOM 需要移动，并且应该移动到节点 p-4 对应的真实 DOM 后面。经过这一步移动操作后，真实 DOM 的状态如图 9-16 所示。

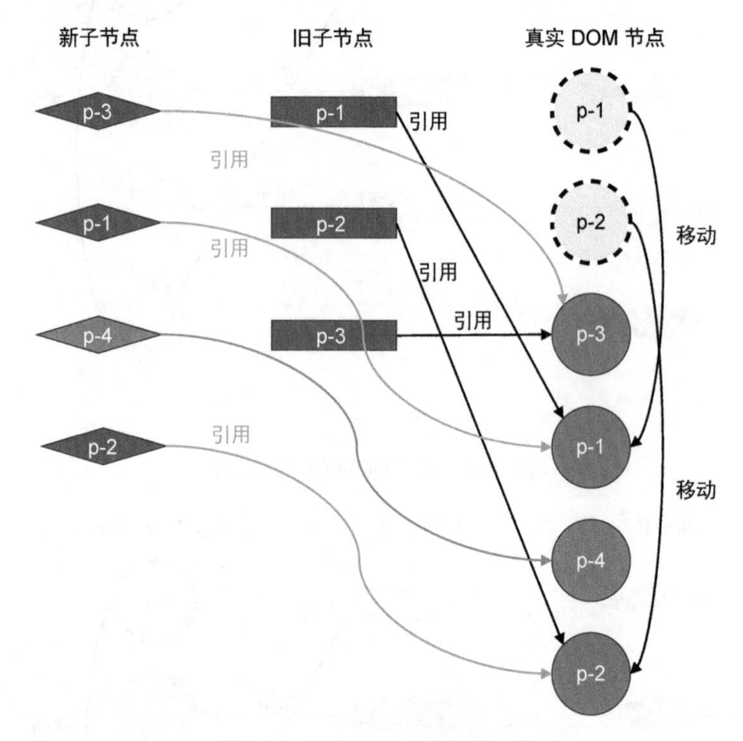

图 9-16　真实 DOM 的当前状态

此时真实 DOM 的顺序是：p-3、p-1、p-4、p-2。至此，真实 DOM 的顺序已经与新的一组子节点的顺序相同了，更新完成。

接下来，我们着手实现代码，如下面 patchChildren 函数的代码所示：

```
01   function patchChildren(n1, n2, container) {
02     if (typeof n2.children === 'string') {
03       // 省略部分代码
04     } else if (Array.isArray(n2.children)) {
05       const oldChildren = n1.children
06       const newChildren = n2.children
07
08       let lastIndex = 0
09       for (let i = 0; i < newChildren.length; i++) {
10         const newVNode = newChildren[i]
11         let j = 0
12         // 在第一层循环中定义变量 find，代表是否在旧的一组子节点中找到可复用的节点，
13         // 初始值为 false，代表没找到
14         let find = false
```

```
15          for (j; j < oldChildren.length; j++) {
16            const oldVNode = oldChildren[j]
17            if (newVNode.key === oldVNode.key) {
18              // 一旦找到可复用的节点，则将变量 find 的值设为 true
19              find = true
20              patch(oldVNode, newVNode, container)
21              if (j < lastIndex) {
22                const prevVNode = newChildren[i - 1]
23                if (prevVNode) {
24                  const anchor = prevVNode.el.nextSibling
25                  insert(newVNode.el, container, anchor)
26                }
27              } else {
28                lastIndex = j
29              }
30              break
31            }
32          }
33          // 如果代码运行到这里，find 仍然为 false，
34          // 说明当前 newVNode 没有在旧的一组子节点中找到可复用的节点
35          // 也就是说，当前 newVNode 是新增节点，需要挂载
36          if (!find) {
37            // 为了将节点挂载到正确位置，我们需要先获取锚点元素
38            // 首先获取当前 newVNode 的前一个 vnode 节点
39            const prevVNode = newChildren[i - 1]
40            let anchor = null
41            if (prevVNode) {
42              // 如果有前一个 vnode 节点，则使用它的下一个兄弟节点作为锚点元素
43              anchor = prevVNode.el.nextSibling
44            } else {
45              // 如果没有前一个 vnode 节点，说明即将挂载的新节点是第一个子节点
46              // 这时我们使用容器元素的 firstChild 作为锚点
47              anchor = container.firstChild
48            }
49            // 挂载 newVNode
50            patch(null, newVNode, container, anchor)
51          }
52        }
53
54      } else {
55        // 省略部分代码
56      }
57    }
```

观察上面这段代码。首先，我们在外层循环中定义了名为 find 的变量，它代表渲染器能否在旧的一组子节点中找到可复用的节点。变量 find 的初始值为 false，一旦寻找到可复用的节点，则将变量 find 的值设置为 true。如果内层循环结束后，变量 find 的值仍然为 false，则说明当前 newVNode 是一个全新的节点，需要挂载它。为了将节点挂载到正确位置，我们需要先获取锚点元素：找到 newVNode 的前一个虚拟节点，即 prevVNode，如果存在，则使用它对应的真实 DOM 的下一个兄弟节点作为锚点元素；如果不存在，则说明即将挂载的 newVNode 节点是容器元素的第一个子节点，此时应该使用容器元素的 container.firstChild 作为锚点元素。最后，将锚点元

素 anchor 作为 patch 函数的第四个参数，调用 patch 函数完成节点的挂载。

但由于目前实现的 patch 函数还不支持传递第四个参数，所以我们需要调整 patch 函数的代码，如下所示：

```
01  // patch 函数需要接收第四个参数，即锚点元素
02  function patch(n1, n2, container, anchor) {
03    // 省略部分代码
04
05    if (typeof type === 'string') {
06      if (!n1) {
07        // 挂载时将锚点元素作为第三个参数传递给 mountElement 函数
08        mountElement(n2, container, anchor)
09      } else {
10        patchElement(n1, n2)
11      }
12    } else if (type === Text) {
13      // 省略部分代码
14    } else if (type === Fragment) {
15      // 省略部分代码
16    }
17  }
18
19  // mountElement 函数需要增加第三个参数，即锚点元素
20  function mountElement(vnode, container, anchor) {
21    // 省略部分代码
22
23    // 在插入节点时，将锚点元素透传给 insert 函数
24    insert(el, container, anchor)
25  }
```

9.6　移除不存在的元素

在更新子节点时，不仅会遇到新增元素，还会出现元素被删除的情况，如图 9-17 所示。

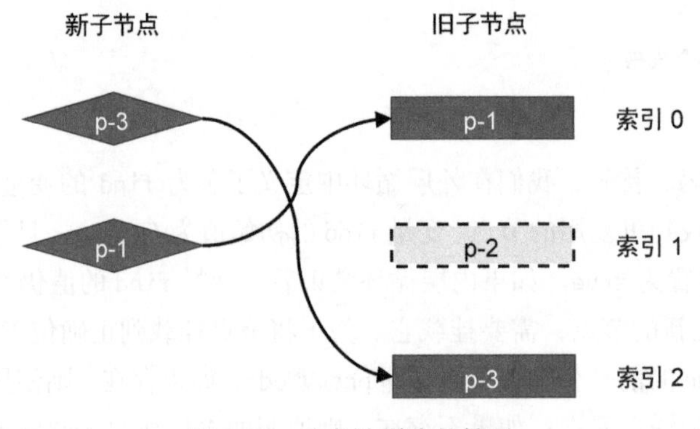

图 9-17　节点被删除的情况

在新的一组子节点中，节点 `p-2` 已经不存在了，这说明该节点被删除了。渲染器应该能找到那些需要删除的节点并正确地将其删除。

具体要如何做呢？首先，我们来讨论如何找到需要删除的节点。以图 9-17 为例，我们来分析它的更新步骤。在模拟执行更新逻辑之前，我们需要清楚新旧两组子节点以及真实 DOM 节点的当前状态，如图 9-18 所示。

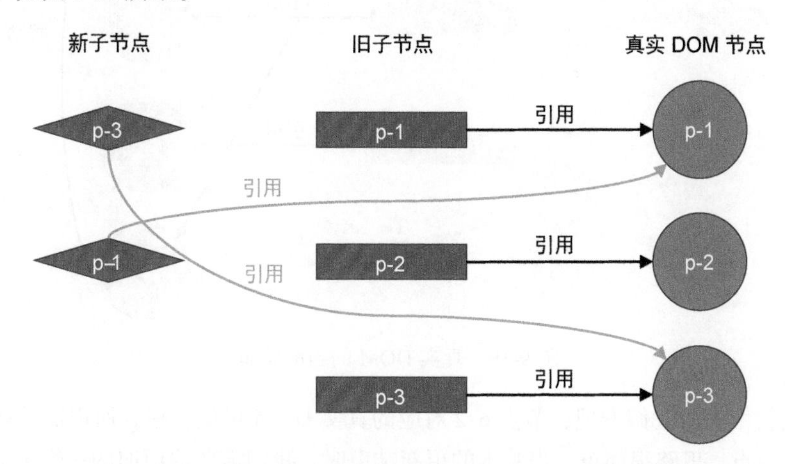

图 9-18 新旧两组子节点与真实 DOM 节点的当前状态

接着，我们开始模拟执行更新的过程。

- 第一步：取新的一组子节点中的第一个节点 `p-3`，它的 key 值为 3。尝试在旧的一组子节点中寻找可复用的节点。发现能够找到，并且该节点在旧的一组子节点中的索引值为 `2`。此时变量 `lastIndex` 的值为 `0`，索引 2 不小于 `lastIndex` 的值 `0`，所以节点 `p-3` 对应的真实 DOM 不需要移动，但需要更新变量 `lastIndex` 的值为 `2`。
- 第二步：取新的一组子节点中的第二个节点 `p-1`，它的 key 值为 1。尝试在旧的一组子节点中寻找可复用的节点。发现能够找到，并且该节点在旧的一组子节点中的索引值为 `0`。此时变量 `lastIndex` 的值为 `2`，索引 `0` 小于 `lastIndex` 的值 `2`，所以节点 `p-1` 对应的真实 DOM 需要移动，并且应该移动到节点 `p-3` 对应的真实 DOM 后面。经过这一步的移动操作后，真实 DOM 的状态如图 9-19 所示。

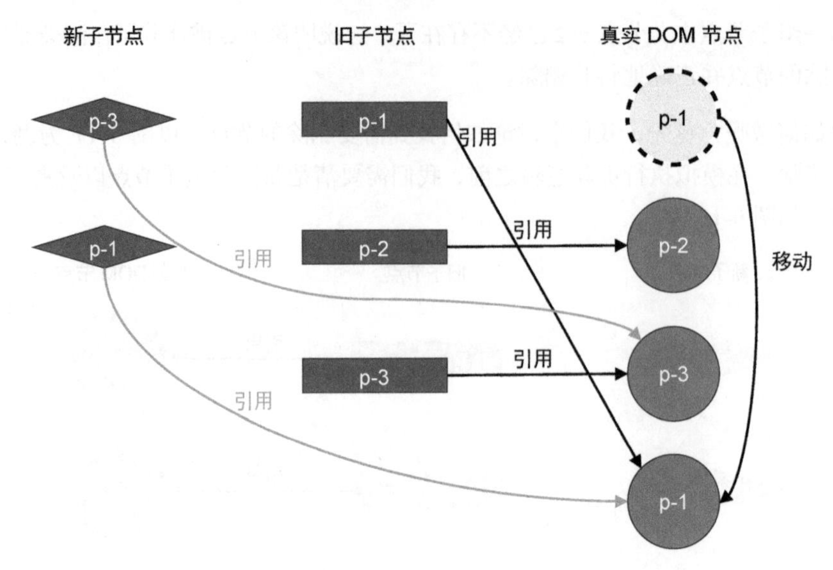

图 9-19　真实 DOM 的当前状态

至此，更新结束。我们发现，节点 p-2 对应的真实 DOM 仍然存在，所以需要增加额外的逻辑来删除遗留节点。思路很简单，当基本的更新结束时，我们需要遍历旧的一组子节点，然后去新的一组子节点中寻找具有相同 key 值的节点。如果找不到，则说明应该删除该节点，如下面 patchChildren 函数的代码所示：

```
01  function patchChildren(n1, n2, container) {
02    if (typeof n2.children === 'string') {
03      // 省略部分代码
04    } else if (Array.isArray(n2.children)) {
05      const oldChildren = n1.children
06      const newChildren = n2.children
07
08      let lastIndex = 0
09      for (let i = 0; i < newChildren.length; i++) {
10        // 省略部分代码
11      }
12
13      // 上一步的更新操作完成后
14      // 遍历旧的一组子节点
15      for (let i = 0; i < oldChildren.length; i++) {
16        const oldVNode = oldChildren[i]
17        // 拿旧子节点 oldVNode 去新的一组子节点中寻找具有相同 key 值的节点
18        const has = newChildren.find(
19          vnode => vnode.key === oldVNode.key
20        )
21        if (!has) {
22          // 如果没有找到具有相同 key 值的节点，则说明需要删除该节点
23          // 调用 unmount 函数将其卸载
24          unmount(oldVNode)
```

```
25        }
26      }
27
28    } else {
29      // 省略部分代码
30    }
31  }
```

如以上代码及注释所示，在上一步的更新操作完成之后，我们还需要遍历旧的一组子节点，目的是检查旧子节点在新的一组子节点中是否仍然存在，如果已经不存在了，则调用 unmount 函数将其卸载。

9.7 总结

在本章中，我们首先讨论了 Diff 算法的作用。Diff 算法用来计算两组子节点的差异，并试图最大程度地复用 DOM 元素。在上一章中，我们采用了一种简单的方式来更新子节点，即卸载所有旧子节点，再挂载所有新子节点。然而这种更新方式无法对 DOM 元素进行复用，需要大量的 DOM 操作才能完成更新，非常消耗性能。于是，我们对它进行了改进。改进后的方案是，遍历新旧两组子节点中数量较少的那一组，并逐个调用 patch 函数进行打补丁，然后比较新旧两组子节点的数量，如果新的一组子节点数量更多，说明有新子节点需要挂载；否则说明在旧的一组子节点中，有节点需要卸载。

然后，我们讨论了虚拟节点中 key 属性的作用，它就像虚拟节点的“身份证号”。在更新时，渲染器通过 key 属性找到可复用的节点，然后尽可能地通过 DOM 移动操作来完成更新，避免过多地对 DOM 元素进行销毁和重建。

接着，我们讨论了简单 Diff 算法是如何寻找需要移动的节点的。简单 Diff 算法的核心逻辑是，拿新的一组子节点中的节点去旧的一组子节点中寻找可复用的节点。如果找到了，则记录该节点的位置索引。我们把这个位置索引称为最大索引。在整个更新过程中，如果一个节点的索引值小于最大索引，则说明该节点对应的真实 DOM 元素需要移动。

最后，我们通过几个例子讲解了渲染器是如何移动、添加、删除虚拟节点所对应的 DOM 元素的。

第 10 章

双端 Diff 算法

上一章，我们介绍了简单 Diff 算法的实现原理。简单 Diff 算法利用虚拟节点的 key 属性，尽可能地复用 DOM 元素，并通过移动 DOM 的方式来完成更新，从而减少不断地创建和销毁 DOM 元素带来的性能开销。但是，简单 Diff 算法仍然存在很多缺陷，这些缺陷可以通过本章将要介绍的双端 Diff 算法解决。

10.1 双端比较的原理

简单 Diff 算法的问题在于，它对 DOM 的移动操作并不是最优的。我们拿上一章的例子来看，如图 10-1 所示。

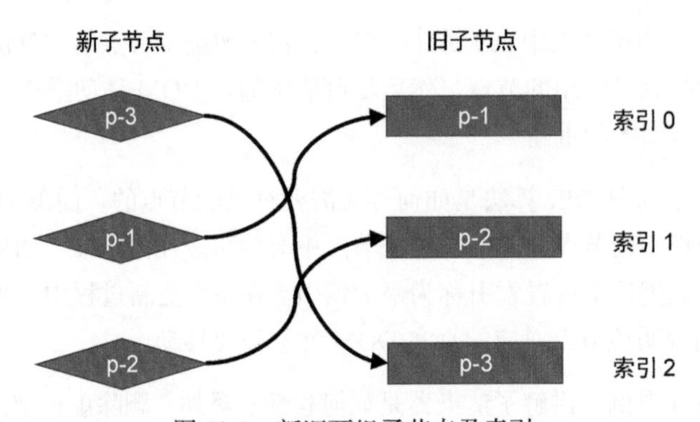

图 10-1 新旧两组子节点及索引

在这个例子中，如果使用简单 Diff 算法来更新它，则会发生两次 DOM 移动操作，如图 10-2 所示。

第一次 DOM 移动操作会将真实 DOM 节点 p-1 移动到真实 DOM 节点 p-3 后面。第二次移动操作会将真实 DOM 节点 p-2 移动到真实 DOM 节点 p-1 后面。最终，真实 DOM 节点的顺序与新的一组子节点顺序一致：p-3、p-1、p-2。

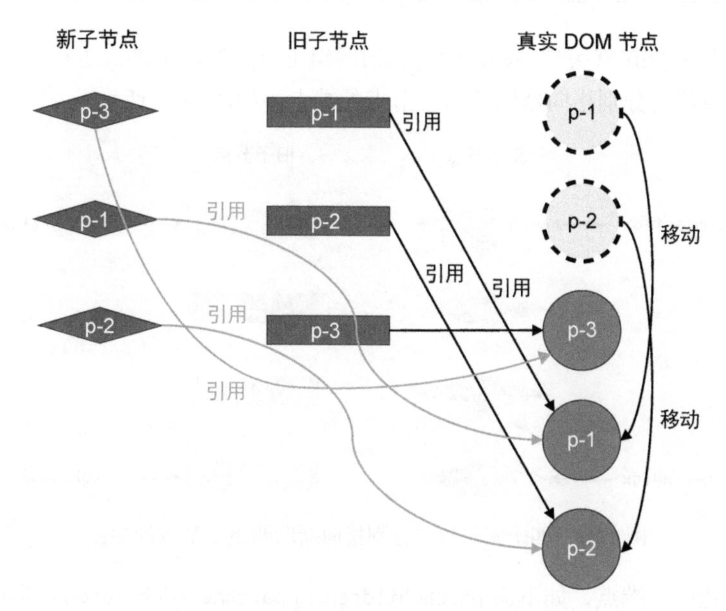

图 10-2 两次 DOM 移动操作完成更新

然而，上述更新过程并非最优解。在这个例子中，其实只需要通过一步 DOM 节点的移动操作即可完成更新，即只需要把真实 DOM 节点 `p-3` 移动到真实 DOM 节点 `p-1` 前面，如图 10-3 所示。

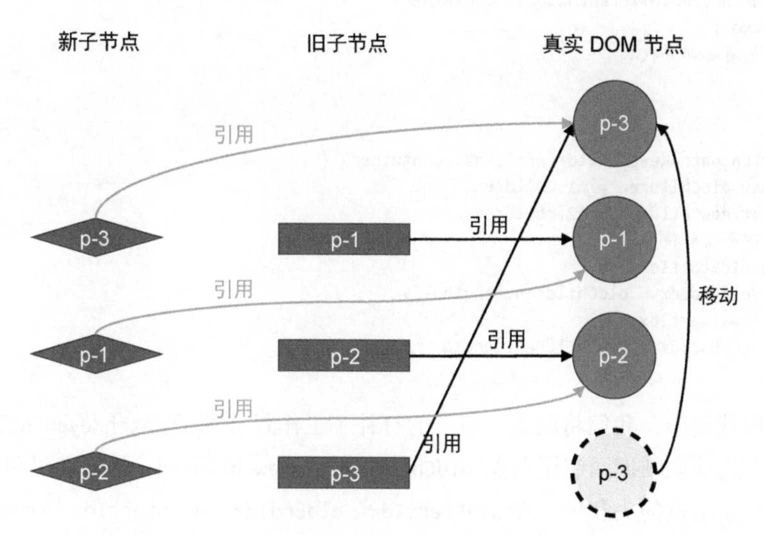

图 10-3 把真实 DOM 节点 `p-3` 移动到真实 DOM 节点 `p-1` 前面

可以看到，理论上只需要一次 DOM 移动操作即可完成更新。但简单 Diff 算法做不到这一点，不过本章我们要介绍的双端 Diff 算法可以做到。接下来，我们就来讨论双端 Diff 算法的原理。

顾名思义，双端 Diff 算法是一种同时对新旧两组子节点的两个端点进行比较的算法。因此，我们需要四个索引值，分别指向新旧两组子节点的端点，如图 10-4 所示。

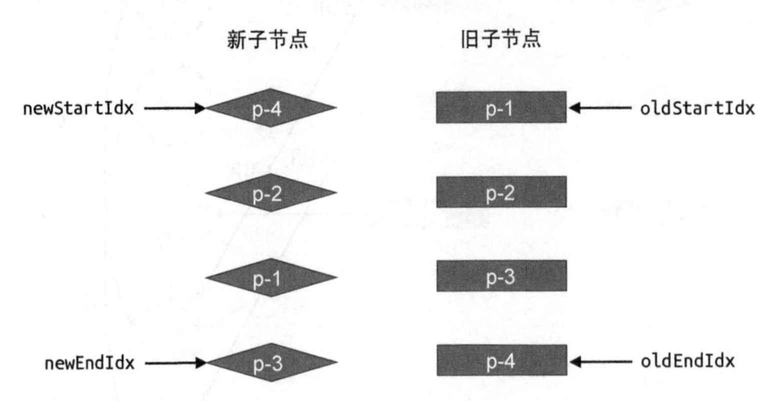

图 10-4　四个索引值，分别指向新旧两组子节点的端点

用代码来表达四个端点，如下面 patchChildren 和 patchKeyedChildren 函数的代码所示：

```
01  function patchChildren(n1, n2, container) {
02    if (typeof n2.children === 'string') {
03      // 省略部分代码
04    } else if (Array.isArray(n2.children)) {
05      // 封装 patchKeyedChildren 函数处理两组子节点
06      patchKeyedChildren(n1, n2, container)
07    } else {
08      // 省略部分代码
09    }
10  }
11
12  function patchKeyedChildren(n1, n2, container) {
13    const oldChildren = n1.children
14    const newChildren = n2.children
15    // 四个索引值
16    let oldStartIdx = 0
17    let oldEndIdx = oldChildren.length - 1
18    let newStartIdx = 0
19    let newEndIdx = newChildren.length - 1
20  }
```

在上面这段代码中，我们将两组子节点的打补丁工作封装到了 patchKeyedChildren 函数中。在该函数内，首先获取新旧两组子节点 oldChildren 和 newChildren，接着创建四个索引值，分别指向新旧两组子节点的头和尾，即 oldStartIdx、oldEndIdx、newStartIdx 和 newEndIdx。有了索引后，就可以找到它所指向的虚拟节点了，如下面的代码所示：

```
01  function patchKeyedChildren(n1, n2, container) {
02    const oldChildren = n1.children
03    const newChildren = n2.children
04    // 四个索引值
```

```
05    let oldStartIdx = 0
06    let oldEndIdx = oldChildren.length - 1
07    let newStartIdx = 0
08    let newEndIdx = newChildren.length - 1
09    // 四个索引指向的 vnode 节点
10    let oldStartVNode = oldChildren[oldStartIdx]
11    let oldEndVNode = oldChildren[oldEndIdx]
12    let newStartVNode = newChildren[newStartIdx]
13    let newEndVNode = newChildren[newEndIdx]
14  }
```

其中，oldStartVNode 和 oldEndVNode 是旧的一组子节点中的第一个节点和最后一个节点，newStartVNode 和 newEndVNode 则是新的一组子节点的第一个节点和最后一个节点。有了这些信息之后，我们就可以开始进行双端比较了。怎么比较呢？如图 10-5 所示。

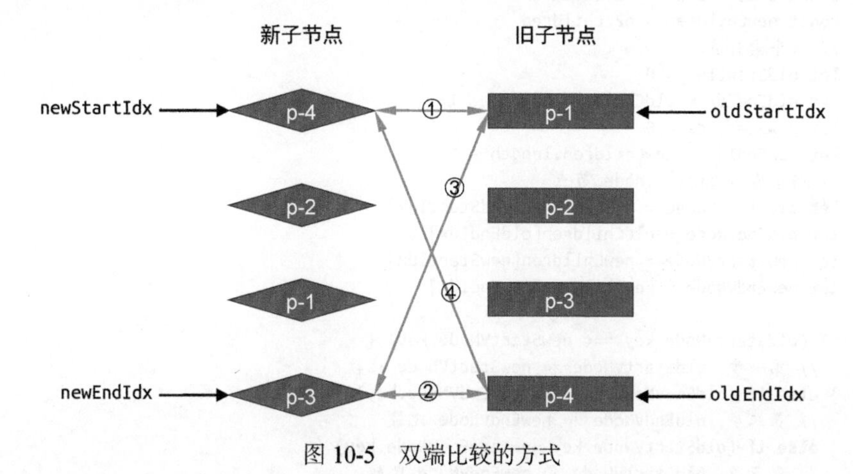

图 10-5 双端比较的方式

在双端比较中，每一轮比较都分为四个步骤，如图 10-5 中的连线所示。

- 第一步：比较旧的一组子节点中的第一个子节点 p-1 与新的一组子节点中的第一个子节点 p-4，看看它们是否相同。由于两者的 key 值不同，因此不相同，不可复用，于是什么都不做。
- 第二步：比较旧的一组子节点中的最后一个子节点 p-4 与新的一组子节点中的最后一个子节点 p-3，看看它们是否相同。由于两者的 key 值不同，因此不相同，不可复用，于是什么都不做。
- 第三步：比较旧的一组子节点中的第一个子节点 p-1 与新的一组子节点中的最后一个子节点 p-3，看看它们是否相同。由于两者的 key 值不同，因此不相同，不可复用，于是什么都不做。
- 第四步：比较旧的一组子节点中的最后一个子节点 p-4 与新的一组子节点中的第一个子节点 p-4。由于它们的 key 值相同，因此可以进行 DOM 复用。

可以看到，我们在第四步时找到了相同的节点，这说明它们对应的真实 DOM 节点可以复用。对于可复用的 DOM 节点，我们只需要通过 DOM 移动操作完成更新即可。那么应该如何移动 DOM 元素呢？为了搞清楚这个问题，我们需要分析第四步比较过程中的细节。我们注意到，第四步是比较旧的一组子节点的最后一个子节点与新的一组子节点的第一个子节点，发现两者相同。这说明：**节点 p-4 原本是最后一个子节点，但在新的顺序中，它变成了第一个子节点**。换句话说，节点 p-4 在更新之后应该是第一个子节点。对应到程序的逻辑，可以将其翻译为：**将索引 oldEndIdx 指向的虚拟节点所对应的真实 DOM 移动到索引 oldStartIdx 指向的虚拟节点所对应的真实 DOM 前面**。如下面的代码所示：

```
01  function patchKeyedChildren(n1, n2, container) {
02    const oldChildren = n1.children
03    const newChildren = n2.children
04    // 四个索引值
05    let oldStartIdx = 0
06    let oldEndIdx = oldChildren.length - 1
07    let newStartIdx = 0
08    let newEndIdx = newChildren.length - 1
09    // 四个索引指向的 vnode 节点
10    let oldStartVNode = oldChildren[oldStartIdx]
11    let oldEndVNode = oldChildren[oldEndIdx]
12    let newStartVNode = newChildren[newStartIdx]
13    let newEndVNode = newChildren[newEndIdx]
14
15    if (oldStartVNode.key === newStartVNode.key) {
16      // 第一步：oldStartVNode 和 newStartVNode 比较
17    } else if (oldEndVNode.key === newEndVNode.key) {
18      // 第二步：oldEndVNode 和 newEndVNode 比较
19    } else if (oldStartVNode.key === newEndVNode.key) {
20      // 第三步：oldStartVNode 和 newEndVNode 比较
21    } else if (oldEndVNode.key === newStartVNode.key) {
22      // 第四步：oldEndVNode 和 newStartVNode 比较
23      // 仍然需要调用 patch 函数进行打补丁
24      patch(oldEndVNode, newStartVNode, container)
25      // 移动 DOM 操作
26      // oldEndVNode.el 移动到 oldStartVNode.el 前面
27      insert(oldEndVNode.el, container, oldStartVNode.el)
28
29      // 移动 DOM 完成后，更新索引值，并指向下一个位置
30      oldEndVNode = oldChildren[--oldEndIdx]
31      newStartVNode = newChildren[++newStartIdx]
32    }
33  }
```

在这段代码中，我们增加了一系列的 if...else if... 语句，用来实现四个索引指向的虚拟节点之间的比较。拿上例来说，在第四步中，我们找到了具有相同 key 值的节点。这说明，原来处于尾部的节点在新的顺序中应该处于头部。于是，我们只需要以头部元素 oldStartVNode.el 作为锚点，将尾部元素 oldEndVNode.el 移动到锚点前面即可。但需要注意的是，在进行 DOM 的移

动操作之前，仍然需要调用 patch 函数在新旧虚拟节点之间打补丁。

在这一步 DOM 的移动操作完成后，接下来是比较关键的步骤，即更新索引值。由于第四步中涉及的两个索引分别是 oldEndIdx 和 newStartIdx，所以我们需要更新两者的值，让它们各自朝正确的方向前进一步，并指向下一个节点。图 10-6 给出了更新前新旧两组子节点以及真实 DOM 节点的状态。

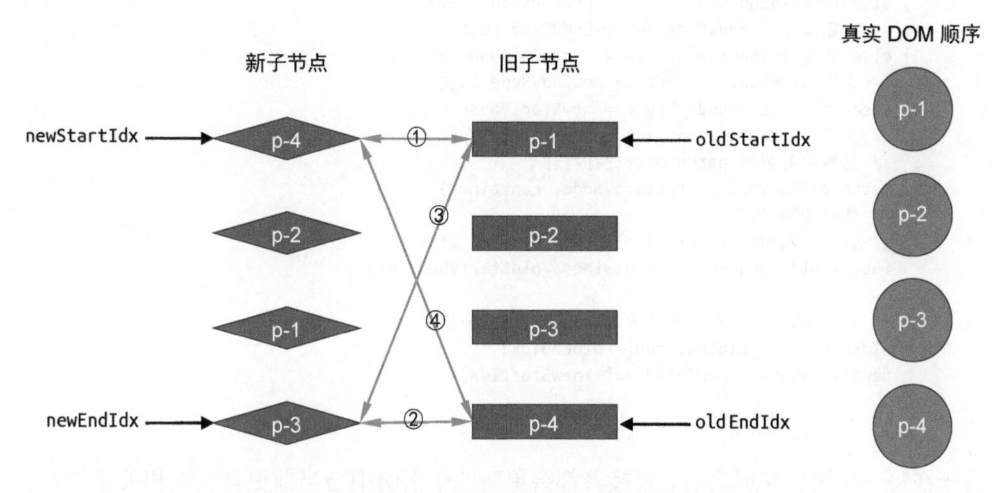

图 10-6 新旧两组子节点以及真实 DOM 节点的状态

图 10-7 给出了在第四步的比较中，第一步 DOM 移动操作完成后，新旧两组子节点以及真实 DOM 节点的状态。

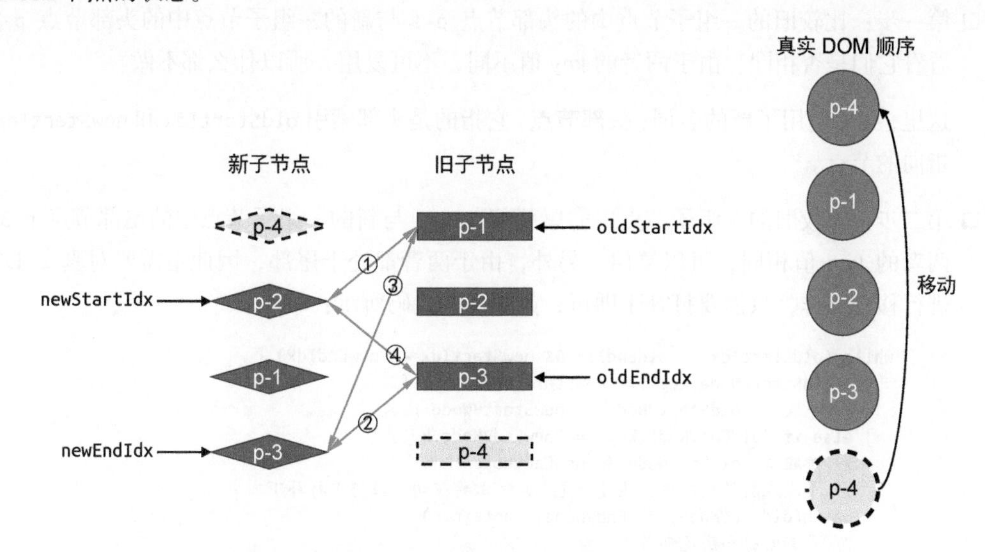

图 10-7 新旧两组子节点以及真实 DOM 节点的状态

此时，真实 DOM 节点顺序为 p-4、p-1、p-2、p-3，这与新的一组子节点顺序不一致。这是因为 Diff 算法还没有结束，还需要进行下一轮更新。因此，我们需要将更新逻辑封装到一个 while 循环中，如下面的代码所示：

```
01  while (oldStartIdx <= oldEndIdx && newStartIdx <= newEndIdx) {
02    if (oldStartVNode.key === newStartVNode.key) {
03      // 步骤一：oldStartVNode 和 newStartVNode 比较
04    } else if (oldEndVNode.key === newEndVNode.key) {
05      // 步骤二：oldEndVNode 和 newEndVNode 比较
06    } else if (oldStartVNode.key === newEndVNode.key) {
07      // 步骤三：oldStartVNode 和 newEndVNode 比较
08    } else if (oldEndVNode.key === newStartVNode.key) {
09      // 步骤四：oldEndVNode 和 newStartVNode 比较
10      // 仍然需要调用 patch 函数进行打补丁
11      patch(oldEndVNode, newStartVNode, container)
12      // 移动 DOM 操作
13      // oldEndVNode.el 移动到 oldStartVNode.el 前面
14      insert(oldEndVNode.el, container, oldStartVNode.el)
15
16      // 移动 DOM 完成后，更新索引值，指向下一个位置
17      oldEndVNode = oldChildren[--oldEndIdx]
18      newStartVNode = newChildren[++newStartIdx]
19    }
20  }
```

由于在每一轮更新完成之后，紧接着都会更新四个索引中与当前更新轮次相关联的索引，所以整个 while 循环执行的条件是：头部索引值要小于等于尾部索引值。

在第一轮更新结束后循环条件仍然成立，因此需要进行下一轮的比较，如图 10-7 所示。

- 第一步：比较旧的一组子节点中的头部节点 p-1 与新的一组子节点中的头部节点 p-2，看看它们是否相同。由于两者的 key 值不同，不可复用，所以什么都不做。

  这里，我们使用了新的名词：**头部节点**。它指的是头部索引 oldStartIdx 和 newStartIdx 所指向的节点。

- 第二步：比较旧的一组子节点中的尾部节点 p-3 与新的一组子节点中的尾部节点 p-3，两者的 key 值相同，可以复用。另外，由于两者都处于尾部，因此不需要对真实 DOM 进行移动操作，只需要打补丁即可，如下面的代码所示：

```
01  while (oldStartIdx <= oldEndIdx && newStartIdx <= newEndIdx) {
02    if (oldStartVNode.key === newStartVNode.key) {
03      // 步骤一：oldStartVNode 和 newStartVNode 比较
04    } else if (oldEndVNode.key === newEndVNode.key) {
05      // 步骤二：oldEndVNode 和 newEndVNode 比较
06      // 节点在新的顺序中仍然处于尾部，不需要移动，但仍需打补丁
07      patch(oldEndVNode, newEndVNode, container)
08      // 更新索引和头尾部节点变量
09      oldEndVNode = oldChildren[--oldEndIdx]
```

```
10          newEndVNode = newChildren[--newEndIdx]
11        } else if (oldStartVNode.key === newEndVNode.key) {
12          // 步骤三：oldStartVNode 和 newEndVNode 比较
13        } else if (oldEndVNode.key === newStartVNode.key) {
14          // 步骤四：oldEndVNode 和 newStartVNode 比较
15          patch(oldEndVNode, newStartVNode, container)
16          insert(oldEndVNode.el, container, oldStartVNode.el)
17          oldEndVNode = oldChildren[--oldEndIdx]
18          newStartVNode = newChildren[++newStartIdx]
19        }
20      }
```

在这一轮更新完成之后，新旧两组子节点与真实 DOM 节点的状态如图 10-8 所示。

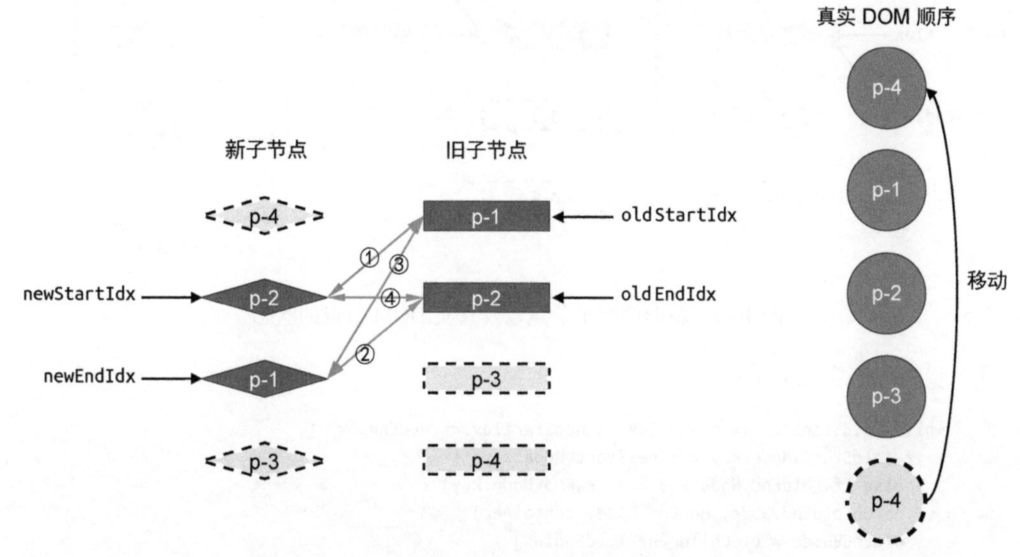

图 10-8　新旧两组子节点以及真实 DOM 节点的状态

真实 DOM 的顺序相比上一轮没有变化，因为在这一轮的比较中没有对 DOM 节点进行移动，只是对 p-3 节点打补丁。接下来，我们再根据图 10-8 所示的状态执行下一轮的比较。

- 第一步：比较旧的一组子节点中的头部节点 p-1 与新的一组子节点中的头部节点 p-2，看看它们是否相同。由于两者的 key 值不同，不可复用，因此什么都不做。
- 第二步：比较旧的一组子节点中的尾部节点 p-2 与新的一组子节点中的尾部节点 p-1，看看它们是否相同，由于两者的 key 值不同，不可复用，因此什么都不做。
- 第三步：比较旧的一组子节点中的头部节点 p-1 与新的一组子节点中的尾部节点 p-1。两者的 key 值相同，可以复用。

在第三步的比较中，我们找到了相同的节点，这说明：**节点 p-1 原本是头部节点，但在新的顺序中，它变成了尾部节点**。因此，我们需要将节点 p-1 对应的真实 DOM 移动到旧的一组子节点的尾部节点 p-2 所对应的真实 DOM 后面，同时还需要更新相应的索引到下一个位置，如图 10-9 所示。

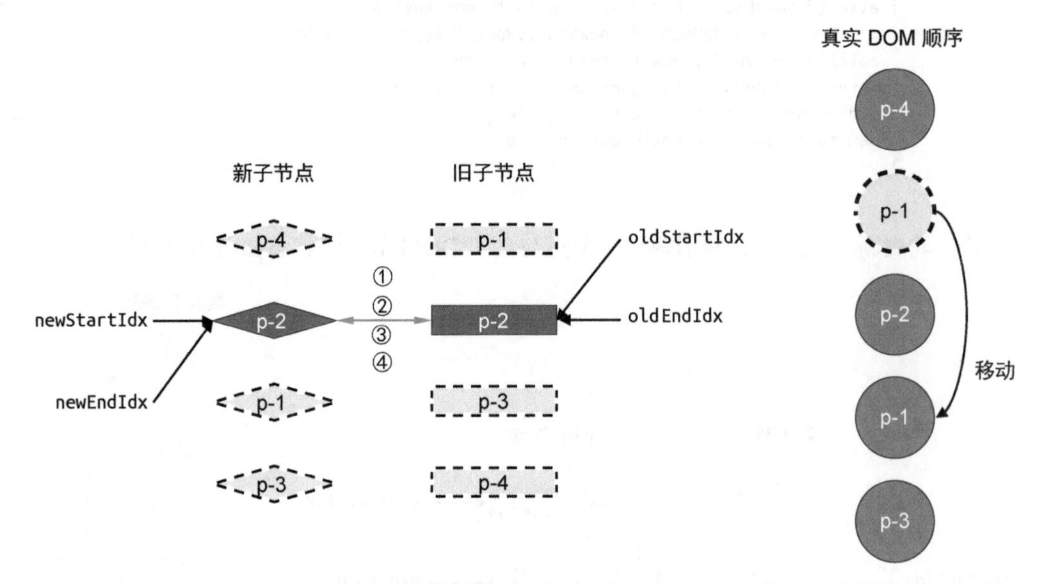

图 10-9　新旧两组子节点以及真实 DOM 节点的状态

这一步的代码实现如下：

```
01  while (oldStartIdx <= oldEndIdx && newStartIdx <= newEndIdx) {
02    if (oldStartVNode.key === newStartVNode.key) {
03    } else if (oldEndVNode.key === newEndVNode.key) {
04      patch(oldEndVNode, newEndVNode, container)
05      oldEndVNode = oldChildren[--oldEndIdx]
06      newEndVNode = newChildren[--newEndIdx]
07    } else if (oldStartVNode.key === newEndVNode.key) {
08      // 调用 patch 函数在 oldStartVNode 和 newEndVNode 之间打补丁
09      patch(oldStartVNode, newEndVNode, container)
10      // 将旧的一组子节点的头部节点对应的真实 DOM 节点 oldStartVNode.el 移动到
11      // 旧的一组子节点的尾部节点对应的真实 DOM 节点后面
12      insert(oldStartVNode.el, container, oldEndVNode.el.nextSibling)
13      // 更新相关索引到下一个位置
14      oldStartVNode = oldChildren[++oldStartIdx]
15      newEndVNode = newChildren[--newEndIdx]
16    } else if (oldEndVNode.key === newStartVNode.key) {
17      patch(oldEndVNode, newStartVNode, container)
18      insert(oldEndVNode.el, container, oldStartVNode.el)
19
20      oldEndVNode = oldChildren[--oldEndIdx]
21      newStartVNode = newChildren[++newStartIdx]
22    }
23  }
```

如上面的代码所示，如果旧的一组子节点的头部节点与新的一组子节点的尾部节点匹配，则说明该旧节点所对应的真实 DOM 节点需要移动到尾部。因此，我们需要获取当前尾部节点的下一个兄弟节点作为锚点，即 `oldEndVNode.el.nextSibling`。最后，更新相关索引到下一个位置。

通过图 10-9 可知，此时，新旧两组子节点的头部索引和尾部索引发生重合，但仍然满足循环的条件，所以还会进行下一轮的更新。而在接下来的这一轮的更新中，更新步骤也发生了重合。

> 第一步：比较旧的一组子节点中的头部节点 `p-2` 与新的一组子节点中的头部节点 `p-2`。发现两者 key 值相同，可以复用。但两者在新旧两组子节点中都是头部节点，因此不需要移动，只需要调用 `patch` 函数进行打补丁即可。

代码实现如下：

```
01  while (oldStartIdx <= oldEndIdx && newStartIdx <= newEndIdx) {
02    if (oldStartVNode.key === newStartVNode.key) {
03      // 调用 patch 函数在 oldStartVNode 与 newStartVNode 之间打补丁
04      patch(oldStartVNode, newStartVNode, container)
05      // 更新相关索引，指向下一个位置
06      oldStartVNode = oldChildren[++oldStartIdx]
07      newStartVNode = newChildren[++newStartIdx]
08    } else if (oldEndVNode.key === newEndVNode.key) {
09      patch(oldEndVNode, newEndVNode, container)
10      oldEndVNode = oldChildren[--oldEndIdx]
11      newEndVNode = newChildren[--newEndIdx]
12    } else if (oldStartVNode.key === newEndVNode.key) {
13      patch(oldStartVNode, newEndVNode, container)
14      insert(oldStartVNode.el, container, oldEndVNode.el.nextSibling)
15
16      oldStartVNode = oldChildren[++oldStartIdx]
17      newEndVNode = newChildren[--newEndIdx]
18    } else if (oldEndVNode.key === newStartVNode.key) {
19      patch(oldEndVNode, newStartVNode, container)
20      insert(oldEndVNode.el, container, oldStartVNode.el)
21
22      oldEndVNode = oldChildren[--oldEndIdx]
23      newStartVNode = newChildren[++newStartIdx]
24    }
25  }
```

在这一轮更新之后，新旧两组子节点与真实 DOM 节点的状态如图 10-10 所示。

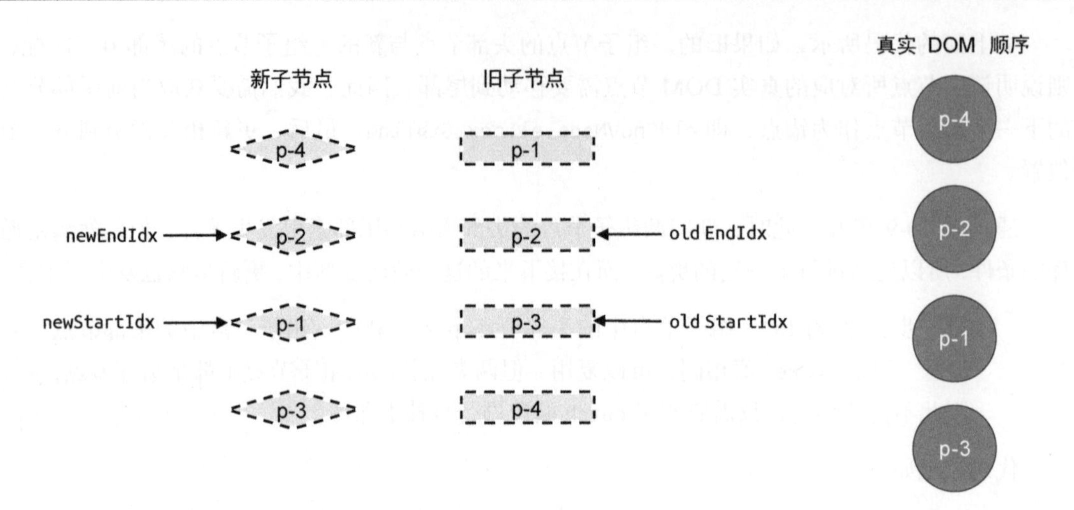

图 10-10　新旧两组子节点以及真实 DOM 节点的状态

此时，真实 DOM 节点的顺序与新的一组子节点的顺序相同了：`p-4`、`p-2`、`p-1`、`p-3`。另外，在这一轮更新完成之后，索引 `newStartIdx` 和索引 `oldStartIdx` 的值都大于 `newEndIdx` 和 `oldEndIdx`，所以循环终止，双端 Diff 算法执行完毕。

10.2　双端比较的优势

理解了双端比较的原理之后，我们来看看与简单 Diff 算法相比，双端 Diff 算法具有怎样的优势。我们拿第 9 章的例子来看，如图 10-11 所示。

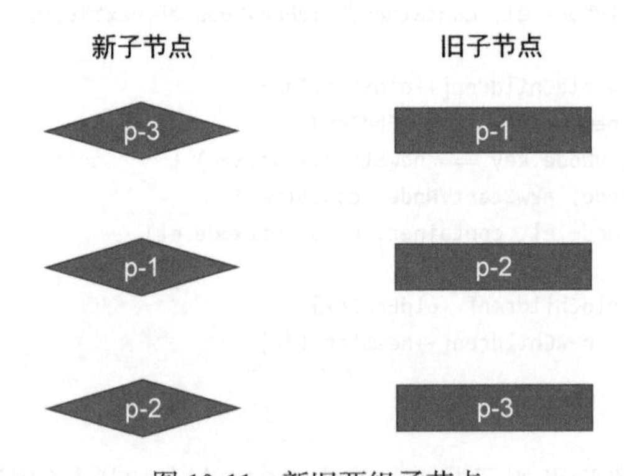

图 10-11　新旧两组子节点

图 10-11 给出了新旧两组子节点的节点顺序。当使用简单 Diff 算法对此例进行更新时，会发生两次 DOM 移动操作，如图 10-12 所示。

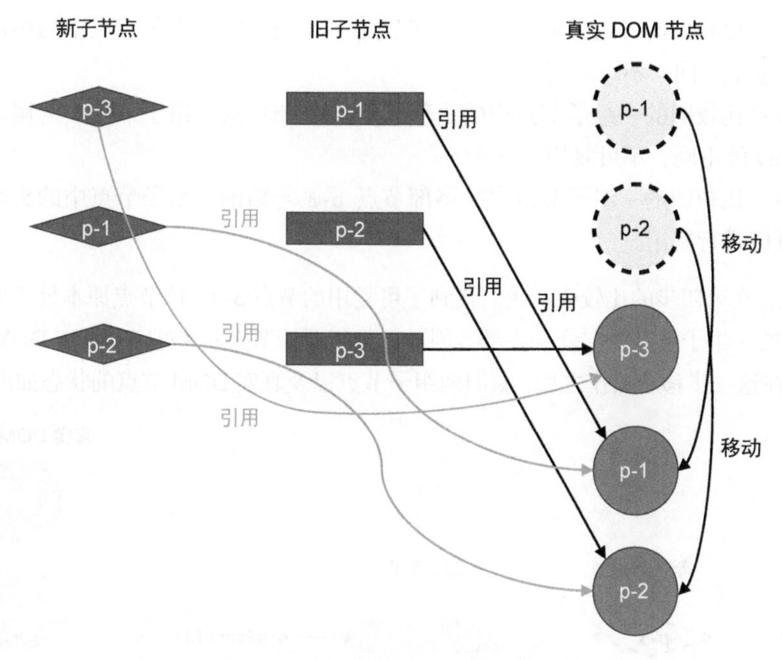

图 10-12 两次 DOM 移动

如果使用双端 Diff 算法对此例进行更新，会有怎样的表现呢？接下来，我们就以双端比较的思路来完成此例的更新，看一看双端 Diff 算法能否减少 DOM 移动操作次数。

图 10-13 给出了算法执行之前新旧两组子节点与真实 DOM 节点的状态。

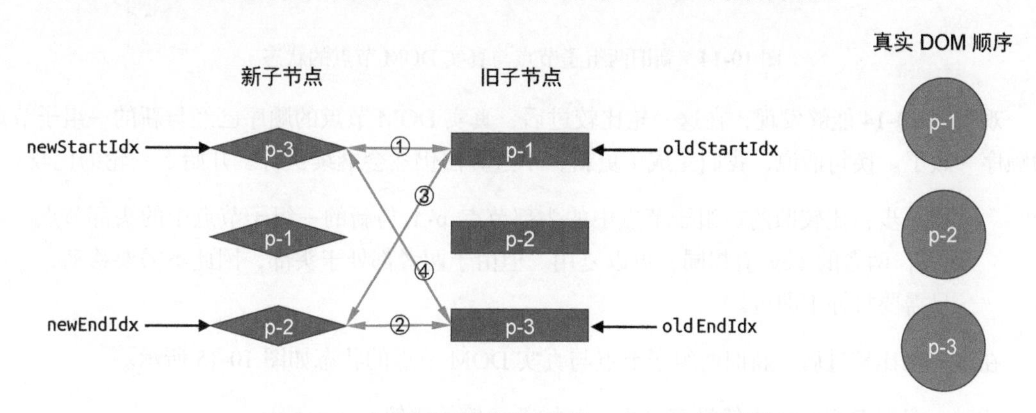

图 10-13 新旧两组子节点与真实 DOM 节点的状态

接下来，我们按照双端比较的步骤执行更新。

- 第一步：比较旧的一组子节点中的头部节点 `p-1` 与新的一组子节点中的头部节点 `p-3`，两者 key 值不同，不可复用。

- 第二步：比较旧的一组子节点中的尾部节点 p-3 与新的一组子节点中的尾部节点 p-2，两者 key 值不同，不可复用。
- 第三步：比较旧的一组子节点中的头部节点 p-1 与新的一组子节点中的尾部节点 p-2，两者 key 值不同，不可复用。
- 第四步：比较旧的一组子节点中的尾部节点 p-3 与新的一组子节点中的头部节点 p-3，发现可以进行复用。

可以看到，在第四步的比较中，我们找到了可复用的节点 p-3。该节点原本处于所有子节点的尾部，但在新的一组子节点中它处于头部。因此，只需要让节点 p-3 对应的真实 DOM 变成新的头部节点即可。在这一步移动操作之后，新旧两组子节点以及真实 DOM 节点的状态如图 10-14 所示。

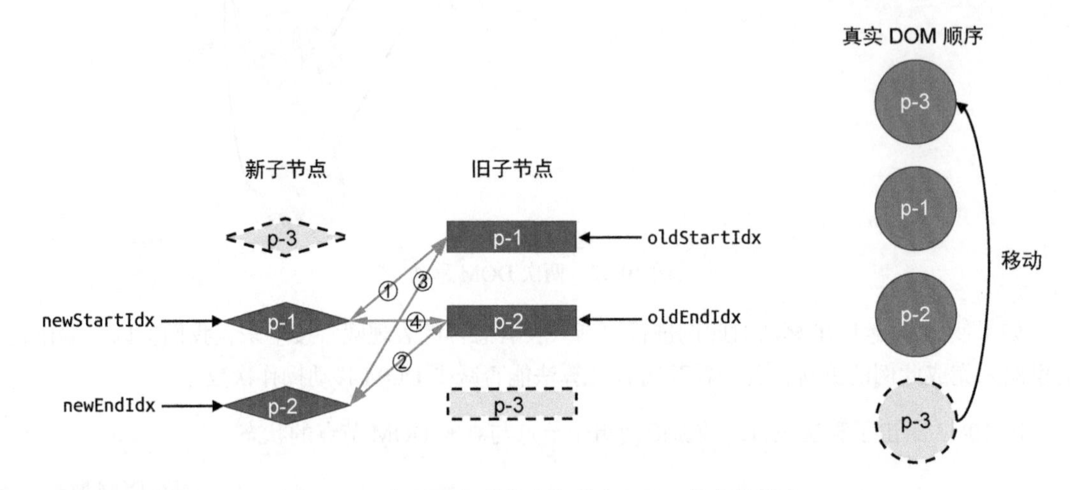

图 10-14　新旧两组子节点与真实 DOM 节点的状态

观察图 10-14 能够发现，在这一轮比较过后，真实 DOM 节点的顺序已经与新的一组子节点的顺序一致了。换句话说，我们完成了更新，不过算法仍然会继续执行。开始下一轮的比较。

> 第一步：比较旧的一组子节点中的头部节点 p-1 与新的一组子节点中的头部节点 p-1，两者的 key 值相同，可以复用。但由于两者都处于头部，因此不需要移动，只需要打补丁即可。

在这一轮比较过后，新旧两组子节点与真实 DOM 节点的状态如图 10-15 所示。

此时，双端 Diff 算法仍然没有停止，开始新一轮的比较。

> 第一步：比较旧的一组子节点中的头部节点 p-2 与新的一组子节点中的头部节点 p-2，两者的 key 值相同，可以复用。但由于两者都处于头部，因此不需要移动，只需要打补丁即可。

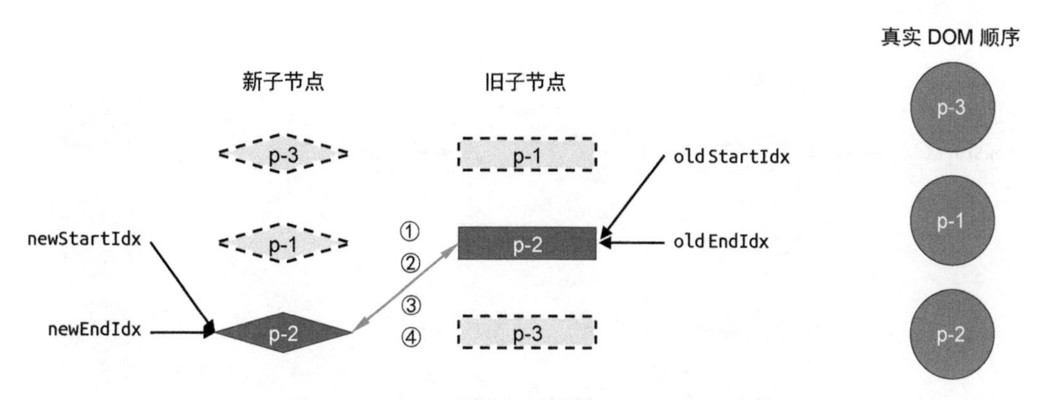

图 10-15　新旧两组子节点与真实 DOM 节点的状态

在这一轮比较过后，新旧两组子节点与真实 DOM 节点的状态如图 10-16 所示。

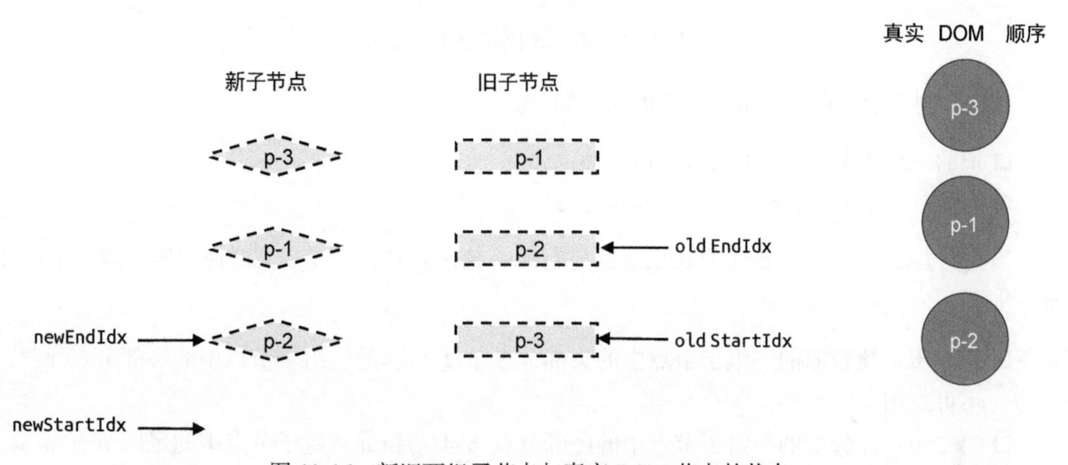

图 10-16　新旧两组子节点与真实 DOM 节点的状态

到这一步后，索引 `newStartIdx` 和 `oldStartIdx` 的值比索引 `newEndIdx` 和 `oldEndIdx` 的值大，于是更新结束。可以看到，对于同样的例子，采用简单 Diff 算法需要两次 DOM 移动操作才能完成更新，而使用双端 Diff 算法只需要一次 DOM 移动操作即可完成更新。

10.3　非理想状况的处理方式

在上一节的讲解中，我们用了一个比较理想的例子。我们知道，双端 Diff 算法的每一轮比较的过程都分为四个步骤。在上一节的例子中，每一轮比较都会命中四个步骤中的一个，这是非常理想的情况。但实际上，并非所有情况都这么理想，如图 10-17 所示。

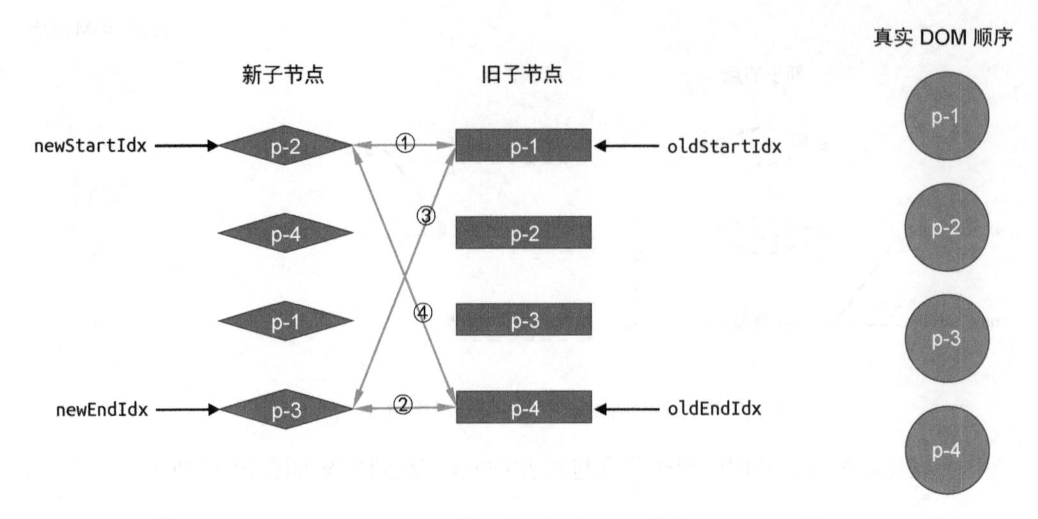

图 10-17　第一轮比较都无法命中

在这个例子中，新旧两组子节点的顺序如下。

- 旧的一组子节点：p-1、p-2、p-3、p-4。
- 新的一组子节点：p-2、p-4、p-1、p-3。

当我们尝试按照双端 Diff 算法的思路进行第一轮比较时，会发现无法命中四个步骤中的任何一步。

- 第一步：比较旧的一组子节点中的头部节点 p-1 与新的一组子节点中的头部节点 p-2，不可复用。
- 第二步：比较旧的一组子节点中的尾部节点 p-4 与新的一组子节点中的尾部节点 p-3，不可复用。
- 第三步：比较旧的一组子节点中的头部节点 p-1 与新的一组子节点中的尾部节点 p-3，不可复用。
- 第四步：比较旧的一组子节点中的尾部节点 p-4 与新的一组子节点中的头部节点 p-2，不可复用。

在四个步骤的比较过程中，都无法找到可复用的节点，应该怎么办呢？这时，我们只能通过增加额外的处理步骤来处理这种非理想情况。既然两个头部和两个尾部的四个节点中都没有可复用的节点，那么我们就尝试看看非头部、非尾部的节点能否复用。具体做法是，拿新的一组子节点中的头部节点去旧的一组子节点中寻找，如下面的代码所示：

```
01  while (oldStartIdx <= oldEndIdx && newStartIdx <= newEndIdx) {
02    if (oldStartVNode.key === newStartVNode.key) {
03      // 省略部分代码
```

```
04     } else if (oldEndVNode.key === newEndVNode.key) {
05       // 省略部分代码
06     } else if (oldStartVNode.key === newEndVNode.key) {
07       // 省略部分代码
08     } else if (oldEndVNode.key === newStartVNode.key) {
09       // 省略部分代码
10     } else {
11       // 遍历旧的一组子节点，试图寻找与 newStartVNode 拥有相同 key 值的节点
12       // idxInOld 就是新的一组子节点的头部节点在旧的一组子节点中的索引
13       const idxInOld = oldChildren.findIndex(
14         node => node.key === newStartVNode.key
15       )
16     }
17   }
```

在上面这段代码中，我们遍历旧的一组子节点，尝试在其中寻找与新的一组子节点的头部节点具有相同 key 值的节点，并将该节点在旧的一组子节点中的索引存储到变量 idxInOld 中。这么做的目的是什么呢？想要搞清楚这个问题，本质上需要我们先搞清楚：在旧的一组子节点中，找到与新的一组子节点的头部节点具有相同 key 值的节点意味着什么？如图 10-18 所示。

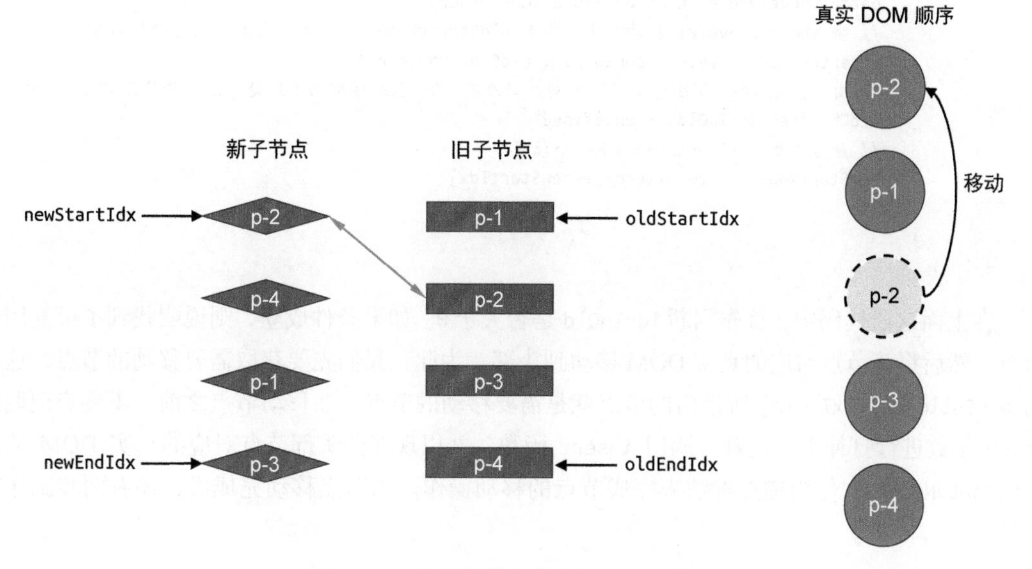

图 10-18 在旧子节点中寻找可复用节点

观察图 10-18，当我们拿新的一组子节点的头部节点 p-2 去旧的一组子节点中查找时，会在索引为 1 的位置找到可复用的节点。这意味着，节点 p-2 原本不是头部节点，但在更新之后，它应该变成头部节点。所以我们需要将节点 p-2 对应的真实 DOM 节点移动到当前旧的一组子节点的头部节点 p-1 所对应的真实 DOM 节点之前。具体实现如下：

```
01  while (oldStartIdx <= oldEndIdx && newStartIdx <= newEndIdx) {
02    if (oldStartVNode.key === newStartVNode.key) {
03      // 省略部分代码
04    } else if (oldEndVNode.key === newEndVNode.key) {
05      // 省略部分代码
06    } else if (oldStartVNode.key === newEndVNode.key) {
07      // 省略部分代码
08    } else if (oldEndVNode.key === newStartVNode.key) {
09      // 省略部分代码
10    } else {
11      // 遍历旧 children，试图寻找与 newStartVNode 拥有相同 key 值的元素
12      const idxInOld = oldChildren.findIndex(
13        node => node.key === newStartVNode.key
14      )
15      // idxInOld 大于 0，说明找到了可复用的节点，并且需要将其对应的真实 DOM 移动到头部
16      if (idxInOld > 0) {
17        // idxInOld 位置对应的 vnode 就是需要移动的节点
18        const vnodeToMove = oldChildren[idxInOld]
19        // 不要忘记除移动操作外还应该打补丁
20        patch(vnodeToMove, newStartVNode, container)
21        // 将 vnodeToMove.el 移动到头部节点 oldStartVNode.el 之前，因此使用后者作为锚点
22        insert(vnodeToMove.el, container, oldStartVNode.el)
23        // 由于位置 idxInOld 处的节点所对应的真实 DOM 已经移动到了别处，因此将其设置为 undefined
24        oldChildren[idxInOld] = undefined
25        // 最后更新 newStartIdx 到下一个位置
26        newStartVNode = newChildren[++newStartIdx]
27      }
28    }
29  }
```

在上面这段代码中，首先判断 `idxInOld` 是否大于 `0`。如果条件成立，则说明找到了可复用的节点，然后将该节点对应的真实 DOM 移动到头部。为此，我们先要获取需要移动的节点，这里的 `oldChildren[idxInOld]` 所指向的节点就是需要移动的节点。在移动节点之前，不要忘记调用 `patch` 函数进行打补丁。接着，调用 `insert` 函数，并以现在的头部节点对应的真实 DOM 节点 `oldStartVNode.el` 作为锚点参数来完成节点的移动操作。当节点移动完成后，还有两步工作需要做。

- 由于处于 `idxInOld` 处的节点已经处理过了（对应的真实 DOM 移到了别处），因此我们应该将 `oldChildren[idxInOld]` 设置为 `undefined`。
- 新的一组子节点中的头部节点已经处理完毕，因此将 `newStartIdx` 前进到下一个位置。

经过上述两个步骤的操作后，新旧两组子节点以及真实 DOM 节点的状态如图 10-19 所示。

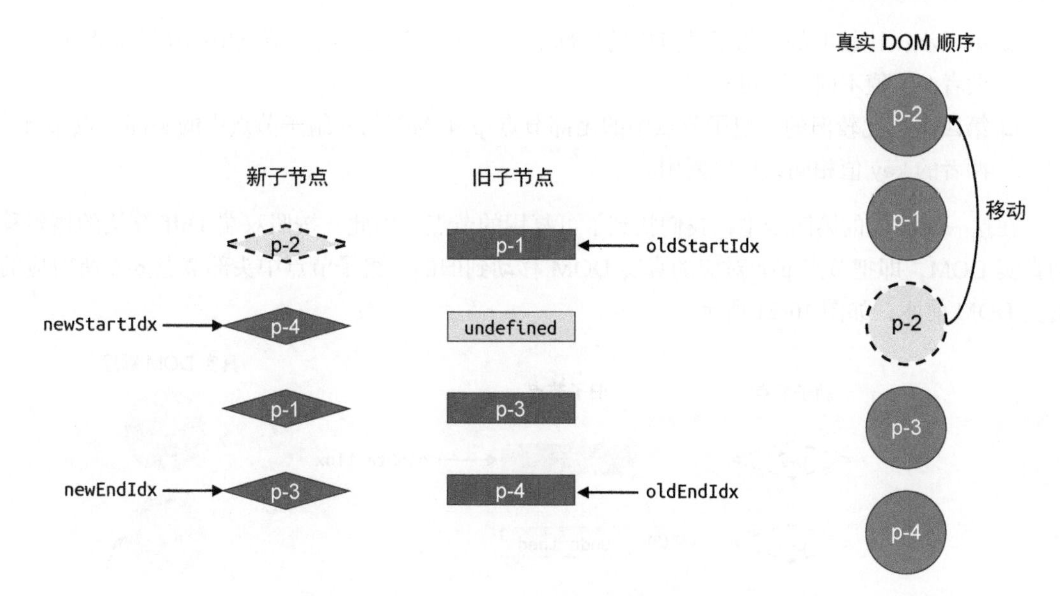

图 10-19　新旧两组子节点以及真实 DOM 节点的状态

此时，真实 DOM 的顺序为：p-2、p-1、p-3、p-4。接着，双端 Diff 算法会继续进行，如图 10-20 所示。

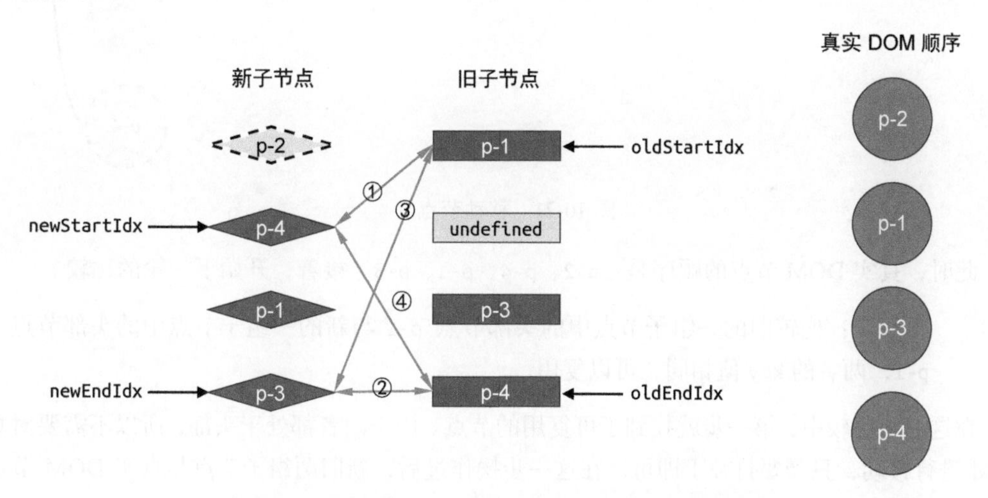

图 10-20　新旧两组子节点以及真实 DOM 节点的状态

- 第一步：比较旧的一组子节点中的头部节点 p-1 与新的一组子节点中的头部节点 p-4，两者 key 值不同，不可复用。
- 第二步：比较旧的一组子节点中的尾部节点 p-4 与新的一组子节点中的尾部节点 p-3，两者 key 值不同，不可复用。

- 第三步：比较旧的一组子节点中的头部节点 p-1 与新的一组子节点中的尾部节点 p-3，两者 key 值不同，不可复用。
- 第四步：比较旧的一组子节点中的尾部节点 p-4 与新的一组子节点中的头部节点 p-4，两者的 key 值相同，可以复用。

在这一轮比较的第四步中，我们找到了可复用的节点。因此，按照双端 Diff 算法的逻辑移动真实 DOM，即把节点 p-4 对应的真实 DOM 移动到旧的一组子节点中头部节点 p-1 所对应的真实 DOM 前面，如图 10-21 所示。

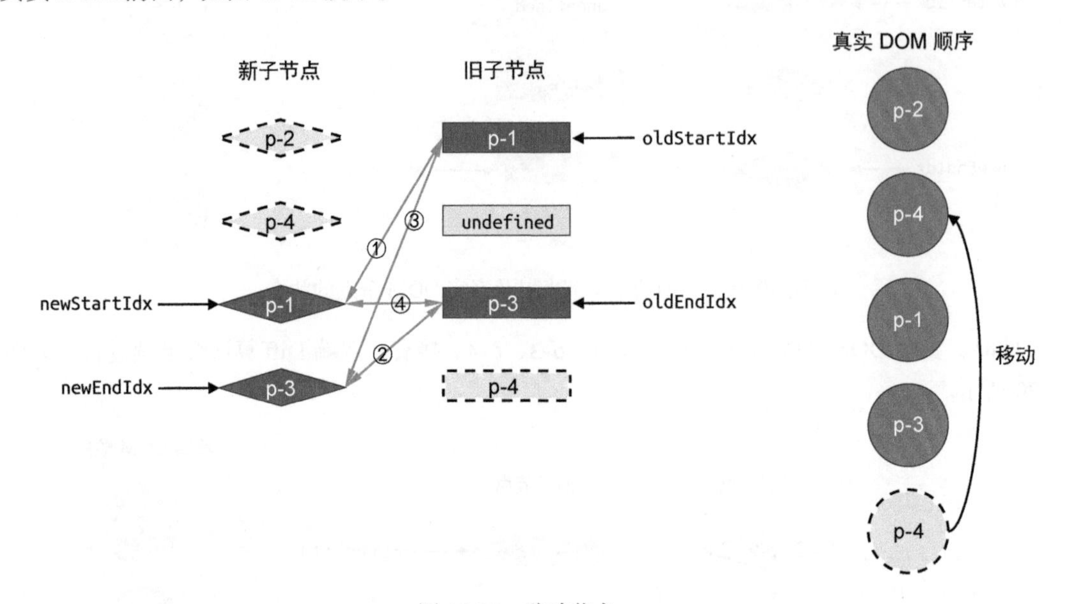

图 10-21 移动节点 p-4

此时，真实 DOM 节点的顺序是：p-2、p-4、p-1、p-3。接着，开始下一轮的比较。

第一步：比较旧的一组子节点中的头部节点 p-1 与新的一组子节点中的头部节点 p-1，两者的 key 值相同，可以复用。

在这一轮比较中，第一步就找到了可复用的节点。由于两者都处于头部，所以不需要对真实 DOM 进行移动，只需要打补丁即可。在这一步操作过后，新旧两组子节点与真实 DOM 节点的状态如图 10-22 所示。

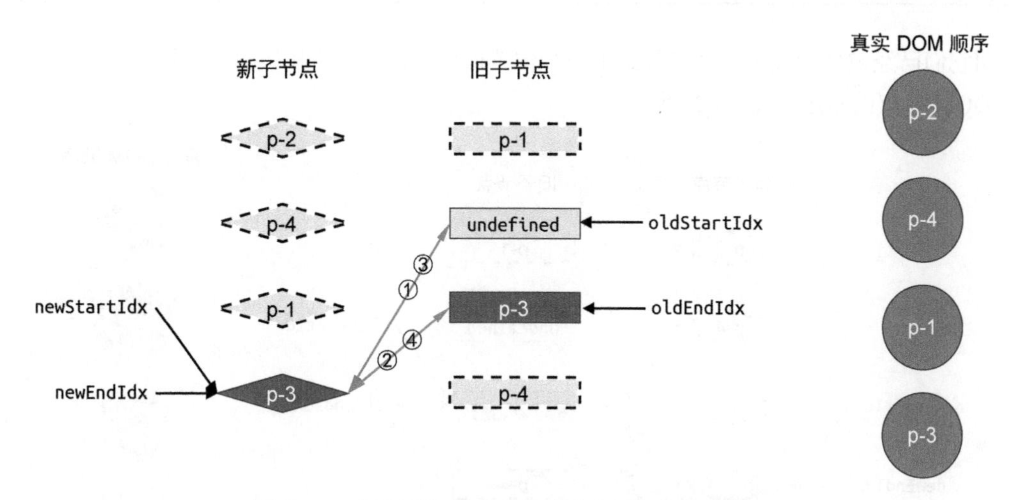

图 10-22 新旧两组子节点与真实 DOM 节点的状态

此时，真实 DOM 节点的顺序是：p-2、p-4、p-1、p-3。接着，进行下一轮的比较。需要注意的一点是，此时旧的一组子节点的头部节点是 undefined。这说明该节点已经被处理过了，因此不需要再处理它了，直接跳过即可。为此，我们需要补充这部分逻辑的代码，具体实现如下：

```
01  while (oldStartIdx <= oldEndIdx && newStartIdx <= newEndIdx) {
02    // 增加两个判断分支，如果头尾部节点为 undefined，则说明该节点已经被处理过了，直接跳到下一个位置
03    if (!oldStartVNode) {
04      oldStartVNode = oldChildren[++oldStartIdx]
05    } else if (!oldEndVNode) {
06      oldEndVNode = oldChildren[--oldEndIdx]
07    } else if (oldStartVNode.key === newStartVNode.key) {
08      // 省略部分代码
09    } else if (oldEndVNode.key === newEndVNode.key) {
10      // 省略部分代码
11    } else if (oldStartVNode.key === newEndVNode.key) {
12      // 省略部分代码
13    } else if (oldEndVNode.key === newStartVNode.key) {
14      // 省略部分代码
15    } else {
16      const idxInOld = oldChildren.findIndex(
17        node => node.key === newStartVNode.key
18      )
19      if (idxInOld > 0) {
20        const vnodeToMove = oldChildren[idxInOld]
21        patch(vnodeToMove, newStartVNode, container)
22        insert(vnodeToMove.el, container, oldStartVNode.el)
23        oldChildren[idxInOld] = undefined
24        newStartVNode = newChildren[++newStartIdx]
25      }
26
27    }
28  }
```

观察上面的代码，在循环开始时，我们优先判断头部节点和尾部节点是否存在。如果不存在，

则说明它们已经被处理过了，直接跳到下一个位置即可。在这一轮比较过后，新旧两组子节点与真实 DOM 节点的状态如图 10-23 所示。

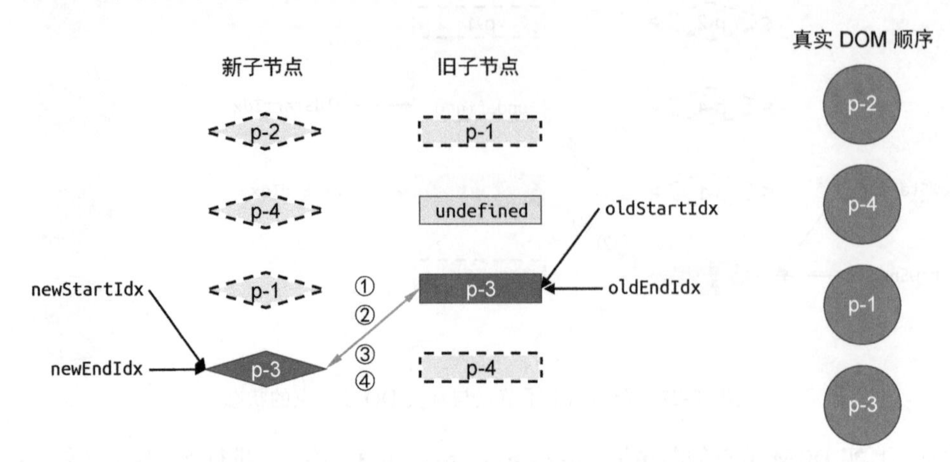

图 10-23　新旧两组子节点与真实 DOM 节点的状态

现在，四个步骤又重合了，接着进行最后一轮的比较。

　　第一步：比较旧的一组子节点中的头部节点 `p-3` 与新的一组子节点中的头部节点 `p-3`，两者的 key 值相同，可以复用。

在第一步中找到了可复用的节点。由于两者都是头部节点，因此不需要进行 DOM 移动操作，直接打补丁即可。在这一轮比较过后，最终状态如图 10-24 所示。

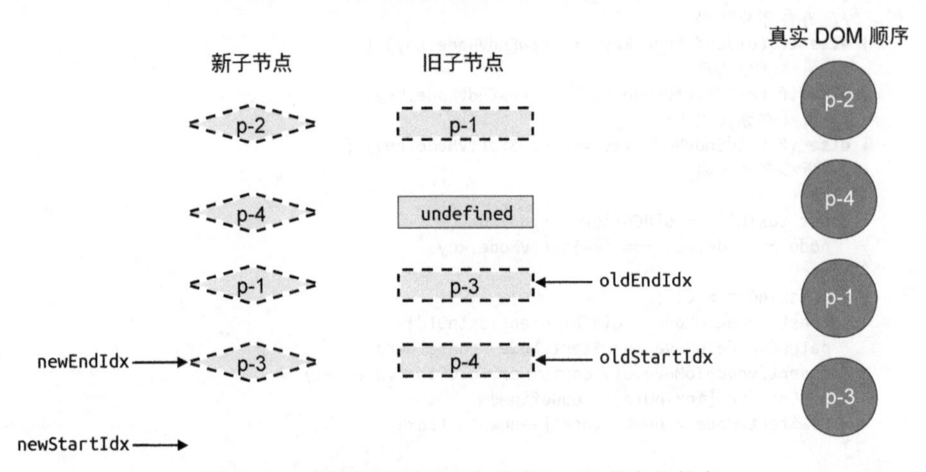

图 10-24　新旧两组子节点与真实 DOM 节点的状态

这时，满足循环停止的条件，于是更新完成。最终，真实 DOM 节点的顺序与新的一组子节点的顺序一致，都是：`p-2`、`p-4`、`p-1`、`p-3`。

10.4 添加新元素

在 10.3 节中，我们讲解了非理想情况的处理，即在一轮比较过程中，不会命中四个步骤中的任何一步。这时，我们会拿新的一组子节点中的头部节点去旧的一组子节点中寻找可复用的节点，然而并非总能找得到，如图 10-25 的例子所示。

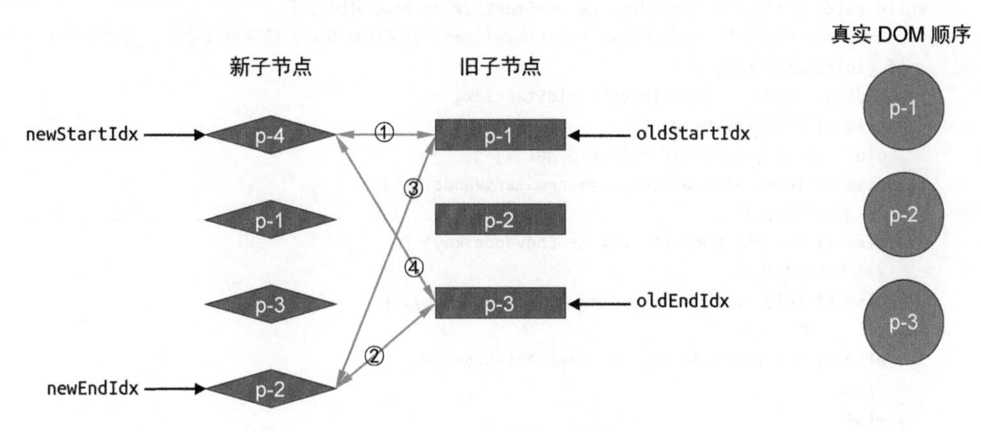

图 10-25　新增节点的情况

在这个例子中，新旧两组子节点的顺序如下。

- 旧的一组子节点：`p-1`、`p-2`、`p-3`。
- 新的一组子节点：`p-4`、`p-1`、`p-3`、`p-2`。

首先，我们尝试进行第一轮比较，发现在四个步骤的比较中都找不到可复用的节点。于是我们尝试拿新的一组子节点中的头部节点 `p-4` 去旧的一组子节点中寻找具有相同 key 值的节点，但在旧的一组子节点中根本就没有 `p-4` 节点，如图 10-26 所示。

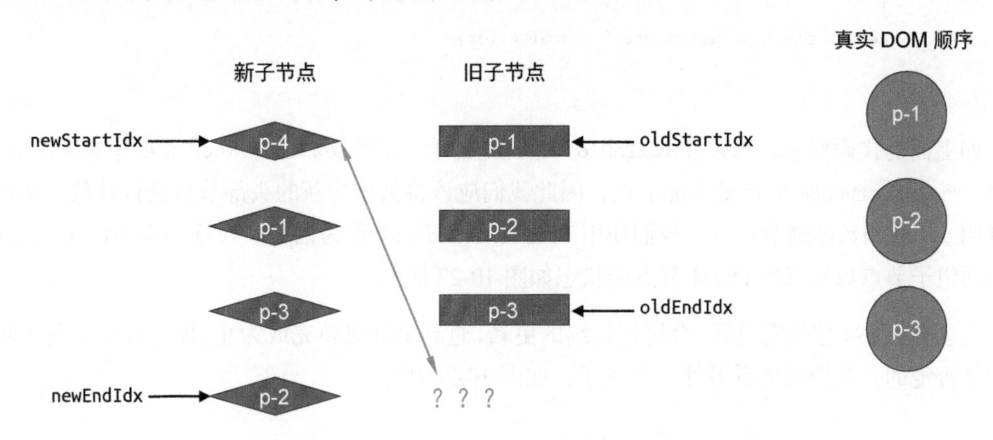

图 10-26　在旧的一组子节点中找不到可复用的节点

这说明节点 p-4 是一个新增节点，我们应该将它挂载到正确的位置。那么应该挂载到哪里呢？很简单，因为节点 p-4 是新的一组子节点中的头部节点，所以只需要将它挂载到当前头部节点之前即可。“当前”头部节点指的是，旧的一组子节点中的头部节点所对应的真实 DOM 节点 p-1。下面是用来完成挂载操作的代码：

```
01 while (oldStartIdx <= oldEndIdx && newStartIdx <= newEndIdx) {
02   // 增加两个判断分支，如果头尾部节点为 undefined，则说明该节点已经被处理过了，直接跳到下一个位置
03   if (!oldStartVNode) {
04     oldStartVNode = oldChildren[++oldStartIdx]
05   } else if (!oldEndVNode) {
06     oldEndVNode = newChildren[--oldEndIdx]
07   } else if (oldStartVNode.key === newStartVNode.key) {
08     // 省略部分代码
09   } else if (oldEndVNode.key === newEndVNode.key) {
10     // 省略部分代码
11   } else if (oldStartVNode.key === newEndVNode.key) {
12     // 省略部分代码
13   } else if (oldEndVNode.key === newStartVNode.key) {
14     // 省略部分代码
15   } else {
16     const idxInOld = oldChildren.findIndex(
17       node => node.key === newStartVNode.key
18     )
19     if (idxInOld > 0) {
20       const vnodeToMove = oldChildren[idxInOld]
21       patch(vnodeToMove, newStartVNode, container)
22       insert(vnodeToMove.el, container, oldStartVNode.el)
23       oldChildren[idxInOld] = undefined
24     } else {
25       // 将 newStartVNode 作为新节点挂载到头部，使用当前头部节点 oldStartVNode.el 作为锚点
26       patch(null, newStartVNode, container, oldStartVNode.el)
27     }
28     newStartVNode = newChildren[++newStartIdx]
29   }
30 }
```

如上面的代码所示，当条件 idxInOld > 0 不成立时，说明 newStartVNode 节点是全新的节点。又由于 newStartVNode 节点是头部节点，因此我们应该将其作为新的头部节点进行挂载。所以，在调用 patch 函数挂载节点时，我们使用 oldStartVNode.el 作为锚点。在这一步操作完成之后，新旧两组子节点以及真实 DOM 节点的状态如图 10-27 所示。

当新节点 p-4 挂载完成后，会进行后续的更新，直到全部更新完成为止。但这样就完美了吗？答案是否定的，我们再来看另外一个例子，如图 10-28 所示。

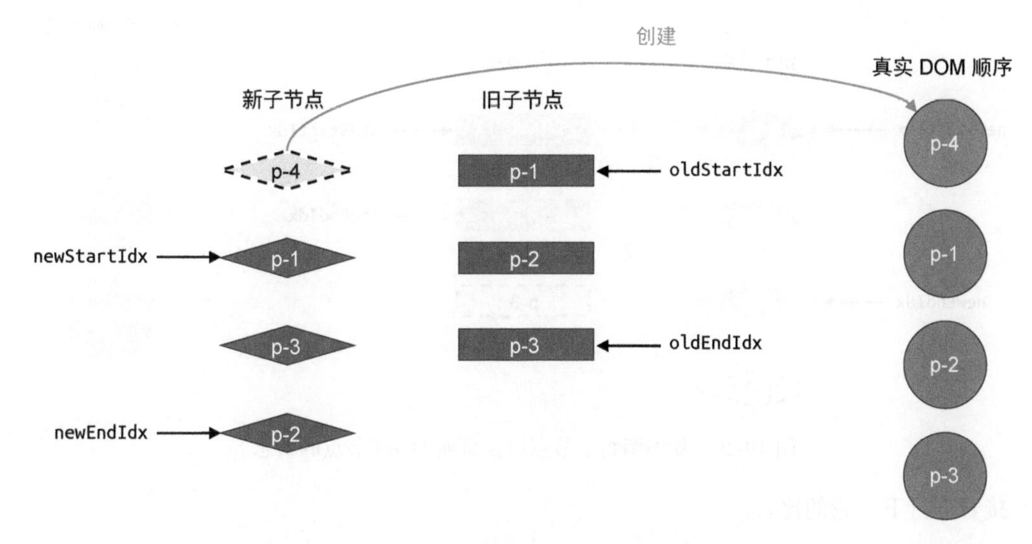

图 10-27　新旧两组子节点以及真实 DOM 节点的状态

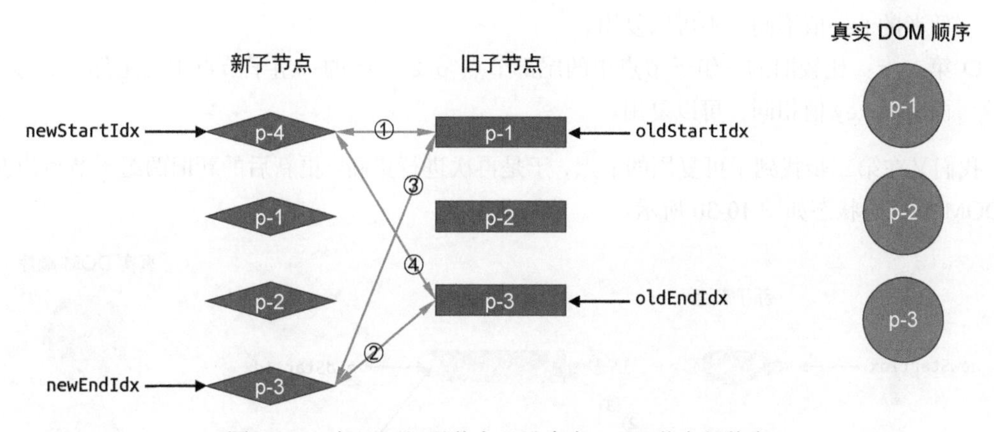

图 10-28　新旧两组子节点以及真实 DOM 节点的状态

这个例子与上一个的例子的不同之处在于，我们调整了新的一组子节点的顺序：`p-4`、`p-1`、`p-2`、`p-3`。下面我们按照双端 Diff 算法的思路来执行更新，看看会发生什么。

- 第一步：比较旧的一组子节点中的头部节点 `p-1` 与新的一组子节点中的头部节点 `p-4`，两者的 key 值不同，不可以复用。
- 第二步：比较旧的一组子节点中的尾部节点 `p-3` 与新的一组子节点中的尾部节点 `p-3`，两者的 key 值相同，可以复用。

在第二步中找到了可复用的节点，因此进行更新。更新后的新旧两组子节点以及真实 DOM 节点的状态如图 10-29 所示。

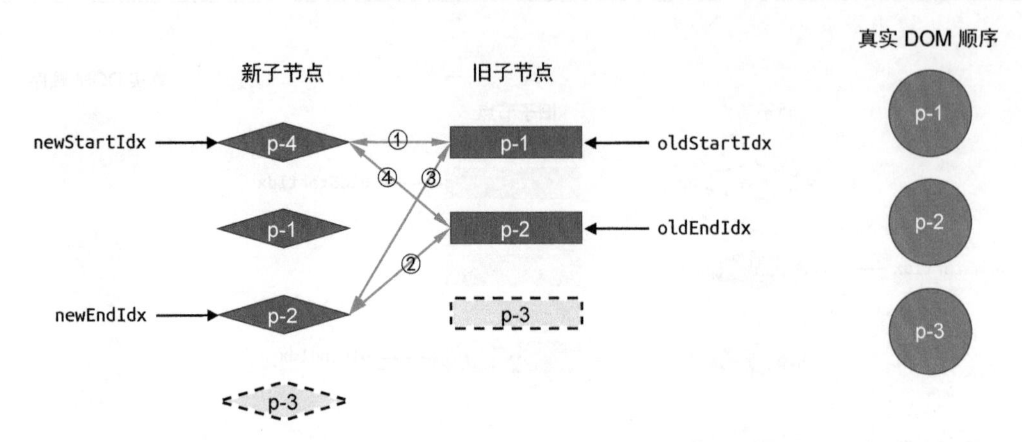

图 10-29　新旧两组子节点以及真实 DOM 节点的状态

接着进行下一轮的比较。

- 第一步：比较旧的一组子节点中的头部节点 `p-1` 与新的一组子节点中的头部节点 `p-4`，两者的 key 值不同，不可以复用。
- 第二步：比较旧的一组子节点中的尾部节点 `p-2` 与新的一组子节点中的尾部节点 `p-2`，两者的 key 值相同，可以复用。

我们又在第二步找到了可复用的节点，于是再次进行更新。更新后的新旧两组子节点以及真实 DOM 节点的状态如图 10-30 所示。

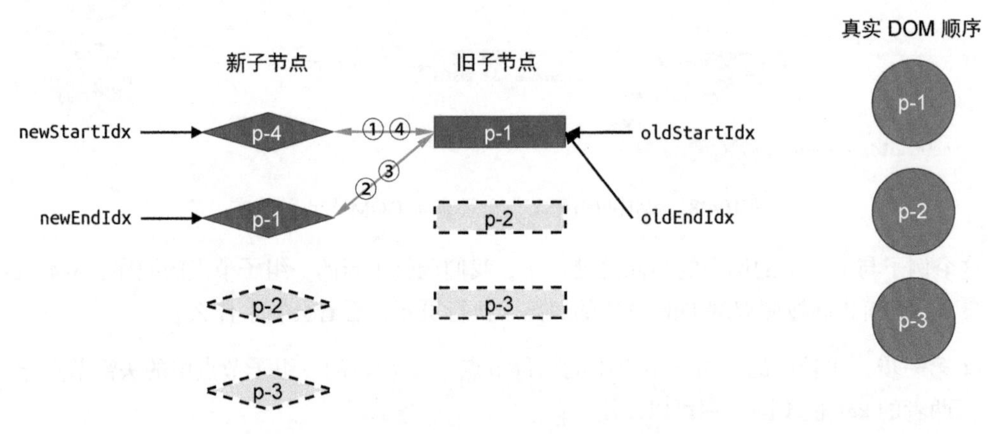

图 10-30　新旧两组子节点以及真实 DOM 节点的状态

接着，进行下一轮的更新。

- 第一步：比较旧的一组子节点中的头部节点 `p-1` 与新的一组子节点中的头部节点 `p-4`，两者的 key 值不同，不可以复用。

- 第二步：比较旧的一组子节点中的尾部节点 `p-1` 与新的一组子节点中的尾部节点 `p-1`，两者的 key 值相同，可以复用。

还是在第二步找到了可复用的节点，再次进行更新。更新后的新旧两组子节点以及真实 DOM 节点的状态如图 10-31 所示。

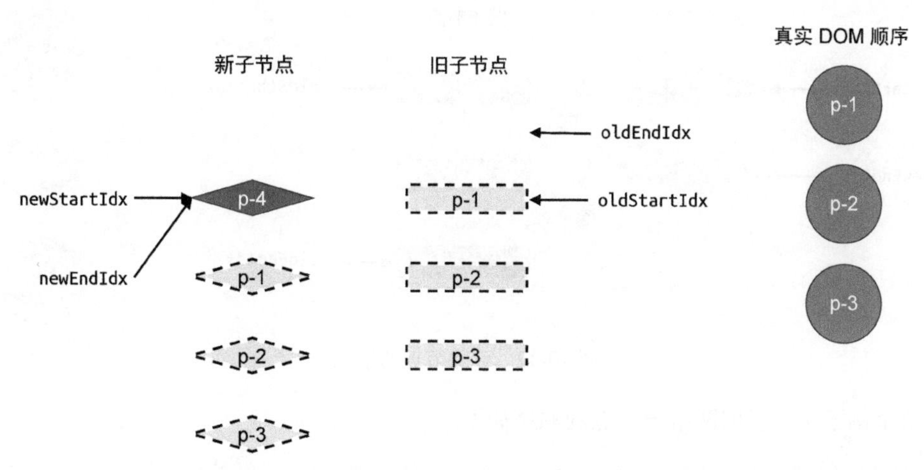

图 10-31 新旧两组子节点以及真实 DOM 节点的状态

当这一轮更新完毕后，由于变量 `oldStartIdx` 的值大于 `oldEndIdx` 的值，满足更新停止的条件，因此更新停止。但通过观察可知，节点 `p-4` 在整个更新过程中被遗漏了，没有得到任何处理，这说明我们的算法是有缺陷的。为了弥补这个缺陷，我们需要添加额外的处理代码，如下所示：

```
01  while (oldStartIdx <= oldEndIdx && newStartIdx <= newEndIdx) {
02    // 省略部分代码
03  }
04
05  // 循环结束后检查索引值的情况，
06  if (oldEndIdx < oldStartIdx && newStartIdx <= newEndIdx) {
07    // 如果满足条件，则说明有新的节点遗留，需要挂载它们
08    for (let i = newStartIdx; i <= newEndIdx; i++) {
09      const anchor = newChildren[newEndIdx + 1] ? newChildren[newEndIdx + 1].el : null;
10      patch(null, newChildren[i], container, anchor);
11    }
12  }
```

我们在 `while` 循环结束后增加了一个 `if` 条件语句，检查四个索引值的情况。根据图 10-31 可知，如果条件 `oldEndIdx < oldStartIdx && newStartIdx <= newEndIdx` 成立，说明新的一组子节点中有遗留的节点需要作为新节点挂载。哪些节点是新节点呢？索引值位于 `newStartIdx` 和 `newEndIdx` 这个区间内的节点都是新节点。于是我们开启一个 `for` 循环来遍历这个区间内的节点并逐一挂载。挂载时的锚点仍然使用当前的头部节点 `oldStartVNode.el`，这样就完成了对新增元素的处理。

10.5 移除不存在的元素

解决了新增节点的问题后，我们再来讨论关于移除元素的情况，如图 10-32 的例子所示。

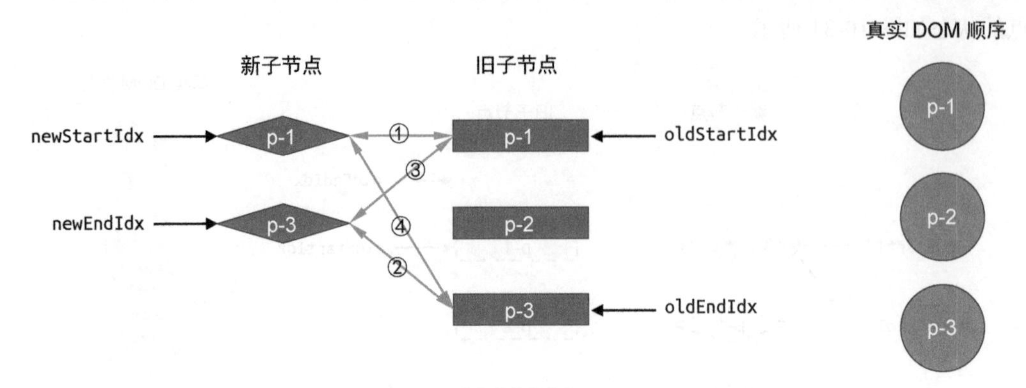

图 10-32　移除节点的情况

在这个例子中，新旧两组子节点的顺序如下。

- 旧的一组子节点：`p-1`、`p-2`、`p-3`。
- 新的一组子节点：`p-1`、`p-3`。

可以看到，在新的一组子节点中 `p-2` 节点已经不存在了。为了搞清楚应该如何处理节点被移除的情况，我们还是按照双端 Diff 算法的思路执行更新。

> 第一步：比较旧的一组子节点中的头部节点 `p-1` 与新的一组子节点中的头部节点 `p-1`，两者的 key 值相同，可以复用。

在第一步的比较中找到了可复用的节点，于是执行更新。在这一轮比较过后，新旧两组子节点以及真实 DOM 节点的状态如图 10-33 所示。

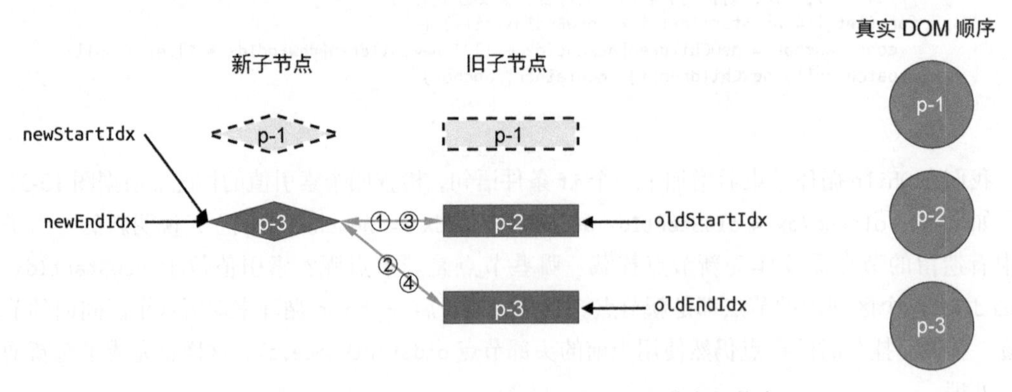

图 10-33　新旧两组子节点以及真实 DOM 节点的状态

接着，执行下一轮更新。

- 第一步：比较旧的一组子节点中的头部节点 p-2 与新的一组子节点中的头部节点 p-3，两者的 key 值不同，不可以复用。
- 第二步：比较旧的一组子节点中的尾部节点 p-3 与新的一组子节点中的尾部节点 p-3，两者的 key 值相同，可以复用。

在第二步中找到了可复用的节点，于是进行更新。更新后的新旧两组子节点以及真实 DOM 节点的状态如图 10-34 所示。

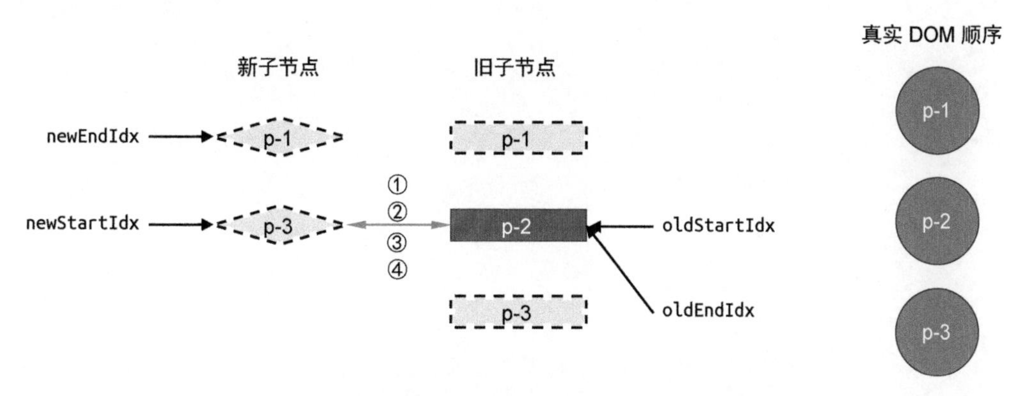

图 10-34 新旧两组子节点以及真实 DOM 节点的状态

此时变量 newStartIdx 的值大于变量 newEndIdx 的值，满足更新停止的条件，于是更新结束。但观察图 10-34 可知，旧的一组子节点中存在未被处理的节点，应该将其移除。因此，我们需要增加额外的代码来处理它，如下所示：

```
01  while (oldStartIdx <= oldEndIdx && newStartIdx <= newEndIdx) {
02    // 省略部分代码
03  }
04
05  if (oldEndIdx < oldStartIdx && newStartIdx <= newEndIdx) {
06    // 添加新节点
07    // 省略部分代码
08  } else if (newEndIdx < newStartIdx && oldStartIdx <= oldEndIdx) {
09    // 移除操作
10    for (let i = oldStartIdx; i <= oldEndIdx; i++) {
11      unmount(oldChildren[i])
12    }
13  }
```

与处理新增节点类似，我们在 while 循环结束后又增加了一个 else...if 分支，用于卸载已经不存在的节点。由图 10-34 可知，索引值位于 oldStartIdx 和 oldEndIdx 这个区间内的节点都应该被卸载，于是我们开启一个 for 循环将它们逐一卸载。

10.6　总结

本章我们介绍了双端 Diff 算法的原理及其优势。顾名思义，双端 Diff 算法指的是，在新旧两组子节点的四个端点之间分别进行比较，并试图找到可复用的节点。相比简单 Diff 算法，双端 Diff 算法的优势在于，对于同样的更新场景，执行的 DOM 移动操作次数更少。

第 11 章

快速 Diff 算法

本章我们将讨论第三种用于比较新旧两组子节点的方式：快速 Diff 算法。正如其名，该算法的实测速度非常快。该算法最早应用于 `ivi` 和 `inferno` 这两个框架，Vue.js 3 借鉴并扩展了它。图 11-1 比较了 `ivi`、`inferno` 以及 Vue.js 2 的性能。

Name Duration for...	ivi- v0.20.0- keyed	inferno- v7.1.2- keyed	vue- v2.6.2- keyed
create rows creating 1,000 rows	118.1 ± 4.3 (1.00)	124.2 ± 3.9 (1.05)	163.1 ± 5.6 (1.38)
replace all rows updating all 1,000 rows (5 warmup runs).	123.6 ± 1.4 (1.00)	126.8 ± 11.3 (1.03)	151.6 ± 6.8 (1.23)
partial update updating every 10th row for 1,000 rows (3 warmup runs). 16x CPU slowdown.	202.7 ± 6.9 (1.00)	223.2 ± 18.8 (1.10)	336.4 ± 12.1 (1.66)
select row highlighting a selected row. (5 warmup runs). 16x CPU slowdown.	40.9 ± 2.2 (1.00)	44.0 ± 2.8 (1.08)	190.5 ± 22.2 (4.66)
swap rows swap 2 rows for table with 1,000 rows. (5 warmup runs). 4x CPU slowdown.	67.5 ± 3.4 (1.00)	67.4 ± 4.1 (1.00)	97.4 ± 4.2 (1.44)
remove row removing one row. (5 warmup runs).	50.1 ± 0.8 (1.04)	48.1 ± 0.6 (1.00)	57.7 ± 1.3 (1.20)
create many rows creating 10,000 rows	1,147.1 ± 25.8 (1.00)	1,185.1 ± 65.7 (1.03)	1,385.4 ± 50.5 (1.21)
append rows to large table appending 1,000 to a table of 10,000 rows. 2x CPU slowdown	310.0 ± 4.3 (1.08)	286.1 ± 4.8 (1.00)	380.4 ± 4.9 (1.33)
clear rows clearing a table with 1,000 rows. 8x CPU slowdown	137.1 ± 5.5 (1.00)	162.2 ± 5.1 (1.18)	230.1 ± 5.8 (1.68)
slowdown geometric mean	1.01	1.05	1.58

图 11-1　性能比较

图 11-1 来自 js-framework-benchmark，从中可以看出，在 DOM 操作的各个方面，`ivi` 和 `inferno` 所采用的快速 Diff 算法的性能都要稍优于 Vue.js 2 所采用的双端 Diff 算法。既然快速 Diff 算法如此高效，我们有必要了解它的思路。接下来，我们就着重讨论快速 Diff 算法的实现原理。

11.1　相同的前置元素和后置元素

不同于简单 Diff 算法和双端 Diff 算法，快速 Diff 算法包含预处理步骤，这其实是借鉴了纯文本 Diff 算法的思路。在纯文本 Diff 算法中，存在对两段文本进行预处理的过程。例如，在对两段文本进行 Diff 之前，可以先对它们进行全等比较：

```
01    if (text1 === text2) return
```

这也称为快捷路径。如果两段文本全等，那么就无须进入核心 Diff 算法的步骤了。除此之外，预处理过程还会处理两段文本相同的前缀和后缀。假设有如下两段文本：

```
01    TEXT1: I use vue for app development
02    TEXT2: I use react for app development
```

通过肉眼可以很容易发现，这两段文本的头部和尾部分别有一段相同的内容，如图11-2所示。

TEXT1: I use vue for app development
TEXT2: I use react for app development

图11-2　文本预处理

图11-2突出显示了TEXT1和TEXT2中相同的内容。对于内容相同的问题，是不需要进行核心Diff操作的。因此，对于TEXT1和TEXT2来说，真正需要进行Diff操作的部分是：

```
01  TEXT1: vue
02  TEXT2: react
```

这实际上是简化问题的一种方式。这么做的好处是，在特定情况下我们能够轻松地判断文本的插入和删除，例如：

```
01  TEXT1: I like you
02  TEXT2: I like you too
```

经过预处理，去掉这两段文本中相同的前缀内容和后缀内容之后，它将变成：

```
01  TEXT1:
02  TEXT2: too
```

可以看到，经过预处理后，TEXT1的内容为空。这说明TEXT2在TEXT1的基础上增加了字符串too。相反，我们还可以将这两段文本的位置互换：

```
01  TEXT1: I like you too
02  TEXT2: I like you
```

这两段文本经过预处理后将变成：

```
01  TEXT1: too
02  TEXT2:
```

由此可知，TEXT2是在TEXT1的基础上删除了字符串too。

快速Diff算法借鉴了纯文本Diff算法中预处理的步骤。以图11-3给出的两组子节点为例。

这两组子节点的顺序如下。

- 旧的一组子节点：p-1、p-2、p-3。
- 新的一组子节点：p-1、p-4、p-2、p-3。

通过观察可以发现，两组子节点具有相同的前置节点p-1，以及相同的后置节点p-2和p-3，如图11-4所示。

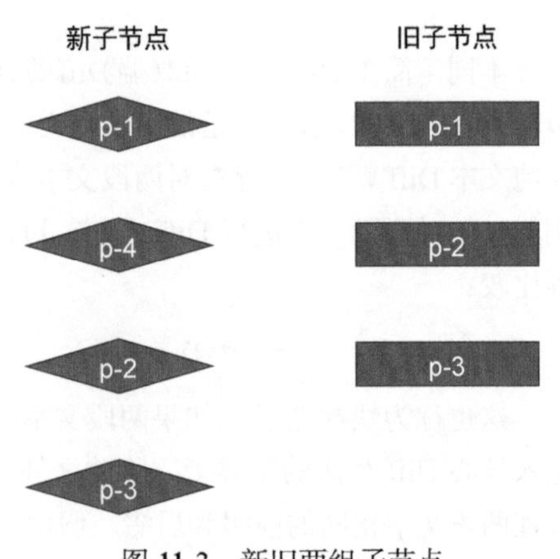

图11-3　新旧两组子节点

对于相同的前置节点和后置节点，由于它们在新旧两组子节点中的相对位置不变，所以我们无须移动它们，但仍然需要在它们之间打补丁。

对于前置节点，我们可以建立索引 j，其初始值为 0，用来指向两组子节点的开头，如图 11-5 所示。

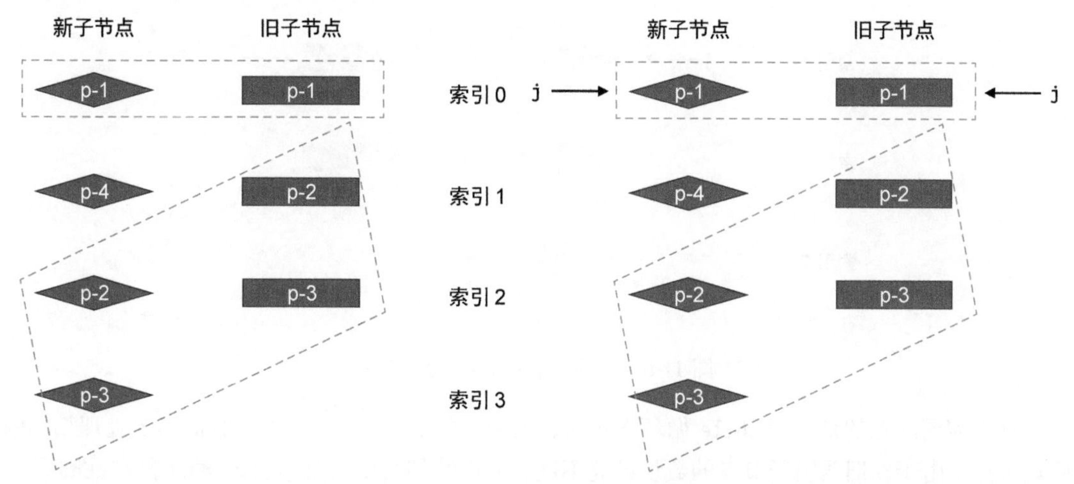

图 11-4 相同的前置节点和后置节点

图 11-5 建立索引 j，指向两组子节点的开头

然后开启一个 while 循环，让索引 j 递增，直到遇到不相同的节点为止，如下面 patchKeyedChildren 函数的代码所示：

```
01  function patchKeyedChildren(n1, n2, container) {
02    const newChildren = n2.children
03    const oldChildren = n1.children
04    // 处理相同的前置节点
05    // 索引 j 指向新旧两组子节点的开头
06    let j = 0
07    let oldVNode = oldChildren[j]
08    let newVNode = newChildren[j]
09    // while 循环向后遍历，直到遇到拥有不同 key 值的节点为止
10    while (oldVNode.key === newVNode.key) {
11      // 调用 patch 函数进行更新
12      patch(oldVNode, newVNode, container)
13      // 更新索引 j，让其递增
14      j++
15      oldVNode = oldChildren[j]
16      newVNode = newChildren[j]
17    }
18
19  }
```

在上面这段代码中，我们使用 while 循环查找所有相同的前置节点，并调用 patch 函数进行打补丁，直到遇到 key 值不同的节点为止。这样，我们就完成了对前置节点的更新。在这一步更

新操作过后，新旧两组子节点的状态如图 11-6 所示。

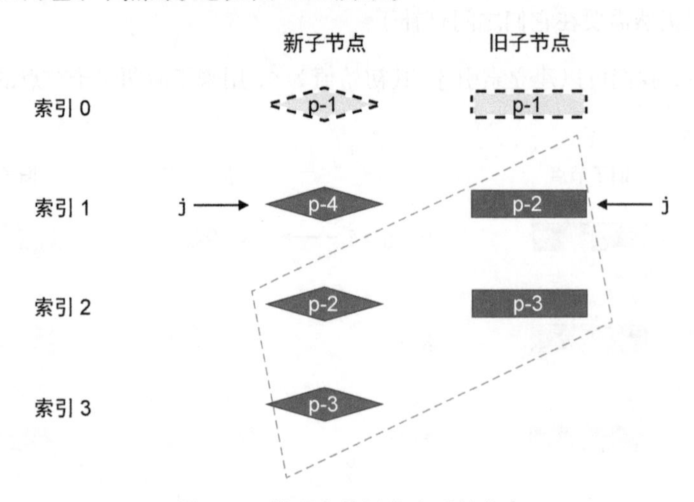

图 11-6　处理完前置节点后的状态

这里需要注意的是，当 `while` 循环终止时，索引 `j` 的值为 `1`。接下来，我们需要处理相同的后置节点。由于新旧两组子节点的数量可能不同，所以我们需要两个索引 `newEnd` 和 `oldEnd`，分别指向新旧两组子节点中的最后一个节点，如图 11-7 所示。

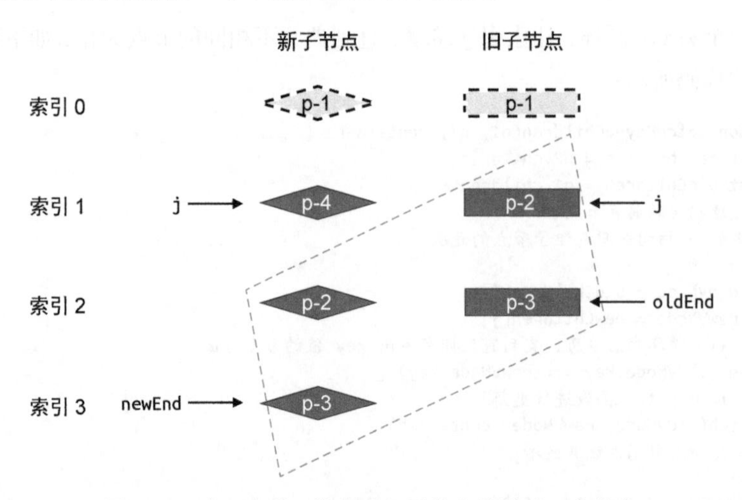

图 11-7　建立索引，指向两组子节点的最后一个节点

然后，再开启一个 `while` 循环，并从后向前遍历这两组子节点，直到遇到 `key` 值不同的节点为止，如下面的代码所示：

```
01  function patchKeyedChildren(n1, n2, container) {
02    const newChildren = n2.children
03    const oldChildren = n1.children
```

```
04     // 更新相同的前置节点
05     let j = 0
06     let oldVNode = oldChildren[j]
07     let newVNode = newChildren[j]
08     while (oldVNode.key === newVNode.key) {
09       patch(oldVNode, newVNode, container)
10       j++
11       oldVNode = oldChildren[j]
12       newVNode = newChildren[j]
13     }
14
15     // 更新相同的后置节点
16     // 索引 oldEnd 指向旧的一组子节点的最后一个节点
17     let oldEnd = oldChildren.length - 1
18     // 索引 newEnd 指向新的一组子节点的最后一个节点
19     let newEnd = newChildren.length - 1
20
21     oldVNode = oldChildren[oldEnd]
22     newVNode = newChildren[newEnd]
23
24     // while 循环从后向前遍历，直到遇到拥有不同 key 值的节点为止
25     while (oldVNode.key === newVNode.key) {
26       // 调用 patch 函数进行更新
27       patch(oldVNode, newVNode, container)
28       // 递减 oldEnd 和 nextEnd
29       oldEnd--
30       newEnd--
31       oldVNode = oldChildren[oldEnd]
32       newVNode = newChildren[newEnd]
33     }
34
35   }
```

与处理相同的前置节点一样，在 `while` 循环内，需要调用 `patch` 函数进行打补丁，然后递减两个索引 `oldEnd`、`newEnd` 的值。在这一步更新操作过后，新旧两组子节点的状态如图 11-8 所示。

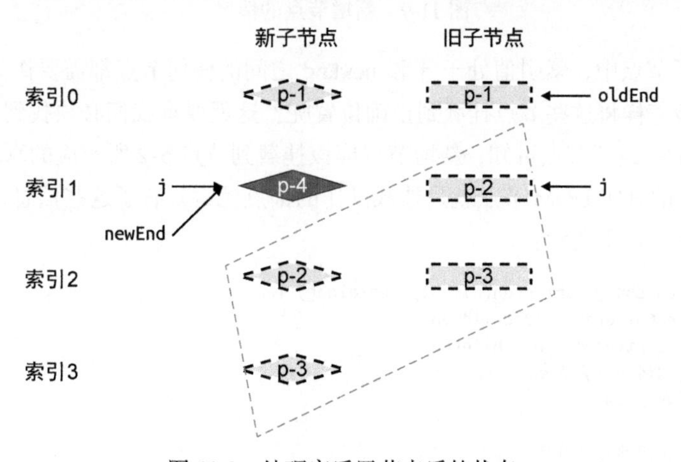

图 11-8　处理完后置节点后的状态

由图 11-8 可知，当相同的前置节点和后置节点被处理完毕后，旧的一组子节点已经全部被处理了，而在新的一组子节点中，还遗留了一个未被处理的节点 p-4。其实不难发现，节点 p-4 是一个新增节点。那么，如何用程序得出“节点 p-4 是新增节点”这个结论呢？这需要我们观察三个索引 j、newEnd 和 oldEnd 之间的关系。

- 条件一 oldEnd < j 成立：说明在预处理过程中，所有旧子节点都处理完毕了。
- 条件二 newEnd >= j 成立：说明在预处理过后，在新的一组子节点中，仍然有未被处理的节点，而这些遗留的节点将被视作**新增节点**。

如果条件一和条件二同时成立，说明在新的一组子节点中，存在遗留节点，且这些节点都是新增节点。因此我们需要将它们挂载到正确的位置，如图 11-9 所示。

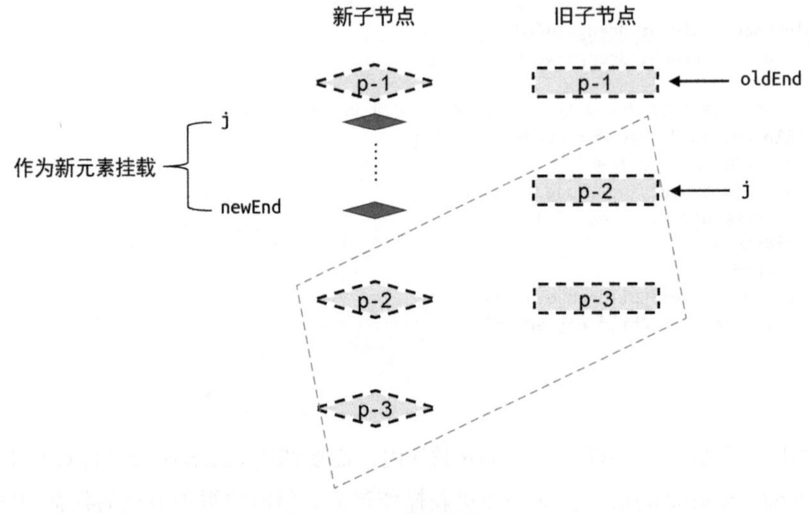

图 11-9　新增节点的情况

在新的一组子节点中，索引值处于 j 和 newEnd 之间的任何节点都需要作为新的子节点进行挂载。那么，应该怎样将这些节点挂载到正确位置呢？这就要求我们必须找到正确的锚点元素。观察图 11-9 中新的一组子节点可知，新增节点应该挂载到节点 p-2 所对应的真实 DOM 前面。所以，节点 p-2 对应的真实 DOM 节点就是挂载操作的锚点元素。有了这些信息，我们就可以给出具体的代码实现了，如下所示：

```
01  function patchKeyedChildren(n1, n2, container) {
02    const newChildren = n2.children
03    const oldChildren = n1.children
04    // 更新相同的前置节点
05    // 省略部分代码
06
07    // 更新相同的后置节点
08    // 省略部分代码
```

```
09
10     // 预处理完毕后，如果满足如下条件，则说明从 j --> newEnd 之间的节点应作为新节点插入
11     if (j > oldEnd && j <= newEnd) {
12       // 锚点的索引
13       const anchorIndex = newEnd + 1
14       // 锚点元素
15       const anchor = anchorIndex < newChildren.length ? newChildren[anchorIndex].el : null
16       // 采用 while 循环，调用 patch 函数逐个挂载新增节点
17       while (j <= newEnd) {
18         patch(null, newChildren[j++], container, anchor)
19       }
20     }
21
22   }
```

在上面这段代码中，首先计算锚点的索引值（即 anchorIndex）为 newEnd + 1。如果小于新的一组子节点的数量，则说明锚点元素在新的一组子节点中，所以直接使用 newChildren[anchorIndex].el 作为锚点元素；否则说明索引 newEnd 对应的节点已经是尾部节点了，这时无须提供锚点元素。有了锚点元素之后，我们开启了一个 while 循环，用来遍历索引 j 和索引 newEnd 之间的节点，并调用 patch 函数挂载它们。

上面的案例展示了新增节点的情况，我们再来看看删除节点的情况，如图 11-10 所示。

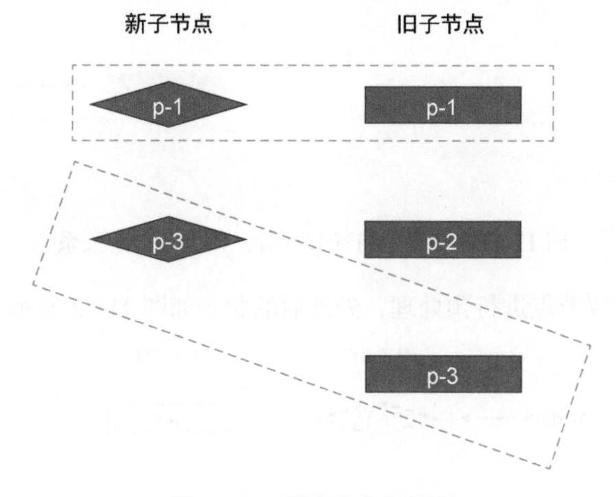

图 11-10　删除节点的情况

在这个例子中，新旧两组子节点的顺序如下。

- 旧的一组子节点：p-1、p-2、p-3。
- 新的一组子节点：p-1、p-3。

我们同样使用索引 j、oldEnd 和 newEnd 进行标记，如图 11-11 所示。

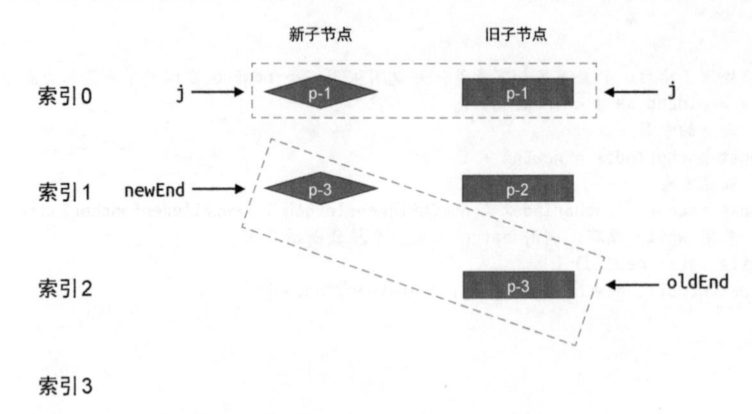

图 11-11 在删除节点的情况下，各个索引的关系

接着，对相同的前置节点进行预处理，处理后的状态如图 11-12 所示。

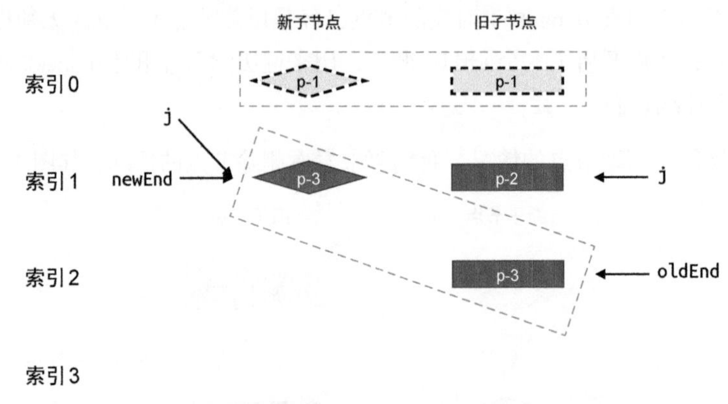

图 11-12 处理完前置节点后，各个索引的关系

然后，对相同的后置节点进行预处理，处理后的状态如图 11-13 所示。

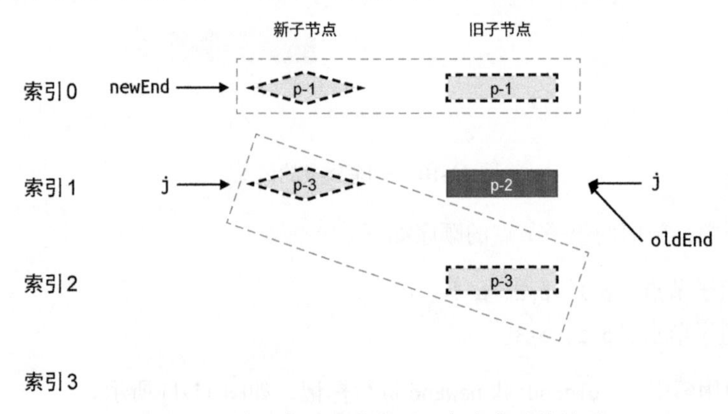

图 11-13 处理完后置节点后，各个索引的关系

由图 11-13 可知，当相同的前置节点和后置节点全部被处理完毕后，新的一组子节点已经全部被处理完毕了，而旧的一组子节点中遗留了一个节点 p-2。这说明，应该卸载节点 p-2。实际上，遗留的节点可能有多个，如图 11-14 所示。

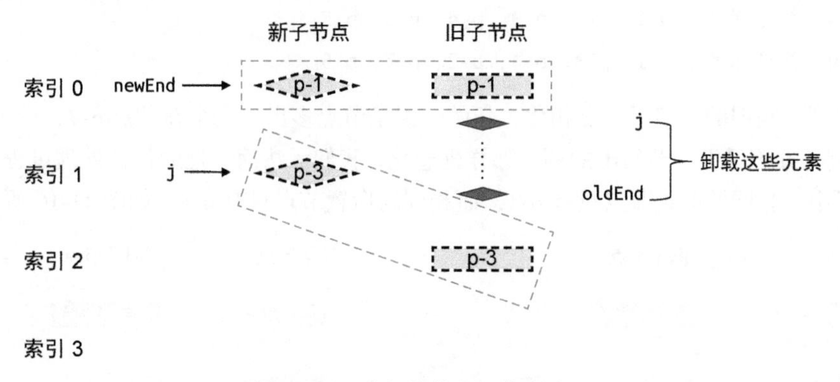

图 11-14 遗留的节点可能有多个

索引 j 和索引 oldEnd 之间的任何节点都应该被卸载，具体实现如下：

```
01  function patchKeyedChildren(n1, n2, container) {
02    const newChildren = n2.children
03    const oldChildren = n1.children
04    // 更新相同的前置节点
05    // 省略部分代码
06
07    // 更新相同的后置节点
08    // 省略部分代码
09
10    if (j > oldEnd && j <= newEnd) {
11      // 省略部分代码
12    } else if (j > newEnd && j <= oldEnd) {
13      // j -> oldEnd 之间的节点应该被卸载
14      while (j <= oldEnd) {
15        unmount(oldChildren[j++])
16      }
17    }
18
19  }
```

在上面这段代码中，我们新增了一个 else...if 分支。当满足条件 j > newEnd && j <= oldEnd 时，则开启一个 while 循环，并调用 unmount 函数逐个卸载这些遗留节点。

11.2 判断是否需要进行 DOM 移动操作

在上一节中，我们讲解了快速 Diff 算法的预处理过程，即处理相同的前置节点和后置节点。但是，上一节给出的例子比较理想化，当处理完相同的前置节点或后置节点后，新旧两组子节点中总会有一组子节点全部被处理完毕。在这种情况下，只需要简单地挂载、卸载节点即可。但有时情况会比较复杂，如图 11-15 中给出的例子。

在这个例子中，新旧两组子节点的顺序如下。

- 旧的一组子节点：p-1、p-2、p-3、p-4、p-6、p-5。
- 新的一组子节点：p-1、p-3、p-4、p-2、p-7、p-5。

可以看到，与旧的一组子节点相比，新的一组子节点多出了一个新节点 p-7，少了一个节点 p-6。这个例子并不像上一节给出的例子那样理想化，我们无法简单地通过预处理过程完成更新。在这个例子中，相同的前置节点只有 p-1，而相同的后置节点只有 p-5，如图 11-16 所示。

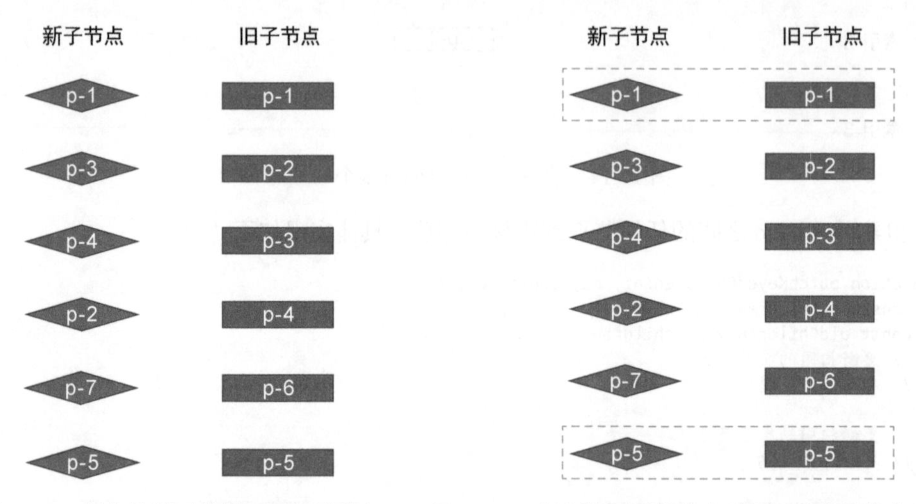

图 11-15 复杂情况下的新旧两组子节点　　图 11-16 复杂情况下仅有少量相同的前置节点和后置节点

图 11-17 给出了经过预处理后两组子节点的状态。

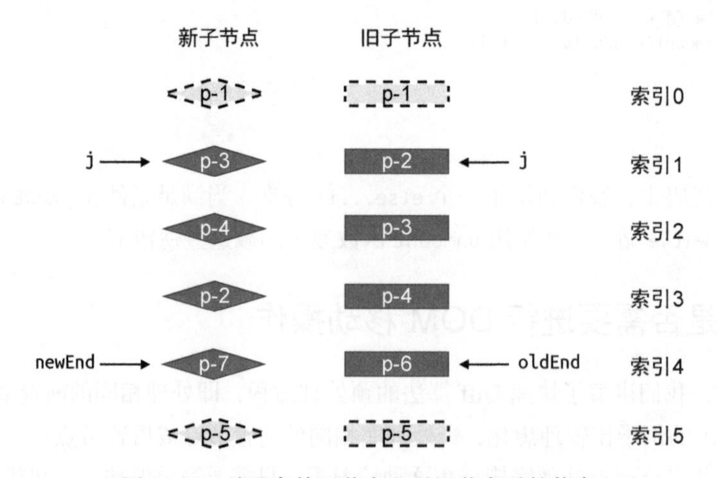

图 11-17 处理完前置节点和后置节点后的状态

可以看到，经过预处理后，无论是新的一组子节点，还是旧的一组子节点，都有部分节点未经处理。这时就需要我们进一步处理。怎么处理呢？其实无论是简单 Diff 算法，还是双端 Diff 算法，抑或本章介绍的快速 Diff 算法，它们都遵循同样的处理规则：

- 判断是否有节点需要移动，以及应该如何移动；
- 找出那些需要被添加或移除的节点。

所以接下来我们的任务就是，判断哪些节点需要移动，以及应该如何移动。观察图 11-17 可知，在这种非理想的情况下，当相同的前置节点和后置节点被处理完毕后，索引 `j`、`newEnd` 和 `oldEnd` 不满足下面两个条件中的任何一个：

- `j > oldEnd && j <= newEnd`
- `j > newEnd && j <= oldEnd`

因此，我们需要增加新的 `else` 分支来处理图 11-17 所示的情况，如下面的代码所示：

```
01  function patchKeyedChildren(n1, n2, container) {
02    const newChildren = n2.children
03    const oldChildren = n1.children
04    // 更新相同的前置节点
05    // 省略部分代码
06
07    // 更新相同的后置节点
08    // 省略部分代码
09
10    if (j > oldEnd && j <= newEnd) {
11      // 省略部分代码
12    } else if (j > newEnd && j <= oldEnd) {
13      // 省略部分代码
14    } else {
15      // 增加 else 分支来处理非理想情况
16    }
17
18  }
```

后续的处理逻辑将会编写在这个 `else` 分支内。知道了在哪里编写处理代码，接下来我们讲解具体的处理思路。首先，我们需要构造一个数组 `source`，它的长度等于新的一组子节点在经过预处理之后剩余未处理节点的数量，并且 `source` 中每个元素的初始值都是 `-1`，如图 11-18 所示。

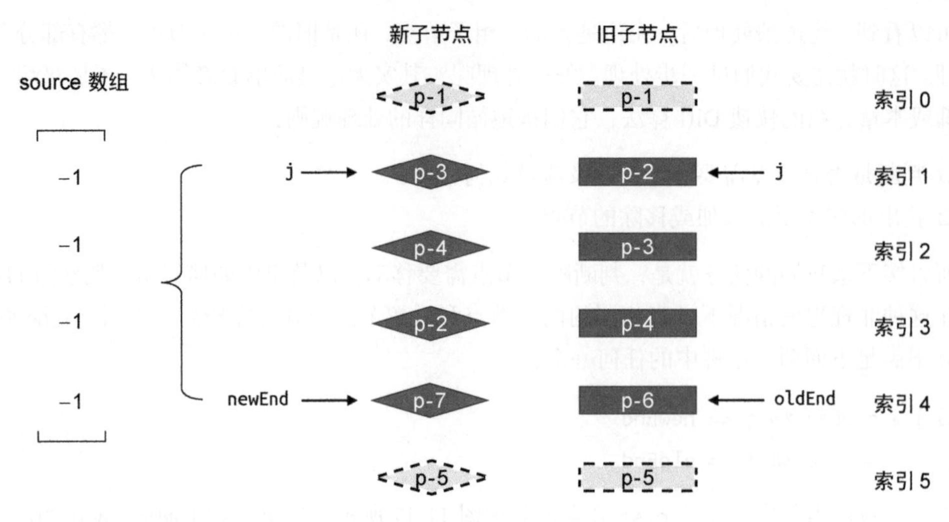

图 11-18　构造 source 数组

我们可以通过下面的代码完成 source 数组的构造：

```
01  if (j > oldEnd && j <= newEnd) {
02    // 省略部分代码
03  } else if (j > newEnd && j <= oldEnd) {
04    // 省略部分代码
05  } else {
06    // 构造 source 数组
07    // 新的一组子节点中剩余未处理节点的数量
08    const count = newEnd - j + 1
09    const source = new Array(count)
10    source.fill(-1)
11  }
```

如上面的代码所示。首先，我们需要计算新的一组子节点中剩余未处理节点的数量，即 `newEnd - j + 1`，然后创建一个长度与之相同的数组 source，最后使用 fill 函数完成数组的填充。那么，数组 source 的作用是什么呢？观察图 11-18 可以发现，数组 source 中的每一个元素分别与新的一组子节点中剩余未处理节点对应。实际上，**source 数组将用来存储新的一组子节点中的节点在旧的一组子节点中的位置索引，后面将会使用它计算出一个最长递增子序列，并用于辅助完成 DOM 移动的操作**，如图 11-19 所示。

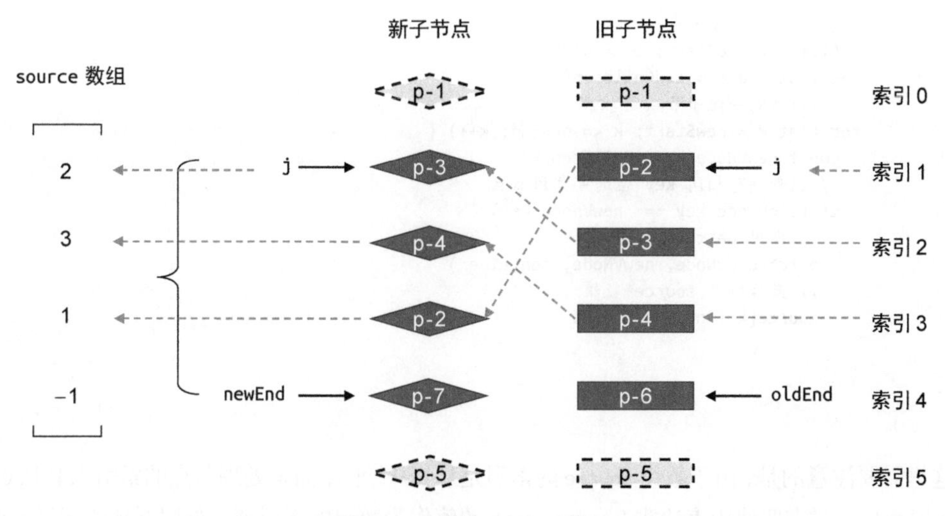

图 11-19 填充 source 数组

图 11-19 展示了填充 source 数组的过程。由于 source 数组存储的是新子节点在旧的一组子节点中的位置索引，所以有：

- 新的一组子节点中的节点 p-3 在旧的一组子节点中的索引为 2，因此 source 数组的第一个元素值为 2；
- 新的一组子节点中的节点 p-4 在旧的一组子节点中的索引为 3，因此 source 数组的第二个元素值为 3；
- 新的一组子节点中的节点 p-2 在旧的一组子节点中的索引为 1，因此 source 数组的第三个元素值为 1；
- 新的一组子节点中的节点 p-7 比较特殊，因为在旧的一组子节点中没有与其 key 值相等的节点，所以 source 数组的第四个元素值保留原来的 -1。

我们可以通过两层 for 循环来完成 source 数组的填充工作，外层循环用于遍历旧的一组子节点，内层循环用于遍历新的一组子节点：

```
01  if (j > oldEnd && j <= newEnd) {
02    // 省略部分代码
03  } else if (j > newEnd && j <= oldEnd) {
04    // 省略部分代码
05  } else {
06    const count = newEnd - j + 1
07    const source = new Array(count)
08    source.fill(-1)
09
10    // oldStart 和 newStart 分别为起始索引，即 j
11    const oldStart = j
12    const newStart = j
```

```
13      // 遍历旧的一组子节点
14      for (let i = oldStart; i <= oldEnd; i++) {
15        const oldVNode = oldChildren[i]
16        // 遍历新的一组子节点
17        for (let k = newStart; k <= newEnd; k++) {
18          const newVNode = newChildren[k]
19          // 找到拥有相同 key 值的可复用节点
20          if (oldVNode.key === newVNode.key) {
21            // 调用 patch 进行更新
22            patch(oldVNode, newVNode, container)
23            // 最后填充 source 数组
24            source[k - newStart] = i
25          }
26        }
27      }
28    }
```

这里需要注意的是，由于数组 source 的索引是从 0 开始的，而未处理节点的索引未必从 0 开始，所以在填充数组时需要使用表达式 k - newStart 的值作为数组的索引值。外层循环的变量 i 就是当前节点在旧的一组子节点中的位置索引，因此直接将变量 i 的值赋给 source[k - newStart] 即可。

现在，source 数组已经填充完毕，我们后面会用到它。不过在进一步讲解之前，我们需要回头思考一下上面那段用于填充 source 数组的代码存在怎样的问题。这段代码中我们采用了两层嵌套的循环，其时间复杂度为 O(n1 * n2)，其中 n1 和 n2 为新旧两组子节点的数量，我们也可以使用 O(n^2) 来表示。当新旧两组子节点的数量较多时，两层嵌套的循环会带来性能问题。出于优化的目的，我们可以为新的一组子节点构建一张**索引表**，用来存储节点的 key 和节点位置索引之间的映射，如图 11-20 所示。

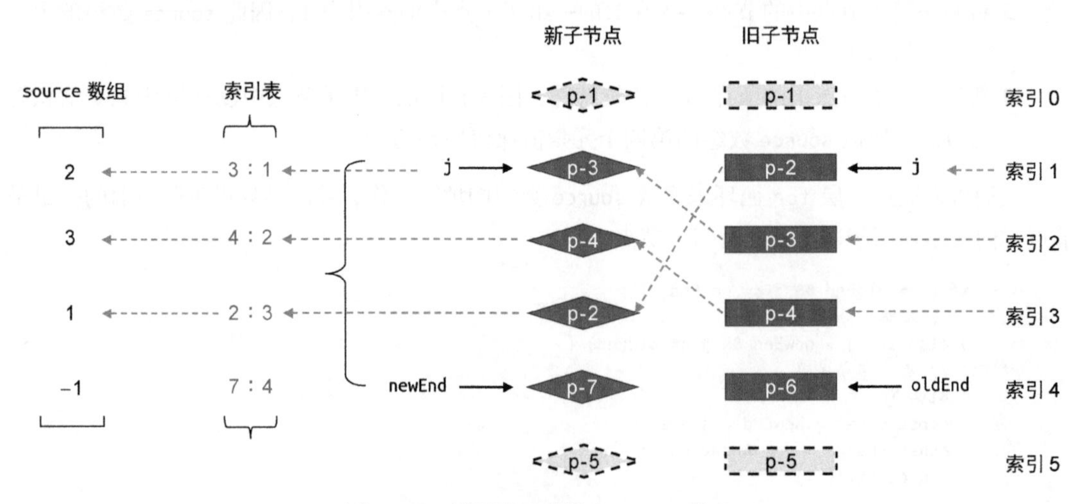

图 11-20　使用索引表填充 source 数组

有了索引表，我们就可以利用它快速地填充 source 数组，如下面的代码所示：

```
01  if (j > oldEnd && j <= newEnd) {
02    // 省略部分代码
03  } else if (j > newEnd && j <= oldEnd) {
04    // 省略部分代码
05  } else {
06    const count = newEnd - j + 1
07    const source = new Array(count)
08    source.fill(-1)
09
10    // oldStart 和 newStart 分别为起始索引，即 j
11    const oldStart = j
12    const newStart = j
13    // 构建索引表
14    const keyIndex = {}
15    for(let i = newStart; i <= newEnd; i++) {
16      keyIndex[newChildren[i].key] = i
17    }
18    // 遍历旧的一组子节点中剩余未处理的节点
19    for(let i = oldStart; i <= oldEnd; i++) {
20      oldVNode = oldChildren[i]
21      // 通过索引表快速找到新的一组子节点中具有相同 key 值的节点位置
22      const k = keyIndex[oldVNode.key]
23
24      if (typeof k !== 'undefined') {
25        newVNode = newChildren[k]
26        // 调用 patch 函数完成更新
27        patch(oldVNode, newVNode, container)
28        // 填充 source 数组
29        source[k - newStart] = i
30      } else {
31        // 没找到
32        unmount(oldVNode)
33      }
34    }
35  }
```

在上面这段代码中，同样使用了两个 for 循环，不过它们不再是嵌套的关系，所以能够将代码的时间复杂度降至 O(n)。其中，第一个 for 循环用来构建索引表，索引表存储的是节点的 key 值与节点在新的一组子节点中位置索引之间的映射，第二个 for 循环用来遍历旧的一组子节点。可以看到，我们拿旧子节点的 key 值去索引表 keyIndex 中查找该节点在新的一组子节点中的位置，并将查找结果存储到变量 k 中。如果 k 存在，说明该节点是可复用的，所以我们调用 patch 函数进行打补丁，并填充 source 数组；否则说明该节点已经不存在于新的一组子节点中了，这时我们需要调用 unmount 函数卸载它。

上述流程执行完毕后，source 数组已经填充完毕了。接下来我们应该思考的是，如何判断节点是否需要移动。实际上，快速 Diff 算法判断节点是否需要移动的方法与简单 Diff 算法类似，如下面的代码所示：

```
01  if (j > oldEnd && j <= newEnd) {
02    // 省略部分代码
03  } else if (j > newEnd && j <= oldEnd) {
```

```
04      // 省略部分代码
05    } else {
06      // 构造 source 数组
07      const count = newEnd - j + 1  // 新的一组子节点中剩余未处理节点的数量
08      const source = new Array(count)
09      source.fill(-1)
10
11      const oldStart = j
12      const newStart = j
13      // 新增两个变量，moved 和 pos
14      let moved = false
15      let pos = 0
16
17      const keyIndex = {}
18      for(let i = newStart; i <= newEnd; i++) {
19        keyIndex[newChildren[i].key] = i
20      }
21      for(let i = oldStart; i <= oldEnd; i++) {
22        oldVNode = oldChildren[i]
23        const k = keyIndex[oldVNode.key]
24
25        if (typeof k !== 'undefined') {
26          newVNode = newChildren[k]
27          patch(oldVNode, newVNode, container)
28          source[k - newStart] = i
29          // 判断节点是否需要移动
30          if (k < pos) {
31            moved = true
32          } else {
33            pos = k
34          }
35        } else {
36          unmount(oldVNode)
37        }
38      }
39    }
```

在上面这段代码中，我们新增了两个变量 moved 和 pos。前者的初始值为 false，代表是否需要移动节点，后者的初始值为 0，代表遍历旧的一组子节点的过程中遇到的最大索引值 k。我们在讲解简单 Diff 算法时曾提到，如果在遍历过程中遇到的索引值呈现递增趋势，则说明不需要移动节点，反之则需要。所以在第二个 for 循环内，我们通过比较变量 k 与变量 pos 的值来判断是否需要移动节点。

除此之外，我们还需要一个数量标识，代表**已经更新过的节点数量**。我们知道，**已经更新过的节点数量**应该小于新的一组子节点中需要更新的节点数量。一旦前者超过后者，则说明有多余的节点，我们应该将它们卸载，如下面的代码所示：

```
01  if (j > oldEnd && j <= newEnd) {
02    // 省略部分代码
03  } else if (j > newEnd && j <= oldEnd) {
04    // 省略部分代码
```

```
05   } else {
06     // 构造 source 数组
07     const count = newEnd - j + 1
08     const source = new Array(count)
09     source.fill(-1)
10
11     const oldStart = j
12     const newStart = j
13     let moved = false
14     let pos = 0
15     const keyIndex = {}
16     for(let i = newStart; i <= newEnd; i++) {
17       keyIndex[newChildren[i].key] = i
18     }
19     // 新增 patched 变量，代表更新过的节点数量
20     let patched = 0
21     for(let i = oldStart; i <= oldEnd; i++) {
22       oldVNode = oldChildren[i]
23       // 如果更新过的节点数量小于等于需要更新的节点数量，则执行更新
24       if (patched <= count) {
25         const k = keyIndex[oldVNode.key]
26         if (typeof k !== 'undefined') {
27           newVNode = newChildren[k]
28           patch(oldVNode, newVNode, container)
29           // 每更新一个节点，都将 patched 变量 +1
30           patched++
31           source[k - newStart] = i
32           if (k < pos) {
33             moved = true
34           } else {
35             pos = k
36           }
37         } else {
38           // 没找到
39           unmount(oldVNode)
40         }
41       } else {
42         // 如果更新过的节点数量大于需要更新的节点数量，则卸载多余的节点
43         unmount(oldVNode)
44       }
45     }
46   }
```

在上面这段代码中，我们增加了 patched 变量，其初始值为 0，代表更新过的节点数量。接着，在第二个 for 循环中增加了判断 patched <= count，如果此条件成立，则正常执行更新，并且每次更新后都让变量 patched 自增；否则说明剩余的节点都是多余的，于是调用 unmount 函数将它们卸载。

现在，我们通过判断变量 moved 的值，已经能够知道是否需要移动节点，同时也处理了很多边界条件。接下来我们讨论如何移动节点。

11.3 如何移动元素

在上一节中，我们实现了两个目标。

- 判断是否需要进行 DOM 移动操作。我们创建了变量 moved 作为标识，当它的值为 true 时，说明需要进行 DOM 移动操作。
- 构建 source 数组。该数组的长度等于新的一组子节点去掉相同的前置/后置节点后，剩余未处理节点的数量。source 数组中存储着新的一组子节点中的节点在旧的一组子节点中的位置，后面我们会根据 source 数组计算出一个**最长递增子序列**，用于 DOM 移动操作。

接下来，我们讨论如何进行 DOM 移动操作，如下面的代码所示：

```
01  if (j > oldEnd && j <= newEnd) {
02    // 省略部分代码
03  } else if (j > newEnd && j <= oldEnd) {
04    // 省略部分代码
05  } else {
06    // 省略部分代码
07    for(let i = oldStart; i <= oldEnd; i++) {
08      // 省略部分代码
09    }
10
11    if (moved) {
12      // 如果 moved 为真，则需要进行 DOM 移动操作
13    }
14  }
```

在上面这段代码中，我们在 for 循环后增加了一个 if 判断分支。如果变量 moved 的值为 true，则说明需要进行 DOM 移动操作，所以用于 DOM 移动操作的逻辑将编写在该 if 语句块内。

为了进行 DOM 移动操作，我们首先要根据 source 数组计算出它的最长递增子序列。source 数组仍然取用在 11.2 节中给出的例子，如图 11-21 所示。

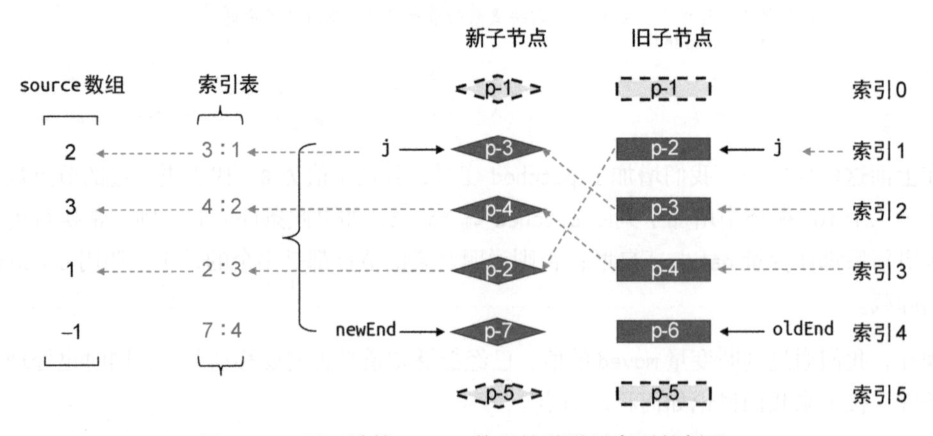

图 11-21　用于计算 source 数组的递增子序列的例子

在这个例子中，我们计算出 source 数组为 [2, 3, 1, -1]。那么，该数组的最长递增子序列是什么呢？这就需要我们了解最长递增子序列的概念。为此，我们先要搞清楚什么是一个序列的递增子序列。简单来说，给定一个数值序列，找到它的一个子序列，并且该子序列中的值是递增的，子序列中的元素在原序列中不一定连续。一个序列可能有很多个递增子序列，其中最长的那一个就称为最长递增子序列。举个例子，假设给定数值序列 [0, 8, 4, 12]，那么它的最长递增子序列就是 [0, 8, 12]。当然，对于同一个数值序列来说，它的最长递增子序列可能有多个，例如 [0, 4, 12] 也是本例的答案之一。

理解了什么是最长递增子序列，接下来我们就可以求解 source 数组的最长递增子序列了，如下面的代码所示：

```
01  if (moved) {
02    // 计算最长递增子序列
03    const seq = lis(sources) // [ 0, 1 ]
04  }
```

在上面这段代码中，我们使用 lis 函数计算一个数组的最长递增子序列。lis 函数接收 source 数组作为参数，并返回 source 数组的最长递增子序列之一。在上例中，你可能疑惑为什么通过 lis 函数计算得到的是 [0, 1]？实际上，source 数组 [2, 3, 1, -1] 的最长递增子序列应该是 [2, 3]，但我们得到的结果是 [0, 1]，这是为什么呢？这是因为 lis 函数的返回结果是最长递增子序列中的元素在 source 数组中的位置索引，如图 11-22 所示。

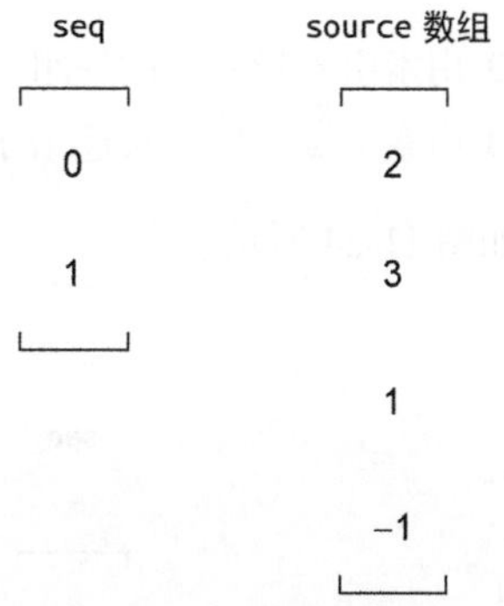

seq	source 数组
0	2
1	3
	1
	-1

图 11-22 递增子序列中存储的是 source 数组内元素的位置索引

因为 source 数组的最长递增子序列为 [2, 3]，其中元素 2 在该数组中的索引为 0，而元素 3 在该数组中的索引为 1，所以最终结果为 [0, 1]。

有了最长递增子序列的索引信息后，下一步要重新对节点进行编号，如图 11-23 所示。

观察图 11-23，在编号时，我们忽略了经过预处理的节点 p-1 和 p-5。所以，索引为 0 的节点是 p-2，而索引为 1 节点是 p-3，以此类推。重新编号是为了让子序列 seq 与新的索引值产生对应关系。其实，最长递增子序列 seq 拥有一个非常重要的意义。以上例来说，子序列 seq 的值为 [0, 1]，它的含义是：**在新的一组子节点中，重新编号后索引值为 0 和 1 的这两个节点在更新前后顺序没有发生变化**。换句话说，重新编号后，索引值为 0 和 1 的节点不需要移动。在新的一组子节点中，节点 p-3 的索引为 0，节点 p-4 的索引为 1，所以节点 p-3 和 p-4 所对应的真实 DOM 不需要移动。换句话说，只有节点 p-2 和 p-7 可能需要移动。

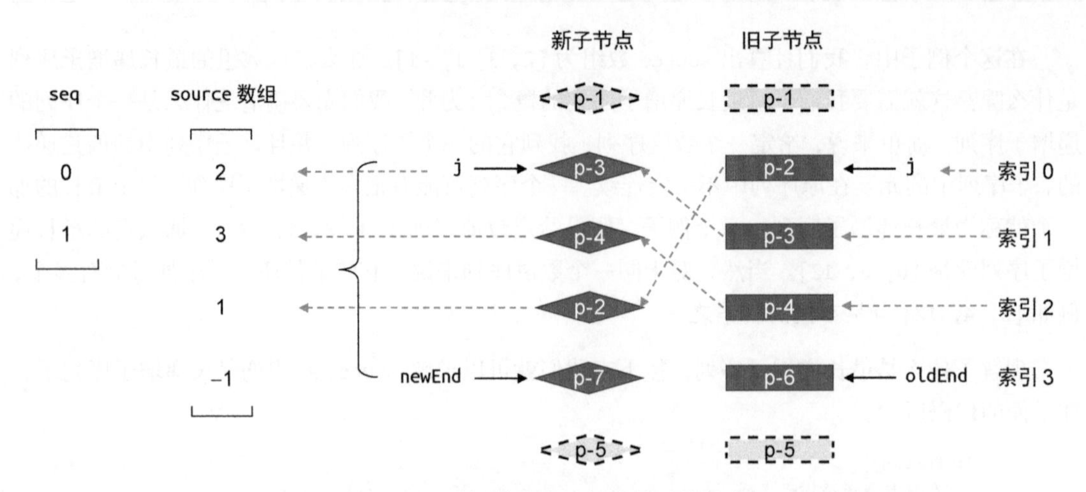

图 11-23　重新对节点进行编号后的状态

为了完成节点的移动，我们还需要创建两个索引值 i 和 s：

- 用索引 i 指向新的一组子节点中的最后一个节点；
- 用索引 s 指向最长递增子序列中的最后一个元素。

如图 11-24 所示。

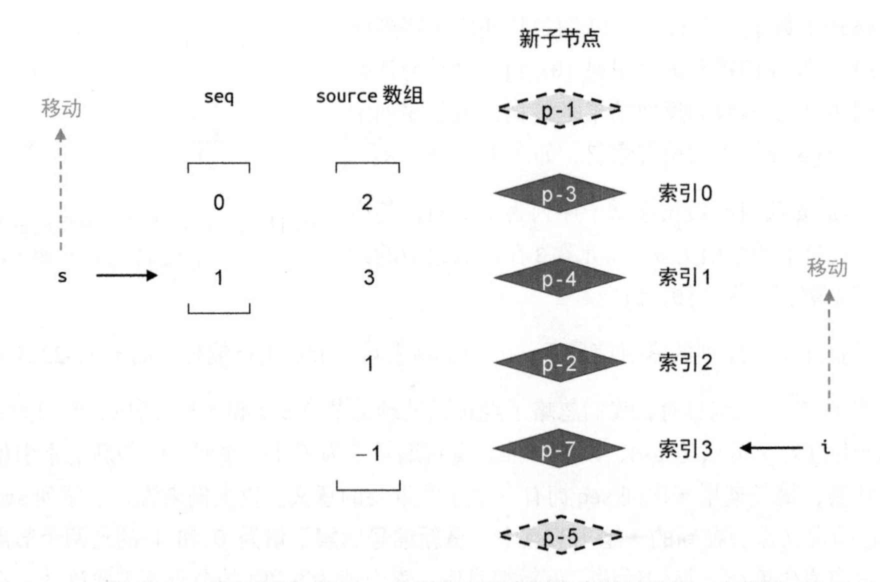

图 11-24　建立索引 s 和 i，分别指向子序列和索引的最后一个位置

观察图 11-24，为了简化图示，我们去掉了旧的一组子节点以及无关的线条和变量。接下来，我们将开启一个 for 循环，让变量 i 和 s 按照图 11-24 中箭头的方向移动，如下面的代码所示：

```
01  if (moved) {
02    const seq = lis(sources)
03
04    // s 指向最长递增子序列的最后一个元素
05    let s = seq.length - 1
06    // i 指向新的一组子节点的最后一个元素
07    let i = count - 1
08    // for 循环使得 i 递减，即按照图 11-24 中箭头的方向移动
09    for (i; i >= 0; i--) {
10      if (i !== seq[s]) {
11        // 如果节点的索引 i 不等于 seq[s] 的值，说明该节点需要移动
12      } else {
13        // 当 i === seq[s] 时，说明该位置的节点不需要移动
14        // 只需要让 s 指向下一个位置
15        s--
16      }
17    }
18  }
```

其中，for 循环的目的是让变量 i 按照图 11-24 中箭头的方向移动，以便能够逐个访问新的一组子节点中的节点，这里的变量 i 就是节点的索引。在 for 循环内，判断条件 i !== seq[s]，如果节点的索引 i 不等于 seq[s] 的值，则说明该节点对应的真实 DOM 需要移动，否则说明当前访问的节点不需要移动，但这时变量 s 需要按照图 11-24 中箭头的方向移动，即让变量 s 递减。

接下来我们就按照上述思路执行更新。初始时索引 i 指向节点 p-7。由于节点 p-7 对应的 source 数组中相同位置的元素值为 -1，所以我们应该将节点 p-7 作为全新的节点进行挂载，如下面的代码所示：

```
01  if (moved) {
02    const seq = lis(sources)
03
04    // s 指向最长递增子序列的最后一个元素
05    let s = seq.length - 1
06    // i 指向新的一组子节点的最后一个元素
07    let i = count - 1
08    // for 循环使得 i 递减，即按照图 11-24 中箭头的方向移动
09    for (i; i >= 0; i--) {
10      if (source[i] === -1) {
11        // 说明索引为 i 的节点是全新的节点，应该将其挂载
12        // 该节点在新 children 中的真实位置索引
13        const pos = i + newStart
14        const newVNode = newChildren[pos]
15        // 该节点的下一个节点的位置索引
16        const nextPos = pos + 1
17        // 锚点
18        const anchor = nextPos < newChildren.length
19          ? newChildren[nextPos].el
20          : null
21        // 挂载
22        patch(null, newVNode, container, anchor)
23      } else if (i !== seq[s]) {
```

```
24          // 如果节点的索引 i 不等于 seq[s] 的值，说明该节点需要移动
25        } else {
26          // 当 i === seq[s] 时，说明该位置的节点不需要移动
27          // 只需要让 s 指向下一个位置
28          s--
29        }
30      }
31    }
```

如果 source[i] 的值为 -1，则说明索引为 i 的节点是全新的节点，于是我们调用 patch 函数将其挂载到容器中。这里需要注意的是，由于索引 i 是重新编号后的，因此为了得到真实索引值，我们需要计算表达式 i + newStart 的值。

新节点创建完毕后，for 循环已经执行了一次，此时索引 i 向上移动一步，指向了节点 p-2，如图 11-25 所示。

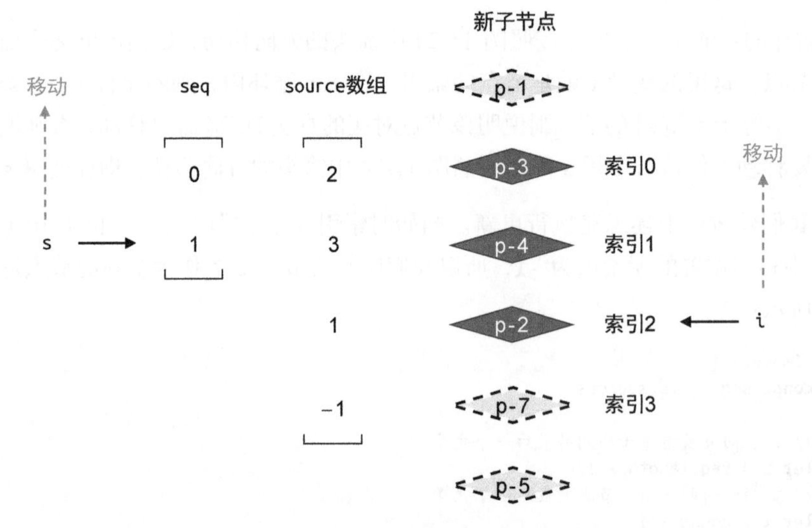

图 11-25　节点以及索引的当前状态

接着，进行下一轮 for 循环，步骤如下。

- 第一步：source[i] 是否等于 -1？很明显，此时索引 i 的值为 2，source[2] 的值等于 1，因此节点 p-2 不是全新的节点，不需要挂载它，进行下一步的判断。
- 第二步：i !== seq[s] 是否成立？此时索引 i 的值为 2，索引 s 的值为 1。因此 2 !== seq[1] 成立，节点 p-2 所对应的真实 DOM 需要移动。

在第二步中，我们知道了节点 p-2 所对应的真实 DOM 应该移动。实现代码如下：

```
01  if (moved) {
02    const seq = lis(sources)
03
```

```
04      // s 指向最长递增子序列的最后一个元素
05      let s = seq.length - 1
06      let i = count - 1
07      for (i; i >= 0; i--) {
08        if (source[i] === -1) {
09          // 省略部分代码
10        } else if (i !== seq[s]) {
11          // 说明该节点需要移动
12          // 该节点在新的一组子节点中的真实位置索引
13          const pos = i + newStart
14          const newVNode = newChildren[pos]
15          // 该节点的下一个节点的位置索引
16          const nextPos = pos + 1
17          // 锚点
18          const anchor = nextPos < newChildren.length
19            ? newChildren[nextPos].el
20            : null
21          // 移动
22          insert(newVNode.el, container, anchor)
23        } else {
24          // 当 i === seq[s] 时，说明该位置的节点不需要移动
25          // 并让 s 指向下一个位置
26          s--
27        }
28      }
29    }
```

可以看到，移动节点的实现思路类似于挂载全新的节点。不同点在于，移动节点是通过 `insert` 函数来完成的。

接着，进行下一轮的循环。此时索引 `i` 指向节点 `p-4`，如图 11-26 所示。

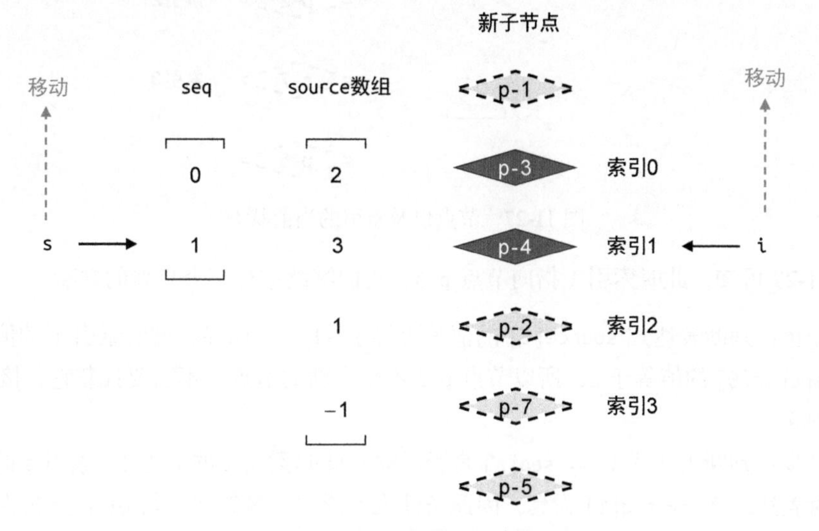

图 11-26　节点以及索引的当前状态

更新过程仍然分为三个步骤。

- 第一步：判断表达式 `source[i]` 的值是否等于 `-1`？很明显，此时索引 `i` 的值为 `1`，表达式 `source[1]` 的值等于 `3`，条件不成立。所以节点 `p-4` 不是全新的节点，不需要挂载它。接着进行下一步判断。
- 第二步：判断表达式 `i !== seq[s]` 是否成立？此时索引 `i` 的值为 `1`，索引 `s` 的值为 `1`。这时表达式 `1 === seq[1]` 为真，所以条件 `i !== seq[s]` 也不成立。
- 第三步：由于第一步和第二步中的条件都不成立，所以代码会执行最终的 `else` 分支。这意味着，节点 `p-4` 所对应的真实 DOM 不需要移动，但我们仍然需要让索引 `s` 的值递减，即 `s--`。

经过三步判断之后，我们得出结论：节点 `p-4` 不需要移动。于是进行下一轮循环，此时的状态如图 11-27 所示。

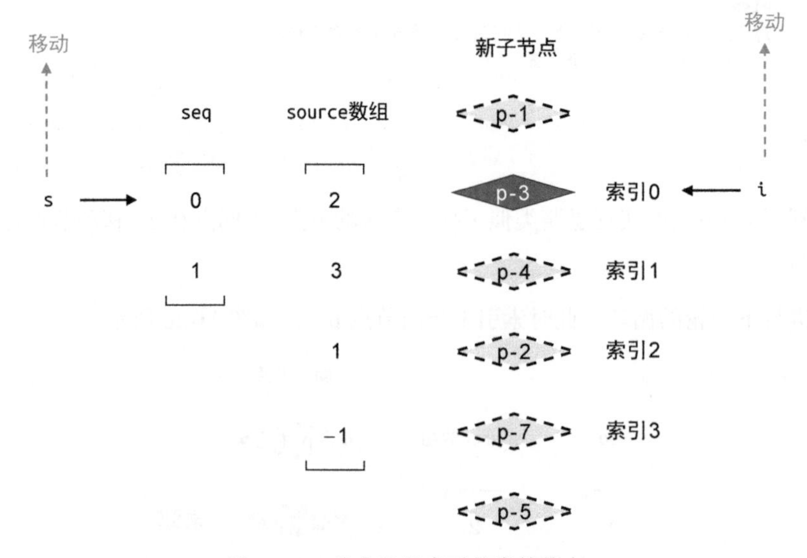

图 11-27　节点以及索引的当前状态

由图 11-27 可知，此时索引 `i` 指向节点 `p-3`。我们继续进行三个步骤的判断。

- 第一步：判断表达式 `source[i]` 的值是否等于 `-1`？很明显，此时索引 `i` 的值为 `0`，表达式 `source[0]` 的值等于 `2`，所以节点 `p-3` 不是全新的节点，不需要挂载它，接着进行下一步判断。
- 第二步：判断表达式 `i !== seq[s]` 是否成立？此时索引 `i` 的值为 `0`，索引 `s` 的值也为 `0`。这时表达式 `0 === seq[0]` 为真，因此条件也不成立，最终将执行 `else` 分支的代码，也就是第三步。

❑ 第三步：到了这里，意味着节点 `p-3` 所对应的真实 DOM 也不需要移动。

在这一轮更新完成之后，循环将会停止，更新完成。

需要强调的是，关于给定序列的递增子序列的求法不在本书的讲解范围内，网络上有大量文章讲解了这方面的内容，读者可以自行查阅。如下是用于求解给定序列的最长递增子序列的代码，取自 Vue.js 3：

```
01  function getSequence(arr) {
02    const p = arr.slice()
03    const result = [0]
04    let i, j, u, v, c
05    const len = arr.length
06    for (i = 0; i < len; i++) {
07      const arrI = arr[i]
08      if (arrI !== 0) {
09        j = result[result.length - 1]
10        if (arr[j] < arrI) {
11          p[i] = j
12          result.push(i)
13          continue
14        }
15        u = 0
16        v = result.length - 1
17        while (u < v) {
18          c = ((u + v) / 2) | 0
19          if (arr[result[c]] < arrI) {
20            u = c + 1
21          } else {
22            v = c
23          }
24        }
25        if (arrI < arr[result[u]]) {
26          if (u > 0) {
27            p[i] = result[u - 1]
28          }
29          result[u] = i
30        }
31      }
32    }
33    u = result.length
34    v = result[u - 1]
35    while (u-- > 0) {
36      result[u] = v
37      v = p[v]
38    }
39    return result
40  }
```

11.4　总结

快速 Diff 算法在实测中性能最优。它借鉴了文本 Diff 中的预处理思路，先处理新旧两组子节点中相同的前置节点和相同的后置节点。当前置节点和后置节点全部处理完毕后，如果无法简单地通过挂载新节点或者卸载已经不存在的节点来完成更新，则需要根据节点的索引关系，构造出一个最长递增子序列。最长递增子序列所指向的节点即为不需要移动的节点。

第四篇

组　件　化

第 12 章

组件的实现原理

在上一篇中，我们着重讲解了渲染器的基本原理与实现。渲染器主要负责将虚拟 DOM 渲染为真实 DOM，我们只需要使用虚拟 DOM 来描述最终呈现的内容即可。但当我们编写比较复杂的页面时，用来描述页面结构的虚拟 DOM 的代码量会变得越来越多，或者说页面模板会变得越来越大。这时，我们就需要组件化的能力。有了组件，我们就可以将一个大的页面拆分为多个部分，每一个部分都可以作为单独的组件，这些组件共同组成完整的页面。组件化的实现同样需要渲染器的支持，从本章开始，我们将详细讨论 Vue.js 中的组件化。

12.1 渲染组件

从用户的角度来看，一个有状态组件就是一个选项对象，如下面的代码所示：

```
01  // MyComponent 是一个组件，它的值是一个选项对象
02  const MyComponent = {
03    name: 'MyComponent',
04    data() {
05      return { foo: 1 }
06    }
07  }
```

但是，如果从渲染器的内部实现来看，一个组件则是一个特殊类型的虚拟 DOM 节点。例如，为了描述普通标签，我们用虚拟节点的 `vnode.type` 属性来存储标签名称，如下面的代码所示：

```
01  // 该 vnode 用来描述普通标签
02  const vnode = {
03    type: 'div'
04    // ...
05  }
```

为了描述片段，我们让虚拟节点的 `vnode.type` 属性的值为 `Fragment`，例如：

```
01  // 该 vnode 用来描述片段
02  const vnode = {
03    type: Fragment
04    // ...
05  }
```

为了描述文本，我们让虚拟节点的 vnode.type 属性的值为 Text，例如：

```
01  // 该 vnode 用来描述文本节点
02  const vnode = {
03    type: Text
04    // ...
05  }
```

渲染器的 patch 函数证明了上述内容，如下是我们在第三篇中实现的 patch 函数的代码：

```
01  function patch(n1, n2, container, anchor) {
02    if (n1 && n1.type !== n2.type) {
03      unmount(n1)
04      n1 = null
05    }
06
07    const { type } = n2
08
09    if (typeof type === 'string') {
10      // 作为普通元素处理
11    } else if (type === Text) {
12      // 作为文本节点处理
13    } else if (type === Fragment) {
14      // 作为片段处理
15    }
16  }
```

可以看到，渲染器会使用虚拟节点的 type 属性来区分其类型。对于不同类型的节点，需要采用不同的处理方法来完成挂载和更新。

实际上，对于组件来说也是一样的。为了使用虚拟节点来描述组件，我们可以用虚拟节点的 vnode.type 属性来存储组件的选项对象，例如：

```
01  // 该 vnode 用来描述组件，type 属性存储组件的选项对象
02  const vnode = {
03    type: MyComponent
04    // ...
05  }
```

为了让渲染器能够处理组件类型的虚拟节点，我们还需要在 patch 函数中对组件类型的虚拟节点进行处理，如下面的代码所示：

```
01  function patch(n1, n2, container, anchor) {
02    if (n1 && n1.type !== n2.type) {
03      unmount(n1)
04      n1 = null
05    }
06
07    const { type } = n2
08
09    if (typeof type === 'string') {
10      // 作为普通元素处理
```

```
11      } else if (type === Text) {
12        // 作为文本节点处理
13      } else if (type === Fragment) {
14        // 作为片段处理
15      } else if (typeof type === 'object') {
16        // vnode.type 的值是选项对象，作为组件来处理
17        if (!n1) {
18          // 挂载组件
19          mountComponent(n2, container, anchor)
20        } else {
21          // 更新组件
22          patchComponent(n1, n2, anchor)
23        }
24      }
25    }
```

在上面这段代码中，我们新增了一个 else if 分支，用来处理虚拟节点的 vnode.type 属性值为对象的情况，即将该虚拟节点作为组件的描述来看待，并调用 mountComponent 和 patchComponent 函数来完成组件的挂载和更新。

渲染器有能力处理组件后，下一步我们要做的是，设计组件在用户层面的接口。这包括：用户应该如何编写组件？组件的选项对象必须包含哪些内容？以及组件拥有哪些能力？等等。实际上，组件本身是对页面内容的封装，它用来描述页面内容的一部分。因此，一个组件必须包含一个渲染函数，即 render 函数，并且渲染函数的返回值应该是虚拟 DOM。换句话说，组件的渲染函数就是用来描述组件所渲染内容的接口，如下面的代码所示：

```
01    const MyComponent = {
02      // 组件名称，可选
03      name: 'MyComponent',
04      // 组件的渲染函数，其返回值必须为虚拟 DOM
05      render() {
06        // 返回虚拟 DOM
07        return {
08          type: 'div',
09          children: `我是文本内容`
10        }
11      }
12    }
```

这是一个最简单的组件示例。有了基本的组件结构之后，渲染器就可以完成组件的渲染，如下面的代码所示：

```
01    // 用来描述组件的 VNode 对象，type 属性值为组件的选项对象
02    const CompVNode = {
03      type: MyComponent
04    }
05    // 调用渲染器来渲染组件
06    renderer.render(CompVNode, document.querySelector('#app'))
```

渲染器中真正完成组件渲染任务的是 mountComponent 函数，其具体实现如下所示：

```
01  function mountComponent(vnode, container, anchor) {
02    // 通过 vnode 获取组件的选项对象，即 vnode.type
03    const componentOptions = vnode.type
04    // 获取组件的渲染函数 render
05    const { render } = componentOptions
06    // 执行渲染函数，获取组件要渲染的内容，即 render 函数返回的虚拟 DOM
07    const subTree = render()
08    // 最后调用 patch 函数来挂载组件所描述的内容，即 subTree
09    patch(null, subTree, container, anchor)
10  }
```

这样，我们就实现了最基本的组件化方案。

12.2 组件状态与自更新

在上一节中，我们完成了组件的初始渲染。接下来，我们尝试为组件设计自身的状态，如下面的代码所示：

```
01  const MyComponent = {
02    name: 'MyComponent',
03    // 用 data 函数来定义组件自身的状态
04    data() {
05      return {
06        foo: 'hello world'
07      }
08    },
09    render() {
10      return {
11        type: 'div',
12        children: `foo 的值是: ${this.foo}` // 在渲染函数内使用组件状态
13      }
14    }
15  }
```

在上面这段代码中，我们约定用户必须使用 data 函数来定义组件自身的状态，同时可以在渲染函数中通过 this 访问由 data 函数返回的状态数据。

下面的代码实现了组件自身状态的初始化：

```
01  function mountComponent(vnode, container, anchor) {
02    const componentOptions = vnode.type
03    const { render, data } = componentOptions
04
05    // 调用 data 函数得到原始数据，并调用 reactive 函数将其包装为响应式数据
06    const state = reactive(data())
07    // 调用 render 函数时，将其 this 设置为 state，
08    // 从而 render 函数内部可以通过 this 访问组件自身状态数据
09    const subTree = render.call(state, state)
10    patch(null, subTree, container, anchor)
11  }
```

如上面的代码所示，实现组件自身状态的初始化需要两个步骤：

- 通过组件的选项对象取得 data 函数并执行，然后调用 reactive 函数将 data 函数返回的状态包装为响应式数据；
- 在调用 render 函数时，将其 this 的指向设置为响应式数据 state，同时将 state 作为 render 函数的第一个参数传递。

经过上述两步工作后，我们就实现了对组件自身状态的支持，以及在渲染函数内访问组件自身状态的能力。

当组件自身状态发生变化时，我们需要有能力触发组件更新，即组件的自更新。为此，我们需要将整个渲染任务包装到一个 effect 中，如下面的代码所示：

```
01  function mountComponent(vnode, container, anchor) {
02    const componentOptions = vnode.type
03    const { render, data } = componentOptions
04
05    const state = reactive(data())
06
07    // 将组件的 render 函数调用包装到 effect 内
08    effect(() => {
09      const subTree = render.call(state, state)
10      patch(null, subTree, container, anchor)
11    })
12  }
```

这样，一旦组件自身的响应式数据发生变化，组件就会自动重新执行渲染函数，从而完成更新。但是，由于 effect 的执行是同步的，因此当响应式数据发生变化时，与之关联的副作用函数会同步执行。换句话说，如果多次修改响应式数据的值，将会导致渲染函数执行多次，这实际上是没有必要的。因此，我们需要设计一个机制，以使得无论对响应式数据进行多少次修改，副作用函数都只会重新执行一次。为此，我们需要实现一个调度器，当副作用函数需要重新执行时，我们不会立即执行它，而是将它缓冲到一个微任务队列中，等到执行栈清空后，再将它从微任务队列中取出并执行。有了缓存机制，我们就有机会对任务进行去重，从而避免多次执行副作用函数带来的性能开销。具体实现如下：

```
01  // 任务缓存队列，用一个 Set 数据结构来表示，这样就可以自动对任务进行去重
02  const queue = new Set()
03  // 一个标志，代表是否正在刷新任务队列
04  let isFlushing = false
05  // 创建一个立即 resolve 的 Promise 实例
06  const p = Promise.resolve()
07
08  // 调度器的主要函数，用来将一个任务添加到缓冲队列中，并开始刷新队列
09  function queueJob(job) {
10    // 将 job 添加到任务队列 queue 中
11    queue.add(job)
```

```
12    // 如果还没有开始刷新队列，则刷新之
13    if (!isFlushing) {
14      // 将该标志设置为 true 以避免重复刷新
15      isFlushing = true
16      // 在微任务中刷新缓冲队列
17      p.then(() => {
18        try {
19          // 执行任务队列中的任务
20          queue.forEach(job => job())
21        } finally {
22          // 重置状态
23          isFlushing = false
24          queue.clear = 0
25        }
26      })
27    }
28  }
```

上面是调度器的最小实现，本质上利用了微任务的异步执行机制，实现对副作用函数的缓冲。其中 queueJob 函数是调度器最主要的函数，用来将一个任务或副作用函数添加到缓冲队列中，并开始刷新队列。有了 queueJob 函数之后，我们可以在创建渲染副作用时使用它，如下面的代码所示：

```
01  function mountComponent(vnode, container, anchor) {
02    const componentOptions = vnode.type
03    const { render, data } = componentOptions
04
05    const state = reactive(data())
06
07    effect(() => {
08      const subTree = render.call(state, state)
09      patch(null, subTree, container, anchor)
10    }, {
11      // 指定该副作用函数的调度器为 queueJob 即可
12      scheduler: queueJob
13    })
14  }
```

这样，当响应式数据发生变化时，副作用函数不会立即同步执行，而是会被 queueJob 函数调度，最后在一个微任务中执行。

不过，上面这段代码存在缺陷。可以看到，我们在 effect 函数内调用 patch 函数完成渲染时，第一个参数总是 null。这意味着，每次更新发生时都会进行全新的挂载，而不会打补丁，这是不正确的。正确的做法是：每次更新时，都拿新的 subTree 与上一次组件所渲染的 subTree 进行打补丁。为此，我们需要实现组件实例，用它来维护组件整个生命周期的状态，这样渲染器才能够在正确的时机执行合适的操作。

12.3 组件实例与组件的生命周期

组件实例本质上就是一个状态集合（或一个对象），它维护着组件运行过程中的所有信息，例如注册到组件的生命周期函数、组件渲染的子树（subTree）、组件是否已经被挂载、组件自身的状态（data），等等。为了解决上一节中关于组件更新的问题，我们需要引入组件实例的概念，以及与之相关的状态信息，如下面的代码所示：

```
01  function mountComponent(vnode, container, anchor) {
02    const componentOptions = vnode.type
03    const { render, data } = componentOptions
04
05    const state = reactive(data())
06
07    // 定义组件实例，一个组件实例本质上就是一个对象，它包含与组件有关的状态信息
08    const instance = {
09      // 组件自身的状态数据，即 data
10      state,
11      // 一个布尔值，用来表示组件是否已经被挂载，初始值为 false
12      isMounted: false,
13      // 组件所渲染的内容，即子树（subTree）
14      subTree: null
15    }
16
17    // 将组件实例设置到 vnode 上，用于后续更新
18    vnode.component = instance
19
20    effect(() => {
21      // 调用组件的渲染函数，获得子树
22      const subTree = render.call(state, state)
23      // 检查组件是否已经被挂载
24      if (!instance.isMounted) {
25        // 初次挂载，调用 patch 函数第一个参数传递 null
26        patch(null, subTree, container, anchor)
27        // 重点：将组件实例的 isMounted 设置为 true，这样当更新发生时就不会再次进行挂载操作，
28        // 而是会执行更新
29        instance.isMounted = true
30      } else {
31        // 当 isMounted 为 true 时，说明组件已经被挂载，只需要完成自更新即可，
32        // 所以在调用 patch 函数时，第一个参数为组件上一次渲染的子树，
33        // 意思是，使用新的子树与上一次渲染的子树进行打补丁操作
34        patch(instance.subTree, subTree, container, anchor)
35      }
36      // 更新组件实例的子树
37      instance.subTree = subTree
38    }, { scheduler: queueJob })
39  }
```

在上面这段代码中，我们使用一个对象来表示组件实例，该对象有三个属性。

- state：组件自身的状态数据，即 data。

- isMounted：一个布尔值，用来表示组件是否被挂载。
- subTree：存储组件的渲染函数返回的虚拟 DOM，即组件的子树（subTree）。

实际上，我们可以在需要的时候，任意地在组件实例 instance 上添加需要的属性。但需要注意的是，我们应该尽可能保持组件实例轻量，以减少内存占用。

在上面的实现中，组件实例的 instance.isMounted 属性可以用来区分组件的挂载和更新。因此，我们可以在合适的时机调用组件对应的生命周期钩子，如下面的代码所示：

```
01  function mountComponent(vnode, container, anchor) {
02    const componentOptions = vnode.type
03    // 从组件选项对象中取得组件的生命周期函数
04    const { render, data, beforeCreate, created, beforeMount, mounted, beforeUpdate,
        updated } = componentOptions
05
06    // 在这里调用 beforeCreate 钩子
07    beforeCreate && beforeCreate()
08
09    const state = reactive(data())
10
11    const instance = {
12      state,
13      isMounted: false,
14      subTree: null
15    }
16    vnode.component = instance
17
18    // 在这里调用 created 钩子
19    created && created.call(state)
20
21    effect(() => {
22      const subTree = render.call(state, state)
23      if (!instance.isMounted) {
24        // 在这里调用 beforeMount 钩子
25        beforeMount && beforeMount.call(state)
26        patch(null, subTree, container, anchor)
27        instance.isMounted = true
28        // 在这里调用 mounted 钩子
29        mounted && mounted.call(state)
30      } else {
31        // 在这里调用 beforeUpdate 钩子
32        beforeUpdate && beforeUpdate.call(state)
33        patch(instance.subTree, subTree, container, anchor)
34        // 在这里调用 updated 钩子
35        updated && updated.call(state)
36      }
37      instance.subTree = subTree
38    }, { scheduler: queueJob })
39  }
```

在上面这段代码中，我们首先从组件的选项对象中取得注册到组件上的生命周期函数，然后在合适的时机调用它们，这其实就是组件生命周期的实现原理。但实际上，由于可能存在多个同样的组件生命周期钩子，例如来自 mixins 中的生命周期钩子函数，因此我们通常需要将组件生命周期钩子序列化为一个数组，但核心原理不变。

12.4　props 与组件的被动更新

在虚拟 DOM 层面，组件的 props 与普通 HTML 标签的属性差别不大。假设我们有如下模板：

```
01  <MyComponent title="A Big Title" :other="val" />
```

这段模板对应的虚拟 DOM 是：

```
01  const vnode = {
02    type: MyComponent,
03    props: {
04      title: 'A big Title',
05      other: this.val
06    }
07  }
```

可以看到，模板与虚拟 DOM 几乎是“同构”的。另外，在编写组件时，我们需要显式地指定组件会接收哪些 props 数据，如下面的代码所示：

```
01  const MyComponent = {
02    name: 'MyComponent',
03    // 组件接收名为 title 的 props，并且该 props 的类型为 String
04    props: {
05      title: String
06    },
07    render() {
08      return {
09        type: 'div',
10        children: `count is: ${this.title}` // 访问 props 数据
11      }
12    }
13  }
```

所以，对于一个组件来说，有两部分关于 props 的内容我们需要关心：

- 为组件传递的 props 数据，即组件的 vnode.props 对象；
- 组件选项对象中定义的 props 选项，即 MyComponent.props 对象。

我们需要结合这两个选项来解析出组件在渲染时需要用到的 props 数据，具体实现如下：

```
01  function mountComponent(vnode, container, anchor) {
02    const componentOptions = vnode.type
03    // 从组件选项对象中取出 props 定义，即 propsOption
04    const { render, data, props: propsOption /* 其他省略 */ } = componentOptions
05
06    beforeCreate && beforeCreate()
```

```
07
08     const state = reactive(data())
09     // 调用 resolveProps 函数解析出最终的 props 数据与 attrs 数据
10     const [props, attrs] = resolveProps(propsOption, vnode.props)
11
12     const instance = {
13       state,
14       // 将解析出的 props 数据包装为 shallowReactive 并定义到组件实例上
15       props: shallowReactive(props),
16       isMounted: false,
17       subTree: null
18     }
19     vnode.component = instance
20
21     // 省略部分代码
22   }
23
24   // resolveProps 函数用于解析组件 props 和 attrs 数据
25   function resolveProps(options, propsData) {
26     const props = {}
27     const attrs = {}
28     // 遍历为组件传递的 props 数据
29     for (const key in propsData) {
30       if (key in options) {
31         // 如果为组件传递的 props 数据在组件自身的 props 选项中有定义，则将其视为合法的 props
32         props[key] = propsData[key]
33       } else {
34         // 否则将其作为 attrs
35         attrs[key] = propsData[key]
36       }
37     }
38
39     // 最后返回 props 与 attrs 数据
40     return [ props, attrs ]
41   }
```

在上面这段代码中，我们将组件选项中定义的 MyComponent.props 对象和为组件传递的 vnode.props 对象相结合，最终解析出组件在渲染时需要使用的 props 和 attrs 数据。这里需要注意两点。

- 在 Vue.js 3 中，没有定义在 MyComponent.props 选项中的 props 数据将存储到 attrs 对象中。
- 上述实现中没有包含默认值、类型校验等内容的处理。实际上，这些内容也都是围绕 MyComponent.props 以及 vnode.props 这两个对象展开的，实现起来并不复杂。

处理完 props 数据后，我们再来讨论关于 props 数据变化的问题。props 本质上是父组件的数据，当 props 发生变化时，会触发父组件重新渲染。假设父组件的模板如下：

```
01   <template>
02     <MyComponent :title="title"/>
03   </template>
```

其中，响应式数据 title 的初始值为字符串 "A big Title"，因此首次渲染时，父组件的虚拟 DOM 为：

```
01  // 父组件要渲染的内容
02  const vnode = {
03    type: MyComponent,
04    props: {
05      title: 'A Big Title'
06    }
07  }
```

当响应式数据 title 发生变化时，父组件的渲染函数会重新执行。假设 title 的值变为字符串 "A Small Title"，那么新产生的虚拟 DOM 为：

```
01  // 父组件要渲染的内容
02  const vnode = {
03    type: MyComponent,
04    props: {
05      title: 'A Small Title'
06    }
07  }
```

接着，父组件会进行自更新。在更新过程中，渲染器发现父组件的 subTree 包含组件类型的虚拟节点，所以会调用 patchComponent 函数完成子组件的更新，如下面 patch 函数的代码所示：

```
01  function patch(n1, n2, container, anchor) {
02    if (n1 && n1.type !== n2.type) {
03      unmount(n1)
04      n1 = null
05    }
06
07    const { type } = n2
08
09    if (typeof type === 'string') {
10      // 省略部分代码
11    } else if (type === Text) {
12      // 省略部分代码
13    } else if (type === Fragment) {
14      // 省略部分代码
15    } else if (typeof type === 'object') {
16      // vnode.type 的值是选项对象，作为组件来处理
17      if (!n1) {
18        mountComponent(n2, container, anchor)
19      } else {
20        // 更新组件
21        patchComponent(n1, n2, anchor)
22      }
23    }
24  }
```

其中，patchComponent 函数用来完成子组件的更新。我们把由父组件自更新所引起的子组件

更新叫作子组件的被动更新。当子组件发生被动更新时，我们需要做的是：

- 检测子组件是否真的需要更新，因为子组件的 props 可能是不变的；
- 如果需要更新，则更新子组件的 props、slots 等内容。

patchComponent 函数的具体实现如下：

```
01  function patchComponent(n1, n2, anchor) {
02    // 获取组件实例，即 n1.component，同时让新的组件虚拟节点 n2.component 也指向组件实例
03    const instance = (n2.component = n1.component)
04    // 获取当前的 props 数据
05    const { props } = instance
06    // 调用 hasPropsChanged 检测为子组件传递的 props 是否发生变化，如果没有变化，则不需要更新
07    if (hasPropsChanged(n1.props, n2.props)) {
08      // 调用 resolveProps 函数重新获取 props 数据
09      const [ nextProps ] = resolveProps(n2.type.props, n2.props)
10      // 更新 props
11      for (const k in nextProps) {
12        props[k] = nextProps[k]
13      }
14      // 删除不存在的 props
15      for (const k in props) {
16        if (!(k in nextProps)) delete props[k]
17      }
18    }
19  }
20
21  function hasPropsChanged(
22    prevProps,
23    nextProps
24  ) {
25    const nextKeys = Object.keys(nextProps)
26    // 如果新旧 props 的数量变了，则说明有变化
27    if (nextKeys.length !== Object.keys(prevProps).length) {
28      return true
29    }
30      // 只有
31    for (let i = 0; i < nextKeys.length; i++) {
32      const key = nextKeys[i]
33      // 有不相等的 props，则说明有变化
34      if (nextProps[key] !== prevProps[key]) return true
35    }
36    return false
37  }
```

上面是组件被动更新的最小实现，有两点需要注意：

- 需要将组件实例添加到新的组件 vnode 对象上，即 n2.component = n1.component，否则下次更新时将无法取得组件实例；
- instance.props 对象本身是浅响应的（即 shallowReactive）。因此，在更新组件的 props 时，只需要设置 instance.props 对象下的属性值即可触发组件重新渲染。

在上面的实现中，我们没有处理 attrs 与 slots 的更新。attrs 的更新本质上与更新 props 的原理相似。而对于 slots，我们会在后续章节中讲解。实际上，要完善地实现 Vue.js 中的 props 机制，需要编写大量边界代码。但本质上来说，其原理都是根据组件的 props 选项定义以及为组件传递的 props 数据来处理的。

由于 props 数据与组件自身的状态数据都需要暴露到渲染函数中，并使得渲染函数能够通过 this 访问它们，因此我们需要封装一个渲染上下文对象，如下面的代码所示：

```
01  function mountComponent(vnode, container, anchor) {
02    // 省略部分代码
03
04    const instance = {
05      state,
06      props: shallowReactive(props),
07      isMounted: false,
08      subTree: null
09    }
10
11    vnode.component = instance
12
13    // 创建渲染上下文对象，本质上是组件实例的代理
14    const renderContext = new Proxy(instance, {
15      get(t, k, r) {
16        // 取得组件自身状态与 props 数据
17        const { state, props } = t
18        // 先尝试读取自身状态数据
19        if (state && k in state) {
20          return state[k]
21        } else if (k in props) { // 如果组件自身没有该数据，则尝试从 props 中读取
22          return props[k]
23        } else {
24          console.error('不存在')
25        }
26      },
27      set (t, k, v, r) {
28        const { state, props } = t
29        if (state && k in state) {
30          state[k] = v
31        } else if (k in props) {
32          console.warn(`Attempting to mutate prop "${k}". Props are readonly.`)
33        } else {
34          console.error('不存在')
35        }
36        return true
37      }
38    })
39
40    // 生命周期函数调用时要绑定渲染上下文对象
41    created && created.call(renderContext)
42
43    // 省略部分代码
44  }
```

在上面这段代码中，我们为组件实例创建了一个代理对象，该对象即渲染上下文对象。它的意义在于拦截数据状态的读取和设置操作，每当在渲染函数或生命周期钩子中通过 this 来读取数据时，都会优先从组件的自身状态中读取，如果组件本身并没有对应的数据，则再从 props 数据中读取。最后我们将渲染上下文作为渲染函数以及生命周期钩子的 this 值即可。

实际上，除了组件自身的数据以及 props 数据之外，完整的组件还包含 methods、computed 等选项中定义的数据和方法，这些内容都应该在渲染上下文对象中处理。

12.5 setup 函数的作用与实现

组件的 setup 函数是 Vue.js 3 新增的组件选项，它有别于 Vue.js 2 中存在的其他组件选项。这是因为 setup 函数主要用于配合组合式 API，为用户提供一个地方，用于建立组合逻辑、创建响应式数据、创建通用函数、注册生命周期钩子等能力。在组件的整个生命周期中，setup 函数只会在被挂载时执行一次，它的返回值可以有两种情况。

(1) 返回一个函数，该函数将作为组件的 render 函数：

```
01  const Comp = {
02    setup() {
03      // setup 函数可以返回一个函数，该函数将作为组件的渲染函数
04      return () => {
05        return { type: 'div', children: 'hello' }
06      }
07    }
08  }
```

这种方式常用于组件不是以模板来表达其渲染内容的情况。如果组件以模板来表达其渲染的内容，那么 setup 函数不可以再返回函数，否则会与模板编译生成的渲染函数产生冲突。

(2) 返回一个对象，该对象中包含的数据将暴露给模板使用：

```
01  const Comp = {
02    setup() {
03      const count = ref(0)
04      // 返回一个对象，对象中的数据会暴露到渲染函数中
05      return {
06        count
07      }
08    },
09    render() {
10      // 通过 this 可以访问 setup 暴露出来的响应式数据
11      return { type: 'div', children: `count is: ${this.count}` }
12    }
13  }
```

可以看到，setup 函数暴露的数据可以在渲染函数中通过 this 来访问。

另外，setup 函数接收两个参数。第一个参数是 props 数据对象，第二个参数也是一个对象，通常称为 setupContext，如下面的代码所示：

```
01  const Comp = {
02    props: {
03      foo: String
04    },
05    setup(props, setupContext) {
06      props.foo // 访问传入的 props 数据
07      // setupContext 中包含与组件接口相关的重要数据
08      const { slots, emit, attrs, expose } = setupContext
09      // ...
10    }
11  }
```

从上面的代码可以看出，我们可以通过 setup 函数的第一个参数取得外部为组件传递的 props 数据对象。同时，setup 函数还接收第二个参数 setupContext 对象，其中保存着与组件接口相关的数据和方法，如下所示。

- slots：组件接收到的插槽，我们会在后续章节中讲解。
- emit：一个函数，用来发射自定义事件。
- attrs：在 12.4 节中我们介绍过 attrs 对象。当为组件传递 props 时，那些没有显式地声明为 props 的属性会存储到 attrs 对象中。
- expose：一个函数，用来显式地对外暴露组件数据。在本书编写时，与 expose 相关的 API 设计仍然在讨论中，详情可以查看具体的 RFC 内容[①]。

通常情况下，不建议将 setup 与 Vue.js 2 中其他组件选项混合使用。例如 data、watch、methods 等选项，我们称之为"传统"组件选项。这是因为在 Vue.js 3 的场景下，更加提倡组合式 API，setup 函数就是为组合式 API 而生的。混用组合式 API 的 setup 选项与"传统"组件选项并不是明智的选择，因为这样会带来语义和理解上的负担。

接下来，我们就围绕上述这些能力来尝试实现 setup 组件选项，如下面的代码所示：

```
01  function mountComponent(vnode, container, anchor) {
02    const componentOptions = vnode.type
03    // 从组件选项中取出 setup 函数
04    let { render, data, setup, /* 省略其他选项 */ } = componentOptions
05
06    beforeCreate && beforeCreate()
07
08    const state = data ? reactive(data()) : null
09    const [props, attrs] = resolveProps(propsOption, vnode.props)
10
11    const instance = {
12      state,
```

① 参见 Add a composition API to explicitly expose() public members #210。

```
13      props: shallowReactive(props),
14      isMounted: false,
15      subTree: null
16    }
17
18    // setupContext，由于我们还没有讲解 emit 和 slots，所以暂时只需要 attrs
19    const setupContext = { attrs }
20    // 调用 setup 函数，将只读版本的 props 作为第一个参数传递，避免用户意外地修改 props 的值，
21    // 将 setupContext 作为第二个参数传递
22    const setupResult = setup(shallowReadonly(instance.props), setupContext)
23    // setupState 用来存储由 setup 返回的数据
24    let setupState = null
25    // 如果 setup 函数的返回值是函数，则将其作为渲染函数
26    if (typeof setupResult === 'function') {
27      // 报告冲突
28      if (render) console.error('setup 函数返回渲染函数，render 选项将被忽略')
29      // 将 setupResult 作为渲染函数
30      render = setupResult
31    } else {
32      // 如果 setup 的返回值不是函数，则作为数据状态赋值给 setupState
33      setupState = setupResult
34    }
35
36    vnode.component = instance
37
38    const renderContext = new Proxy(instance, {
39      get(t, k, r) {
40        const { state, props } = t
41        if (state && k in state) {
42          return state[k]
43        } else if (k in props) {
44          return props[k]
45        } else if (setupState && k in setupState) {
46          // 渲染上下文需要增加对 setupState 的支持
47          return setupState[k]
48        } else {
49          console.error('不存在')
50        }
51      },
52      set (t, k, v, r) {
53        const { state, props } = t
54        if (state && k in state) {
55          state[k] = v
56        } else if (k in props) {
57          console.warn(`Attempting to mutate prop "${k}". Props are readonly.`)
58        } else if (setupState && k in setupState) {
59          // 渲染上下文需要增加对 setupState 的支持
60          setupState[k] = v
61        } else {
62          console.error('不存在')
63        }
64        return true
65      }
66    })
67
68    // 省略部分代码
69  }
```

上面是 setup 函数的最小实现，这里有以下几点需要注意。

- setupContext 是一个对象，由于我们还没有讲解关于 emit 和 slots 的内容，因此 setupContext 暂时只包含 attrs。
- 我们通过检测 setup 函数的返回值类型来决定应该如何处理它。如果它的返回值为函数，则直接将其作为组件的渲染函数。这里需要注意的是，为了避免产生歧义，我们需要检查组件选项中是否已经存在 render 选项，如果存在，则需要打印警告信息。
- 渲染上下文 renderContext 应该正确地处理 setupState，因为 setup 函数返回的数据状态也应该暴露到渲染环境。

12.6　组件事件与 emit 的实现

emit 用来发射组件的自定义事件，如下面的代码所示：

```
01  const MyComponent = {
02    name: 'MyComponent',
03    setup(props, { emit }) {
04      // 发射 change 事件，并传递给事件处理函数两个参数
05      emit('change', 1, 2)
06
07      return () => {
08        return // ...
09      }
10    }
11  }
```

当使用该组件时，我们可以监听由 emit 函数发射的自定义事件：

```
01  <MyComponent @change="handler" />
```

上面这段模板对应的虚拟 DOM 为：

```
01  const CompVNode = {
02    type: MyComponent,
03    props: {
04      onChange: handler
05    }
06  }
```

可以看到，自定义事件 change 被编译成名为 onChange 的属性，并存储在 props 数据对象中。这实际上是一种约定。作为框架设计者，也可以按照自己期望的方式来设计事件的编译结果。

在具体的实现上，发射自定义事件的本质就是根据事件名称去 props 数据对象中寻找对应的事件处理函数并执行，如下面的代码所示：

```
01  function mountComponent(vnode, container, anchor) {
02    // 省略部分代码
03
```

```
04    const instance = {
05      state,
06      props: shallowReactive(props),
07      isMounted: false,
08      subTree: null
09    }
10
11    // 定义 emit 函数，它接收两个参数
12    // event: 事件名称
13    // payload: 传递给事件处理函数的参数
14    function emit(event, ...payload) {
15      // 根据约定对事件名称进行处理，例如 change --> onChange
16      const eventName = `on${event[0].toUpperCase() + event.slice(1)}`
17      // 根据处理后的事件名称去 props 中寻找对应的事件处理函数
18      const handler = instance.props[eventName]
19      if (handler) {
20        // 调用事件处理函数并传递参数
21        handler(...payload)
22      } else {
23        console.error('事件不存在')
24      }
25    }
26
27    // 将 emit 函数添加到 setupContext 中，用户可以通过 setupContext 取得 emit 函数
28    const setupContext = { attrs, emit }
29
30    // 省略部分代码
31  }
```

整体实现并不复杂，只需要实现一个 emit 函数并将其添加到 setupContext 对象中，这样用户就可以通过 setupContext 取得 emit 函数了。另外，当 emit 函数被调用时，我们会根据约定对事件名称进行转换，以便能够在 props 数据对象中找到对应的事件处理函数。最后，调用事件处理函数并透传参数即可。这里有一点需要额外注意，我们在讲解 props 时提到，任何没有显式地声明为 props 的属性都会存储到 attrs 中。换句话说，任何事件类型的 props，即 onXxx 类的属性，都不会出现在 props 中。这导致我们无法根据事件名称在 instance.props 中找到对应的事件处理函数。为了解决这个问题，我们需要在解析 props 数据的时候对事件类型的 props 做特殊处理，如下面的代码所示：

```
01  function resolveProps(options, propsData) {
02    const props = {}
03    const attrs = {}
04    for (const key in propsData) {
05      // 以字符串 on 开头的 props，无论是否显式地声明，都将其添加到 props 数据中，而不是添加到 attrs 中
06      if (key in options || key.startsWith('on')) {
07        props[key] = propsData[key]
08      } else {
09        attrs[key] = propsData[key]
10      }
11    }
12
13    return [ props, attrs ]
14  }
```

处理方式很简单，通过检测 propsData 的 key 值来判断它是否以字符串 'on' 开头，如果是，则认为该属性是组件的自定义事件。这时，即使组件没有显式地将其声明为 props，我们也将它添加到最终解析的 props 数据对象中，而不是添加到 attrs 对象中。

12.7 插槽的工作原理与实现

顾名思义，组件的插槽指组件会预留一个槽位，该槽位具体要渲染的内容由用户插入，如下面给出的 MyComponent 组件的模板所示：

```
01  <template>
02    <header><slot name="header" /></header>
03    <div>
04      <slot name="body" />
05    </div>
06    <footer><slot name="footer" /></footer>
07  </template>
```

当在父组件中使用 <MyComponent> 组件时，可以根据插槽的名字来插入自定义的内容：

```
01  <MyComponent>
02    <template #header>
03      <h1>我是标题</h1>
04    </template>
05    <template #body>
06      <section>我是内容</section>
07    </template>
08    <template #footer>
09      <p>我是注脚</p>
10    </template>
11  </MyComponent>
```

上面这段父组件的模板会被编译成如下渲染函数：

```
01  // 父组件的渲染函数
02  function render() {
03    return {
04      type: MyComponent,
05      // 组件的 children 会被编译成一个对象
06      children: {
07        header() {
08          return { type: 'h1', children: '我是标题' }
09        },
10        body() {
11          return { type: 'section', children: '我是内容' }
12        },
13        footer() {
14          return { type: 'p', children: '我是注脚' }
15        }
16      }
17    }
18  }
```

可以看到，组件模板中的插槽内容会被编译为插槽函数，而插槽函数的返回值就是具体的插槽内容。组件 MyComponent 的模板则会被编译为如下渲染函数：

```
01  // MyComponent 组件模板的编译结果
02  function render() {
03    return [
04      {
05        type: 'header',
06        children: [this.$slots.header()]
07      },
08      {
09        type: 'body',
10        children: [this.$slots.body()]
11      },
12      {
13        type: 'footer',
14        children: [this.$slots.footer()]
15      }
16    ]
17  }
```

可以看到，渲染插槽内容的过程，就是调用插槽函数并渲染由其返回的内容的过程。这与 React 中 render props 的概念非常相似。

在运行时的实现上，插槽则依赖于 setupContext 中的 slots 对象，如下面的代码所示：

```
01  function mountComponent(vnode, container, anchor) {
02    // 省略部分代码
03
04    // 直接使用编译好的 vnode.children 对象作为 slots 对象即可
05    const slots = vnode.children || {}
06
07    // 将 slots 对象添加到 setupContext 中
08    const setupContext = { attrs, emit, slots }
09
10  }
```

可以看到，最基本的 slots 的实现非常简单。只需要将编译好的 vnode.children 作为 slots 对象，然后将 slots 对象添加到 setupContext 对象中。为了在 render 函数内和生命周期钩子函数内能够通过 this.$slots 来访问插槽内容，我们还需要在 renderContext 中特殊对待 $slots 属性，如下面的代码所示：

```
01  function mountComponent(vnode, container, anchor) {
02    // 省略部分代码
03
04    const slots = vnode.children || {}
05
06    const instance = {
07      state,
08      props: shallowReactive(props),
09      isMounted: false,
```

```
10     subTree: null,
11     // 将插槽添加到组件实例上
12     slots
13   }
14
15   // 省略部分代码
16
17   const renderContext = new Proxy(instance, {
18     get(t, k, r) {
19       const { state, props, slots } = t
20       // 当 k 的值为 $slots 时，直接返回组件实例上的 slots
21       if (k === '$slots') return slots
22
23       // 省略部分代码
24     },
25     set (t, k, v, r) {
26       // 省略部分代码
27     }
28   })
29
30   // 省略部分代码
31 }
```

我们对渲染上下文 renderContext 代理对象的 get 拦截函数做了特殊处理，当读取的键是 $slots 时，直接返回组件实例上的 slots 对象，这样用户就可以通过 this.$slots 来访问插槽内容了。

12.8 注册生命周期

在 Vue.js 3 中，有一部分组合式 API 是用来注册生命周期钩子函数的，例如 onMounted、onUpdated 等，如下面的代码所示：

```
01 import { onMounted } from 'vue'
02
03 const MyComponent = {
04   setup() {
05     onMounted(() => {
06       console.log('mounted 1')
07     })
08     // 可以注册多个
09     onMounted(() => {
10       console.log('mounted 2')
11     })
12
13     // ...
14   }
15 }
```

在 setup 函数中调用 onMounted 函数即可注册 mounted 生命周期钩子函数，并且可以通过多次调用 onMounted 函数来注册多个钩子函数，这些函数会在组件被挂载之后再执行。这里的疑问在于，在 A 组件的 setup 函数中调用 onMounted 函数会将该钩子函数注册到 A 组件上；而在 B 组件的 setup 函数中调用 onMounted 函数会将钩子函数注册到 B 组件上，这是如何实现的呢？实际上，我们需要维护一个变量 currentInstance，用它来存储当前组件实例，每当初始化组件并执行组件的 setup 函数之前，先将 currentInstance 设置为当前组件实例，再执行组件的 setup 函数，这样我们就可以通过 currentInstance 来获取当前正在被初始化的组件实例，从而将那些通过 onMounted 函数注册的钩子函数与组件实例进行关联。

接下来我们着手实现。首先需要设计一个当前实例的维护方法，如下面的代码所示：

```
01  // 全局变量，存储当前正在被初始化的组件实例
02  let currentInstance = null
03  // 该方法接收组件实例作为参数，并将该实例设置为 currentInstance
04  function setCurrentInstance(instance) {
05    currentInstance = instance
06  }
```

有了 currentInstance 变量，以及用来设置该变量的 setCurrentInstance 函数之后，我们就可以着手修改 mountComponent 函数了，如下面的代码所示：

```
01  function mountComponent(vnode, container, anchor) {
02    // 省略部分代码
03
04    const instance = {
05      state,
06      props: shallowReactive(props),
07      isMounted: false,
08      subTree: null,
09      slots,
10      // 在组件实例中添加 mounted 数组，用来存储通过 onMounted 函数注册的生命周期钩子函数
11      mounted: []
12    }
13
14    // 省略部分代码
15
16    // setup
17    const setupContext = { attrs, emit, slots }
18
19    // 在调用 setup 函数之前，设置当前组件实例
20    setCurrentInstance(instance)
21    // 执行 setup 函数
22    const setupResult = setup(shallowReadonly(instance.props), setupContext)
23    // 在 setup 函数执行完毕之后，重置当前组件实例
24    setCurrentInstance(null)
25
26    // 省略部分代码
27  }
```

上面这段代码以 onMounted 函数为例进行说明。为了存储由 onMounted 函数注册的生命周期钩子，我们需要在组件实例对象上添加 instance.mounted 数组。之所以 instance.mounted 的数据类型是数组，是因为在 setup 函数中，可以多次调用 onMounted 函数来注册不同的生命周期函数，这些生命周期函数都会存储在 instance.mounted 数组中。

现在，组件实例的维护已经搞定了。接下来考虑 onMounted 函数本身的实现，如下面的代码所示：

```
01 function onMounted(fn) {
02   if (currentInstance) {
03     // 将生命周期函数添加到 instance.mounted 数组中
04     currentInstance.mounted.push(fn)
05   } else {
06     console.error('onMounted 函数只能在 setup 中调用')
07   }
08 }
```

可以看到，整体实现非常简单直观。只需要通过 currentInstance 取得当前组件实例，并将生命周期钩子函数添加到当前实例对象的 instance.mounted 数组中即可。另外，如果当前实例不存在，则说明用户没有在 setup 函数内调用 onMounted 函数，这是错误的用法，因此我们应该抛出错误及其原因。

最后一步需要做的是，在合适的时机调用这些注册到 instance.mounted 数组中的生命周期钩子函数，如下面的代码所示：

```
01 function mountComponent(vnode, container, anchor) {
02     // 省略部分代码
03
04     effect(() => {
05       const subTree = render.call(renderContext, renderContext)
06       if (!instance.isMounted) {
07         // 省略部分代码
08
09         // 遍历 instance.mounted 数组并逐个执行即可
10         instance.mounted && instance.mounted.forEach(hook => hook.call(renderContext))
11       } else {
12         // 省略部分代码
13       }
14       instance.subTree = subTree
15     }, {
16       scheduler: queueJob
17     })
18   }
```

可以看到，我们只需要在合适的时机遍历 instance.mounted 数组，并逐个执行该数组内的生命周期钩子函数即可。

对于除 mounted 以外的生命周期钩子函数，其原理同上。

12.9 总结

在本章中，我们首先讨论了如何使用虚拟节点来描述组件。使用虚拟节点的 vnode.type 属性来存储组件对象，渲染器根据虚拟节点的该属性的类型来判断它是否是组件。如果是组件，则渲染器会使用 mountComponent 和 patchComponent 来完成组件的挂载和更新。

接着，我们讨论了组件的自更新。我们知道，在组件挂载阶段，会为组件创建一个用于渲染其内容的副作用函数。该副作用函数会与组件自身的响应式数据建立响应联系。当组件自身的响应式数据发生变化时，会触发渲染副作用函数重新执行，即重新渲染。但由于默认情况下重新渲染是同步执行的，这导致无法对任务去重，因此我们在创建渲染副作用函数时，指定了自定义的调用器。该调度器的作用是，当组件自身的响应式数据发生变化时，将渲染副作用函数缓冲到微任务队列中。有了缓冲队列，我们即可实现对渲染任务的去重，从而避免无用的重新渲染所导致的额外性能开销。

然后，我们介绍了组件实例。它本质上是一个对象，包含了组件运行过程中的状态，例如组件是否挂载、组件自身的响应式数据，以及组件所渲染的内容（即 subtree）等。有了组件实例后，在渲染副作用函数内，我们就可以根据组件实例上的状态标识，来决定应该进行全新的挂载，还是应该打补丁。

而后，我们讨论了组件的 props 与组件的被动更新。副作用自更新所引起的子组件更新叫作子组件的被动更新。我们还介绍了渲染上下文（renderContext），它实际上是组件实例的代理对象。在渲染函数内访问组件实例所暴露的数据都是通过该代理对象实现的。

之后，我们讨论了 setup 函数。该函数是为了组合式 API 而生的，所以我们要避免将其与 Vue.js 2 中的"传统"组件选项混合使用。setup 函数的返回值可以是两种类型，如果返回函数，则将该函数作为组件的渲染函数；如果返回数据对象，则将该对象暴露到渲染上下文中。

emit 函数包含在 setupContext 对象中，可以通过 emit 函数发射组件的自定义事件。通过 v-on 指令为组件绑定的事件在经过编译后，会以 onXxx 的形式存储到 props 对象中。当 emit 函数执行时，会在 props 对象中寻找对应的事件处理函数并执行它。

随后，我们讨论了组件的插槽。它借鉴了 Web Component 中 <slot> 标签的概念。插槽内容会被编译为插槽函数，插槽函数的返回值就是向槽位填充的内容。<slot> 标签则会被编译为插槽函数的调用，通过执行对应的插槽函数，得到外部向槽位填充的内容（即虚拟 DOM），最后将该内容渲染到槽位中。

最后，我们讨论了 onMounted 等用于注册生命周期钩子函数的方法的实现。通过 onMounted 注册的生命周期函数会被注册到当前组件实例的 instance.mounted 数组中。为了维护当前正在初始化的组件实例，我们定义了全局变量 currentInstance，以及用来设置该变量的 setCurrentInstance 函数。

第 13 章

异步组件与函数式组件

在第 12 章中，我们详细讨论了组件的基本含义与实现。本章，我们将继续讨论组件的两个重要概念，即异步组件和函数式组件。在异步组件中，“异步”二字指的是，以异步的方式加载并渲染一个组件。这在代码分割、服务端下发组件等场景中尤为重要。而函数式组件允许使用一个普通函数定义组件，并使用该函数的返回值作为组件要渲染的内容。函数式组件的特点是：无状态、编写简单且直观。在 Vue.js 2 中，相比有状态组件来说，函数式组件具有明显的性能优势。但在 Vue.js 3 中，函数式组件与有状态组件的性能差距不大，都非常好。正如 Vue.js RFC 的原文所述：“在 Vue.js 3 中使用函数式组件，主要是因为它的简单性，而不是因为它的性能好。”

13.1 异步组件要解决的问题

从根本上来说，异步组件的实现不需要任何框架层面的支持，用户完全可以自行实现。渲染 App 组件到页面的示例如下：

```
01  import App from 'App.vue'
02  createApp(App).mount('#app')
```

上面这段代码所展示的就是同步渲染。我们可以轻易地将其修改为异步渲染，如下面的代码所示：

```
01  const loader = () => import('App.vue')
02  loader().then(App => {
03    createApp(App).mount('#app')
04  })
```

这里我们使用动态导入语句 `import()` 来加载组件，它会返回一个 `Promise` 实例。组件加载成功后，会调用 `createApp` 函数完成挂载，这样就实现了以异步的方式来渲染页面。

上面的例子实现了整个页面的异步渲染。通常一个页面会由多个组件构成，每个组件负责渲染页面的一部分。那么，如果只想异步渲染部分页面，要怎么办呢？这时，只需要有能力异步加载某一个组件就可以了。假设下面的代码是 `App.vue` 组件的代码：

```
01 <template>
02   <CompA />
03   <component :is="asyncComp" />
04 </template>
05 <script>
06 import { shallowRef } from 'vue'
07 import CompA from 'CompA.vue'
08 
09 export default {
10   components: { CompA },
11   setup() {
12     const asyncComp = shallowRef(null)
13 
14     // 异步加载 CompB 组件
15     import('CompB.vue').then(CompB => asyncComp.value = CompB)
16 
17     return {
18       asyncComp
19     }
20   }
21 }
22 </script>
```

从这段代码的模板中可以看出，页面由 `<CompA />` 组件和动态组件 `<component>` 构成。其中，`CompA` 组件是同步渲染的，而动态组件绑定了 `asyncComp` 变量。再看脚本块，我们通过动态导入语句 `import()` 来异步加载 `CompB` 组件，当加载成功后，将 `asyncComp` 变量的值设置为 `CompB`。这样就实现了 `CompB` 组件的异步加载和渲染。

不过，虽然用户可以自行实现组件的异步加载和渲染，但整体实现还是比较复杂的，因为一个完善的异步组件的实现，所涉及的内容要比上面的例子复杂得多。通常在异步加载组件时，我们还要考虑以下几个方面。

- 如果组件加载失败或加载超时，是否要渲染 Error 组件？
- 组件在加载时，是否要展示占位的内容？例如渲染一个 Loading 组件。
- 组件加载的速度可能很快，也可能很慢，是否要设置一个延迟展示 Loading 组件的时间？如果组件在 200ms 内没有加载成功才展示 Loading 组件，这样可以避免由组件加载过快所导致的闪烁。
- 组件加载失败后，是否需要重试？

为了替用户更好地解决上述问题，我们需要在框架层面为异步组件提供更好的封装支持，与之对应的能力如下。

- 允许用户指定加载出错时要渲染的组件。
- 允许用户指定 Loading 组件，以及展示该组件的延迟时间。
- 允许用户设置加载组件的超时时长。

❑ 组件加载失败时，为用户提供重试的能力。

以上这些内容就是异步组件真正要解决的问题。

13.2 异步组件的实现原理

13.2.1 封装 defineAsyncComponent 函数

异步组件本质上是通过封装手段来实现友好的用户接口，从而降低用户层面的使用复杂度，如下面的用户代码所示：

```
01  <template>
02    <AsyncComp />
03  </template>
04  <script>
05  export default {
06    components: {
07      // 使用 defineAsyncComponent 定义一个异步组件，它接收一个加载器作为参数
08      AsyncComp: defineAsyncComponent(() => import('CompA'))
09    }
10  }
11  </script>
```

在上面这段代码中，我们使用 defineAsyncComponent 来定义异步组件，并直接使用 components 组件选项来注册它。这样，在模板中就可以像使用普通组件一样使用异步组件了。可以看到，使用 defineAsyncComponent 函数定义异步组件的方式，比我们在 13.1 节中自行实现的异步组件方案要简单直接得多。

defineAsyncComponent 是一个高阶组件，它最基本的实现如下：

```
01  // defineAsyncComponent 函数用于定义一个异步组件，接收一个异步组件加载器作为参数
02  function defineAsyncComponent(loader) {
03    // 一个变量，用来存储异步加载的组件
04    let InnerComp = null
05    // 返回一个包装组件
06    return {
07      name: 'AsyncComponentWrapper',
08      setup() {
09        // 异步组件是否加载成功
10        const loaded = ref(false)
11        // 执行加载器函数，返回一个 Promise 实例
12        // 加载成功后，将加载成功的组件赋值给 InnerComp，并将 loaded 标记为 true，代表加载成功
13        loader().then(c => {
14          InnerComp = c
15          loaded.value = true
16        })
17
```

```
18        return () => {
19          // 如果异步组件加载成功，则渲染该组件，否则渲染一个占位内容
20          return loaded.value ? { type: InnerComp } : { type: Text, children: '' }
21        }
22      }
23    }
24  }
```

这里有以下几个关键点。

- defineAsyncComponent 函数本质上是一个高阶组件，它的返回值是一个包装组件。
- 包装组件会根据加载器的状态来决定渲染什么内容。如果加载器成功地加载了组件，则渲染被加载的组件，否则会渲染一个占位内容。
- 通常占位内容是一个注释节点。组件没有被加载成功时，页面中会渲染一个注释节点来占位。但这里我们使用了一个空文本节点来占位。

13.2.2 超时与 Error 组件

异步组件通常以网络请求的形式进行加载。前端发送一个 HTTP 请求，请求下载组件的 JavaScript 资源，或者从服务端直接获取组件数据。既然存在网络请求，那么必然要考虑网速较慢的情况，尤其是在弱网环境下，加载一个组件可能需要很长时间。因此，我们需要为用户提供指定超时时长的能力，当加载组件的时间超过了指定时长后，会触发超时错误。这时如果用户配置了 Error 组件，则会渲染该组件。

首先，我们来设计用户接口。为了让用户能够指定超时时长，defineAsyncComponent 函数需要接收一个配置对象作为参数：

```
01  const AsyncComp = defineAsyncComponent({
02    loader: () => import('CompA.vue'),
03    timeout: 2000, // 超时时长，其单位为 ms
04    errorComponent: MyErrorComp // 指定出错时要渲染的组件
05  })
```

- loader：指定异步组件的加载器。
- timeout：单位为 ms，指定超时时长。
- errorComponent：指定一个 Error 组件，当错误发生时会渲染它。

设计好用户接口后，我们就可以给出具体实现了，如下面的代码所示：

```
01  function defineAsyncComponent(options) {
02    // options 可以是配置项，也可以是加载器
03    if (typeof options === 'function') {
04      // 如果 options 是加载器，则将其格式化为配置项形式
05      options = {
06        loader: options
```

```
07      }
08    }
09
10    const { loader } = options
11
12    let InnerComp = null
13
14    return {
15      name: 'AsyncComponentWrapper',
16      setup() {
17        const loaded = ref(false)
18        // 代表是否超时，默认为 false，即没有超时
19        const timeout = ref(false)
20
21        loader().then(c => {
22          InnerComp = c
23          loaded.value = true
24        })
25
26        let timer = null
27        if (options.timeout) {
28          // 如果指定了超时时长，则开启一个定时器计时
29          timer = setTimeout(() => {
30            // 超时后将 timeout 设置为 true
31            timeout.value = true
32          }, options.timeout)
33        }
34        // 包装组件被卸载时清除定时器
35        onUmounted(() => clearTimeout(timer))
36
37        // 占位内容
38        const placeholder = { type: Text, children: '' }
39
40        return () => {
41          if (loaded.value) {
42            // 如果组件异步加载成功，则渲染被加载的组件
43            return { type: InnerComp }
44          } else if (timeout.value) {
45            // 如果加载超时，并且用户指定了 Error 组件，则渲染该组件
46            return options.errorComponent ? { type: options.errorComponent } : placeholder
47          }
48          return placeholder
49        }
50      }
51    }
52  }
```

整体实现并不复杂，关键点如下。

- 需要一个标志变量来标识异步组件的加载是否已经超时，即 `timeout.value`。
- 开始加载组件的同时，开启一个定时器进行计时。当加载超时后，将 `timeout.value` 的值设置为 `true`，代表加载已经超时。这里需要注意的是，当包装组件被卸载时，需要清除定时器。

- 包装组件根据 loaded 变量的值以及 timeout 变量的值来决定具体的渲染内容。如果异步组件加载成功，则渲染被加载的组件；如果异步组件加载超时，并且用户指定了 Error 组件，则渲染 Error 组件。

这样，我们就实现了对加载超时的兼容，以及对 Error 组件的支持。除此之外，我们希望有更加完善的机制来处理异步组件加载过程中发生的错误，超时只是错误的原因之一。基于此，我们还希望为用户提供以下能力。

- 当错误发生时，把错误对象作为 Error 组件的 props 传递过去，以便用户后续能自行进行更细粒度的处理。
- 除了超时之外，有能力处理其他原因导致的加载错误，例如网络失败等。

为了实现这两个目标，我们需要对代码做一些调整，如下所示：

```
01  function defineAsyncComponent(options) {
02    if (typeof options === 'function') {
03      options = {
04        loader: options
05      }
06    }
07
08    const { loader } = options
09
10    let InnerComp = null
11
12    return {
13      name: 'AsyncComponentWrapper',
14      setup() {
15        const loaded = ref(false)
16        // 定义 error，当错误发生时，用来存储错误对象
17        const error = shallowRef(null)
18
19        loader()
20          .then(c => {
21            InnerComp = c
22            loaded.value = true
23          })
24          // 添加 catch 语句来捕获加载过程中的错误
25          .catch((err) => error.value = err)
26
27        let timer = null
28        if (options.timeout) {
29          timer = setTimeout(() => {
30            // 超时后创建一个错误对象，并复制给 error.value
31            const err = new Error(`Async component timed out after ${options.timeout}ms.`)
32            error.value = err
33          }, options.timeout)
34        }
35
36        const placeholder = { type: Text, children: '' }
37
```

```
38          return () => {
39            if (loaded.value) {
40              return { type: InnerComp }
41            } else if (error.value && options.errorComponent) {
42              // 只有当错误存在且用户配置了 errorComponent 时才展示 Error 组件，同时将 error 作为 props 传递
43              return { type: options.errorComponent, props: { error: error.value } }
44            } else {
45              return placeholder
46            }
47          }
48        }
49      }
50    }
```

观察上面的代码，我们对之前的实现做了一些调整。首先，为加载器添加 catch 语句来捕获所有加载错误。接着，当加载超时后，我们会创建一个新的错误对象，并将其赋值给 error.value 变量。在组件渲染时，只要 error.value 的值存在，且用户配置了 errorComponent 组件，就直接渲染 errorComponent 组件并将 error.value 的值作为该组件的 props 传递。这样，用户就可以在自己的 Error 组件上，通过定义名为 error 的 props 来接收错误对象，从而实现细粒度的控制。

13.2.3　延迟与 Loading 组件

异步加载的组件受网络影响较大，加载过程可能很慢，也可能很快。这时我们就会很自然地想到，对于第一种情况，我们能否通过展示 Loading 组件来提供更好的用户体验。这样，用户就不会有“卡死”的感觉了。这是一个好想法，但展示 Loading 组件的时机是一个需要仔细考虑的问题。通常，我们会从加载开始的那一刻起就展示 Loading 组件。但在网络状况良好的情况下，异步组件的加载速度会非常快，这会导致 Loading 组件刚完成渲染就立即进入卸载阶段，于是出现闪烁的情况。对于用户来说这是非常不好的体验。因此，我们需要为 Loading 组件设置一个延迟展示的时间。例如，当超过 200ms 没有完成加载，才展示 Loading 组件。这样，对于在 200ms 内能够完成加载的情况来说，就避免了闪烁问题的出现。

不过，我们首先要考虑的仍然是用户接口的设计，如下面的代码所示：

```
01  defineAsyncComponent({
02    loader: () => new Promise(r => { /* ... */ }),
03    // 延迟 200ms 展示 Loading 组件
04    delay: 200,
05    // Loading 组件
06    loadingComponent: {
07      setup() {
08        return () => {
09          return { type: 'h2', children: 'Loading...' }
10        }
11      }
12    }
13  })
```

- ❑ `delay`，用于指定延迟展示 Loading 组件的时长。
- ❑ `loadingComponent`，类似于 `errorComponent` 选项，用于配置 Loading 组件。

用户接口设计完成后，我们就可以着手实现了。延迟时间与 Loading 组件的具体实现如下：

```
01  function defineAsyncComponent(options) {
02    if (typeof options === 'function') {
03      options = {
04        loader: options
05      }
06    }
07
08    const { loader } = options
09
10    let InnerComp = null
11
12    return {
13      name: 'AsyncComponentWrapper',
14      setup() {
15        const loaded = ref(false)
16        const error = shallowRef(null)
17        // 一个标志，代表是否正在加载，默认为 false
18        const loading = ref(false)
19
20        let loadingTimer = null
21        // 如果配置项中存在 delay，则开启一个定时器计时，当延迟到时后将 loading.value 设置为 true
22        if (options.delay) {
23          loadingTimer = setTimeout(() => {
24            loading.value = true
25          }, options.delay);
26        } else {
27          // 如果配置项中没有 delay，则直接标记为加载中
28          loading.value = true
29        }
30        loader()
31          .then(c => {
32            InnerComp = c
33            loaded.value = true
34          })
35          .catch((err) => error.value = err)
36          .finally(() => {
37            loading.value = false
38            // 加载完毕后，无论成功与否都要清除延迟定时器
39            clearTimeout(loadingTimer)
40          })
41
42        let timer = null
43        if (options.timeout) {
44          timer = setTimeout(() => {
45            const err = new Error(`Async component timed out after ${options.timeout}ms.`)
46            error.value = err
47          }, options.timeout)
48        }
49
```

```
50          const placeholder = { type: Text, children: '' }
51
52          return () => {
53            if (loaded.value) {
54              return { type: InnerComp }
55            } else if (error.value && options.errorComponent) {
56              return { type: options.errorComponent, props: { error: error.value } }
57            } else if (loading.value && options.loadingComponent) {
58              // 如果异步组件正在加载，并且用户指定了 Loading 组件，则渲染 Loading 组件
59              return { type: options.loadingComponent }
60            } else {
61              return placeholder
62            }
63          }
64        }
65      }
66    }
```

整体实现思路类似于超时时长与 Error 组件，有以下几个关键点。

- 需要一个标记变量 `loading` 来代表组件是否正在加载。
- 如果用户指定了延迟时间，则开启延迟定时器。定时器到时后，再将 `loading.value` 的值设置为 `true`。
- 无论组件加载成功与否，都要清除延迟定时器，否则会出现组件已经加载成功，但仍然展示 Loading 组件的问题。
- 在渲染函数中，如果组件正在加载，并且用户指定了 Loading 组件，则渲染该 Loading 组件。

另外有一点需要注意，当异步组件加载成功后，会卸载 Loading 组件并渲染异步加载的组件。为了支持 Loading 组件的卸载，我们需要修改 `unmount` 函数，如以下代码所示：

```
01  function unmount(vnode) {
02    if (vnode.type === Fragment) {
03      vnode.children.forEach(c => unmount(c))
04      return
05    } else if (typeof vnode.type === 'object') {
06      // 对于组件的卸载，本质上是要卸载组件所渲染的内容，即 subTree
07      unmount(vnode.component.subTree)
08      return
09    }
10    const parent = vnode.el.parentNode
11    if (parent) {
12      parent.removeChild(vnode.el)
13    }
14  }
```

对于组件的卸载，本质上是要卸载组件所渲染的内容，即 `subTree`。所以在上面的代码中，我们通过组件实例的 `vnode.component` 属性得到组件实例，再递归地调用 `unmount` 函数完成 `vnode.component.subTree` 的卸载。

13.2.4　重试机制

重试指的是当加载出错时，有能力重新发起加载组件的请求。在加载组件的过程中，发生错误的情况非常常见，尤其是在网络不稳定的情况下。因此，提供开箱即用的重试机制，会提升用户的开发体验。

异步组件加载失败后的重试机制，与请求服务端接口失败后的重试机制一样。所以，我们先来讨论接口请求失败后的重试机制是如何实现的。为此，我们需要封装一个 fetch 函数，用来模拟接口请求：

```
01  function fetch() {
02    return new Promise((resolve, reject) => {
03      // 请求会在 1 秒后失败
04      setTimeout(() => {
05        reject('err')
06      }, 1000);
07    })
08  }
```

假设调用 fetch 函数会发送 HTTP 请求，并且该请求会在 1 秒后失败。为了实现失败后的重试，我们需要封装一个 load 函数，如下面的代码所示：

```
01  // load 函数接收一个 onError 回调函数
02  function load(onError) {
03    // 请求接口，得到 Promise 实例
04    const p = fetch()
05    // 捕获错误
06    return p.catch(err => {
07      // 当错误发生时，返回一个新的 Promise 实例，并调用 onError 回调，
08      // 同时将 retry 函数作为 onError 回调的参数
09      return new Promise((resolve, reject) => {
10        // retry 函数，用来执行重试的函数，执行该函数会重新调用 load 函数并发送请求
11        const retry = () => resolve(load(onError))
12        const fail = () => reject(err)
13        onError(retry, fail)
14      })
15    })
16  }
```

load 函数内部调用了 fetch 函数来发送请求，并得到一个 Promise 实例。接着，添加 catch 语句块来捕获该实例的错误。当捕获到错误时，我们有两种选择：要么抛出错误，要么返回一个新的 Promise 实例，并把该实例的 resolve 和 reject 方法暴露给用户，让用户来决定下一步应该怎么做。这里，我们将新的 Promise 实例的 resolve 和 reject 分别封装为 retry 函数和 fail 函数，并将它们作为 onError 回调函数的参数。这样，用户就可以在错误发生时主动选择重试或直接抛出错误。下面的代码展示了用户是如何进行重试加载的：

```
01 // 调用 load 函数加载资源
02 load(
03   // onError 回调
04   (retry) => {
05     // 失败后重试
06     retry()
07   }
08 ).then(res => {
09   // 成功
10   console.log(res)
11 })
```

基于这个原理，我们可以很容易地将它整合到异步组件的加载流程中。具体实现如下：

```
01 function defineAsyncComponent(options) {
02   if (typeof options === 'function') {
03     options = {
04       loader: options
05     }
06   }
07
08   const { loader } = options
09
10   let InnerComp = null
11
12   // 记录重试次数
13   let retries = 0
14   // 封装 load 函数用来加载异步组件
15   function load() {
16     return loader()
17       // 捕获加载器的错误
18       .catch((err) => {
19         // 如果用户指定了 onError 回调，则将控制权交给用户
20         if (options.onError) {
21           // 返回一个新的 Promise 实例
22           return new Promise((resolve, reject) => {
23             // 重试
24             const retry = () => {
25               resolve(load())
26               retries++
27             }
28             // 失败
29             const fail = () => reject(err)
30             // 作为 onError 回调函数的参数，让用户来决定下一步怎么做
31             options.onError(retry, fail, retries)
32           })
33         } else {
34           throw err
35         }
36       })
37   }
38
```

```
39     return {
40       name: 'AsyncComponentWrapper',
41       setup() {
42         const loaded = ref(false)
43         const error = shallowRef(null)
44         const loading = ref(false)
45 
46         let loadingTimer = null
47         if (options.delay) {
48           loadingTimer = setTimeout(() => {
49             loading.value = true
50           }, options.delay);
51         } else {
52           loading.value = true
53         }
54         // 调用 load 函数加载组件
55         load()
56           .then(c => {
57             InnerComp = c
58             loaded.value = true
59           })
60           .catch((err) => {
61             error.value = err
62           })
63           .finally(() => {
64             loading.value = false
65             clearTimeout(loadingTimer)
66           })
67 
68         // 省略部分代码
69       }
70     }
71   }
```

如上面的代码及注释所示，其整体思路与普通接口请求的重试机制类似。

13.3 函数式组件

函数式组件的实现相对容易。一个函数式组件本质上就是一个普通函数，该函数的返回值是虚拟 DOM。本章章首曾提到："在 Vue.js 3 中使用函数式组件，主要是因为它的简单性，而不是因为它的性能好。"这是因为在 Vue.js 3 中，即使是有状态组件，其初始化性能消耗也非常小。

在用户接口层面，一个函数式组件就是一个返回虚拟 DOM 的函数，如下面的代码所示：

```
01 function MyFuncComp(props) {
02   return { type: 'h1', children: props.title }
03 }
```

函数式组件没有自身状态，但它仍然可以接收由外部传入的 props。为了给函数式组件定义 props，我们需要在组件函数上添加静态的 props 属性，如下面的代码所示：

```
01  function MyFuncComp(props) {
02    return { type: 'h1', children: props.title }
03  }
04  // 定义 props
05  MyFuncComp.props = {
06    title: String
07  }
```

在有状态组件的基础上，实现函数式组件将变得非常简单，因为挂载组件的逻辑可以复用 mountComponent 函数。为此，我们需要在 patch 函数内支持函数类型的 vnode.type，如下面 patch 函数的代码所示：

```
01  function patch(n1, n2, container, anchor) {
02    if (n1 && n1.type !== n2.type) {
03      unmount(n1)
04      n1 = null
05    }
06
07    const { type } = n2
08
09    if (typeof type === 'string') {
10      // 省略部分代码
11    } else if (type === Text) {
12      // 省略部分代码
13    } else if (type === Fragment) {
14      // 省略部分代码
15    } else if (
16      // type 是对象 --> 有状态组件
17      // type 是函数 --> 函数式组件
18      typeof type === 'object' || typeof type === 'function'
19    ) {
20      // component
21      if (!n1) {
22        mountComponent(n2, container, anchor)
23      } else {
24        patchComponent(n1, n2, anchor)
25      }
26    }
27  }
```

在 patch 函数内部，通过检测 vnode.type 的类型来判断组件的类型：

- 如果 vnode.type 是一个对象，则它是一个有状态组件，并且 vnode.type 是组件选项对象；
- 如果 vnode.type 是一个函数，则它是一个函数式组件。

但无论是有状态组件，还是函数式组件，我们都可以通过 mountComponent 函数来完成挂载，也都可以通过 patchComponent 函数来完成更新。

下面是修改后的 mountComponent 函数，它支持挂载函数式组件：

```
01 function mountComponent(vnode, container, anchor) {
02   // 检查是否是函数式组件
03   const isFunctional = typeof vnode.type === 'function'
04
05   let componentOptions = vnode.type
06   if (isFunctional) {
07     // 如果是函数式组件，则将 vnode.type 作为渲染函数，将 vnode.type.props 作为 props 选项定义即可
08     componentOptions = {
09       render: vnode.type,
10       props: vnode.type.props
11     }
12   }
13
14   // 省略部分代码
15 }
```

可以看到，实现对函数式组件的兼容非常简单。首先，在 mountComponent 函数内检查组件的类型，如果是函数式组件，则直接将组件函数作为组件选项对象的 render 选项，并将组件函数的静态 props 属性作为组件的 props 选项即可，其他逻辑保持不变。当然，出于更加严谨的考虑，我们需要通过 isFunctional 变量实现选择性地执行初始化逻辑，因为对于函数式组件来说，它无须初始化 data 以及生命周期钩子。从这一点可以看出，函数式组件的初始化性能消耗小于有状态组件。

13.4 总结

在本章中，我们首先讨论了异步组件要解决的问题。异步组件在页面性能、拆包以及服务端下发组件等场景中尤为重要。从根本上来说，异步组件的实现可以完全在用户层面实现，而无须框架支持。但一个完善的异步组件仍需要考虑诸多问题，例如：

- 允许用户指定加载出错时要渲染的组件；
- 允许用户指定 Loading 组件，以及展示该组件的延迟时间；
- 允许用户设置加载组件的超时时长；
- 组件加载失败时，为用户提供重试的能力。

因此，框架有必要内建异步组件的实现。

Vue.js 3 提供了 defineAsyncComponent 函数，用来定义异步组件。

接着，我们讲解了异步组件的加载超时问题，以及当加载错误发生时，如何指定 Error 组件。通过为 defineAsyncComponent 函数指定选项参数，允许用户通过 timeout 选项设置超时时长。当加载超时后，会触发加载错误，这时会渲染用户通过 errorComponent 选项指定的 Error 组件。

在加载异步组件的过程中，受网络状况的影响较大。当网络状况较差时，加载过程可能很漫长。为了提供更好的用户体验，我们需要在加载时展示 Loading 组件。所以，我们设计了 `loadingComponent` 选项，以允许用户配置自定义的 Loading 组件。但展示 Loading 组件的时机是一个需要仔细考虑的问题。为了避免 Loading 组件导致的闪烁问题，我们还需要设计一个接口，让用户能指定延迟展示 Loading 组件的时间，即 `delay` 选项。

在加载组件的过程中，发生错误的情况非常常见。所以，我们设计了组件加载发生错误后的重试机制。在讲解异步组件的重试加载机制时，我们类比了接口请求发生错误时的重试机制，两者的思路类似。

最后，我们讨论了函数式组件。它本质上是一个函数，其内部实现逻辑可以复用有状态组件的实现逻辑。为了给函数式组件定义 `props`，我们允许开发者在函数式组件的主函数上添加静态的 `props` 属性。出于更加严谨的考虑，函数式组件没有自身状态，也没有生命周期的概念。所以，在初始化函数式组件时，需要选择性地复用有状态组件的初始化逻辑。

第 14 章

内建组件和模块

在第 12 章和第 13 章中，我们讨论了 Vue.js 是如何基于渲染器实现组件化能力的。本章，我们将讨论 Vue.js 中几个非常重要的内建组件和模块，例如 KeepAlive 组件、Teleport 组件、Transition 组件等，它们都需要渲染器级别的底层支持。另外，这些内建组件所带来的能力，对开发者而言非常重要且实用，理解它们的工作原理有助于我们正确地使用它们。

14.1 KeepAlive 组件的实现原理

14.1.1 组件的激活与失活

KeepAlive 一词借鉴于 HTTP 协议。在 HTTP 协议中，KeepAlive 又称 **HTTP 持久连接**（HTTP persistent connection），其作用是允许多个请求或响应共用一个 TCP 连接。在没有 KeepAlive 的情况下，一个 HTTP 连接会在每次请求/响应结束后关闭，当下一次请求发生时，会建立一个新的 HTTP 连接。频繁地销毁、创建 HTTP 连接会带来额外的性能开销，KeepAlive 就是为了解决这个问题而生的。

HTTP 中的 KeepAlive 可以避免连接频繁地销毁/创建，与 HTTP 中的 KeepAlive 类似，Vue.js 内建的 KeepAlive 组件可以避免一个组件被频繁地销毁/重建。假设我们的页面中有一组 `<Tab>` 组件，如下面的代码所示：

```
01  <template>
02    <Tab v-if="currentTab === 1">...</Tab>
03    <Tab v-if="currentTab === 2">...</Tab>
04    <Tab v-if="currentTab === 3">...</Tab>
05  </template>
```

可以看到，根据变量 `currentTab` 值的不同，会渲染不同的 `<Tab>` 组件。当用户频繁地切换 Tab 时，会导致不停地卸载并重建对应的 `<Tab>` 组件。为了避免因此产生的性能开销，可以使用 KeepAlive 组件来解决这个问题，如下面的代码所示：

```
01 <template>
02   <!-- 使用 KeepAlive 组件包裹 -->
03   <KeepAlive>
04     <Tab v-if="currentTab === 1">...</Tab>
05     <Tab v-if="currentTab === 2">...</Tab>
06     <Tab v-if="currentTab === 3">...</Tab>
07   </KeepAlive>
08 </template>
```

这样，无论用户怎样切换 <Tab> 组件，都不会发生频繁的创建和销毁，因而会极大地优化对用户操作的响应，尤其是在大组件场景下，优势会更加明显。那么，KeepAlive 组件的实现原理是怎样的呢？其实 KeepAlive 的本质是缓存管理，再加上特殊的挂载/卸载逻辑。

首先，KeepAlive 组件的实现需要渲染器层面的支持。这是因为被 KeepAlive 的组件在卸载时，我们不能真的将其卸载，否则就无法维持组件的当前状态了。正确的做法是，将被 KeepAlive 的组件从原容器搬运到另外一个隐藏的容器中，实现"假卸载"。当被搬运到隐藏容器中的组件需要再次被"挂载"时，我们也不能执行真正的挂载逻辑，而应该把该组件从隐藏容器中再搬运到原容器。这个过程对应到组件的生命周期，其实就是 `activated` 和 `deactivated`。

图 14-1 描述了"卸载"和"挂载"一个被 KeepAlive 的组件的过程。

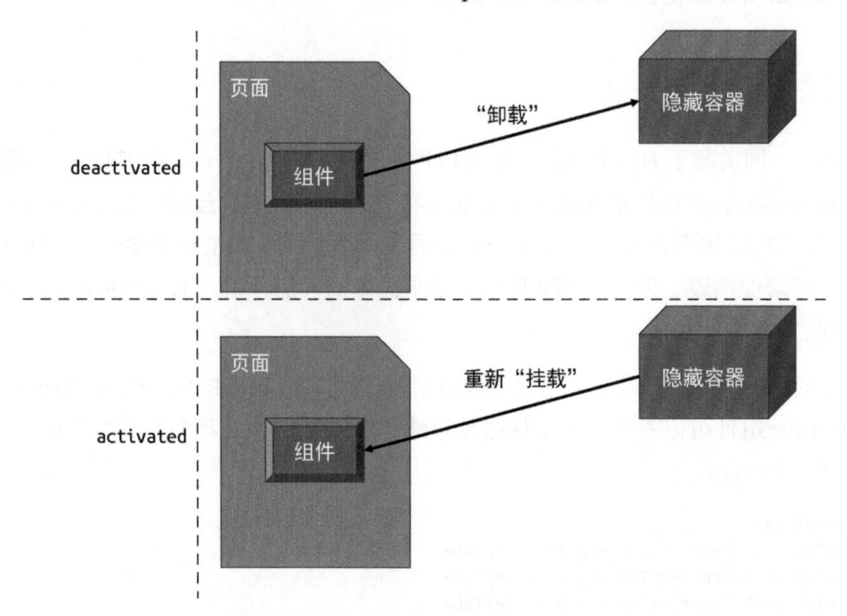

图 14-1 "卸载"和"挂载"一个被 KeepAlive 的组件的过程

如图 14-1 所示，"卸载"一个被 KeepAlive 的组件时，它并不会真的被卸载，而会被移动到一个隐藏容器中。当重新"挂载"该组件时，它也不会被真的挂载，而会被从隐藏容器中取出，再"放回"原来的容器中，即页面中。

一个最基本的 KeepAlive 组件实现起来并不复杂，如下面的代码所示：

```
01 const KeepAlive = {
02   // KeepAlive 组件独有的属性，用作标识
03   __isKeepAlive: true,
04   setup(props, { slots }) {
05     // 创建一个缓存对象
06     // key: vnode.type
07     // value: vnode
08     const cache = new Map()
09     // 当前 KeepAlive 组件的实例
10     const instance = currentInstance
11     // 对于 KeepAlive 组件来说，它的实例上存在特殊的 keepAliveCtx 对象，该对象由渲染器注入
12     // 该对象会暴露渲染器的一些内部方法，其中 move 函数用来将一段 DOM 移动到另一个容器中
13     const { move, createElement } = instance.keepAliveCtx
14 
15     // 创建隐藏容器
16     const storageContainer = createElement('div')
17 
18     // KeepAlive 组件的实例上会被添加两个内部函数，分别是 _deActivate 和 _activate
19     // 这两个函数会在渲染器中被调用
20     instance._deActivate = (vnode) => {
21       move(vnode, storageContainer)
22     }
23     instance._activate = (vnode, container, anchor) => {
24       move(vnode, container, anchor)
25     }
26 
27     return () => {
28       // KeepAlive 的默认插槽就是要被 KeepAlive 的组件
29       let rawVNode = slots.default()
30       // 如果不是组件，直接渲染即可，因为非组件的虚拟节点无法被 KeepAlive
31       if (typeof rawVNode.type !== 'object') {
32         return rawVNode
33       }
34 
35       // 在挂载时先获取缓存的组件 vnode
36       const cachedVNode = cache.get(rawVNode.type)
37       if (cachedVNode) {
38         // 如果有缓存的内容，则说明不应该执行挂载，而应该执行激活
39         // 继承组件实例
40         rawVNode.component = cachedVNode.component
41         // 在 vnode 上添加 keptAlive 属性，标记为 true，避免渲染器重新挂载它
42         rawVNode.keptAlive = true
43       } else {
44         // 如果没有缓存，则将其添加到缓存中，这样下次激活组件时就不会执行新的挂载动作了
45         cache.set(rawVNode.type, rawVNode)
46       }
47 
48       // 在组件 vnode 上添加 shouldKeepAlive 属性，并标记为 true，避免渲染器真的将组件卸载
49       rawVNode.shouldKeepAlive = true
50       // 将 KeepAlive 组件的实例也添加到 vnode 上，以便在渲染器中访问
51       rawVNode.keepAliveInstance = instance
52 
```

```
53          // 渲染组件 vnode
54          return rawVNode
55        }
56      }
57    }
```

从上面的实现中可以看到，与普通组件的一个较大的区别在于，KeepAlive组件与渲染器的结合非常深。首先，KeepAlive组件本身并不会渲染额外的内容，它的渲染函数最终只返回需要被KeepAlive的组件，我们把这个需要被KeepAlive的组件称为“内部组件”。KeepAlive组件会对“内部组件”进行操作，主要是在“内部组件”的vnode对象上添加一些标记属性，以便渲染器能够据此执行特定的逻辑。这些标记属性包括如下几个。

- shouldKeepAlive：该属性会被添加到“内部组件”的vnode对象上，这样当渲染器卸载“内部组件”时，可以通过检查该属性得知“内部组件”需要被KeepAlive。于是，渲染器就不会真的卸载“内部组件”，而是会调用_deActivate函数完成搬运工作，如下面的代码所示：

```
01  // 卸载操作
02  function unmount(vnode) {
03    if (vnode.type === Fragment) {
04      vnode.children.forEach(c => unmount(c))
05      return
06    } else if (typeof vnode.type === 'object') {
07      // vnode.shouldKeepAlive 是一个布尔值，用来标识该组件是否应该被 KeepAlive
08      if (vnode.shouldKeepAlive) {
09        // 对于需要被 KeepAlive 的组件，我们不应该真的卸载它，而应调用该组件的父组件，
10        // 即 KeepAlive 组件的 _deActivate 函数使其失活
11        vnode.keepAliveInstance._deActivate(vnode)
12      } else {
13        unmount(vnode.component.subTree)
14      }
15      return
16    }
17    const parent = vnode.el.parentNode
18    if (parent) {
19      parent.removeChild(vnode.el)
20    }
21  }
```

可以看到，unmount函数在卸载组件时，会检测组件是否应该被KeepAlive，从而执行不同的操作。

- keepAliveInstance：“内部组件”的vnode对象会持有KeepAlive组件实例，在unmount函数中会通过keepAliveInstance来访问_deActivate函数。
- keptAlive：“内部组件”如果已经被缓存，则还会为其添加一个keptAlive标记。这样当“内部组件”需要重新渲染时，渲染器并不会重新挂载它，而会将其激活，如下面patch函数的代码所示：

```
01  function patch(n1, n2, container, anchor) {
02    if (n1 && n1.type !== n2.type) {
03      unmount(n1)
04      n1 = null
05    }
06
07    const { type } = n2
08
09    if (typeof type === 'string') {
10      // 省略部分代码
11    } else if (type === Text) {
12      // 省略部分代码
13    } else if (type === Fragment) {
14      // 省略部分代码
15    } else if (typeof type === 'object' || typeof type === 'function') {
16      // component
17      if (!n1) {
18        // 如果该组件已经被 KeepAlive，则不会重新挂载它，而是会调用 _activate 来激活它
19        if (n2.keptAlive) {
20          n2.keepAliveInstance._activate(n2, container, anchor)
21        } else {
22          mountComponent(n2, container, anchor)
23        }
24      } else {
25        patchComponent(n1, n2, anchor)
26      }
27    }
28  }
```

可以看到，如果组件的 vnode 对象中存在 keptAlive 标识，则渲染器不会重新挂载它，而是会通过 keepAliveInstance._activate 函数来激活它。

我们再来看一下用于激活组件和失活组件的两个函数：

```
01  const { move, createElement } = instance.keepAliveCtx
02
03  instance._deActivate = (vnode) => {
04    move(vnode, storageContainer)
05  }
06  instance._activate = (vnode, container, anchor) => {
07    move(vnode, container, anchor)
08  }
```

可以看到，失活的本质就是将组件所渲染的内容移动到隐藏容器中，而激活的本质是将组件所渲染的内容从隐藏容器中搬运回原来的容器。另外，上面这段代码中涉及的 move 函数是由渲染器注入的，如下面 mountComponent 函数的代码所示：

```
01  function mountComponent(vnode, container, anchor) {
02    // 省略部分代码
03
04    const instance = {
05      state,
```

```
06       props: shallowReactive(props),
07       isMounted: false,
08       subTree: null,
09       slots,
10       mounted: [],
11       // 只有 KeepAlive 组件的实例下会有 keepAliveCtx 属性
12       keepAliveCtx: null
13     }
14
15     // 检查当前要挂载的组件是否是 KeepAlive 组件
16     const isKeepAlive = vnode.type.__isKeepAlive
17     if (isKeepAlive) {
18       // 在 KeepAlive 组件实例上添加 keepAliveCtx 对象
19       instance.keepAliveCtx = {
20         // move 函数用来移动一段 vnode
21         move(vnode, container, anchor) {
22           // 本质上是将组件渲染的内容移动到指定容器中，即隐藏容器中
23           insert(vnode.component.subTree.el, container, anchor)
24         },
25         createElement
26       }
27     }
28
29     // 省略部分代码
30   }
```

至此，一个最基本的KeepAlive组件就完成了。

14.1.2 include 和 exclude

在默认情况下，KeepAlive组件会对所有“内部组件”进行缓存。但有时候用户期望只缓存特定组件。为了使用户能够自定义缓存规则，我们需要让KeepAlive组件支持两个props，分别是include和exclude。其中，include用来显式地配置应该被缓存组件，而exclude用来显式地配置不应该被缓存组件。

KeepAlive组件的props定义如下：

```
01  const KeepAlive = {
02    __isKeepAlive: true,
03    // 定义 include 和 exclude
04    props: {
05      include: RegExp,
06      exclude: RegExp
07    },
08    setup(props, { slots }) {
09      // 省略部分代码
10    }
11  }
```

为了简化问题，我们只允许为include和exclude设置正则类型的值。在KeepAlive组件被

挂载时，它会根据“内部组件”的名称（即 name 选项）进行匹配，如下面的代码所示：

```
01  const cache = new Map()
02  const KeepAlive = {
03    __isKeepAlive: true,
04    props: {
05      include: RegExp,
06      exclude: RegExp
07    },
08    setup(props, { slots }) {
09      // 省略部分代码
10
11      return () => {
12        let rawVNode = slots.default()
13        if (typeof rawVNode.type !== 'object') {
14          return rawVNode
15        }
16        // 获取“内部组件”的 name
17        const name = rawVNode.type.name
18        // 对 name 进行匹配
19        if (
20          name &&
21          (
22            // 如果 name 无法被 include 匹配
23            (props.include && !props.include.test(name)) ||
24            // 或者被 exclude 匹配
25            (props.exclude && props.exclude.test(name))
26          )
27        ) {
28          // 则直接渲染“内部组件”，不对其进行后续的缓存操作
29          return rawVNode
30        }
31
32        // 省略部分代码
33      }
34    }
35  }
```

可以看到，我们根据用户指定的 include 和 exclude 正则，对“内部组件”的名称进行匹配，并根据匹配结果判断是否要对“内部组件”进行缓存。在此基础上，我们可以任意扩充匹配能力。例如，可以将 include 和 exclude 设计成多种类型值，允许用户指定字符串或函数，从而提供更加灵活的匹配机制。另外，在做匹配时，也可以不限于“内部组件”的名称，我们甚至可以让用户自行指定匹配要素。但无论如何，其原理都是不变的。

14.1.3 缓存管理

在前文给出的实现中，我们使用一个 Map 对象来实现对组件的缓存：

```
01  const cache = new Map()
```

该 Map 对象的键是组件选项对象，即 vnode.type 属性的值，而该 Map 对象的值是用于描述组件的 vnode 对象。由于用于描述组件的 vnode 对象存在对组件实例的引用（即 vnode.component 属性），所以缓存用于描述组件的 vnode 对象，就等价于缓存了组件实例。

回顾一下目前 KeepAlive 组件中关于缓存的实现，如下是该组件渲染函数的部分代码：

```
01 // KeepAlive 组件的渲染函数中关于缓存的实现
02 
03 // 使用组件选项对象 rawVNode.type 作为键去缓存中查找
04 const cachedVNode = cache.get(rawVNode.type)
05 if (cachedVNode) {
06   // 如果缓存存在，则无须重新创建组件实例，只需要继承即可
07   rawVNode.component = cachedVNode.component
08   rawVNode.keptAlive = true
09 } else {
10   // 如果缓存不存在，则设置缓存
11   cache.set(rawVNode.type, rawVNode)
12 }
```

缓存的处理逻辑可以总结为：

- 如果缓存存在，则继承组件实例，并将用于描述组件的 vnode 对象标记为 keptAlive，这样渲染器就不会重新创建新的组件实例；
- 如果缓存不存在，则设置缓存。

这里的问题在于，当缓存不存在的时候，总是会设置新的缓存。这会导致缓存不断增加，极端情况下会占用大量内存。为了解决这个问题，我们必须设置一个缓存阈值，当缓存数量超过指定阈值时对缓存进行修剪。但是这又引出了另外一个问题：我们应该如何对缓存进行修剪呢？换句话说，当需要对缓存进行修剪时，应该以怎样的策略修剪？优先修剪掉哪一部分？

Vue.js 当前所采用的修剪策略叫作“最新一次访问”。首先，你需要为缓存设置最大容量，也就是通过 KeepAlive 组件的 max 属性来设置，例如：

```
01 <KeepAlive :max="2">
02   <component :is="dynamicComp"/>
03 </KeepAlive>
```

在上面这段代码中，我们设置缓存的容量为 2。假设我们有三个组件 Comp1、Comp2、Comp3，并且它们都会被缓存。然后，我们开始模拟组件切换过程中缓存的变化，如下所示。

- 初始渲染 Comp1 并缓存它。此时缓存队列为：[Comp1]，并且最新一次访问（或渲染）的组件是 Comp1。
- 切换到 Comp2 并缓存它。此时缓存队列为：[Comp1, Comp2]，并且最新一次访问（或渲染）的组件是 Comp2。

- 切换到 Comp3，此时缓存容量已满，需要修剪，应该修剪谁呢？因为当前最新一次访问（或渲染）的组件是 Comp2，所以它是“安全”的，即不会被修剪。因此被修剪掉的将会是 Comp1。当缓存修剪完毕后，将会出现空余的缓存空间用来存储 Comp3。所以，现在的缓存队列是：[Comp2, Comp3]，并且最新一次渲染的组件变成了 Comp3。

我们还可以换一种切换组件的方式，如下所示。

- 初始渲染 Comp1 并缓存它。此时，缓存队列为：[Comp1]，并且最新一次访问（或渲染）的组件是 Comp1。
- 切换到 Comp2 并缓存它。此时，缓存队列：[Comp1, Comp2]，并且最新一次访问（或渲染）的组件是 Comp2。
- 再切换回 Comp1，由于 Comp1 已经在缓存队列中，所以不需要修剪缓存，只需要激活组件即可，但要将最新一次渲染的组件设置为 Comp1。
- 切换到 Comp3，此时缓存容量已满，需要修剪。应该修剪谁呢？由于 Comp1 是最新一次被渲染的，所以它是“安全”的，即不会被修剪掉，所以最终会被修剪掉的是 Comp2。于是，现在的缓存队列是：[Comp1, Comp3]，并且最新一次渲染的组件变成了 Comp3。

可以看到，在不同的模拟策略下，最终的缓存结果会有所不同。“最新一次访问”的缓存修剪策略的核心在于，需要把当前访问（或渲染）的组件作为最新一次渲染的组件，并且该组件在缓存修剪过程中始终是安全的，即不会被修剪。

实现 Vue.js 内建的缓存策略并不难，本质上等同于一个小小的算法题目。我们的关注点在于，缓存策略能否改变？甚至允许用户自定义缓存策略？实际上，在 Vue.js 官方的 RFCs 中已经有相关提议①。该提议允许用户实现自定义的缓存策略，在用户接口层面，则体现在 KeepAlive 组件新增了 cache 接口，允许用户指定缓存实例：

```
01 <KeepAlive :cache="cache">
02   <Comp />
03 </KeepAlive>
```

缓存实例需要满足固定的格式，一个基本的缓存实例的实现如下：

```
01 // 自定义实现
02 const _cache = new Map()
03 const cache: KeepAliveCache = {
04   get(key) {
05     _cache.get(key)
06   },
07   set(key, value) {
08     _cache.set(key, value)
09   },
```

① 参见 Custom cache strategy and matching rules for KeepAlive #284。

```
10    delete(key) {
11      _cache.delete(key)
12    },
13    forEach(fn) {
14      _cache.forEach(fn)
15    }
16  }
```

在 KeepAlive 组件的内部实现中，如果用户提供了自定义的缓存实例，则直接使用该缓存实例来管理缓存。从本质上来说，这等价于将缓存的管理权限从 KeepAlive 组件转交给用户了。

14.2　Teleport 组件的实现原理

14.2.1　Teleport 组件要解决的问题

Teleport 组件是 Vue.js 3 新增的一个内建组件，我们首先讨论它要解决的问题是什么。通常情况下，在将虚拟 DOM 渲染为真实 DOM 时，最终渲染出来的真实 DOM 的层级结构与虚拟 DOM 的层级结构一致。以下面的模板为例：

```
01  <template>
02    <div id="box" style="z-index: -1;">
03      <Overlay />
04    </div>
05  </template>
```

在这段模板中，`<Overlay>` 组件的内容会被渲染到 `id` 为 `box` 的 `div` 标签下。然而，有时这并不是我们所期望的。假设 `<Overlay>` 是一个“蒙层”组件，该组件会渲染一个“蒙层”，并要求“蒙层”能够遮挡页面上的任何元素。换句话说，我们要求 `<Overlay>` 组件的 `z-index` 的层级最高，从而实现遮挡。但问题是，如果 `<Overlay>` 组件的内容无法跨越 DOM 层级渲染，就无法实现这个目标。还是拿上面这段模板来说，`id` 为 `box` 的 `div` 标签拥有一段内联样式：`z-index: -1`，这导致即使我们将 `<Overlay>` 组件所渲染内容的 `z-index` 值设置为无穷大，也无法实现遮挡功能。

通常，我们在面对上述场景时，会选择直接在 `<body>` 标签下渲染“蒙层”内容。在 Vue.js 2 中我们只能通过原生 DOM API 来手动搬运 DOM 元素实现需求。这么做的缺点在于，手动操作 DOM 元素会使得元素的渲染与 Vue.js 的渲染机制脱节，并导致各种可预见或不可预见的问题。考虑到该需求的确非常常见，用户对此也抱有迫切的期待，于是 Vue.js 3 内建了 Teleport 组件。该组件可以将指定内容渲染到特定容器中，而不受 DOM 层级的限制。

我们先来看看 Teleport 组件是如何解决这个问题的。如下是基于 Teleport 组件实现的 `<Overlay>` 组件的模板：

```
01  <template>
02    <Teleport to="body">
```

```
03      <div class="overlay"></div>
04    </Teleport>
05  </template>
06  <style scoped>
07    .overlay {
08      z-index: 9999;
09    }
10  </style>
```

可以看到，`<Overlay>` 组件要渲染的内容都包含在 Teleport 组件内，即作为 Teleport 组件的插槽。通过为 Teleport 组件指定渲染目标 body，即 to 属性的值，该组件就会直接把它的插槽内容渲染到 body 下，而不会按照模板的 DOM 层级来渲染，于是就实现了跨 DOM 层级的渲染。最终 `<Overlay>` 组件的 z-index 值也会按预期工作，并遮挡页面中的所有内容。

14.2.2 实现 Teleport 组件

与 KeepAlive 组件一样，Teleport 组件也需要渲染器的底层支持。首先我们要将 Teleport 组件的渲染逻辑从渲染器中分离出来，这么做有两点好处：

- 可以避免渲染器逻辑代码“膨胀”；
- 当用户没有使用 Teleport 组件时，由于 Teleport 的渲染逻辑被分离，因此可以利用 Tree-Shaking 机制在最终的 bundle 中删除 Teleport 相关的代码，使得最终构建包的体积变小。

为了完成逻辑分离的工作，要先修改 patch 函数，如下面的代码所示：

```
01  function patch(n1, n2, container, anchor) {
02    if (n1 && n1.type !== n2.type) {
03      unmount(n1)
04      n1 = null
05    }
06
07    const { type } = n2
08
09    if (typeof type === 'string') {
10      // 省略部分代码
11    } else if (type === Text) {
12      // 省略部分代码
13    } else if (type === Fragment) {
14      // 省略部分代码
15    } else if (typeof type === 'object' && type.__isTeleport) {
16      // 组件选项中如果存在 __isTeleport 标识，则它是 Teleport 组件，
17      // 调用 Teleport 组件选项中的 process 函数将控制权交接出去
18      // 传递给 process 函数的第五个参数是渲染器的一些内部方法
19      type.process(n1, n2, container, anchor, {
20        patch,
21        patchChildren,
22        unmount,
23        move(vnode, container, anchor) {
```

```
24          insert(vnode.component ? vnode.component.subTree.el : vnode.el, container, anchor)
25        }
26      })
27    } else if (typeof type === 'object' || typeof type === 'function') {
28      // 省略部分代码
29    }
30  }
```

可以看到，我们通过组件选项的 __isTeleport 标识来判断该组件是否是 Teleport 组件。如果是，则直接调用组件选项中定义的 process 函数将渲染控制权完全交接出去，这样就实现了渲染逻辑的分离。

Teleport 组件的定义如下：

```
01  const Teleport = {
02    __isTeleport: true,
03    process(n1, n2, container, anchor) {
04      // 在这里处理渲染逻辑
05    }
06  }
```

可以看到，Teleport 组件并非普通组件，它有特殊的选项 __isTeleport 和 process。

接下来我们设计虚拟 DOM 的结构。假设用户编写的模板如下：

```
01  <Teleport to="body">
02    <h1>Title</h1>
03    <p>content</p>
04  </Teleport>
```

那么它应该被编译为怎样的虚拟 DOM 呢？虽然在用户看来 Teleport 是一个内建组件，但实际上，Teleport 是否拥有组件的性质是由框架本身决定的。通常，一个组件的子节点会被编译为插槽内容，不过对于 Teleport 组件来说，直接将其子节点编译为一个数组即可，如下面的代码所示：

```
01  function render() {
02    return {
03      type: Teleport,
04      // 以普通 children 的形式代表被 Teleport 的内容
05      children: [
06        { type: 'h1', children: 'Title' },
07        { type: 'p', children: 'content' }
08      ]
09    }
10  }
```

设计好虚拟 DOM 的结构后，我们就可以着手实现 Teleport 组件了。首先，我们来完成 Teleport 组件的挂载动作，如下面的代码所示：

```
01  const Teleport = {
02    __isTeleport: true,
03    process(n1, n2, container, anchor, internals) {
```

```
04      // 通过 internals 参数取得渲染器的内部方法
05      const { patch } = internals
06      // 如果旧 VNode n1 不存在，则是全新的挂载，否则执行更新
07      if (!n1) {
08        // 挂载
09        // 获取容器，即挂载点
10        const target = typeof n2.props.to === 'string'
11          ? document.querySelector(n2.props.to)
12          : n2.props.to
13        // 将 n2.children 渲染到指定挂载点即可
14        n2.children.forEach(c => patch(null, c, target, anchor))
15      } else {
16        // 更新
17      }
18    }
19  }
```

可以看到，即使 Teleport 渲染逻辑被单独分离出来，它的渲染思路仍然与渲染器本身的渲染思路保持一致。通过判断旧的虚拟节点（n1）是否存在，来决定是执行挂载还是执行更新。如果要执行挂载，则需要根据 props.to 属性的值来取得真正的挂载点。最后，遍历 Teleport 组件的 children 属性，并逐一调用 patch 函数完成子节点的挂载。

更新的处理更加简单，如下面的代码所示：

```
01  const Teleport = {
02    __isTeleport: true,
03    process(n1, n2, container, anchor, internals) {
04      const { patch, patchChildren } = internals
05      if (!n1) {
06        // 省略部分代码
07      } else {
08        // 更新
09        patchChildren(n1, n2, container)
10      }
11    }
12  }
```

只需要调用 patchChildren 函数完成更新操作即可。不过有一点需要额外注意，更新操作可能是由于 Teleport 组件的 to 属性值的变化引起的，因此，在更新时我们应该考虑这种情况。具体的处理方式如下：

```
01  const Teleport = {
02    __isTeleport: true,
03    process(n1, n2, container, anchor, internals) {
04      const { patch, patchChildren, move } = internals
05      if (!n1) {
06        // 省略部分代码
07      } else {
08        // 更新
09        patchChildren(n1, n2, container)
```

```
10          // 如果新旧 to 参数的值不同，则需要对内容进行移动
11          if (n2.props.to !== n1.props.to) {
12            // 获取新的容器
13            const newTarget = typeof n2.props.to === 'string'
14              ? document.querySelector(n2.props.to)
15              : n2.props.to
16            // 移动到新的容器
17            n2.children.forEach(c => move(c, newTarget))
18          }
19        }
20      }
21    }
```

用来执行移动操作的 move 函数的实现如下：

```
01    else if (typeof type === 'object' && type.__isTeleport) {
02      type.process(n1, n2, container, anchor, {
03        patch,
04        patchChildren,
05        // 用来移动被 Teleport 的内容
06        move(vnode, container, anchor) {
07          insert(
08            vnode.component
09              ? vnode.component.subTree.el  // 移动一个组件
10              : vnode.el,  // 移动普通元素
11            container,
12            anchor
13          )
14        }
15      })
16    }
```

在上面的代码中，我们只考虑了移动组件和普通元素。我们知道，虚拟节点的类型有很多种，例如文本类型（Text）、片段类型（Fragment）等。一个完善的实现应该考虑所有这些虚拟节点的类型。

14.3　Transition 组件的实现原理

通过对 KeepAlive 组件和 Teleport 组件的讲解，我们能够意识到，Vue.js 内建的组件通常与渲染器的核心逻辑结合得非常紧密。本节将要讨论的 Transition 组件也不例外，甚至它与渲染器的结合更加紧密。

实际上，Transition 组件的实现比想象中简单得多，它的核心原理是：

- 当 DOM 元素被挂载时，将动效附加到该 DOM 元素上；
- 当 DOM 元素被卸载时，不要立即卸载 DOM 元素，而是等到附加到该 DOM 元素上的动效执行完成后再卸载它。

当然，规则上主要遵循上述两个要素，但具体实现时要考虑的边界情况还有很多。不过，我们只要理解它的核心原理即可，至于细节，可以在基本实现的基础上按需添加或完善。

14.3.1 原生 DOM 的过渡

为了更好地理解 Transition 组件的实现原理，我们有必要先讨论如何为原生 DOM 创建过渡动效。过渡效果本质上是一个 DOM 元素在两种状态间的切换，浏览器会根据过渡效果自行完成 DOM 元素的过渡。这里的过渡效果指的是持续时长、运动曲线、要过渡的属性等。

我们从一个例子开始。假设我们有一个 div 元素，宽高各 100px，如下面的代码所示：

```
01  <div class="box"></div>
```

接着，为其添加对应的 CSS 样式：

```
01  .box {
02    width: 100px;
03    height: 100px;
04    background-color: red;
05  }
```

现在，假设我们要为元素添加一个进场动效。我们可以这样描述该动效：从距离左边 200px 的位置在 1 秒内运动到距离左边 0px 的位置。在这句描述中，初始状态是“距离左边 200px”，因此我们可以用下面的样式来描述初始状态：

```
01  .enter-from {
02    transform: translateX(200px);
03  }
```

而结束状态是“距离左边 0px”，也就是初始位置，可以用下面的 CSS 代码来描述：

```
01  .enter-to {
02    transform: translateX(0);
03  }
```

初始状态和结束状态都已经描述完毕了。最后，我们还要描述运动过程，例如持续时长、运动曲线等。对此，我们可以用如下 CSS 代码来描述：

```
01  .enter-active {
02    transition: transform 1s ease-in-out;
03  }
```

这里我们指定了运动的属性是 transform，持续时长为 1s，并且运动曲线是 ease-in-out。

定义好了运动的初始状态、结束状态以及运动过程之后，接下来我们就可以为 DOM 元素添加进场动效了，如下面的代码所示：

```
01  // 创建 class 为 box 的 DOM 元素
02  const el = document.createElement('div')
03  el.classList.add('box')
04
05  // 在 DOM 元素被添加到页面之前，将初始状态和运动过程定义到元素上
06  el.classList.add('enter-from')    // 初始状态
07  el.classList.add('enter-active')  // 运动过程
08
09  // 将元素添加到页面
10  document.body.appendChild(el)
```

上面这段代码主要做了三件事：

- 创建 DOM 元素；
- 将过渡的初始状态和运动过程定义到元素上，即把 enter-from、enter-active 这两个类添加到元素上；
- 将元素添加到页面，即挂载。

经过这三个步骤之后，元素的初始状态会生效，页面渲染的时候会将 DOM 元素以初始状态所定义的样式进行展示。接下来我们需要切换元素的状态，使得元素开始运动。那么，应该怎么做呢？理论上，我们只需要将 enter-from 类从 DOM 元素上移除，并将 enter-to 这个类添加到 DOM 元素上即可，如下面的代码所示：

```
01  // 创建 class 为 box 的 DOM 元素
02  const el = document.createElement('div')
03  el.classList.add('box')
04
05  // 在 DOM 元素被添加到页面之前，将初始状态和运动过程定义到元素上
06  el.classList.add('enter-from')    // 初始状态
07  el.classList.add('enter-active')  // 运动过程
08
09  // 将元素添加到页面
10  document.body.appendChild(el)
11
12  // 切换元素的状态
13  el.classList.remove('enter-from')  // 移除 enter-from
14  el.classList.add('enter-to')       // 添加 enter-to
```

然而，上面这段代码无法按预期执行。这是因为浏览器会在当前帧绘制 DOM 元素，最终结果是，浏览器将 enter-to 这个类所具有的样式绘制出来，而不会绘制 enter-from 类所具有的样式。为了解决这个问题，我们需要在下一帧执行状态切换，如下面的代码所示：

```
01  // 创建 class 为 box 的 DOM 元素
02  const el = document.createElement('div')
03  el.classList.add('box')
04
05  // 在 DOM 元素被添加到页面之前，将初始状态和运动过程定义到元素上
06  el.classList.add('enter-from')    // 初始状态
07  el.classList.add('enter-active')  // 运动过程
```

```
08
09  // 将元素添加到页面
10  document.body.appendChild(el)
11
12  // 在下一帧切换元素的状态
13  requestAnimationFrame(() => {
14    el.classList.remove('enter-from')  // 移除 enter-from
15    el.classList.add('enter-to')       // 添加 enter-to
16  })
```

可以看到，我们使用 `requestAnimationFrame` 注册了一个回调函数，该回调函数理论上会在下一帧执行。这样，浏览器就会在当前帧绘制元素的初始状态，然后在下一帧切换元素的状态，从而使得过渡生效。但如果你尝试在 Chrome 或 Safari 浏览器中运行上面这段代码，会发现过渡仍未生效，这是为什么呢？实际上，这是浏览器的实现 bug 所致。该 bug 的具体描述参见 Issue 675795: Interop: mismatch in when animations are started between different browsers。其大意是，使用 `requestAnimationFrame` 函数注册回调会在当前帧执行，除非其他代码已经调用了一次 `requestAnimationFrame` 函数。这明显是不正确的，因此我们需要一个变通方案，如下面的代码所示：

```
01  // 创建 class 为 box 的 DOM 元素
02  const el = document.createElement('div')
03  el.classList.add('box')
04
05  // 在 DOM 元素被添加到页面之前，将初始状态和运动过程定义到元素上
06  el.classList.add('enter-from')    // 初始状态
07  el.classList.add('enter-active')  // 运动过程
08
09  // 将元素添加到页面
10  document.body.appendChild(el)
11
12  // 嵌套调用 requestAnimationFrame
13  requestAnimationFrame(() => {
14    requestAnimationFrame(() => {
15      el.classList.remove('enter-from')  // 移除 enter-from
16      el.classList.add('enter-to')       // 添加 enter-to
17    })
18  })
```

通过嵌套一层 `requestAnimationFrame` 函数的调用即可解决上述问题。现在，如果你再次尝试在浏览器中运行代码，会发现进场动效能够正常显示了。

最后我们需要做的是，当过渡完成后，将 `enter-to` 和 `enter-active` 这两个类从 DOM 元素上移除，如下面的代码所示：

```
01  // 创建 class 为 box 的 DOM 元素
02  const el = document.createElement('div')
03  el.classList.add('box')
04
```

```
05   // 在 DOM 元素被添加到页面之前，将初始状态和运动过程定义到元素上
06   el.classList.add('enter-from')    // 初始状态
07   el.classList.add('enter-active')  // 运动过程
08
09   // 将元素添加到页面
10   document.body.appendChild(el)
11
12   // 嵌套调用 requestAnimationFrame
13   requestAnimationFrame(() => {
14     requestAnimationFrame(() => {
15       el.classList.remove('enter-from')  // 移除 enter-from
16       el.classList.add('enter-to')       // 添加 enter-to
17
18       // 监听 transitionend 事件完成收尾工作
19       el.addEventListener('transitionend', () => {
20         el.classList.remove('enter-to')
21         el.classList.remove('enter-active')
22       })
23     })
24   })
```

通过监听元素的 transitionend 事件来完成收尾工作。实际上，我们可以对上述为 DOM 元素添加进场过渡的过程进行抽象，如图 14-2 所示。

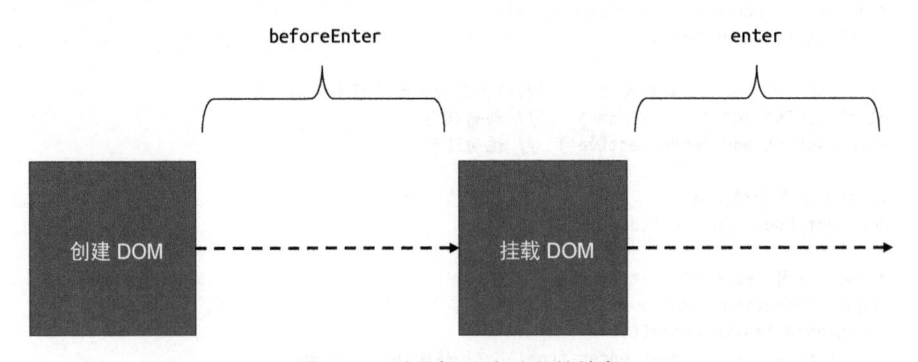

图 14-2　对进场过渡过程的抽象

从创建 DOM 元素完成后，到把 DOM 元素添加到 body 前，整个过程可以视作 beforeEnter 阶段。在把 DOM 元素添加到 body 之后，则可以视作 enter 阶段。在不同的阶段执行不同的操作，即可完成整个进场过渡的实现。

- beforeEnter 阶段：添加 enter-from 和 enter-active 类。
- enter 阶段：在下一帧中移除 enter-from 类，添加 enter-to。
- 进场动效结束：移除 enter-to 和 enter-active 类。

理解了进场过渡的实现原理后，接下来我们讨论 DOM 元素的离场过渡效果。与进场过渡一样，我们需要定义离场过渡的初始状态、结束状态以及过渡过程，如下面的 CSS 代码所示：

```
01 /* 初始状态 */
02 .leave-from {
03   transform: translateX(0);
04 }
05 /* 结束状态 */
06 .leave-to {
07   transform: translateX(200px);
08 }
09 /* 过渡过程 */
10 .leave-active {
11   transition: transform 2s ease-out;
12 }
```

可以看到，离场过渡的初始状态与结束状态正好对应进场过渡的结束状态与初始状态。当然，我们完全可以打破这种对应关系，你可以采用任意过渡效果。

离场动效一般发生在 DOM 元素被卸载的时候，如下面的代码所示：

```
01 // 卸载元素
02 el.addEventListener('click', () => {
03   el.parentNode.removeChild(el)
04 })
```

当点击元素的时候，该元素会被移除，这样就实现了卸载。然而，从代码中可以看出，元素被点击的瞬间就会被卸载，所以如果仅仅这样做，元素根本就没有执行过渡的机会。因此，一个很自然的思路就产生了：当元素被卸载时，不要将其立即卸载，而是等待过渡效果结束后再卸载它。为了实现这个目标，我们需要把用于卸载 DOM 元素的代码封装到一个函数中，该函数会等待过渡结束后被调用，如下面的代码所示：

```
01 el.addEventListener('click', () => {
02   // 将卸载动作封装到 performRemove 函数中
03   const performRemove = () => el.parentNode.removeChild(el)
04 })
```

在上面这段代码中，我们将卸载动作封装到 performRemove 函数中，这个函数会等待过渡效果结束后再执行。

具体的离场动效的实现如下：

```
01 el.addEventListener('click', () => {
02   // 将卸载动作封装到 performRemove 函数中
03   const performRemove = () => el.parentNode.removeChild(el)
04 
05   // 设置初始状态：添加 leave-from 和 leave-active 类
06   el.classList.add('leave-from')
07   el.classList.add('leave-active')
08 
09   // 强制 reflow：使初始状态生效
10   document.body.offsetHeight
11 
```

```
12     // 在下一帧切换状态
13     requestAnimationFrame(() => {
14       requestAnimationFrame(() => {
15         // 切换到结束状态
16         el.classList.remove('leave-from')
17         el.classList.add('leave-to')
18 
19         // 监听 transitionend 事件做收尾工作
20         el.addEventListener('transitionend', () => {
21           el.classList.remove('leave-to')
22           el.classList.remove('leave-active')
23           // 当过渡完成后，记得调用 performRemove 函数将 DOM 元素移除
24           performRemove()
25         })
26       })
27     })
28   })
```

从上面这段代码中可以看到，离场过渡的处理与进场过渡的处理方式非常相似，即首先设置初始状态，然后在下一帧中切换为结束状态，从而使得过渡生效。需要注意的是，当离场过渡完成之后，需要执行 performRemove 函数来真正地将 DOM 元素卸载。

14.3.2 实现 Transition 组件

Transition 组件的实现原理与 14.3.1 节介绍的原生 DOM 的过渡原理一样。只不过，Transition 组件是基于虚拟 DOM 实现的。在 14.3.1 节中，我们在为原生 DOM 元素创建进场动效和离场动效时能注意到，整个过渡过程可以抽象为几个阶段，这些阶段可以抽象为特定的回调函数。例如 beforeEnter、enter、leave 等。实际上，基于虚拟 DOM 的实现也需要将 DOM 元素的生命周期分割为这样几个阶段，并在特定阶段执行对应的回调函数。

为了实现 Transition 组件，我们需要先设计它在虚拟 DOM 层面的表现形式。假设组件的模板内容如下：

```
01 <template>
02   <Transition>
03     <div>我是需要过渡的元素</div>
04   </Transition>
05 </template>
```

我们可以将这段模板被编译后的虚拟 DOM 设计为：

```
01 function render() {
02   return {
03     type: Transition,
04     children: {
05       default() {
06         return { type: 'div', children: '我是需要过渡的元素' }
07       }
```

```
08        }
09      }
10    }
```

可以看到，Transition 组件的子节点被编译为默认插槽，这与普通组件的行为一致。虚拟 DOM 层面的表示已经设计完了，接下来，我们着手实现 Transition 组件，如下面的代码所示：

```
01  const Transition = {
02    name: 'Transition',
03    setup(props, { slots }) {
04      return () => {
05        // 通过默认插槽获取需要过渡的元素
06        const innerVNode = slots.default()
07
08        // 在过渡元素的 VNode 对象上添加 transition 相应的钩子函数
09        innerVNode.transition = {
10          beforeEnter(el) {
11            // 省略部分代码
12          },
13          enter(el) {
14            // 省略部分代码
15          },
16          leave(el, performRemove) {
17            // 省略部分代码
18          }
19        }
20
21        // 渲染需要过渡的元素
22        return innerVNode
23      }
24    }
25  }
```

观察上面的代码，可以发现几点重要信息：

- Transition 组件本身不会渲染任何额外的内容，它只是通过默认插槽读取过渡元素，并渲染需要过渡的元素；
- Transition 组件的作用，就是在过渡元素的虚拟节点上添加 `transition` 相关的钩子函数。

可以看到，经过 Transition 组件的包装后，内部需要过渡的虚拟节点对象会被添加一个 `vnode.transition` 对象。这个对象下存在一些与 DOM 元素过渡相关的钩子函数，例如 `beforeEnter`、`enter`、`leave` 等。这些钩子函数与我们在 14.3.1 节中介绍的钩子函数相同，渲染器在渲染需要过渡的虚拟节点时，会在合适的时机调用附加到该虚拟节点上的过渡相关的生命周期钩子函数，具体体现在 `mountElement` 函数以及 `unmount` 函数中，如下面的代码所示：

```
01  function mountElement(vnode, container, anchor) {
02    const el = vnode.el = createElement(vnode.type)
03
04    if (typeof vnode.children === 'string') {
```

```
05        setElementText(el, vnode.children)
06      } else if (Array.isArray(vnode.children)) {
07        vnode.children.forEach(child => {
08          patch(null, child, el)
09        })
10      }
11
12      if (vnode.props) {
13        for (const key in vnode.props) {
14          patchProps(el, key, null, vnode.props[key])
15        }
16      }
17
18      // 判断一个 VNode 是否需要过渡
19      const needTransition = vnode.transition
20      if (needTransition) {
21        // 调用 transition.beforeEnter 钩子，并将 DOM 元素作为参数传递
22        vnode.transition.beforeEnter(el)
23      }
24
25      insert(el, container, anchor)
26      if (needTransition) {
27        // 调用 transition.enter 钩子，并将 DOM 元素作为参数传递
28        vnode.transition.enter(el)
29      }
30    }
```

上面这段代码是修改后的 mountElement 函数，我们为它增加了 transition 钩子的处理。可以看到，在挂载 DOM 元素之前，会调用 transition.beforeEnter 钩子；在挂载元素之后，会调用 transition.enter 钩子，并且这两个钩子函数都接收需要过渡的 DOM 元素对象作为第一个参数。除了挂载之外，卸载元素时我们也应该调用 transition.leave 钩子函数，如下面的代码所示：

```
01  function unmount(vnode) {
02    // 判断 VNode 是否需要过渡处理
03    const needTransition = vnode.transition
04    if (vnode.type === Fragment) {
05      vnode.children.forEach(c => unmount(c))
06      return
07    } else if (typeof vnode.type === 'object') {
08      if (vnode.shouldKeepAlive) {
09        vnode.keepAliveInstance._deActivate(vnode)
10      } else {
11        unmount(vnode.component.subTree)
12      }
13      return
14    }
15    const parent = vnode.el.parentNode
16    if (parent) {
17      // 将卸载动作封装到 performRemove 函数中
18      const performRemove = () => parent.removeChild(vnode.el)
```

```
19        if (needTransition) {
20          // 如果需要过渡处理，则调用 transition.leave 钩子，
21          // 同时将 DOM 元素和 performRemove 函数作为参数传递
22          vnode.transition.leave(vnode.el, performRemove)
23        } else {
24          // 如果不需要过渡处理，则直接执行卸载操作
25          performRemove()
26        }
27      }
28    }
```

上面这段代码是修改后的 unmount 函数的实现，我们同样为其增加了关于过渡的处理。首先，需要将卸载动作封装到 performRemove 函数内。如果 DOM 元素需要过渡处理，那么就需要等待过渡结束后再执行 performRemove 函数完成卸载，否则直接调用该函数完成卸载即可。

有了 mountElement 函数和 unmount 函数的支持后，我们可以轻松地实现一个最基本的 Transition 组件了，如下面的代码所示：

```
01    const Transition = {
02      name: 'Transition',
03      setup(props, { slots }) {
04        return () => {
05          const innerVNode = slots.default()
06
07          innerVNode.transition = {
08            beforeEnter(el) {
09              // 设置初始状态：添加 enter-from 和 enter-active 类
10              el.classList.add('enter-from')
11              el.classList.add('enter-active')
12            },
13            enter(el) {
14              // 在下一帧切换到结束状态
15              nextFrame(() => {
16                // 移除 enter-from 类，添加 enter-to 类
17                el.classList.remove('enter-from')
18                el.classList.add('enter-to')
19                // 监听 transitionend 事件完成收尾工作
20                el.addEventListener('transitionend', () => {
21                  el.classList.remove('enter-to')
22                  el.classList.remove('enter-active')
23                })
24              })
25            },
26            leave(el, performRemove) {
27              // 设置离场过渡的初始状态：添加 leave-from 和 leave-active 类
28              el.classList.add('leave-from')
29              el.classList.add('leave-active')
30              // 强制 reflow，使得初始状态生效
31              document.body.offsetHeight
32              // 在下一帧修改状态
33              nextFrame(() => {
34                // 移除 leave-from 类，添加 leave-to 类
```

```
35                el.classList.remove('leave-from')
36                el.classList.add('leave-to')
37
38                // 监听 transitionend 事件完成收尾工作
39                el.addEventListener('transitionend', () => {
40                  el.classList.remove('leave-to')
41                  el.classList.remove('leave-active')
42                  // 调用 transition.leave 钩子函数的第二个参数，完成 DOM 元素的卸载
43                  performRemove()
44                })
45              })
46            }
47          }
48
49          return innerVNode
50        }
51      }
52    }
```

在上面这段代码中，我们补全了 vnode.transition 中各个钩子函数的具体实现。可以看到，其实现思路与我们在 14.3.1 节中讨论的关于原生 DOM 过渡的思路一样。

在上面的实现中，我们硬编码了过渡状态的类名，例如 enter-from、enter-to 等。实际上，我们可以轻松地通过 props 来实现允许用户自定义类名的能力，从而实现一个更加灵活的 Transition 组件。另外，我们也没有实现"模式"的概念，即先进后出（in-out）或后进先出（out-in）。实际上，模式的概念只是增加了对节点过渡时机的控制，原理上与将卸载动作封装到 performRemove 函数中一样，只需要在具体的时机以回调的形式将控制权交接出去即可。

14.4　总结

在本章中，我们介绍了 Vue.js 内建的三个组件，即 KeepAlive 组件、Teleport 组件和 Transition 组件。它们的共同特点是，与渲染器的结合非常紧密，因此需要框架提供底层的实现与支持。

KeepAlive 组件的作用类似于 HTTP 中的持久链接。它可以避免组件实例不断地被销毁和重建。KeepAlive 的基本实现并不复杂。当被 KeepAlive 的组件"卸载"时，渲染器并不会真的将其卸载掉，而是会将该组件搬运到一个隐藏容器中，从而使得组件可以维持当前状态。当被 KeepAlive 的组件"挂载"时，渲染器也不会真的挂载它，而是将它从隐藏容器搬运到原容器。

我们还讨论了 KeepAlive 的其他能力，如匹配策略和缓存策略。include 和 exclude 这两个选项用来指定哪些组件需要被 KeepAlive，哪些组件不需要被 KeepAlive。默认情况下，include 和 exclude 会匹配组件的 name 选项。但是在具体实现中，我们可以扩展匹配能力。对于缓存策略，Vue.js 默认采用"最新一次访问"。为了让用户能自行实现缓存策略，我们还介绍了正在讨论中的提案。

接着，我们讨论了 Teleport 组件所要解决的问题和它的实现原理。Teleport 组件可以跨越 DOM 层级完成渲染，这在很多场景下非常有用。在实现 Teleport 时，我们将 Teleport 组件的渲染逻辑从渲染器中分离出来，这么做有两点好处：

- 可以避免渲染器逻辑代码“膨胀”；
- 可以利用 Tree-Shaking 机制在最终的 bundle 中删除 Teleport 相关的代码，使得最终构建包的体积变小。

Teleport 组件是一个特殊的组件。与普通组件相比，它的组件选项非常特殊，例如 `__isTeleport` 选型和 `process` 选项等。这是因为 Teleport 本质上是渲染器逻辑的合理抽象，它完全可以作为渲染器的一部分而存在。

最后，我们讨论了 Transition 组件的原理与实现。我们从原生 DOM 过渡开始，讲解了如何使用 JavaScript 为 DOM 元素添加进场动效和离场动效。在此过程中，我们将实现动效的过程分为多个阶段，即 `beforeEnter`、`enter`、`leave` 等。Transition 组件的实现原理与为原生 DOM 添加过渡效果的原理类似，我们将过渡相关的钩子函数定义到虚拟节点的 `vnode.transition` 对象中。渲染器在执行挂载和卸载操作时，会优先检查该虚拟节点是否需要进行过渡，如果需要，则会在合适的时机执行 `vnode.transition` 对象中定义的过渡相关钩子函数。

第五篇

编　译　器

第 15 章

编译器核心技术概览

编译技术是一门庞大的学科，我们无法用几个章节对其做完善的讲解。但不同用途的编译器或编译技术的难度可能相差很大，对知识的掌握要求也会相差很多。如果你要实现诸如 C、JavaScript 这类**通用用途语言**（general purpose language），那么就需要掌握较多编译技术知识。例如，理解上下文无关文法，使用巴科斯范式（BNF），扩展巴科斯范式（EBNF）书写语法规则，完成语法推导，理解和消除左递归，递归下降算法，甚至类型系统方面的知识等。但作为前端工程师，我们应用编译技术的场景通常是：表格、报表中的自定义公式计算器，设计一种领域特定语言（DSL）等。其中，实现公式计算器甚至只涉及编译前端技术，而领域特定语言根据其具体使用场景和目标平台的不同，难度会有所不同。Vue.js 的模板和 JSX 都属于领域特定语言，它们的实现难度属于中、低级别，只要掌握基本的编译技术理论即可实现这些功能。

15.1 模板 DSL 的编译器

编译器其实只是一段程序，它用来将“一种语言 A”翻译成“另外一种语言 B”。其中，语言 A 通常叫作**源代码**（source code），语言 B 通常叫作**目标代码**（object code 或 target code）。编译器将源代码翻译为目标代码的过程叫作**编译**（compile）。完整的编译过程通常包含词法分析、语法分析、语义分析、中间代码生成、优化、目标代码生成等步骤，如图 15-1 所示。

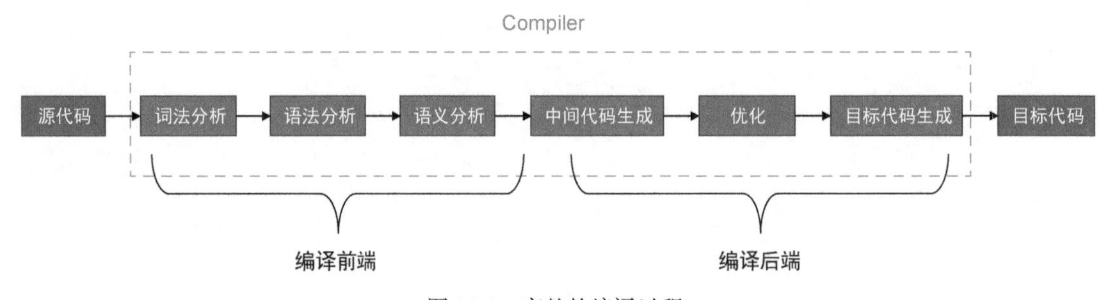

图 15-1　完整的编译过程

可以看到，整个编译过程分为编译前端和编译后端。编译前端包含词法分析、语法分析和语义分析，它通常与目标平台无关，仅负责分析源代码。编译后端则通常与目标平台有关，编译后端涉及中间代码生成和优化以及目标代码生成。但是，编译后端并不一定会包含中间代码生成和优化这两个环节，这取决于具体的场景和实现。中间代码生成和优化这两个环节有时也叫“中端”。

图 15-1 展示了“教科书”式的编译模型，但 Vue.js 的模板作为 DSL，其编译流程会有所不同。对于 Vue.js 模板编译器来说，源代码就是组件的模板，而目标代码是能够在浏览器平台上运行的 JavaScript 代码，或其他拥有 JavaScript 运行时的平台代码，如图 15-2 所示。

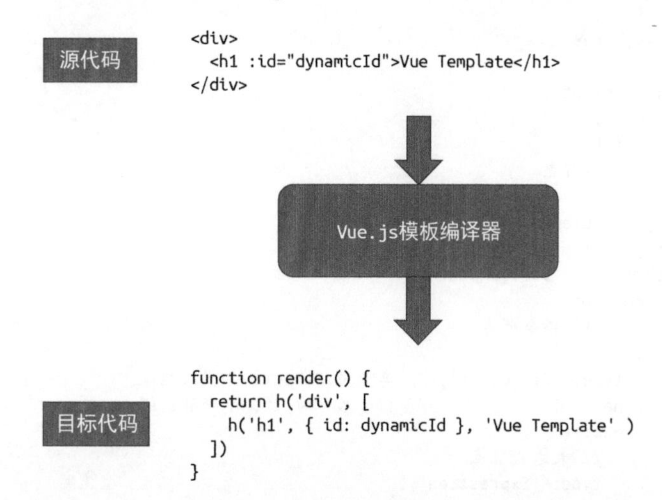

图 15-2 Vue.js 模板编译器的目标代码是 JavaScript 代码

可以看到，Vue.js 模板编译器的目标代码其实就是渲染函数。详细而言，Vue.js 模板编译器会首先对模板进行词法分析和语法分析，得到模板 AST。接着，将模板 AST **转换**（transform）成 JavaScript AST。最后，根据 JavaScript AST 生成 JavaScript 代码，即渲染函数代码。图 15-3 给出了 Vue.js 模板编译器的工作流程。

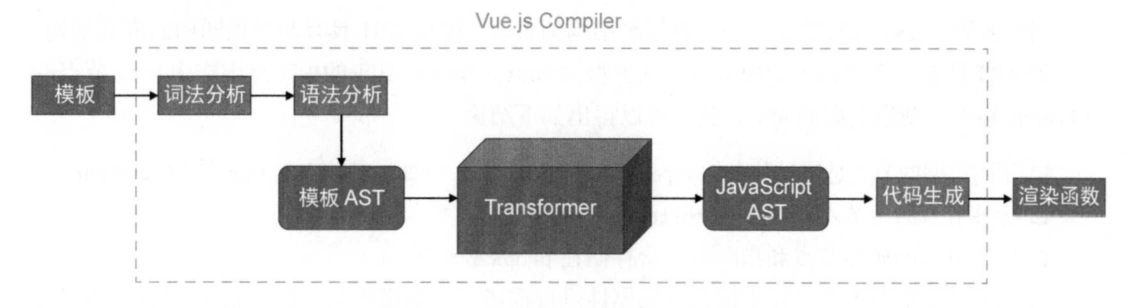

图 15-3 Vue.js 模板编译器的工作流程

AST 是 abstract syntax tree 的首字母缩写，即抽象语法树。所谓模板 AST，其实就是用来描述模板的抽象语法树。举个例子，假设我们有如下模板：

```
01  <div>
02    <h1 v-if="ok">Vue Template</h1>
03  </div>
```

这段模板会被编译为如下所示的 AST：

```
01  const ast = {
02    // 逻辑根节点
03    type: 'Root',
04    children: [
05      // div 标签节点
06      {
07        type: 'Element',
08        tag: 'div',
09        children: [
10          // h1 标签节点
11          {
12            type: 'Element',
13            tag: 'h1',
14            children: 'Vue Template',
15            props: [
16              // v-if 指令节点
17              {
18                type: 'Directive', // 类型为 Directive 代表指令
19                name: 'if',        // 指令名称为 if，不带有前缀 v-
20                exp: {
21                  // 表达式节点
22                  type: 'Expression',
23                  content: 'ok'
24                }
25              }
26            ]
27          }
28        ]
29      }
30    ]
31  }
```

可以看到，AST 其实就是一个具有层级结构的对象。模板 AST 具有与模板同构的嵌套结构。每一棵 AST 都有一个逻辑上的根节点，其类型为 `Root`。模板中真正的根节点则作为 `Root` 节点的 `children` 存在。观察上面的 `AST`，我们可以得出如下结论。

- 不同类型的节点是通过节点的 `type` 属性进行区分的。例如标签节点的 `type` 值为 `'Element'`。
- 标签节点的子节点存储在其 `children` 数组中。
- 标签节点的属性节点和指令节点会存储在 `props` 数组中。
- 不同类型的节点会使用不同的对象属性进行描述。例如指令节点拥有 `name` 属性，用来表达指令的名称，而表达式节点拥有 `content` 属性，用来描述表达式的内容。

我们可以通过封装 parse 函数来完成对模板的词法分析和语法分析，得到模板 AST，如图 15-4 所示。

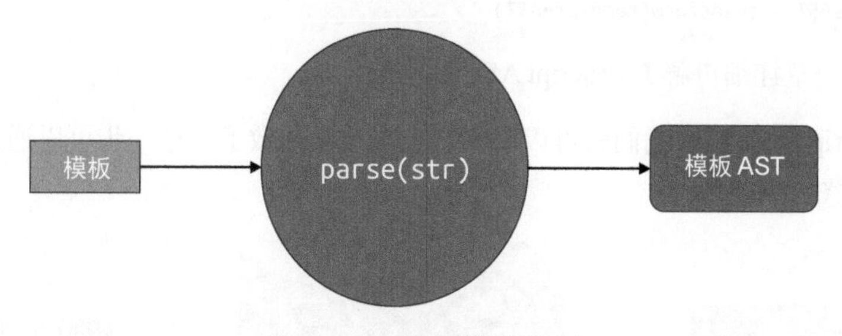

图 15-4　parse 函数的作用

我们也可以用下面的代码来表达模板解析的过程：

```
01  const template = `
02    <div>
03      <h1 v-if="ok">Vue Template</h1>
04    </div>
05  `
06
07  const templateAST = parse(template)
```

可以看到，parse 函数接收字符串模板作为参数，并将解析后得到的 AST 作为返回值返回。

有了模板 AST 后，我们就可以对其进行语义分析，并对模板 AST 进行转换了。什么是语义分析呢？举几个例子。

- 检查 v-else 指令是否存在相符的 v-if 指令。
- 分析属性值是否是静态的，是否是常量等。
- 插槽是否会引用上层作用域的变量。
- ……

在语义分析的基础上，我们即可得到一个新的包含语义信息的模板 AST。接着，我们还需要将模板 AST 转换为 JavaScript AST。因为 Vue.js 模板编译器的最终目标是生成渲染函数，而渲染函数本质上是 JavaScript 代码，所以我们需要将模板 AST 转换成用于描述渲染函数的 JavaScript AST。

我们可以封装 transform 函数来完成模板 AST 到 JavaScript AST 的转换工作，如图 15-5 所示。

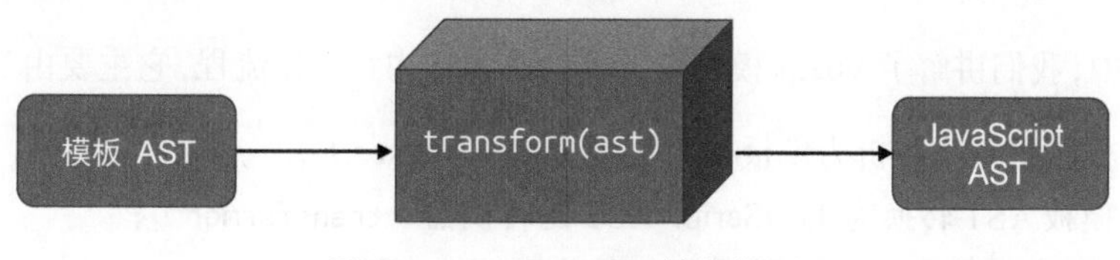

图 15-5　transform 函数的作用

同样，我们也可以用下面的代码来表达：

```
01  const templateAST = parse(template)
02  const jsAST = transform(templateAST)
```

我们会在下一章详细讲解 JavaScript AST 的结构。

有了 JavaScript AST 后，我们就可以根据它生成渲染函数了，这一步可以通过封装 generate 函数来完成，如图 15-6 所示。

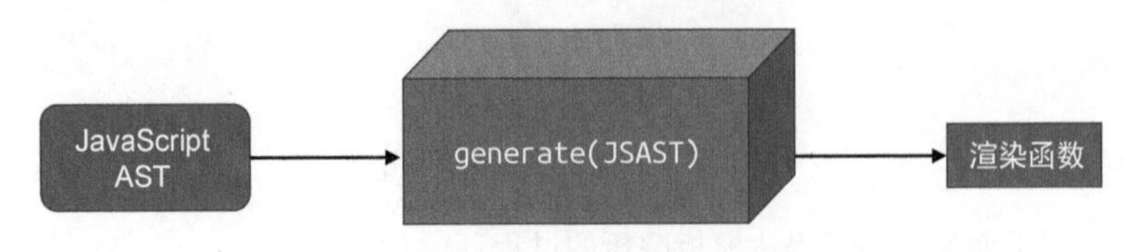

图 15-6 generate 函数的作用

我们也可以用下面的代码来表达代码生成的过程：

```
01  const templateAST = parse(template)
02  const jsAST = transform(templateAST)
03  const code = generate(jsAST)
```

在上面这段代码中，generate 函数会将渲染函数的代码以字符串的形式返回，并存储在 code 常量中。图 15-7 给出了完整的流程。

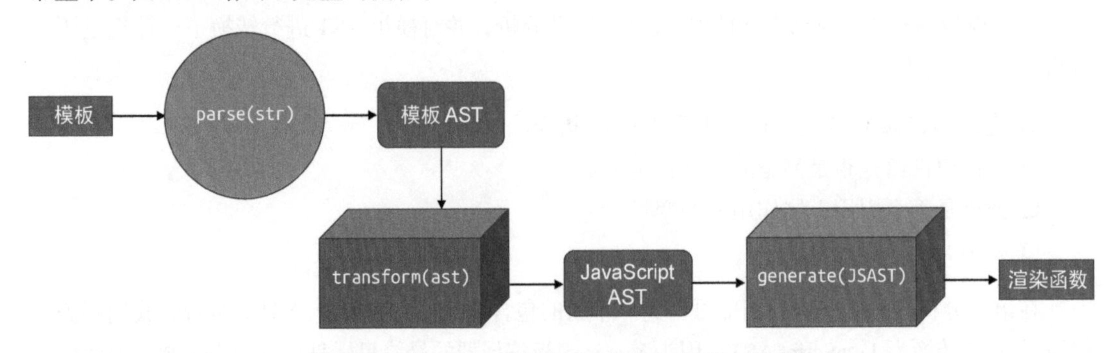

图 15-7 将 Vue.js 模板编译为渲染函数的完整流程

15.2 parser 的实现原理与状态机

在上一节中，我们讲解了 Vue.js 模板编译器的基本结构和工作流程，它主要由三个部分组成：

- 用来将模板字符串解析为模板 AST 的解析器（parser）；
- 用来将模板 AST 转换为 JavaScript AST 的转换器（transformer）；
- 用来根据 JavaScript AST 生成渲染函数代码的生成器（generator）。

本节，我们将详细讨论解析器 parser 的实现原理。

解析器的入参是字符串模板，解析器会逐个读取字符串模板中的字符，并根据一定的规则将整个字符串切割为一个个 Token。这里的 Token 可以视作词法记号，后续我们将使用 Token 一词来代表词法记号进行讲解。举例来说，假设有这样一段模板：

```
01    <p>Vue</p>
```

解析器会把这段字符串模板切割为三个 Token。

- 开始标签：<p>。
- 文本节点：Vue。
- 结束标签：</p>。

那么，解析器是如何对模板进行切割的呢？依据什么规则？这就不得不提到有限状态自动机。千万不要被这个名词吓到，它理解起来并不难。所谓“有限状态”，就是指有限个状态，而“自动机”意味着随着字符的输入，解析器会自动地在不同状态间迁移。拿上面的模板来说，当我们分析这段模板字符串时，parse 函数会逐个读取字符，状态机会有一个初始状态，我们记为“初始状态 1”。图 15-8 给出了状态迁移的过程。

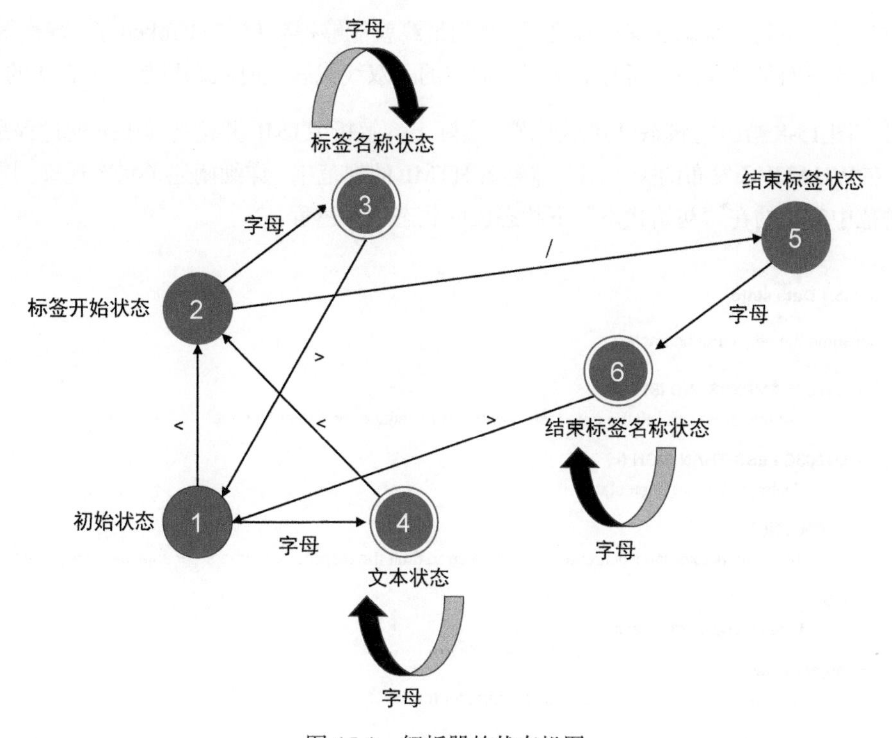

图 15-8　解析器的状态机图

我们用自然语言来描述图 15-8 给出的状态迁移过程。

- 状态机始于"初始状态 1"。
- 在"初始状态 1"下，读取模板的第一个字符 <，状态机会进入下一个状态，即"标签开始状态 2"。
- 在"标签开始状态 2"下，读取下一个字符 p。由于字符 p 是字母，所以状态机会进入"标签名称状态 3"。
- 在"标签名称状态 3"下，读取下一个字符 >，此时状态机会从"标签名称状态 3"迁移回"初始状态 1"，并记录在"标签名称状态"下产生的标签名称 p。
- 在"初始状态 1"下，读取下一个字符 V，此时状态机会进入"文本状态 4"。
- 在"文本状态 4"下，继续读取后续字符，直到遇到字符 < 时，状态机会再次进入"标签开始状态 2"，并记录在"文本状态 4"下产生的文本内容，即字符串"Vue"。
- 在"标签开始状态 2"下，读取下一个字符 /，状态机会进入"结束标签状态 5"。
- 在"结束标签状态 5"下，读取下一个字符 p，状态机会进入"结束标签名称状态 6"。
- 在"结束标签名称状态 6"下，读取最后一个字符 >，它是结束标签的闭合字符，于是状态机迁移回"初始状态 1"，并记录在"结束标签名称状态 6"下生成的结束标签名称。

经过这样一系列的状态迁移过程之后，我们最终就能够得到相应的 Token 了。观察图 15-8 可以发现，有的圆圈是单线的，而有的圆圈是双线的。双线代表此时状态机是一个合法的 Token。

另外，图 15-8 给出的状态机并不严谨。实际上，解析 HTML 并构造 Token 的过程是有规范可循的。在 WHATWG 发布的关于浏览器解析 HTML 的规范中，详细阐述了状态迁移。图 15-9 截取了该规范中定义的在"初始状态"下状态机的状态迁移过程。

§ **13.2.5.1 Data state**

Consume the next input character:

↪ **U+0026 AMPERSAND (&)**
Set the *return state* to the data state. Switch to the character reference state.

↪ **U+003C LESS-THAN SIGN (<)**
Switch to the tag open state.

↪ **U+0000 NULL**
This is an unexpected-null-character parse error. Emit the current input character as a character token.

↪ **EOF**
Emit an end-of-file token.

↪ **Anything else**
Emit the current input character as a character token.

图 15-9　Data State

可以看到，在“初始状态”（Data State）下，当遇到字符 < 时，状态机会迁移到 tag open state，即“标签开始状态”。如果遇到字符 < 以外的字符，规范中也都有对应的说明，应该让状态机迁移到怎样的状态。不过 Vue.js 的模板作为一个 DSL，并非必须遵守该规范。但 Vue.js 的模板毕竟是类 HTML 的实现，因此，尽可能按照规范来做，不会有什么坏处。更重要的一点是，规范中已经定义了非常详细的状态迁移过程，这对于我们编写解析器非常有帮助。

按照有限状态自动机的状态迁移过程，我们可以很容易地编写对应的代码实现。因此，有限状态自动机可以帮助我们完成对模板的**标记化**（tokenized），最终我们将得到一系列 Token。图 15-8 中描述的状态机的实现如下：

```
01  // 定义状态机的状态
02  const State = {
03    initial: 1,    // 初始状态
04    tagOpen: 2,    // 标签开始状态
05    tagName: 3,    // 标签名称状态
06    text: 4,       // 文本状态
07    tagEnd: 5,     // 结束标签状态
08    tagEndName: 6  // 结束标签名称状态
09  }
10  // 一个辅助函数，用于判断是否是字母
11  function isAlpha(char) {
12    return char >= 'a' && char <= 'z' || char >= 'A' && char <= 'Z'
13  }
14
15  // 接收模板字符串作为参数，并将模板切割为 Token 返回
16  function tokenize(str) {
17    // 状态机的当前状态：初始状态
18    let currentState = State.initial
19    // 用于缓存字符
20    const chars = []
21    // 生成的 Token 会存储到 tokens 数组中，并作为函数的返回值返回
22    const tokens = []
23    // 使用 while 循环开启自动机，只要模板字符串没有被消费尽，自动机就会一直运行
24    while(str) {
25      // 查看第一个字符，注意，这里只是查看，没有消费该字符
26      const char = str[0]
27      // switch 语句匹配当前状态
28      switch (currentState) {
29        // 状态机当前处于初始状态
30        case State.initial:
31          // 遇到字符 <
32          if (char === '<') {
33            // 1. 状态机切换到标签开始状态
34            currentState = State.tagOpen
35            // 2. 消费字符 <
36            str = str.slice(1)
37          } else if (isAlpha(char)) {
38            // 1. 遇到字母，切换到文本状态
39            currentState = State.text
40            // 2. 将当前字母缓存到 chars 数组
41            chars.push(char)
42            // 3. 消费当前字符
```

```
43          str = str.slice(1)
44        }
45        break
46      // 状态机当前处于标签开始状态
47      case State.tagOpen:
48        if (isAlpha(char)) {
49          // 1. 遇到字母，切换到标签名称状态
50          currentState = State.tagName
51          // 2. 将当前字符缓存到 chars 数组
52          chars.push(char)
53          // 3. 消费当前字符
54          str = str.slice(1)
55        } else if (char === '/') {
56          // 1. 遇到字符 /，切换到结束标签状态
57          currentState = State.tagEnd
58          // 2. 消费字符 /
59          str = str.slice(1)
60        }
61        break
62      // 状态机当前处于标签名称状态
63      case State.tagName:
64        if (isAlpha(char)) {
65          // 1. 遇到字母，由于当前处于标签名称状态，所以不需要切换状态，
66          // 但需要将当前字符缓存到 chars 数组
67          chars.push(char)
68          // 2. 消费当前字符
69          str = str.slice(1)
70        } else if (char === '>') {
71          // 1.遇到字符 >，切换到初始状态
72          currentState = State.initial
73          // 2. 同时创建一个标签 Token，并添加到 tokens 数组中
74          // 注意，此时 chars 数组中缓存的字符就是标签名称
75          tokens.push({
76            type: 'tag',
77            name: chars.join('')
78          })
79          // 3. chars 数组的内容已经被消费，清空它
80          chars.length = 0
81          // 4. 同时消费当前字符 >
82          str = str.slice(1)
83        }
84        break
85      // 状态机当前处于文本状态
86      case State.text:
87        if (isAlpha(char)) {
88          // 1. 遇到字母，保持状态不变，但应该将当前字符缓存到 chars 数组
89          chars.push(char)
90          // 2. 消费当前字符
91          str = str.slice(1)
92        } else if (char === '<') {
93          // 1. 遇到字符 <，切换到标签开始状态
94          currentState = State.tagOpen
95          // 2. 从 文本状态 --> 标签开始状态，此时应该创建文本 Token，并添加到 tokens 数组
96          // 注意，此时 chars 数组中的字符就是文本内容
97          tokens.push({
98            type: 'text',
99            content: chars.join('')
```

```
100             })
101             // 3. chars 数组的内容已经被消费，清空它
102             chars.length = 0
103             // 4. 消费当前字符
104             str = str.slice(1)
105           }
106           break
107         // 状态机当前处于标签结束状态
108         case State.tagEnd:
109           if (isAlpha(char)) {
110             // 1. 遇到字母，切换到结束标签名称状态
111             currentState = State.tagEndName
112             // 2. 将当前字符缓存到 chars 数组
113             chars.push(char)
114             // 3. 消费当前字符
115             str = str.slice(1)
116           }
117           break
118         // 状态机当前处于结束标签名称状态
119         case State.tagEndName:
120           if (isAlpha(char)) {
121             // 1. 遇到字母，不需要切换状态，但需要将当前字符缓存到 chars 数组
122             chars.push(char)
123             // 2. 消费当前字符
124             str = str.slice(1)
125           } else if (char === '>') {
126             // 1. 遇到字符 >，切换到初始状态
127             currentState = State.initial
128             // 2. 从 结束标签名称状态 --> 初始状态，应该保存结束标签名称 Token
129             // 注意，此时 chars 数组中缓存的内容就是标签名称
130             tokens.push({
131               type: 'tagEnd',
132               name: chars.join('')
133             })
134             // 3. chars 数组的内容已经被消费，清空它
135             chars.length = 0
136             // 4. 消费当前字符
137             str = str.slice(1)
138           }
139           break
140       }
141     }
142
143     // 最后，返回 tokens
144     return tokens
145   }
```

上面这段代码看上去比较冗长，可优化的点非常多。这段代码高度还原了图 15-8 中展示的状态机，配合代码中的注释会更容易理解。

使用上面给出的 tokenize 函数来解析模板 <p>Vue</p>，我们将得到三个 Token：

```
01  const tokens = tokenize(`<p>Vue</p>`)
02  // [
03  //   { type: 'tag', name: 'p' },          // 开始标签
```

```
04    //   { type: 'text', content: 'Vue' },  // 文本节点
05    //   { type: 'tagEnd', name: 'p' }      // 结束标签
06    // ]
```

现在，你已经明白了状态机的工作原理，以及模板编译器将模板字符串切割为一个个 Token 的过程。但拿上述例子来说，我们并非总是需要所有 Token。例如，在解析模板的过程中，结束标签 Token 可以省略。这时，我们就可以调整 tokenize 函数的代码，并选择性地忽略结束标签 Token。当然，有时我们也可能需要更多的 Token，这都取决于具体的需求，然后据此灵活地调整代码实现。

总而言之，通过有限自动机，我们能够将模板解析为一个个 Token，进而可以用它们构建一棵 AST 了。但在具体构建 AST 之前，我们需要思考能否简化 tokenize 函数的代码。实际上，我们可以通过正则表达式来精简 tokenize 函数的代码。上文之所以没有从最开始就采用正则表达式来实现，是因为**正则表达式的本质就是有限自动机**。当你编写正则表达式的时候，其实就是在编写有限自动机。

15.3　构造 AST

实际上，不同用途的编译器之间可能会存在非常大的差异。它们唯一的共同点是，都会将源代码转换成目标代码。但如果深入细节即可发现，不同编译器之间的实现思路甚至可能完全不同，其中就包括 AST 的构造方式。对于通用用途语言（GPL）来说，例如 JavaScript 这样的脚本语言，想要为其构造 AST，较常用的一种算法叫作递归下降算法，这里面需要解决 GPL 层面才会遇到的很多问题，例如最基本的运算符优先级问题。然而，对于像 Vue.js 模板这样的 DSL 来说，首先可以确定的一点是，它不具有运算符，所以也就没有所谓的运算符优先级问题。DSL 与 GPL 的区别在于，GPL 是图灵完备的，我们可以使用 GPL 来实现 DSL。而 DSL 不要求图灵完备，它只需要满足特定场景下的特定用途即可。

为 Vue.js 的模板构造 AST 是一件很简单的事。HTML 是一种标记语言，它的格式非常固定，标签元素之间天然嵌套，形成父子关系。因此，一棵用于描述 HTML 的 AST 将拥有与 HTML 标签非常相似的树型结构。举例来说，假设有如下模板：

```
01    <div><p>Vue</p><p>Template</p></div>
```

在上面这段模板中，最外层的根节点是 div 标签，它有两个 p 标签作为子节点。同时，这两个 p 标签都具有一个文本节点作为子节点。我们可以将这段模板对应的 AST 设计为：

```
01    const ast = {
02      // AST 的逻辑根节点
03      type: 'Root',
04      children: [
05        // 模板的 div 根节点
06        {
07          type: 'Element',
```

```
08        tag: 'div',
09        children: [
10          // div 节点的第一个子节点 p
11          {
12            type: 'Element',
13            tag: 'p',
14            // p 节点的文本节点
15            children: [
16              {
17                type: 'Text',
18                content: 'Vue'
19              }
20            ]
21          },
22          // div 节点的第二个子节点 p
23          {
24            type: 'Element',
25            tag: 'p',
26            // p 节点的文本节点
27            children: [
28              {
29                type: 'Text',
30                content: 'Template'
31              }
32            ]
33          }
34        ]
35      }
36    ]
37  }
```

可以看到，AST 在结构上与模板是“同构”的，它们都具有树型结构，如图 15-10 所示。

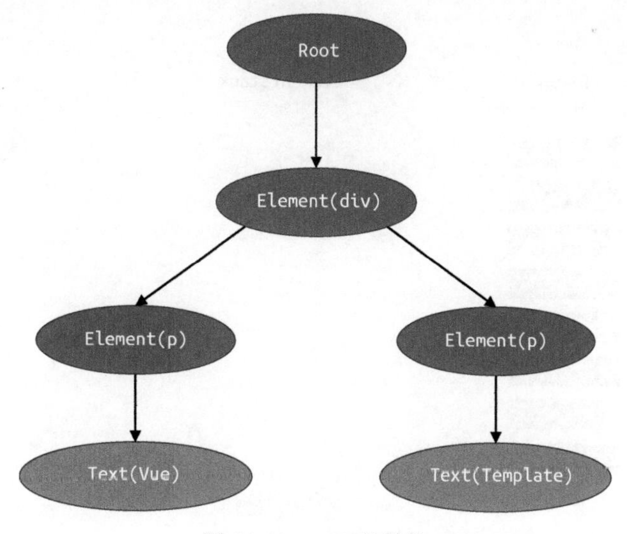

图 15-10 AST 的结构

了解了 AST 的结构，接下来我们的任务是，使用程序根据模板解析后生成的 Token 构造出这样一棵 AST。首先，我们使用上一节讲解的 tokenize 函数将本节开头给出的模板进行标记化。解析这段模板得到的 tokens 如下所示：

```
01  const tokens = tokenize(`<div><p>Vue</p><p>Template</p></div>`)
```

执行上面这段代码，我们将得到如下 tokens：

```
01  const tokens = [
02    {type: "tag", name: "div"},          // div 开始标签节点
03    {type: "tag", name: "p"},            // p 开始标签节点
04    {type: "text", content: "Vue"},      // 文本节点
05    {type: "tagEnd", name: "p"},         // p 结束标签节点
06    {type: "tag", name: "p"},            // p 开始标签节点
07    {type: "text", content: "Template"}, // 文本节点
08    {type: "tagEnd", name: "p"},         // p 结束标签节点
09    {type: "tagEnd", name: "div"}        // div 结束标签节点
10  ]
```

根据 Token 列表构建 AST 的过程，其实就是对 Token 列表进行扫描的过程。从第一个 Token 开始，顺序地扫描整个 Token 列表，直到列表中的所有 Token 处理完毕。在这个过程中，我们需要维护一个栈 elementStack，这个栈将用于维护元素间的父子关系。每遇到一个开始标签节点，我们就构造一个 Element 类型的 AST 节点，并将其压入栈中。类似地，每当遇到一个结束标签节点，我们就将当前栈顶的节点弹出。这样，栈顶的节点将始终充当父节点的角色。扫描过程中遇到的所有节点，都会作为当前栈顶节点的子节点，并添加到栈顶节点的 children 属性下。

还是拿上例来说，图 15-11 给出了在扫描 Token 列表之前，Token 列表、父级元素栈和 AST 三者的状态。

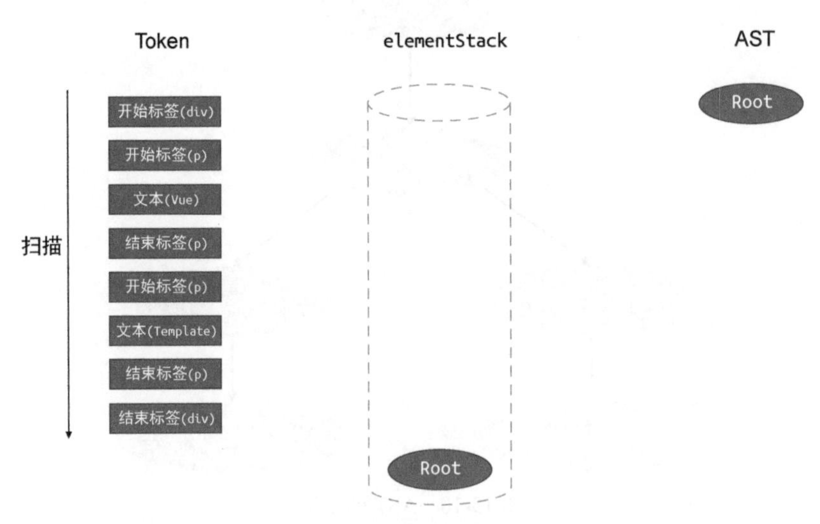

图 15-11　Token 列表、父级元素栈和 AST 三者的当前状态

在图 15-11 中，左侧的是 Token 列表，我们将会按照从上到下的顺序扫描 Token 列表，中间和右侧分别展示了栈 elementStack 的状态和 AST 的状态。可以看到，它们最初都只有 Root 根节点。

接着，我们对 Token 列表进行扫描。首先，扫描到第一个 Token，即"开始标签（div）"，如图 15-12 所示。

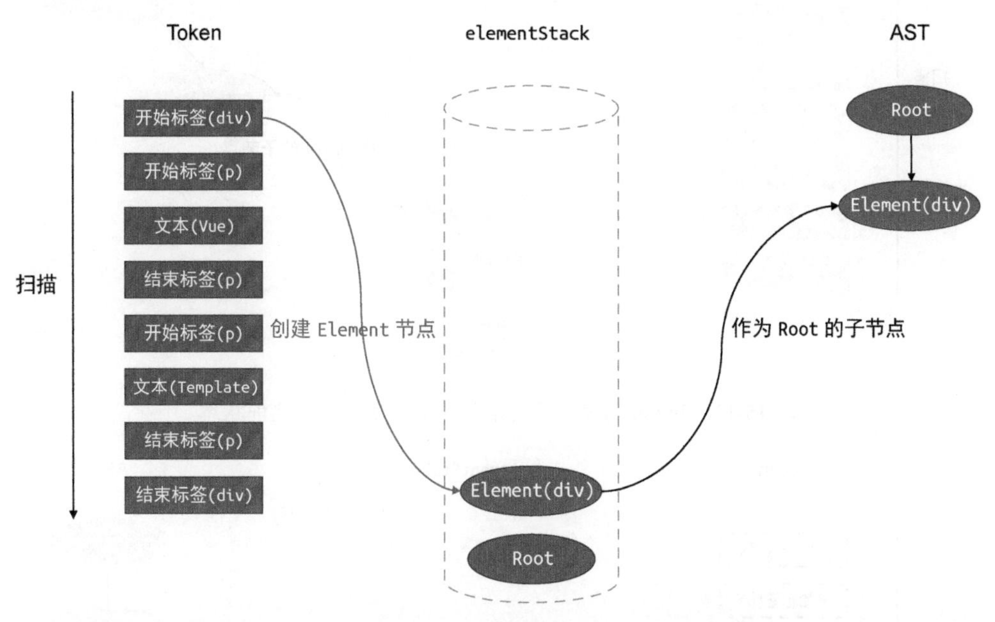

图 15-12 Token 列表、父级元素栈和 AST 三者的当前状态

由于当前扫描到的 Token 是一个开始标签节点，因此我们创建一个类型为 Element 的 AST 节点 Element(div)，然后将该节点作为当前栈顶节点的子节点。由于当前栈顶节点是 Root 根节点，所以我们将新建的 Element(div) 节点作为 Root 根节点的子节点添加到 AST 中，最后将新建的 Element(div) 节点压入 elementStack 栈。

接着，我们扫描下一个 Token，如图 15-13 所示。

扫描到的第二个 Token 也是一个开始标签节点，于是我们再创建一个类型为 Element 的 AST 节点 Element(p)，然后将该节点作为当前栈顶节点的子节点。由于当前栈顶节点为 Element(div) 节点，所以我们将新建的 Element(p) 节点作为 Element(div) 节点的子节点添加到 AST 中，最后将新建的 Element(p) 节点压入 elementStack 栈。

接着，我们扫描下一个 Token，如图 15-14 所示。

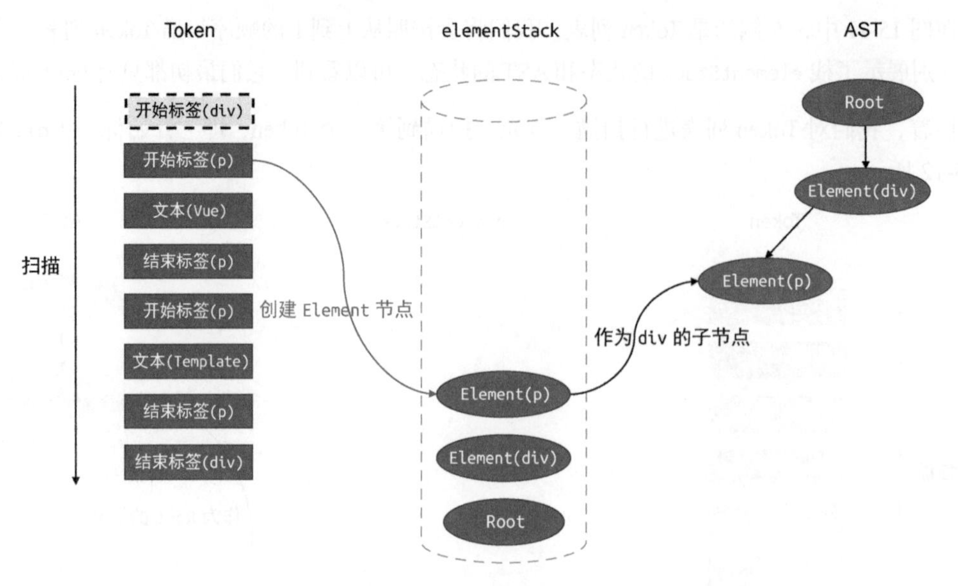

图 15-13　Token 列表、父级元素栈和 AST 三者的当前状态

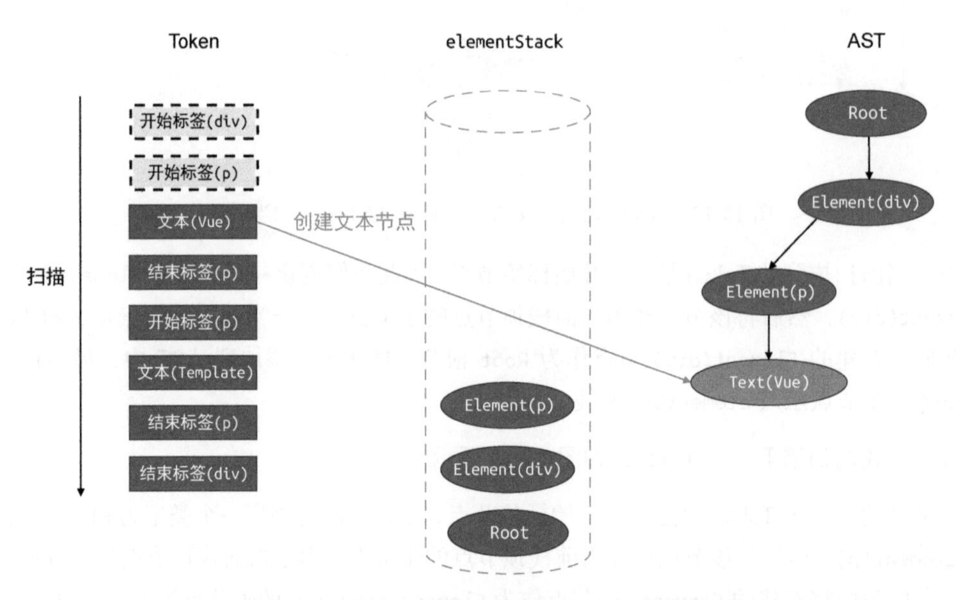

图 15-14　Token 列表、父级元素栈和 AST 三者的当前状态

扫描到的第三个 Token 是一个文本节点，于是我们创建一个类型为 `Text` 的 AST 节点 `Text(Vue)`，然后将该节点作为当前栈顶节点的子节点。由于当前栈顶节点为 `Element(p)` 节点，所以我们将新建的 `Text(p)` 节点作为 `Element(p)` 节点的子节点添加到 AST 中。

接着，扫描下一个 Token，如图 15-15 所示。

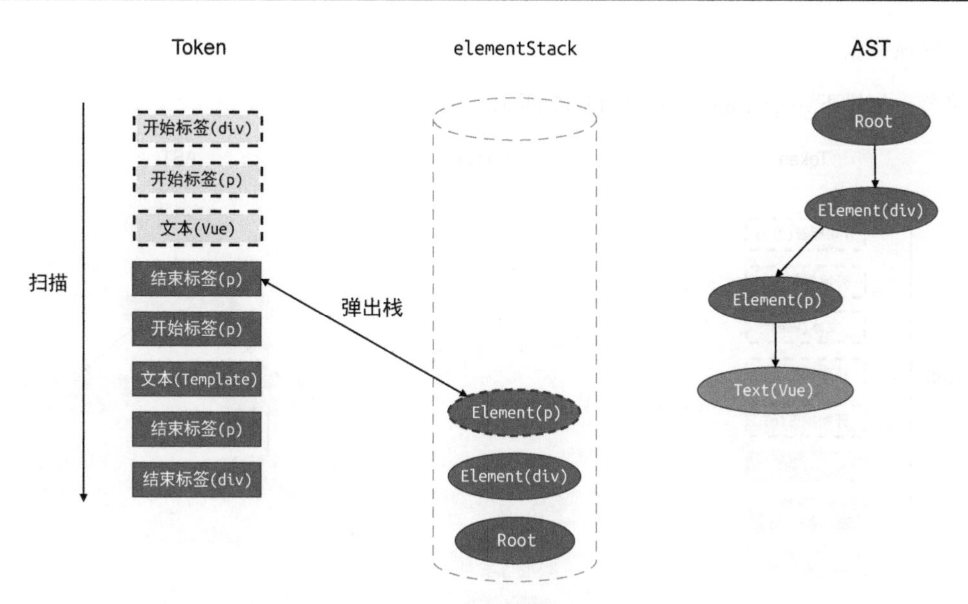

图 15-15　Token 列表、父级元素栈和 AST 三者的当前状态

此时扫描到的 Token 是一个结束标签，所以我们需要将栈顶的 `Element(p)` 节点从 `elementStack` 栈中弹出。接着，扫描下一个 Token，如图 15-16 所示。

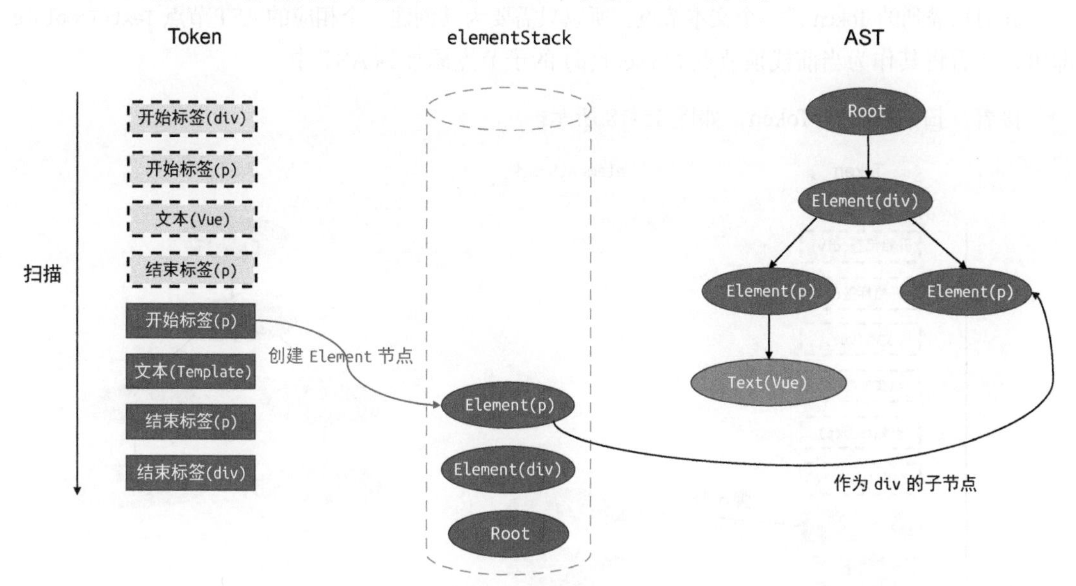

图 15-16　Token 列表、父级元素栈和 AST 三者的当前状态

此时扫描到的 Token 是一个开始标签。我们为它新建一个 AST 节点 `Element(p)`，并将其作为当前栈顶节点 `Element(div)` 的子节点。最后，将 `Element(p)` 压入 `elementStack` 栈中，使其成

为新的栈顶节点。

接着，扫描下一个 Token，如图 15-17 所示。

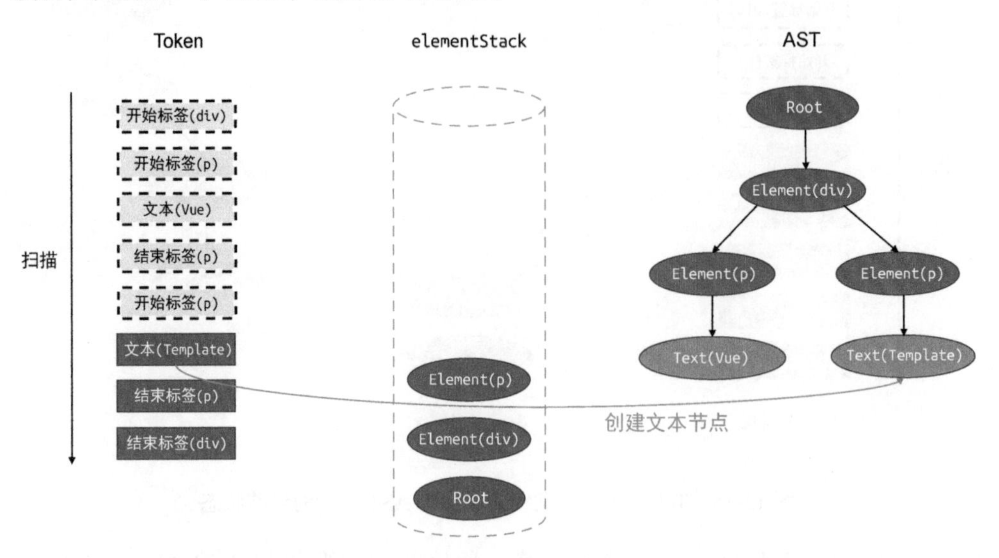

图 15-17 Token 列表、父级元素栈和 AST 三者的当前状态

此时扫描到的 Token 是一个文本节点，所以只需要为其创建一个相应的 AST 节点 `Text(Template)` 即可，然后将其作为当前栈顶节点 `Element(p)` 的子节点添加到 AST 中。

接着，扫描下一个 Token，如图 15-18 所示。

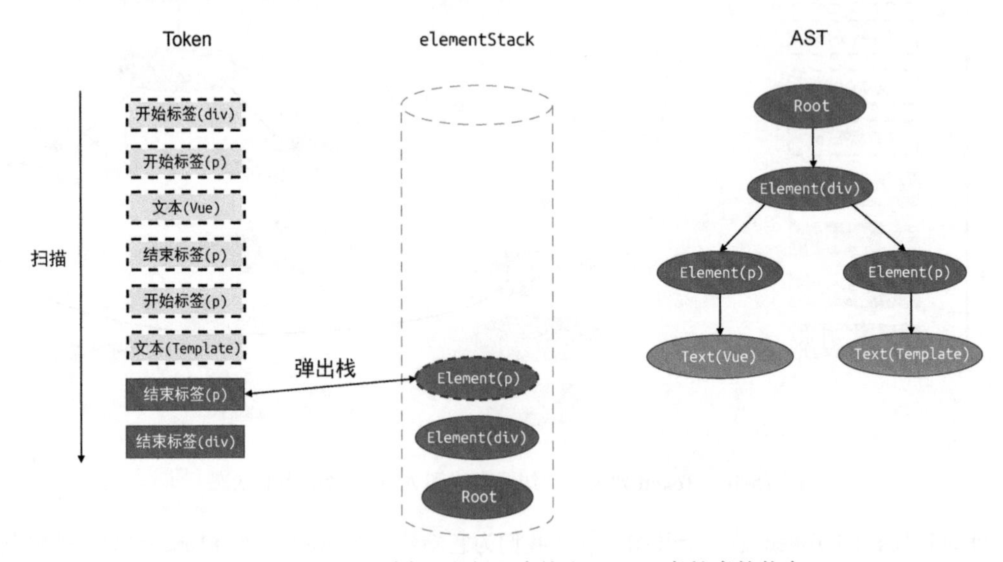

图 15-18 Token 列表、父级元素栈和 AST 三者的当前状态

此时扫描到的 Token 是一个结束标签，于是我们将当前的栈顶节点 `Element(p)` 从 `elementStack` 栈中弹出。

接着，扫描下一个 Token，如图 15-19 所示。

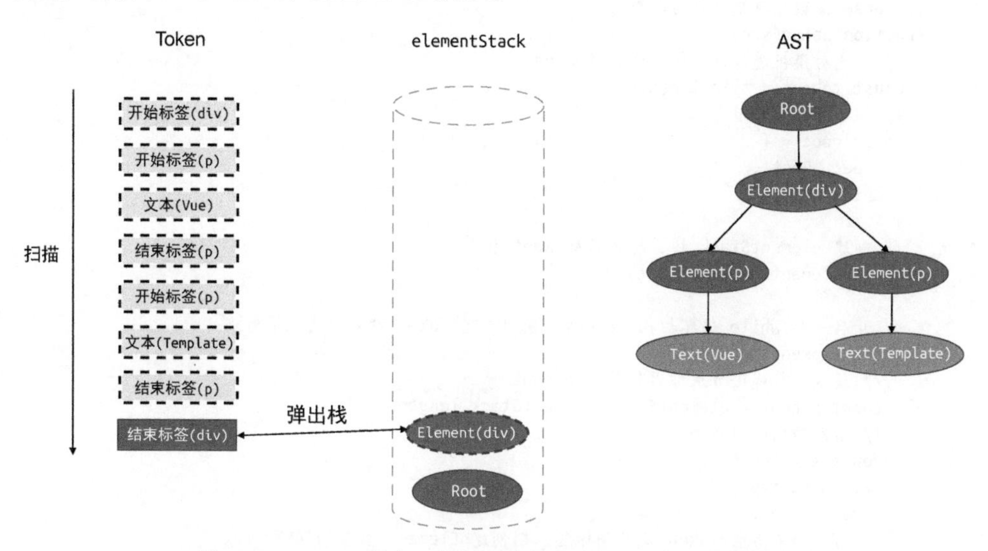

图 15-19 Token 列表、父级元素栈和 AST 三者的当前状态

此时，扫描到了最后一个 Token，它是一个 `div` 结束标签，所以我们需要再次将当前栈顶节点 `Element(div)` 从 `elementStack` 栈中弹出。至此，所有 Token 都被扫描完毕，AST 构建完成。图 15-20 给出了最终状态。

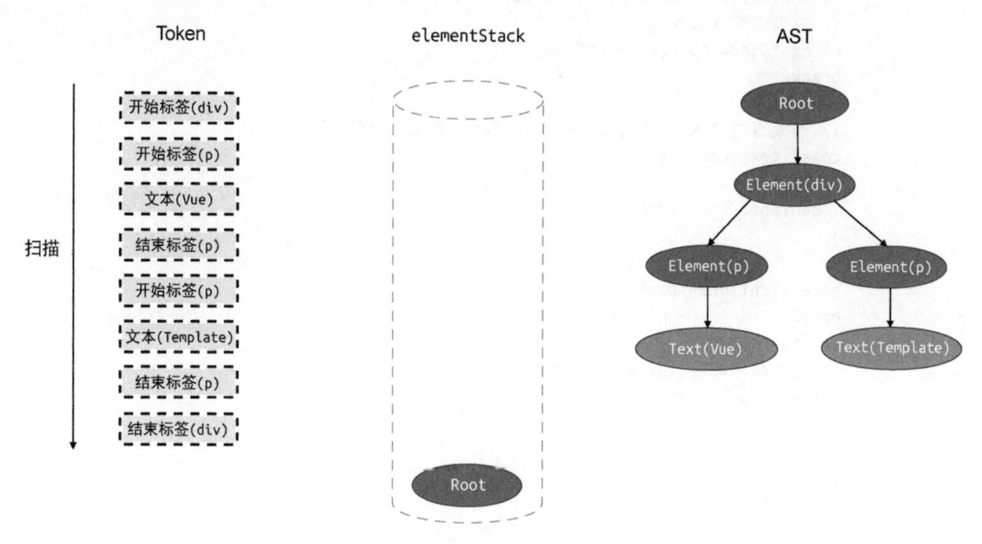

图 15-20 Token 列表、父级元素栈和 AST 三者的当前状态

如图 15-20 所示，在所有 Token 扫描完毕后，一棵 AST 就构建完成了。

扫描 Token 列表并构建 AST 的具体实现如下：

```
01  // parse 函数接收模板作为参数
02  function parse(str) {
03    // 首先对模板进行标记化，得到 tokens
04    const tokens = tokenize(str)
05    // 创建 Root 根节点
06    const root = {
07      type: 'Root',
08      children: []
09    }
10    // 创建 elementStack 栈，起初只有 Root 根节点
11    const elementStack = [root]
12
13    // 开启一个 while 循环扫描 tokens，直到所有 Token 都被扫描完毕为止
14    while (tokens.length) {
15      // 获取当前栈顶节点作为父节点 parent
16      const parent = elementStack[elementStack.length - 1]
17      // 当前扫描的 Token
18      const t = tokens[0]
19      switch (t.type) {
20        case 'tag':
21          // 如果当前 Token 是开始标签，则创建 Element 类型的 AST 节点
22          const elementNode = {
23            type: 'Element',
24            tag: t.name,
25            children: []
26          }
27          // 将其添加到父级节点的 children 中
28          parent.children.push(elementNode)
29          // 将当前节点压入栈
30          elementStack.push(elementNode)
31          break
32        case 'text':
33          // 如果当前 Token 是文本，则创建 Text 类型的 AST 节点
34          const textNode = {
35            type: 'Text',
36            content: t.content
37          }
38          // 将其添加到父节点的 children 中
39          parent.children.push(textNode)
40          break
41        case 'tagEnd':
42          // 遇到结束标签，将栈顶节点弹出
43          elementStack.pop()
44          break
45      }
46      // 消费已经扫描过的 token
47      tokens.shift()
48    }
49
```

```
50      // 最后返回 AST
51      return root
52    }
```

上面这段代码很好地还原了上文中介绍的构建 AST 的思路，我们可以使用如下代码对其进行测试：

```
01    const ast = parse(`<div><p>Vue</p><p>Template</p></div>`)
```

运行这句代码，我们将得到与本节开头给出的 AST 一致的结果。这里有必要说明一点，当前的实现仍然存在诸多问题，例如无法处理自闭合标签等。这些问题我们会在第 16 章详细讲解。

15.4 AST 的转换与插件化架构

在上一节中，我们完成了模板 AST 的构造。本节，我们将讨论关于 AST 的转换。所谓 AST 的转换，指的是对 AST 进行一系列操作，将其转换为新的 AST 的过程。新的 AST 可以是原语言或原 DSL 的描述，也可以是其他语言或其他 DSL 的描述。例如，我们可以对模板 AST 进行操作，将其转换为 JavaScript AST。转换后的 AST 可以用于代码生成。这其实就是 Vue.js 的模板编译器将模板编译为渲染函数的过程，如图 15-21 所示。

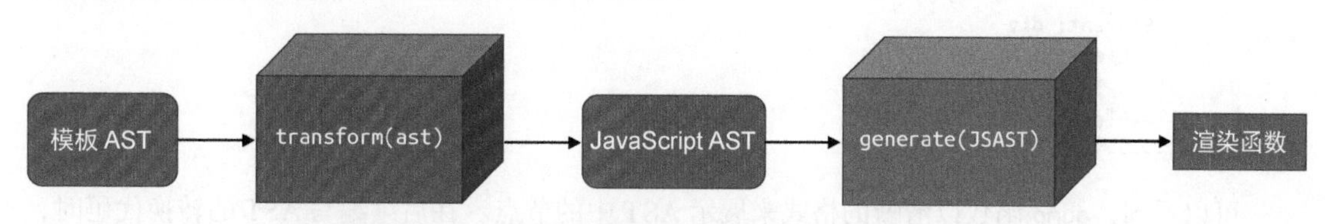

图 15-21　模板编译器将模板编译为渲染函数的过程

其中 `transform` 函数就是用来完成 AST 转换工作的。

15.4.1 节点的访问

为了对 AST 进行转换，我们需要能访问 AST 的每一个节点，这样才有机会对特定节点进行修改、替换、删除等操作。由于 AST 是树型数据结构，所以我们需要编写一个深度优先的遍历算法，从而实现对 AST 中节点的访问。不过，在开始编写转换代码之前，我们有必要编写一个 `dump` 工具函数，用来打印当前 AST 中节点的信息，如下面的代码所示：

```
01    function dump(node, indent = 0) {
02      // 节点的类型
03      const type = node.type
04      // 节点的描述，如果是根节点，则没有描述
05      // 如果是 Element 类型的节点，则使用 node.tag 作为节点的描述
06      // 如果是 Text 类型的节点，则使用 node.content 作为节点的描述
```

```
07    const desc = node.type === 'Root'
08      ? ''
09      : node.type === 'Element'
10        ? node.tag
11        : node.content
12
13    // 打印节点的类型和描述信息
14    console.log(`${'-'.repeat(indent)}${type}: ${desc}`)
15
16    // 递归地打印子节点
17    if (node.children) {
18      node.children.forEach(n => dump(n, indent + 2))
19    }
20  }
```

我们沿用上一节中给出的例子，看看使用 dump 函数会输出怎样的结果：

```
01  const ast = parse(`<div><p>Vue</p><p>Template</p></div>`)
02  console.log(dump(ast))
```

运行上面这段代码，将得到如下输出：

```
01  Root:
02  --Element: div
03  ----Element: p
04  ------Text: Vue
05  ----Element: p
06  ------Text: Template
```

可以看到，dump 函数以清晰的格式来展示 AST 中的节点。在后续编写 AST 的转换代码时，我们将使用 dump 函数来展示转换后的结果。

接下来，我们将着手实现对 AST 中节点的访问。访问节点的方式是，从 AST 根节点开始，进行深度优先遍历，如下面的代码所示：

```
01  function traverseNode(ast) {
02    // 当前节点，ast 本身就是 Root 节点
03    const currentNode = ast
04    // 如果有子节点，则递归地调用 traverseNode 函数进行遍历
05    const children = currentNode.children
06    if (children) {
07      for (let i = 0; i < children.length; i++) {
08        traverseNode(children[i])
09      }
10    }
11  }
```

traverseNode 函数用来以深度优先的方式遍历 AST，它的实现与 dump 函数几乎相同。有了 traverseNdoe 函数之后，我们即可实现对 AST 中节点的访问。例如，我们可以实现一个转换功能，将 AST 中所有 p 标签转换为 h1 标签，如下面的代码所示：

```
01  function traverseNode(ast) {
02    // 当前节点，ast 本身就是 Root 节点
03    const currentNode = ast
04
05    // 对当前节点进行操作
06    if (currentNode.type === 'Element' && currentNode.tag === 'p') {
07      // 将所有 p 标签转换为 h1 标签
08      currentNode.tag = 'h1'
09    }
10
11    // 如果有子节点，则递归地调用 traverseNode 函数进行遍历
12    const children = currentNode.children
13    if (children) {
14      for (let i = 0; i < children.length; i++) {
15        traverseNode(children[i])
16      }
17    }
18  }
```

在上面这段代码中，我们通过检查当前节点的 type 属性和 tag 属性，来确保被操作的节点是 p 标签。接着，我们将符合条件的节点的 tag 属性值修改为 'h1'，从而实现 p 标签到 h1 标签的转换。我们可以使用 dump 函数打印转换后的 AST 的信息，如下面的代码所示：

```
01  // 封装 transform 函数，用来对 AST 进行转换
02  function transform(ast) {
03    // 调用 traverseNode 完成转换
04    traverseNode(ast)
05    // 打印 AST 信息
06    console.log(dump(ast))
07  }
08
09  const ast = parse(`<div><p>Vue</p><p>Template</p></div>`)
10  transform(ast)
```

运行上面这段代码，我们将得到如下输出：

```
01  Root:
02  --Element: div
03  ----Element: h1
04  ------Text: Vue
05  ----Element: h1
06  ------Text: Template
```

可以看到，所有 p 标签都已经变成了 h1 标签。

我们还可以对 AST 进行其他转换。例如，实现一个转换，将文本节点的内容重复两次：

```
01  function traverseNode(ast) {
02    // 当前节点，ast 本身就是 Root 节点
03    const currentNode = ast
04
05    // 对当前节点进行操作
06    if (currentNode.type === 'Element' && currentNode.tag === 'p') {
```

```
07        // 将所有 p 标签转换为 h1 标签
08        currentNode.tag = 'h1'
09      }
10
11      // 如果节点的类型为 Text
12      if (currentNode.type === 'Text') {
13        // 重复其内容两次，这里我们使用了字符串的 repeat() 方法
14        currentNode.content = currentNode.content.repeat(2)
15      }
16
17      // 如果有子节点，则递归地调用 traverseNode 函数进行遍历
18      const children = currentNode.children
19      if (children) {
20        for (let i = 0; i < children.length; i++) {
21          traverseNode(children[i])
22        }
23      }
24    }
```

如上面的代码所示，我们增加了对文本类型节点的处理代码。一旦检查到当前节点的类型为 Text，则调用 repeat(2) 方法将文本节点的内容重复两次。最终，我们将得到如下输出：

```
01    Root:
02    --Element: div
03    ----Element: h1
04    ------Text: VueVue
05    ----Element: h1
06    ------Text: TemplateTemplate
```

可以看到，文本节点的内容全部重复了两次。

不过，随着功能的不断增加，traverseNode 函数将会变得越来越“臃肿”。这时，我们很自然地想到，能否对节点的操作和访问进行解耦呢？答案是“当然可以”，我们可以使用回调函数的机制来实现解耦，如下面 traverseNode 函数的代码所示：

```
01    // 接收第二个参数 context
02    function traverseNode(ast, context) {
03      const currentNode = ast
04
05      // context.nodeTransforms 是一个数组，其中每一个元素都是一个函数
06      const transforms = context.nodeTransforms
07      for (let i = 0; i < transforms.length; i++) {
08        // 将当前节点 currentNode 和 context 都传递给 nodeTransforms 中注册的回调函数
09        transforms[i](currentNode, context)
10      }
11
12      const children = currentNode.children
13      if (children) {
14        for (let i = 0; i < children.length; i++) {
15          traverseNode(children[i], context)
16        }
17      }
18    }
```

在上面这段代码中，我们首先为 traverseNode 函数增加了第二个参数 context。关于 context 的内容，下文会详细介绍。接着，我们把回调函数存储到 transforms 数组中，然后遍历该数组，并逐个调用注册在其中的回调函数。最后，我们将当前节点 currentNode 和 context 对象分别作为参数传递给回调函数。

有了修改后的 traverseNode 函数，我们就可以如下所示使用它了：

```
01  function transform(ast) {
02    // 在 transform 函数内创建 context 对象
03    const context = {
04      // 注册 nodeTransforms 数组
05      nodeTransforms: [
06        transformElement, // transformElement 函数用来转换标签节点
07        transformText     // transformText 函数用来转换文本节点
08      ]
09    }
10    // 调用 traverseNode 完成转换
11    traverseNode(ast, context)
12    // 打印 AST 信息
13    console.log(dump(ast))
14  }
```

其中，transformElement 函数和 transformText 函数的实现如下：

```
01  function transformElement(node) {
02    if (node.type === 'Element' && node.tag === 'p') {
03      node.tag = 'h1'
04    }
05  }
06
07  function transformText(node) {
08    if (node.type === 'Text') {
09      node.content = node.content.repeat(2)
10    }
11  }
```

可以看到，解耦之后，节点操作封装到了 transformElement 和 transformText 这样的独立函数中。我们甚至可以编写任意多个类似的转换函数，只需要将它们注册到 context.nodeTransforms 中即可。这样就解决了功能增加所导致的 traverseNode 函数“臃肿”的问题。

15.4.2 转换上下文与节点操作

在上文中，我们将转换函数注册到 context.nodeTransforms 数组中。那么，为什么要使用 context 对象呢？直接定义一个数组不可以吗？为了搞清楚这个问题，就不得不提到关于上下文的知识。你可能或多或少听说过关于 Context（上下文）的内容，我们可以把 Context 看作程序在某个范围内的“全局变量”。实际上，上下文并不是一个具象的东西，它依赖于具体的使用场景。我们举几个例子来直观地感受一下。

- 在编写 React 应用时，我们可以使用 React.createContext 函数创建一个上下文对象，该上下文对象允许我们将数据通过组件树一层层地传递下去。无论组件树的层级有多深，只要组件在这棵组件树的层级内，那么它就能够访问上下文对象中的数据。
- 在编写 Vue.js 应用时，我们也可以通过 provide/inject 等能力，向一整棵组件树提供数据。这些数据可以称为上下文。
- 在编写 Koa 应用时，中间件函数接收的 context 参数也是一种上下文对象，所有中间件都可以通过 context 来访问相同的数据。

通过上述三个例子我们能够认识到，上下文对象其实就是程序在某个范围内的“全局变量”。换句话说，我们也可以把全局变量看作全局上下文。

回到我们本节讲解的 context.nodeTransforms 数组，这里的 context 可以看作 AST 转换函数过程中的上下文数据。所有 AST 转换函数都可以通过 context 来共享数据。上下文对象中通常会维护程序的当前状态，例如当前转换的节点是哪一个？当前转换的节点的父节点是谁？甚至当前节点是父节点的第几个子节点？等等。这些信息对于编写复杂的转换函数非常有用。所以，接下来我们要做的就是构造转换上下文信息，如下面的代码所示：

```
01  function transform(ast) {
02    const context = {
03      // 增加 currentNode，用来存储当前正在转换的节点
04      currentNode: null,
05      // 增加 childIndex，用来存储当前节点在父节点的 children 中的位置索引
06      childIndex: 0,
07      // 增加 parent，用来存储当前转换节点的父节点
08      parent: null,
09      nodeTransforms: [
10        transformElement,
11        transformText
12      ]
13    }
14
15    traverseNode(ast, context)
16    console.log(dump(ast))
17  }
```

在上面这段代码中，我们为转换上下文对象扩展了一些重要信息。

- currentNode：用来存储当前正在转换的节点。
- childIndex：用来存储当前节点在父节点的 children 中的位置索引。
- parent：用来存储当前转换节点的父节点。

紧接着，我们需要在合适的地方设置转换上下文对象中的数据，如下面 traverseNode 函数的代码所示：

```
01 function traverseNode(ast, context) {
02   // 设置当前转换的节点信息 context.currentNode
03   context.currentNode = ast
04 
05   const transforms = context.nodeTransforms
06   for (let i = 0; i < transforms.length; i++) {
07     transforms[i](context.currentNode, context)
08   }
09 
10   const children = context.currentNode.children
11   if (children) {
12     for (let i = 0; i < children.length; i++) {
13       // 递归地调用 traverseNode 转换子节点之前，将当前节点设置为父节点
14       context.parent = context.currentNode
15       // 设置位置索引
16       context.childIndex = i
17       // 递归地调用时，将 context 透传
18       traverseNode(children[i], context)
19     }
20   }
21 }
```

观察上面这段代码，其关键点在于，在递归地调用 traverseNode 函数进行子节点的转换之前，我们必须设置 context.parent 和 context.childIndex 的值，这样才能保证在接下来的递归转换中，context 对象所存储的信息是正确的。

有了上下文数据后，我们就可以实现节点替换功能了。什么是节点替换呢？在对 AST 进行转换的时候，我们可能希望把某些节点替换为其他类型的节点。例如，将所有文本节点替换成一个元素节点。为了完成节点替换，我们需要在上下文对象中添加 context.replaceNode 函数。该函数接收新的 AST 节点作为参数，并使用新节点替换当前正在转换的节点，如下面的代码所示：

```
01 function transform(ast) {
02   const context = {
03     currentNode: null,
04     parent: null,
05     // 用于替换节点的函数，接收新节点作为参数
06     replaceNode(node) {
07       // 为了替换节点，我们需要修改 AST
08       // 找到当前节点在父节点的 children 中的位置：context.childIndex
09       // 然后使用新节点替换即可
10       context.parent.children[context.childIndex] = node
11       // 由于当前节点已经被新节点替换掉了，因此我们需要将 currentNode 更新为新节点
12       context.currentNode = node
13     },
14     nodeTransforms: [
15       transformElement,
16       transformText
17     ]
18   }
19 
20   traverseNode(ast, context)
```

```
21    console.log(dump(ast))
22  }
```

观察上面代码中的 replaceNode 函数。在该函数内，我们首先通过 context.childIndex 属性取得当前节点的位置索引，然后通过 context.parent.children 取得当前节点所在集合，最后配合使用 context.childIndex 与 context.parent.children 即可完成节点替换。另外，由于当前节点已经替换为新节点了，所以我们应该使用新节点更新 context.currentNode 属性的值。

接下来，我们就可以在转换函数中使用 replaceNode 函数对 AST 中的节点进行替换了。如下面 transformText 函数的代码所示，它能够将文本节点转换为元素节点：

```
01  // 转换函数的第二个参数就是 context 对象
02  function transformText(node, context) {
03    if (node.type === 'Text') {
04      // 如果当前转换的节点是文本节点，则调用 context.replaceNode 函数将其替换为元素节点
05      context.replaceNode({
06        type: 'Element',
07        tag: 'span'
08      })
09    }
10  }
```

如上面的代码所示，转换函数的第二个参数就是 context 对象，所以我们可以在转换函数内部使用该对象上的任意属性或函数。在 transformText 函数内部，首先检查当前转换的节点是否是文本节点，如果是，则调用 context.replaceNode 函数将其替换为新的 span 标签节点。

下面的例子用来验证节点替换功能：

```
01  const ast = parse(`<div><p>Vue</p><p>Template</p></div>`)
02  transform(ast)
```

运行上面这段代码，其转换前后的结果分别是：

```
01  // 转换前
02  Root:
03  --Element: div
04  ----Element: p
05  ------Text: VueVue
06  ----Element: p
07  ------Text: TemplateTemplate
08
09  // 转换后
10  Root:
11  --Element: div
12  ----Element: h1
13  ------Element: span
14  ----Element: h1
15  ------Element: span
```

可以看到，转换后的 AST 中的文本节点全部变为 span 标签节点了。

除了替换节点，有时我们还希望移除当前访问的节点。我们可以通过实现 context.removeNode 函数来达到目的，如下面的代码所示：

```
01    function transform(ast) {
02      const context = {
03        currentNode: null,
04        parent: null,
05        replaceNode(node) {
06          context.currentNode = node
07          context.parent.children[context.childIndex] = node
08        },
09        // 用于删除当前节点。
10        removeNode() {
11          if (context.parent) {
12            // 调用数组的 splice 方法，根据当前节点的索引删除当前节点
13            context.parent.children.splice(context.childIndex, 1)
14            // 将 context.currentNode 置空
15            context.currentNode = null
16          }
17        },
18        nodeTransforms: [
19          transformElement,
20          transformText
21        ]
22      }
23
24      traverseNode(ast, context)
25      console.log(dump(ast))
26    }
```

移除当前访问的节点也非常简单，只需要取得其位置索引 context.childIndex，再调用数组的 splice 方法将其从所属的 children 列表中移除即可。另外，当节点被移除之后，不要忘记将 context.currentNode 的值置空。这里有一点需要注意，由于当前节点被移除了，所以后续的转换函数将不再需要处理该节点。因此，我们需要对 traverseNode 函数做一些调整，如下面的代码所示：

```
01    function traverseNode(ast, context) {
02      context.currentNode = ast
03
04      const transforms = context.nodeTransforms
05      for (let i = 0; i < transforms.length; i++) {
06        transforms[i](context.currentNode, context)
07        // 由于任何转换函数都可能移除当前节点，因此每个转换函数执行完毕后，
08        // 都应该检查当前节点是否已经被移除，如果被移除了，直接返回即可
09        if (!context.currentNode) return
10      }
11
12      const children = context.currentNode.children
13      if (children) {
14        for (let i = 0; i < children.length; i++) {
15          context.parent = context.currentNode
```

```
16        context.childIndex = i
17        traverseNode(children[i], context)
18      }
19    }
20  }
```

在修改后的 traverseNode 函数中，我们增加了一行代码，用于检查 context.currentNode 是否存在。由于任何转换函数都可能移除当前访问的节点，所以每个转换函数执行完毕后，都应该检查当前访问的节点是否已经被移除，如果被某个转换函数移除了，则 traverseNode 直接返回即可，无须做后续的处理。

有了 context.removeNode 函数之后，我们即可实现用于移除文本节点的转换函数，如下面的代码所示：

```
01  function transformText(node, context) {
02    if (node.type === 'Text') {
03      // 如果是文本节点，直接调用 context.removeNode 函数将其移除即可
04      context.removeNode()
05    }
06  }
```

配合上面的 transformText 转换函数，运行下面的用例：

```
01  const ast = parse(`<div><p>Vue</p><p>Template</p></div>`)
02  transform(ast)
```

转换前后输出结果是：

```
01  // 转换前
02  Root:
03  --Element: div
04  ----Element: p
05  ------Text: VueVue
06  ----Element: p
07  ------Text: TemplateTemplate
08
09  // 转换后
10  Root:
11  --Element: div
12  ----Element: h1
13  ----Element: h1
```

可以看到，在转换后的 AST 中，将不再有任何文本节点。

15.4.3　进入与退出

在转换 AST 节点的过程中，往往需要根据其子节点的情况来决定如何对当前节点进行转换。这就要求父节点的转换操作必须等待其所有子节点全部转换完毕后再执行。然而，我们目前设计

的转换工作流并不支持这一能力。上文中介绍的转换工作流，是一种从根节点开始、顺序执行的工作流，如图 15-22 所示。

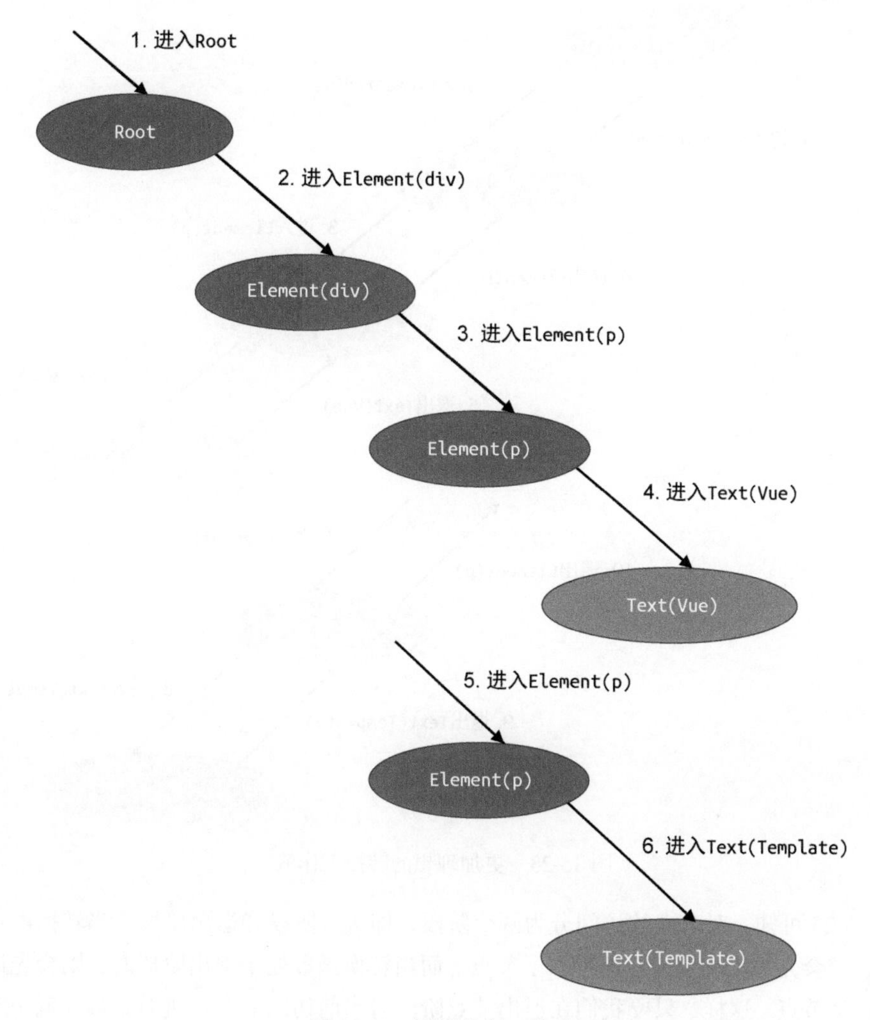

图 15-22 顺序执行工作流

从图 15-22 中可以看到，Root 根节点第一个被处理，节点层次越深，对它的处理将越靠后。这种顺序处理的工作流存在的问题是，当一个节点被处理时，意味着它的父节点已经被处理完毕了，并且我们无法再回过头重新处理父节点。

更加理想的转换工作流应该如图 15-23 所示。

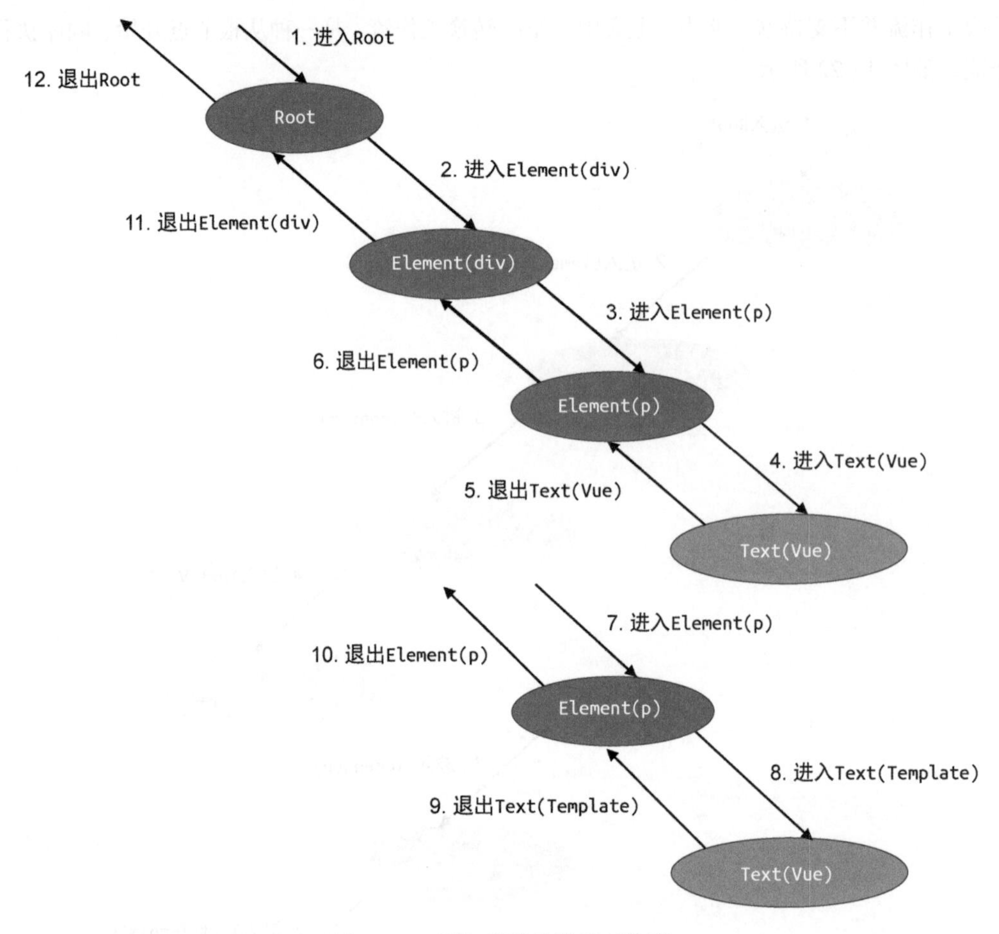

图 15-23　更加理想的转换工作流

由图 15-23 可知，对节点的访问分为两个阶段，即进入阶段和退出阶段。当转换函数处于进入阶段时，它会先进入父节点，再进入子节点。而当转换函数处于退出阶段时，则会先退出子节点，再退出父节点。这样，只要我们在退出节点阶段对当前访问的节点进行处理，就一定能够保证其子节点全部处理完毕。

为了实现如图 15-23 所示的转换工作流，我们需要重新设计转换函数的能力，如下面 traverseNode 函数的代码所示：

```
01  function traverseNode(ast, context) {
02    context.currentNode = ast
03    // 1. 增加退出阶段的回调函数数组
04    const exitFns = []
05    const transforms = context.nodeTransforms
06    for (let i = 0; i < transforms.length; i++) {
07      // 2. 转换函数可以返回另外一个函数，该函数即作为退出阶段的回调函数
```

```
08        const onExit = transforms[i](context.currentNode, context)
09        if (onExit) {
10          // 将退出阶段的回调函数添加到 exitFns 数组中
11          exitFns.push(onExit)
12        }
13        if (!context.currentNode) return
14      }
15
16      const children = context.currentNode.children
17      if (children) {
18        for (let i = 0; i < children.length; i++) {
19          context.parent = context.currentNode
20          context.childIndex = i
21          traverseNode(children[i], context)
22        }
23      }
24
25      // 在节点处理的最后阶段执行缓存到 exitFns 中的回调函数
26      // 注意，这里我们要反序执行
27      let i = exitFns.length
28      while (i--) {
29        exitFns[i]()
30      }
31    }
```

在上面这段代码中，我们增加了一个数组 exitFns，用来存储由转换函数返回的回调函数。接着，在 traverseNode 函数的最后，执行这些缓存在 exitFns 数组中的回调函数。这样就保证了，**当退出阶段的回调函数执行时，当前访问的节点的子节点已经全部处理过了**。有了这些能力之后，我们在编写转换函数时，可以将转换逻辑编写在退出阶段的回调函数中，从而保证在对当前访问的节点进行转换之前，其子节点一定全部处理完毕了，如下面的代码所示：

```
01  function transformElement(node, context) {
02    // 进入节点
03
04    // 返回一个会在退出节点时执行的回调函数
05    return () => {
06      // 在这里编写退出节点的逻辑，当这里的代码运行时，当前转换节点的子节点一定处理完毕了
07    }
08  }
```

另外还有一点需要注意，退出阶段的回调函数是反序执行的。这意味着，如果注册了多个转换函数，则它们的注册顺序将决定代码的执行结果。假设我们注册的两个转换函数分别是 transformA 和 transformB，如下面的代码所示：

```
01  function transform(ast) {
02    const context = {
03      // 省略部分代码
04
05      // 注册两个转换函数，transformA 先于 transformB
06      nodeTransforms: [
```

```
07        transformA,
08        transformB
09      ]
10    }
11
12    traverseNode(ast, context)
13    console.log(dump(ast))
14  }
```

在上面这段代码中，转换函数 transformA 先于 transformB 被注册。这意味着，在执行转换时，transformA 的“进入阶段”会先于 transformB 的“进入阶段”执行，而 transformA 的“退出阶段”将晚于 transformB 的“退出阶段”执行：

```
01  -- transformA 进入阶段执行
02  ---- transformB 进入阶段执行
03  ---- transformB 退出阶段执行
04  -- transformA 退出阶段执行
```

这么设计的好处是，转换函数 transformA 将有机会等待 transformB 执行完毕后，再根据具体情况决定应该如何工作。

如果将 transformA 与 transformB 的顺序调换，那么转换函数的执行顺序也将改变：

```
01  -- transformB 进入阶段执行
02  ---- transformA 进入阶段执行
03  ---- transformA 退出阶段执行
04  -- transformB 退出阶段执行
```

由此可见，当把转换逻辑编写在转换函数的退出阶段时，不仅能够保证所有子节点全部处理完毕，还能够保证所有后续注册的转换函数执行完毕。

15.5　将模板 AST 转为 JavaScript AST

在上一节中，我们讨论了如何对 AST 进行转换，并实现了一个基本的插件架构，即通过注册自定义的转换函数实现对 AST 的操作。本节，我们将讨论如何将模板 AST 转换为 JavaScript AST，为后续讲解代码生成做铺垫。

为什么要将模板 AST 转换为 JavaScript AST 呢？原因我们已经多次提到：我们需要将模板编译为渲染函数。而渲染函数是由 JavaScript 代码来描述的，因此，我们需要将模板 AST 转换为用于描述渲染函数的 JavaScript AST。

以上一节给出的模板为例：

```
01  <div><p>Vue</p><p>Template</p></div>
```

与这段模板等价的渲染函数是：

```
01 function render() {
02   return h('div', [
03     h('p', 'Vue'),
04     h('p', 'Template')
05   ])
06 }
```

上面这段渲染函数的 JavaScript 代码所对应的 JavaScript AST 就是我们的转换目标。那么，它对应的 JavaScript AST 是什么样子的呢？与模板 AST 是模板的描述一样，JavaScript AST 是 JavaScript 代码的描述。所以，本质上我们需要设计一些数据结构来描述渲染函数的代码。

首先，我们观察上面这段渲染函数的代码。它是一个函数声明，所以我们首先要描述 JavaScript 中的函数声明语句。一个函数声明语句由以下几部分组成。

- id：函数名称，它是一个标识符 Identifier。
- params：函数的参数，它是一个数组。
- body：函数体，由于函数体可以包含多个语句，因此它也是一个数组。

为了简化问题，这里我们不考虑箭头函数、生成器函数、async 函数等情况。那么，根据以上这些信息，我们就可以设计一个基本的数据结构来描述函数声明语句：

```
01 const FunctionDeclNode = {
02   type: 'FunctionDecl' // 代表该节点是函数声明
03   // 函数的名称是一个标识符，标识符本身也是一个节点
04   id: {
05     type: 'Identifier',
06     name: 'render' // name 用来存储标识符的名称，在这里它就是渲染函数的名称 render
07   },
08   params: [], // 参数，目前渲染函数还不需要参数，所以这里是一个空数组
09   // 渲染函数的函数体只有一个语句，即 return 语句
10   body: [
11     {
12       type: 'ReturnStatement',
13       return: null // 暂时留空，在后续讲解中补全
14     }
15   ]
16 }
```

如上面的代码所示，我们使用一个对象来描述一个 JavaScript AST 节点。每个节点都具有 type 字段，该字段用来代表节点的类型。对于函数声明语句来说，它的类型是 FunctionDecl。接着，我们使用 id 字段来存储函数的名称。函数的名称应该是一个合法的标识符，因此 id 字段本身也是一个类型为 Identifier 的节点。当然，我们在设计 JavaScript AST 的时候，可以根据实际需要进行调整。例如，我们完全可以将 id 字段设计为一个字符串类型的值。这样做虽然不完全符合 JavaScript 的语义，但是能够满足我们的需求。对于函数的参数，我们使用 params 数组来存储。目前，我们设计的渲染函数还不需要参数，因此暂时设为空数组。最后，我们使用 body 字段来描述函数的函数体。一个函数的函数体内可以存在多个语句，所以我们使用一个数组来描述

它。该数组内的每个元素都对应一条语句，对于渲染函数来说，目前它只有一个返回语句，所以我们使用一个类型为 ReturnStatement 的节点来描述该返回语句。

介绍完函数声明语句的节点结构后，我们再来看一下渲染函数的返回值。渲染函数返回的是虚拟 DOM 节点，具体体现在 h 函数的调用。我们可以使用 CallExpression 类型的节点来描述函数调用语句，如下面的代码所示：

```
01  const CallExp = {
02    type: 'CallExpression',
03    // 被调用函数的名称，它是一个标识符
04    callee: {
05      type: 'Identifier',
06      name: 'h'
07    },
08    // 参数
09    arguments: []
10  }
```

类型为 CallExpression 的节点拥有两个属性。

- callee：用来描述被调用函数的名称，它本身是一个标识符节点。
- arguments：被调用函数的形式参数，多个参数的话用数组来描述。

我们再次观察渲染函数的返回值：

```
01  function render() {
02    // h 函数的第一个参数是一个字符串字面量
03    // h 函数的第二个参数是一个数组
04    return h('div', [/*...*/])
05  }
```

可以看到，最外层的 h 函数的第一个参数是一个字符串字面量，我们可以使用类型为 StringLiteral 的节点来描述它：

```
01  const Str = {
02    type: 'StringLiteral',
03    value: 'div'
04  }
```

最外层的 h 函数的第二个参数是一个数组，我们可以使用类型为 ArrayExpression 的节点来描述它：

```
01  const Arr = {
02    type: 'ArrayExpression',
03    // 数组中的元素
04    elements: []
05  }
```

使用上述 CallExpression、StringLiteral、ArrayExpression 等节点来填充渲染函数的返回值，其最终结果如下面的代码所示：

```
01 const FunctionDeclNode = {
02   type: 'FunctionDecl' // 代表该节点是函数声明
03   // 函数的名称是一个标识符，标识符本身也是一个节点
04   id: {
05     type: 'Identifier',
06     name: 'render' // name 用来存储标识符的名称，在这里它就是渲染函数的名称 render
07   },
08   params: [], // 参数，目前渲染函数还不需要参数，所以这里是一个空数组
09   // 渲染函数的函数体只有一个语句，即 return 语句
10   body: [
11     {
12       type: 'ReturnStatement',
13       // 最外层的 h 函数调用
14       return: {
15         type: 'CallExpression',
16         callee: { type: 'Identifier', name: 'h' },
17         arguments: [
18           // 第一个参数是字符串字面量 'div'
19           {
20             type: 'StringLiteral',
21             value: 'div'
22           },
23           // 第二个参数是一个数组
24           {
25             type: 'ArrayExpression',
26             elements: [
27               // 数组的第一个元素是 h 函数的调用
28               {
29                 type: 'CallExpression',
30                 callee: { type: 'Identifier', name: 'h' },
31                 arguments: [
32                   // 该 h 函数调用的第一个参数是字符串字面量
33                   { type: 'StringLiteral', value: 'p' },
34                   // 第二个参数也是一个字符串字面量
35                   { type: 'StringLiteral', value: 'Vue' },
36                 ]
37               },
38               // 数组的第二个元素也是 h 函数的调用
39               {
40                 type: 'CallExpression',
41                 callee: { type: 'Identifier', name: 'h' },
42                 arguments: [
43                   // 该 h 函数调用的第一个参数是字符串字面量
44                   { type: 'StringLiteral', value: 'p' },
45                   // 第二个参数也是一个字符串字面量
46                   { type: 'StringLiteral', value: 'Template' },
47                 ]
48               }
49             ]
50           }
51         ]
52       }
53     }
54   ]
55 }
```

如上面这段 JavaScript AST 的代码所示，它是对渲染函数代码的完整描述。接下来我们的任务是，编写转换函数，将模板 AST 转换为上述 JavaScript AST。不过在开始之前，我们需要编写一些用来创建 JavaScript AST 节点的辅助函数，如下面的代码所示：

```
01  // 用来创建 StringLiteral 节点
02  function createStringLiteral(value) {
03    return {
04      type: 'StringLiteral',
05      value
06    }
07  }
08  // 用来创建 Identifier 节点
09  function createIdentifier(name) {
10    return {
11      type: 'Identifier',
12      name
13    }
14  }
15  // 用来创建 ArrayExpression 节点
16  function createArrayExpression(elements) {
17    return {
18      type: 'ArrayExpression',
19      elements
20    }
21  }
22  // 用来创建 CallExpression 节点
23  function createCallExpression(callee, arguments) {
24    return {
25      type: 'CallExpression',
26      callee: createIdentifier(callee),
27      arguments
28    }
29  }
```

有了这些辅助函数，我们可以更容易地编写转换代码。

为了把模板 AST 转换为 JavaScript AST，我们同样需要两个转换函数：`transformElement` 和 `transformText`，它们分别用来处理标签节点和文本节点。具体实现如下：

```
01  // 转换文本节点
02  function transformText(node) {
03    // 如果不是文本节点，则什么都不做
04    if (node.type !== 'Text') {
05      return
06    }
07    // 文本节点对应的 JavaScript AST 节点其实就是一个字符串字面量，
08    // 因此只需要使用 node.content 创建一个 StringLiteral 类型的节点即可
09    // 最后将文本节点对应的 JavaScript AST 节点添加到 node.jsNode 属性下
10    node.jsNode = createStringLiteral(node.content)
11  }
12
```

```
13 // 转换标签节点
14 function transformElement(node) {
15   // 将转换代码编写在退出阶段的回调函数中，
16   // 这样可以保证该标签节点的子节点全部被处理完毕
17   return () => {
18     // 如果被转换的节点不是元素节点，则什么都不做
19     if (node.type !== 'Element') {
20       return
21     }
22 
23     // 1. 创建 h 函数调用语句，
24     // h 函数调用的第一个参数是标签名称，因此我们以 node.tag 来创建一个字符串字面量节点
25     // 作为第一个参数
26     const callExp = createCallExpression('h', [
27       createStringLiteral(node.tag)
28     ])
29     // 2. 处理 h 函数调用的参数
30     node.children.length === 1
31       // 如果当前标签节点只有一个子节点，则直接使用子节点的 jsNode 作为参数
32       ? callExp.arguments.push(node.children[0].jsNode)
33       // 如果当前标签节点有多个子节点，则创建一个 ArrayExpression 节点作为参数
34       : callExp.arguments.push(
35         // 数组的每个元素都是子节点的 jsNode
36         createArrayExpression(node.children.map(c => c.jsNode))
37       )
38     // 3. 将当前标签节点对应的 JavaScript AST 添加到 jsNode 属性下
39     node.jsNode = callExp
40   }
41 }
```

如上面的代码及注释所示，总体实现并不复杂。有两点需要注意：

- 在转换标签节点时，我们需要将转换逻辑编写在退出阶段的回调函数内，这样才能保证其子节点全部被处理完毕；
- 无论是文本节点还是标签节点，它们转换后的 JavaScript AST 节点都存储在节点的 `node.jsNode` 属性下。

使用上面两个转换函数即可完成标签节点和文本节点的转换，即把模板转换成 h 函数的调用。但是，转换后得到的 AST 只是用来描述渲染函数 `render` 的返回值的，所以我们最后一步要做的就是，补全 JavaScript AST，即把用来描述 `render` 函数本身的函数声明语句节点附加到 JavaScript AST 中。这需要我们编写 `transformRoot` 函数来实现对 `Root` 根节点的转换：

```
01 // 转换 Root 根节点
02 function transformRoot(node) {
03   // 将逻辑编写在退出阶段的回调函数中，保证子节点全部被处理完毕
04   return () => {
05     // 如果不是根节点，则什么都不做
06     if (node.type !== 'Root') {
07       return
```

```
08        }
09        // node 是根节点，根节点的第一个子节点就是模板的根节点，
10        // 当然，这里我们暂时不考虑模板存在多个根节点的情况
11        const vnodeJSAST = node.children[0].jsNode
12        // 创建 render 函数的声明语句节点，将 vnodeJSAST 作为 render 函数体的返回语句
13        node.jsNode = {
14          type: 'FunctionDecl',
15          id: { type: 'Identifier', name: 'render' },
16          params: [],
17          body: [
18            {
19              type: 'ReturnStatement',
20              return: vnodeJSAST
21            }
22          ]
23        }
24      }
25    }
```

经过这一步处理之后，模板 AST 将转换为对应的 JavaScript AST，并且可以通过根节点的 node.jsNode 来访问转换后的 JavaScript AST。下一节我们将讨论如何根据转换后得到的 JavaScript AST 生成渲染函数代码。

15.6 代码生成

在上一节中，我们完成了 JavaScript AST 的构造。本节，我们将讨论如何根据 JavaScript AST 生成渲染函数的代码，即代码生成。代码生成本质上是字符串拼接的艺术。我们需要访问 JavaScript AST 中的节点，为每一种类型的节点生成相符的 JavaScript 代码。

本节，我们将实现 generate 函数来完成代码生成的任务。代码生成也是编译器的最后一步：

```
01  function compile(template) {
02    // 模板 AST
03    const ast = parse(template)
04    // 将模板 AST 转换为 JavaScript AST
05    transform(ast)
06    // 代码生成
07    const code = generate(ast.jsNode)
08
09    return code
10  }
```

与 AST 转换一样，代码生成也需要上下文对象。该上下文对象用来维护代码生成过程中程序的运行状态，如下面的代码所示：

```
01  function generate(node) {
02    const context = {
03      // 存储最终生成的渲染函数代码
04      code: '',
```

```
05       // 在生成代码时，通过调用 push 函数完成代码的拼接
06       push(code) {
07         context.code += code
08       }
09     }
10
11     // 调用 genNode 函数完成代码生成的工作，
12     genNode(node, context)
13
14     // 返回渲染函数代码
15     return context.code
16   }
```

在上面这段 generate 函数的代码中，首先我们定义了上下文对象 context，它包含 context.code 属性，用来存储最终生成的渲染函数代码，还定义了 context.push 函数，用来完成代码拼接，接着调用 genNode 函数完成代码生成的工作，最后将最终生成的渲染函数代码返回。

另外，我们希望最终生成的代码具有较强的可读性，因此我们应该考虑生成代码的格式，例如缩进和换行等。这就需要我们扩展 context 对象，为其增加用来完成换行和缩进的工具函数，如下面的代码所示：

```
01   function generate(node) {
02     const context = {
03       code: '',
04       push(code) {
05         context.code += code
06       },
07       // 当前缩进的级别，初始值为 0，即没有缩进
08       currentIndent: 0,
09       // 该函数用来换行，即在代码字符串的后面追加 \n 字符，
10       // 另外，换行时应该保留缩进，所以我们还要追加 currentIndent * 2 个空格字符
11       newline() {
12         context.code += '\n' + `  `.repeat(context.currentIndent)
13       },
14       // 用来缩进，即让 currentIndent 自增后，调用换行函数
15       indent() {
16         context.currentIndent++
17         context.newline()
18       },
19       // 取消缩进，即让 currentIndent 自减后，调用换行函数
20       deIndent() {
21         context.currentIndent--
22         context.newline()
23       }
24     }
25
26     genNode(node, context)
27
28     return context.code
29   }
```

在上面这段代码中，我们增加了 context.currentIndent 属性，它代表缩进的级别，初始值为 0，代表没有缩进，还增加了 context.newline() 函数，每次调用该函数时，都会在代码字符串后面追加换行符 \n。由于换行时需要保留缩进，所以我们还要追加 context.currentIndent * 2 个空格字符。这里我们假设缩进为两个空格字符，后续我们可以将其设计为可配置的。同时，我们还增加了 context.indent() 函数用来完成代码缩进，它的原理很简单，即让缩进级别 context.currentIndent 进行自增，再调用 context.newline() 函数。与之对应的 context.deIndent() 函数则用来取消缩进，即让缩进级别 context.currentIndent 进行自减，再调用 context.newline() 函数。

有了这些基础能力之后，我们就可以开始编写 genNode 函数来完成代码生成的工作了。代码生成的原理其实很简单，只需要匹配各种类型的 JavaScript AST 节点，并调用对应的生成函数即可，如下面的代码所示：

```
01  function genNode(node, context) {
02    switch (node.type) {
03      case 'FunctionDecl':
04        genFunctionDecl(node, context)
05        break
06      case 'ReturnStatement':
07        genReturnStatement(node, context)
08        break
09      case 'CallExpression':
10        genCallExpression(node, context)
11        break
12      case 'StringLiteral':
13        genStringLiteral(node, context)
14        break
15      case 'ArrayExpression':
16        genArrayExpression(node, context)
17        break
18    }
19  }
```

在 genNode 函数内部，我们使用 switch 语句来匹配不同类型的节点，并调用与之对应的生成器函数。

- 对于 FunctionDecl 节点，使用 genFunctionDecl 函数为该类型节点生成对应的 JavaScript 代码。
- 对于 ReturnStatement 节点，使用 genReturnStatement 函数为该类型节点生成对应的 JavaScript 代码。
- 对于 CallExpression 节点，使用 genCallExpression 函数为该类型节点生成对应的 JavaScript 代码。
- 对于 StringLiteral 节点，使用 genStringLiteral 函数为该类型节点生成对应的 JavaScript 代码。

- 对于 ArrayExpression 节点，使用 genArrayExpression 函数为该类型节点生成对应的 JavaScript 代码。

由于我们目前只涉及这五种类型的 JavaScript 节点，所以现在的 genNode 函数足够完成上述案例。当然，如果后续需要增加节点类型，只需要在 genNode 函数中添加相应的处理分支即可。

接下来，我们将逐步完善代码生成工作。首先，我们来实现函数声明语句的代码生成，即 genFunctionDecl 函数，如下面的代码所示：

```
01 function genFunctionDecl(node, context) {
02   // 从 context 对象中取出工具函数
03   const { push, indent, deIndent } = context
04   // node.id 是一个标识符，用来描述函数的名称，即 node.id.name
05   push(`function ${node.id.name} `)
06   push(`(`)
07   // 调用 genNodeList 为函数的参数生成代码
08   genNodeList(node.params, context)
09   push(`) `)
10   push(`{`)
11   // 缩进
12   indent()
13   // 为函数体生成代码，这里递归地调用了 genNode 函数
14   node.body.forEach(n => genNode(n, context))
15   // 取消缩进
16   deIndent()
17   push(`}`)
18 }
```

genFunctionDecl 函数用来为函数声明类型的节点生成对应的 JavaScript 代码。以渲染函数的声明节点为例，它最终生成的代码将会是：

```
01 function render () {
02   ... 函数体
03 }
```

另外我们注意到，在 genFunctionDecl 函数内部调用了 genNodeList 函数来为函数的参数生成对应的代码。它的实现如下：

```
01 function genNodeList(nodes, context) {
02   const { push } = context
03   for (let i = 0; i < nodes.length; i++) {
04     const node = nodes[i]
05     genNode(node, context)
06     if (i < nodes.length - 1) {
07       push(', ')
08     }
09   }
10 }
```

genNodeList 函数接收一个节点数组作为参数，并为每一个节点递归地调用 genNode 函数完

成代码生成工作。这里要注意的一点是，每处理完一个节点，需要在生成的代码后面拼接逗号字符（,）。举例来说：

```
01  // 如果节点数组为
02  const node = [节点 1， 节点 2， 节点 3]
03  // 那么生成的代码将类似于
04  '节点 1，节点 2，节点 3'
05  // 如果在这段代码的前后分别添加圆括号，那么它将可用于函数的参数声明
06  ('节点 1，节点 2，节点 3')
07  // 如果在这段代码的前后分别添加方括号，那么它将是一个数组
08  ['节点 1，节点 2，节点 3']
```

由上例可知，genNodeList 函数会在节点代码之间补充逗号字符。实际上，genArrayExpression 函数就利用了这个特点来实现对数组表达式的代码生成，如下面的代码所示：

```
01  function genArrayExpression(node, context) {
02    const { push } = context
03    // 追加方括号
04    push('[')
05    // 调用 genNodeList 为数组元素生成代码
06    genNodeList(node.elements, context)
07    // 补全方括号
08    push(']')
09  }
```

不过，由于目前渲染函数暂时没有接收任何参数，所以 genNodeList 函数不会为其生成任何代码。对于 genFunctionDecl 函数，另外需要注意的是，由于函数体本身也是一个节点数组，所以我们需要遍历它并递归地调用 genNode 函数生成代码。

对于 ReturnStatement 和 StringLiteral 类型的节点来说，为它们生成代码很简单，如下所示：

```
01  function genReturnStatement(node, context) {
02    const { push } = context
03    // 追加 return 关键字和空格
04    push(`return `)
05    // 调用 genNode 函数递归地生成返回值代码
06    genNode(node.return, context)
07  }
08
09  function genStringLiteral(node, context) {
10    const { push } = context
11    // 对于字符串字面量，只需要追加与 node.value 对应的字符串即可
12    push(`'${node.value}'`)
13  }
```

最后，只剩下 genCallExpression 函数了，它的实现如下：

```
01  function genCallExpression(node, context) {
02    const { push } = context
03    // 取得被调用函数名称和参数列表
04    const { callee, arguments: args } = node
```

```
05    // 生成函数调用代码
06    push(`${callee.name}(`)
07    // 调用 genNodeList 生成参数代码
08    genNodeList(args, context)
09    // 补全括号
10    push(`)`)
11  }
```

可以看到，在 genCallExpression 函数内，我们也用到了 genNodeList 函数来为函数调用时的参数生成对应的代码。配合上述生成器函数的实现，我们将得到符合预期的渲染函数代码。运行如下测试用例：

```
01  const ast = parse(`<div><p>Vue</p><p>Template</p></div>`)
02  transform(ast)
03  const code = generate(ast.jsNode)
```

最终得到的代码字符串如下：

```
01  function render () {
02    return h('div', [h('p', 'Vue'), h('p', 'Template')])
03  }
```

15.7 总结

在本章中，我们首先讨论了 Vue.js 模板编译器的工作流程。Vue.js 的模板编译器用于把模板编译为渲染函数。它的工作流程大致分为三个步骤。

(1) 分析模板，将其解析为模板 AST。

(2) 将模板 AST 转换为用于描述渲染函数的 JavaScript AST。

(3) 根据 JavaScript AST 生成渲染函数代码。

接着，我们讨论了 parser 的实现原理，以及如何用有限状态自动机构造一个词法分析器。词法分析的过程就是状态机在不同状态之间迁移的过程。在此过程中，状态机会产生一个个 Token，形成一个 Token 列表。我们将使用该 Token 列表来构造用于描述模板的 AST。具体做法是，扫描 Token 列表并维护一个开始标签栈。每当扫描到一个开始标签节点，就将其压入栈顶。栈顶的节点始终作为下一个扫描的节点的父节点。这样，当所有 Token 扫描完毕后，即可构建出一棵树型 AST。

然后，我们讨论了 AST 的转换与插件化架构。AST 是树型数据结构，为了访问 AST 中的节点，我们采用深度优先的方式对 AST 进行遍历。在遍历过程中，我们可以对 AST 节点进行各种操作，从而实现对 AST 的转换。为了解耦节点的访问和操作，我们设计了插件化架构，将节点的操作封装到独立的转换函数中。这些转换函数可以通过 context.nodeTransforms 来注册。这里的 context 称为转换上下文。上下文对象中通常会维护程序的当前状态，例如当前访问的节点、当前访问的节点的父节点、当前访问的节点的位置索引等信息。有了上下文对象及其包含的重要信息后，我们即可轻松地实现节点的替换、删除等能力。但有时，当前访问节点的转换工作依赖于其子节点的转换结果，所以为了优先完成子节点的转换，我们将整个转换过程分为“进入阶段”与“退出阶段”。每个转换函数都分两个阶段执行，这样就可以实现更加细粒度的转换控制。

之后，我们讨论了如何将模板 AST 转换为用于描述渲染函数的 JavaScript AST。模板 AST 用来描述模板，类似地，JavaScript AST 用于描述 JavaScript 代码。只有把模板 AST 转换为 JavaScript AST 后，我们才能据此生成最终的渲染函数代码。

最后，我们讨论了渲染函数代码的生成工作。代码生成是模板编译器的最后一步工作，生成的代码将作为组件的渲染函数。代码生成的过程就是字符串拼接的过程。我们需要为不同的 AST 节点编写对应的代码生成函数。为了让生成的代码具有更强的可读性，我们还讨论了如何对生成的代码进行缩进和换行。我们将用于缩进和换行的代码封装为工具函数，并且定义到代码生成过程中的上下文对象中。

第 16 章

解析器

在第 15 章中，我们初步讨论了解析器（parser）的工作原理，知道了解析器本质上是一个状态机。但我们也曾提到，正则表达式其实也是一个状态机。因此在编写 parser 的时候，利用正则表达式能够让我们少写不少代码。本章我们将更多地利用正则表达式来实现 HTML 解析器。另外，一个完善的 HTML 解析器远比想象的要复杂。我们知道，浏览器会对 HTML 文本进行解析，那么它是如何做的呢？其实关于 HTML 文本的解析，是有规范可循的，即 WHATWG 关于 HTML 的解析规范，其中定义了完整的错误处理和状态机的状态迁移流程，还提及了一些特殊的状态，例如 DATA、CDATA、RCDATA、RAWTEXT 等。那么，这些状态有什么含义呢？它们对解析器有哪些影响呢？什么是 HTML 实体，以及 Vue.js 模板解析器需要如何处理 HTML 实体呢？这些问题都会在本章中讨论。

16.1 文本模式及其对解析器的影响

文本模式指的是解析器在工作时所进入的一些特殊状态，在不同的特殊状态下，解析器对文本的解析行为会有所不同。具体来说，当解析器遇到一些特殊标签时，会切换模式，从而影响其对文本的解析行为。这些特殊标签是：

- <title> 标签、<textarea> 标签，当解析器遇到这两个标签时，会切换到 RCDATA 模式；
- <style>、<xmp>、<iframe>、<noembed>、<noframes>、<noscript> 等标签，当解析器遇到这些标签时，会切换到 RAWTEXT 模式；
- 当解析器遇到 <![CDATA[字符串时，会进入 CDATA 模式。

解析器的初始模式则是 DATA 模式。对于 Vue.js 的模板 DSL 来说，模板中不允许出现 <script> 标签，因此 Vue.js 模板解析器在遇到 <script> 标签时也会切换到 RAWTEXT 模式。

解析器的行为会因工作模式的不同而不同。WHATWG 规范的第 13.2.5.1 节给出了初始模式下解析器的工作流程，如图 16-1 所示。

§ **13.2.5.1 Data state**

Consume the next input character:

↪ **U+0026 AMPERSAND (&)**
Set the *return state* to the data state. Switch to the character reference state.

↪ **U+003C LESS-THAN SIGN (<)**
Switch to the tag open state.

↪ **U+0000 NULL**
This is an unexpected-null-character parse error. Emit the current input character as a character token.

↪ **EOF**
Emit an end-of-file token.

↪ **Anything else**
Emit the current input character as a character token.

图 16-1 WHATWG 规范中关于 Data state 的描述

我们对图 16-1 做一些必要的解释。在默认的 DATA 模式下，解析器在遇到字符 < 时，会切换到**标签开始状态**（tag open state）。换句话说，在该模式下，解析器能够解析标签元素。当解析器遇到字符 & 时，会切换到**字符引用状态**（character reference state），也称 HTML 字符实体状态。也就是说，在 DATA 模式下，解析器能够处理 HTML 字符实体。

我们再来看看当解析器处于 RCDATA 状态时，它的工作情况如何。图 16-2 给出了 WHATWG 规范第 13.2.5.2 节的内容。

§ **13.2.5.2 RCDATA state**

Consume the next input character:

↪ **U+0026 AMPERSAND (&)**
Set the *return state* to the RCDATA state. Switch to the character reference state.

↪ **U+003C LESS-THAN SIGN (<)**
Switch to the RCDATA less-than sign state.

↪ **U+0000 NULL**
This is an unexpected-null-character parse error. Emit a U+FFFD REPLACEMENT CHARACTER character token.

↪ **EOF**
Emit an end-of-file token.

↪ **Anything else**
Emit the current input character as a character token.

图 16-2 WHATWG 规范中关于 RCDATA state 的描述

由图 16-2 可知，当解析器遇到字符 < 时，不会再切换到标签开始状态，而会切换到 RCDATA less-than sign state 状态。图 16-3 给出了 RCDATA less-than sign state 状态下解析器的工作方式。

§ **13.2.5.9 RCDATA less-than sign state**

Consume the next input character:

↪ **U+002F SOLIDUS (/)**

Set the *temporary buffer* to the empty string. Switch to the RCDATA end tag open state.

↪ **Anything else**

Emit a U+003C LESS-THAN SIGN character token. Reconsume in the RCDATA state.

图 16-3 WHATWG 规范中关于 RCDATA less-than sign state 的描述

由图 16-3 可知，在 RCDATA less-than sign state 状态下，如果解析器遇到字符 /，则直接切换到 RCDATA 的结束标签状态，即 RCDATA end tag open state；否则会将当前字符 < 作为普通字符处理，然后继续处理后面的字符。由此可知，在 RCDATA 状态下，解析器不能识别标签元素。这其实间接说明了在 <textarea> 内可以将字符 < 作为普通文本，解析器并不会认为字符 < 是标签开始的标志，如下面的代码所示：

```
01  <textarea>
02    <div>asdf</div>asdfasdf
03  </textarea>
```

在上面这段 HTML 代码中，<textarea> 标签内存在一个 <div> 标签。但解析器并不会把 <div> 解析为标签元素，而是作为普通文本处理。但是，由图 16-2 可知，在 RCDATA 模式下，解析器仍然支持 HTML 实体。因为当解析器遇到字符 & 时，会切换到字符引用状态，如下面的代码所示：

```
01  <textarea>&copy;</textarea>
```

浏览器在渲染这段 HTML 代码时，会在文本框内展示字符 ©。

解析器在 RAWTEXT 模式下的工作方式与在 RCDATA 模式下类似。唯一不同的是，在 RAWTEXT 模式下，解析器将不再支持 HTML 实体。图 16-4 给出了 WHATWG 规范第 13.2.5.3 节中所定义的 RAWTEXT 模式下状态机的工作方式。

§ **13.2.5.3 RAWTEXT state**

Consume the next input character:

↪ **U+003C LESS-THAN SIGN (<)**

Switch to the RAWTEXT less-than sign state.

↪ **U+0000 NULL**

This is an unexpected-null-character parse error. Emit a U+FFFD REPLACEMENT CHARACTER character token.

↪ **EOF**

Emit an end-of-file token.

↪ **Anything else**

Emit the current input character as a character token.

图 16-4 WHATWG 规范中关于 RAWTEXT state 的描述

对比图 16-4 与图 16-2 可知，RAWTEXT 模式的确不支持 HTML 实体。在该模式下，解析器会将 HTML 实体字符作为普通字符处理。Vue.js 的单文件组件的解析器在遇到 <script> 标签时就会进入 RAWTEXT 模式，这时它会把 <script> 标签内的内容全部作为普通文本处理。

CDATA 模式在 RAWTEXT 模式的基础上更进一步。图 16-5 给出了 WHATWG 规范第 13.2.5.69 节中所定义的 CDATA 模式下状态机的工作方式。

§ **13.2.5.69 CDATA section state**

Consume the next input character:

↪ **U+005D RIGHT SQUARE BRACKET (])**
Switch to the CDATA section bracket state.

↪ **EOF**
This is an eof-in-cdata parse error. Emit an end-of-file token.

↪ **Anything else**
Emit the current input character as a character token.

图 16-5　WHATWG 规范中关于 CDATA section state 的描述

在 CDATA 模式下，解析器将把任何字符都作为普通字符处理，直到遇到 CDATA 的结束标志为止。

实际上，在 WHATWG 规范中还定义了 PLAINTEXT 模式，该模式与 RAWTEXT 模式类似。不同的是，解析器一旦进入 PLAINTEXT 模式，将不会再退出。另外，Vue.js 的模板 DSL 解析器是用不到 PLAINTEXT 模式的，因此我们不会过多介绍它。

表 16-1 汇总了不同的模式及各其特性。

表 16-1　不同的模式及其特性

模　式	能否解析标签	是否支持 HTML 实体
DATA	能	是
RCDATA	否	是
RAWTEXT	否	否
CDATA	否	否

除了表 16-1 列出的特性之外，不同的模式还会影响解析器对于终止解析的判断，后文会具体讨论。另外，后续编写解析器代码时，我们会将上述模式定义为状态表，如下面的代码所示：

```
01  const TextModes = {
02    DATA: 'DATA',
03    RCDATA: 'RCDATA',
```

```
04    RAWTEXT: 'RAWTEXT',
05    CDATA: 'CDATA'
06  }
```

16.2 递归下降算法构造模板 AST

从本节开始，我们将着手实现一个更加完善的模板解析器。解析器的基本架构模型如下：

```
01  // 定义文本模式，作为一个状态表
02  const TextModes = {
03    DATA: 'DATA',
04    RCDATA: 'RCDATA',
05    RAWTEXT: 'RAWTEXT',
06    CDATA: 'CDATA'
07  }
08
09  // 解析器函数，接收模板作为参数
10  function parse(str) {
11    // 定义上下文对象
12    const context = {
13      // source 是模板内容，用于在解析过程中进行消费
14      source: str,
15      // 解析器当前处于文本模式，初始模式为 DATA
16      mode: TextModes.DATA
17    }
18    // 调用 parseChildren 函数开始进行解析，它返回解析后得到的子节点
19    // parseChildren 函数接收两个参数：
20    // 第一个参数是上下文对象 context
21    // 第二个参数是由父代节点构成的节点栈，初始时栈为空
22    const nodes = parseChildren(context, [])
23
24    // 解析器返回 Root 根节点
25    return {
26      type: 'Root',
27      // 使用 nodes 作为根节点的 children
28      children: nodes
29    }
30  }
```

在上面这段代码中，我们首先定义了一个状态表 TextModes，它用来描述预定义的文本模式。然后，我们定义了 parse 函数，即解析器函数，在其中定义了上下文对象 context，用来维护解析程序执行过程中程序的各种状态。接着，调用 parseChildren 函数进行解析，该函数会返回解析后得到的子节点，并使用这些子节点作为 children 来创建 Root 根节点。最后，parse 函数返回根节点，完成模板 AST 的构建。

这段代码的思路与我们在第 15 章中讲述的关于模板 AST 的构建思路有所不同。在第 15 章中，我们首先对模板内容进行标记化得到一系列 Token，然后根据这些 Token 构建模板 AST。实际上，创建 Token 与构造模板 AST 的过程可以同时进行，因为模板和模板 AST 具有同构的特性。

另外，在上面这段代码中，parseChildren 函数是整个解析器的核心。后续我们会递归地调用它来不断地消费模板内容。parseChildren 函数会返回解析后得到的子节点。举个例子，假设有如下模板：

```
01  <p>1</p>
02  <p>2</p>
```

上面这段模板有两个根节点，即两个 <p> 标签。parseChildren 函数在解析这段模板后，会得到由这两个 <p> 节点组成的数组：

```
01  [
02    { type: 'Element', tag: 'p', children: [/*...*/]  },
03    { type: 'Element', tag: 'p', children: [/*...*/]  },
04  ]
```

之后，这个数组将作为 Root 根节点的 children。

parseChildren 函数接收两个参数。

- 第一个参数：上下文对象 context。
- 第二个参数：由父代节点构成的栈，用于维护节点间的父子级关系。

parseChildren 函数本质上也是一个状态机，该状态机有多少种状态取决于子节点的类型数量。在模板中，元素的子节点可以是以下几种。

- 标签节点，例如 <div>。
- 文本插值节点，例如 {{ val }}。
- 普通文本节点，例如：text。
- 注释节点，例如 <!---->。
- CDATA 节点，例如 <![CDATA[xxx]]>。

在标准的 HTML 中，节点的类型将会更多，例如 DOCTYPE 节点等。为了降低复杂度，我们仅考虑上述类型的节点。

图 16-6 给出了 parseChildren 函数在解析模板过程中的状态迁移过程。

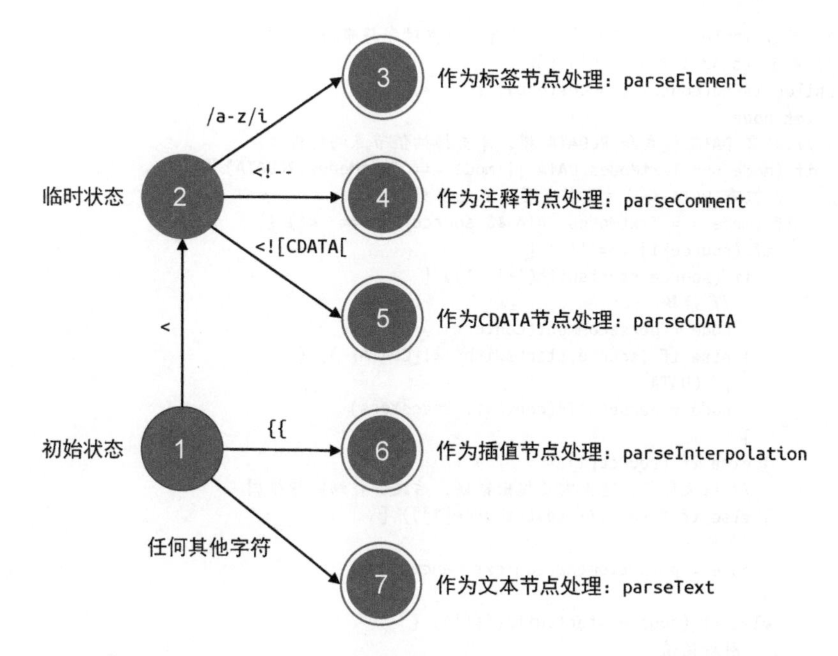

图 16-6 parseChildren 函数在解析模板过程中的状态迁移过程

我们可以把图 16-6 所展示的状态迁移过程总结如下。

- 当遇到字符 < 时，进入临时状态。
  - 如果下一个字符匹配正则 /a-z/i，则认为这是一个标签节点，于是调用 parseElement 函数完成标签的解析。注意正则表达式 /a-z/i 中的 i，意思是忽略大小写（case-insensitive）。
  - 如果字符串以 <!-- 开头，则认为这是一个注释节点，于是调用 parseComment 函数完成注释节点的解析。
  - 如果字符串以 <![CDATA[开头，则认为这是一个 CDATA 节点，于是调用 parseCDATA 函数完成 CDATA 节点的解析。
- 如果字符串以 {{ 开头，则认为这是一个插值节点，于是调用 parseInterpolation 函数完成插值节点的解析。
- 其他情况，都作为普通文本，调用 parseText 函数完成文本节点的解析。

落实到代码时，我们还需要结合文本模式，如下面的代码所示：

```
01  function parseChildren(context, ancestors) {
02    // 定义 nodes 数组存储子节点，它将作为最终的返回值
03    let nodes = []
04    // 从上下文对象中取得当前状态，包括模式 mode 和模板内容 source
05    const { mode, source } = context
06
```

```
07      // 开启 while 循环，只要满足条件就会一直对字符串进行解析
08      // 关于 isEnd() 后文会详细讲解
09      while(!isEnd(context, ancestors)) {
10        let node
11        // 只有 DATA 模式和 RCDATA 模式才支持插值节点的解析
12        if (mode === TextModes.DATA || mode === TextModes.RCDATA) {
13          // 只有 DATA 模式才支持标签节点的解析
14          if (mode === TextModes.DATA && source[0] === '<') {
15            if (source[1] === '!') {
16              if (source.startsWith('<!--')) {
17                // 注释
18                node = parseComment(context)
19              } else if (source.startsWith('<![CDATA[')) {
20                // CDATA
21                node = parseCDATA(context, ancestors)
22              }
23            } else if (source[1] === '/') {
24              // 结束标签，这里需要抛出错误，后文会详细解释原因
25            } else if (/[a-z]/i.test(source[1])) {
26              // 标签
27              node = parseElement(context, ancestors)
28            }
29          } else if (source.startsWith('{{')) {
30            // 解析插值
31            node = parseInterpolation(context)
32          }
33        }
34
35        // node 不存在，说明处于其他模式，即非 DATA 模式且非 RCDATA 模式
36        // 这时一切内容都作为文本处理
37        if (!node) {
38          // 解析文本节点
39          node = parseText(context)
40        }
41
42        // 将节点添加到 nodes 数组中
43        nodes.push(node)
44      }
45
46      // 当 while 循环停止后，说明子节点解析完毕，返回子节点
47      return nodes
48    }
```

上面这段代码完整地描述了图 16-6 所示的状态迁移过程，这里有几点需要注意。

- parseChildren 函数的返回值是由子节点组成的数组，每次 while 循环都会解析一个或多个节点，这些节点会被添加到 nodes 数组中，并作为 parseChildren 函数的返回值返回。
- 解析过程中需要判断当前的文本模式。根据表 16-1 可知，只有处于 DATA 模式或 RCDATA 模式时，解析器才支持插值节点的解析。并且，只有处于 DATA 模式时，解析器才支持标签节点、注释节点和 CDATA 节点的解析。

- 在 16.1 节中我们介绍过，当遇到特定标签时，解析器会切换模式。一旦解析器切换到 DATA 模式和 RCDATA 模式之外的模式时，一切字符都将作为文本节点被解析。当然，即使在 DATA 模式或 RCDATA 模式下，如果无法匹配标签节点、注释节点、CDATA 节点、插值节点，那么也会作为文本节点解析。

除了上述三点内容外，你可能对这段代码仍然有疑问，其中之一是 while 循环何时停止？以及 isEnd() 函数的用途是什么？这里我们给出简单的解释，parseChildren 函数是用来解析子节点的，因此 while 循环一定要遇到父级节点的结束标签才会停止，这是正常的思路。但这个思路存在一些问题，不过我们这里暂时将其忽略，后文会详细讨论。

我们可以通过一个例子来更加直观地了解 parseChildren 函数，以及其他解析函数在解析模板时的工作职责和工作流程。以下面的模板为例：

```
01  const template = `<div>
02    <p>Text1</p>
03    <p>Text2</p>
04  </div>`
```

这里需要强调的是，在解析模板时，我们不能忽略空白字符。这些空白字符包括：换行符（\n）、回车符（\r）、空格（' '）、制表符（\t）以及换页符（\f）。如果我们用加号（+）代表换行符，用减号（-）代表空格字符。那么上面的模板可以表示为：

```
01  const template = `<div>+--<p>Text1</p>+--<p>Text2</p>+</div>`
```

接下来，我们以这段模板作为输入来执行解析过程。

解析器一开始处于 DATA 模式。开始执行解析后，解析器遇到的第一个字符为 <，并且第二个字符能够匹配正则表达式 /a-z/i，所以解析器会进入标签节点状态，并调用 parseElement 函数进行解析。

parseElement 函数会做三件事：解析开始标签，解析子节点，解析结束标签。可以用下面的伪代码来表达 parseElement 函数所做的事情：

```
01  function parseElement() {
02    // 解析开始标签
03    const element = parseTag()
04    // 这里递归地调用 parseChildren 函数进行 <div> 标签子节点的解析
05    element.children = parseChildren()
06    // 解析结束标签
07    parseEndTag()
08
09    return element
10  }
```

如果一个标签不是自闭合标签，则可以认为，一个完整的标签元素是由开始标签、子节点和结束标签这三部分构成的。因此，在 parseElement 函数内，我们分别调用三个解析函数来处理这三部分内容。以上述模板为例。

- parseTag 解析开始标签。parseTag 函数用于解析开始标签，包括开始标签上的属性和指令。因此，在 parseTag 解析函数执行完毕后，会消费字符串中的内容 <div>，处理后的模板内容将变为：

```
01    const template = `+--<p>Text1</p>+--<p>Text2</p>+</div>`
```

- 递归地调用 parseChildren 函数解析子节点。parseElement 函数在解析开始标签时，会产生一个标签节点 element。在 parseElement 函数执行完毕后，剩下的模板内容应该作为 element 的子节点被解析，即 element.children。因此，我们要递归地调用 parseChildren 函数。在这个过程中，parseChildren 函数会消费字符串的内容：+--<p>Text1</p>+--<p>Text2</p>+。处理后的模板内容将变为：

```
01    const template = `</div>`
```

- parseEndTag 处理结束标签。可以看到，在经过 parseChildren 函数处理后，模板内容只剩下一个结束标签了。因此，只需要调用 parseEndTag 解析函数来消费它即可。

经过上述三个步骤的处理后，这段模板就被解析完毕了，最终得到了模板 AST。但这里值得注意的是，为了解析标签的子节点，我们递归地调用了 parseChildren 函数。这意味着，一个新的状态机开始运行了，我们称其为“状态机 2”。“状态机 2”所处理的模板内容为：

```
01    const template = `+--<p>Text1</p>+--<p>Text2</p>+`
```

接下来，我们继续分析“状态机 2”的状态迁移流程。在“状态机 2”开始运行时，模板的第一个字符是换行符（字符 + 代表换行符）。因此，解析器会进入文本节点状态，并调用 parseText 函数完成文本节点的解析。parseText 函数会将下一个 < 字符之前的所有字符都视作文本节点的内容。换句话说，parseText 函数会消费模板内容 +--，并产生一个文本节点。在 parseText 解析函数执行完毕后，剩下的模板内容为：

```
01    const template = `<p>Text1</p>+--<p>Text2</p>+`
```

接着，parseChildren 函数继续执行。此时模板的第一个字符为 <，并且下一个字符能够匹配正则 /a-z/i。于是解析器再次进入 parseElement 解析函数的执行阶段，这会消费模板内容 <p>Text1</p>。在这一步过后，剩下的模板内容为：

```
01    const template = `+--<p>Text2</p>+`
```

可以看到，此时模板的第一个字符是换行符，于是调用 parseText 函数消费模板内容 +--。现在，模板中剩下的内容是：

```
01  const template = `<p>Text2</p>+`
```

解析器会再次调用 parseElement 函数处理标签节点。在这之后，剩下的模板内容为：

```
01  const template = `+`
```

可以看到，现在模板内容只剩下一个换行符了。parseChildren 函数会继续执行并调用 parseText 函数消费剩下的内容，并产生一个文本节点。最终，模板被解析完毕，“状态机 2”停止运行。

在“状态机 2”运行期间，为了处理标签节点，我们又调用了两次 parseElement 函数。第一次调用用于处理内容 <p>Text1</p>，第二次调用用于处理内容 <p>Text2</p>。我们知道，parseElement 函数会递归地调用 parseChildren 函数完成子节点的解析，这就意味着解析器会再开启了两个新的状态机。

通过上述例子我们能够认识到，parseChildren 解析函数是整个状态机的核心，状态迁移操作都在该函数内完成。在 parseChildren 函数运行过程中，为了处理标签节点，会调用 parseElement 解析函数，这会间接地调用 parseChildren 函数，并产生一个新的状态机。随着标签嵌套层次的增加，新的状态机会随着 parseChildren 函数被递归地调用而不断创建，这就是“递归下降”中“递归”二字的含义。而上级 parseChildren 函数的调用用于构造上级模板 AST 节点，被递归调用的下级 parseChildren 函数则用于构造下级模板 AST 节点。最终，会构造出一棵树型结构的模板 AST，这就是“递归下降”中“下降”二字的含义。

16.3　状态机的开启与停止

在上一节中，我们讨论了递归下降算法的含义。我们知道，parseChildren 函数本质上是一个状态机，它会开启一个 while 循环使得状态机自动运行，如下面的代码所示：

```
01  function parseChildren(context, ancestors) {
02    let nodes = []
03
04    const { mode } = context
05    // 运行状态机
06    while(!isEnd(context, ancestors)) {
07      // 省略部分代码
08    }
09
10    return nodes
11  }
```

这里的问题在于，状态机何时停止呢？换句话说，while 循环应该何时停止运行呢？这涉及 isEnd() 函数的判断逻辑。为了搞清楚这个问题，我们需要模拟状态机的运行过程。

我们知道，在调用 parseElement 函数解析标签节点时，会递归地调用 parseChildren 函数，从而开启新的状态机，如图 16-7 所示。

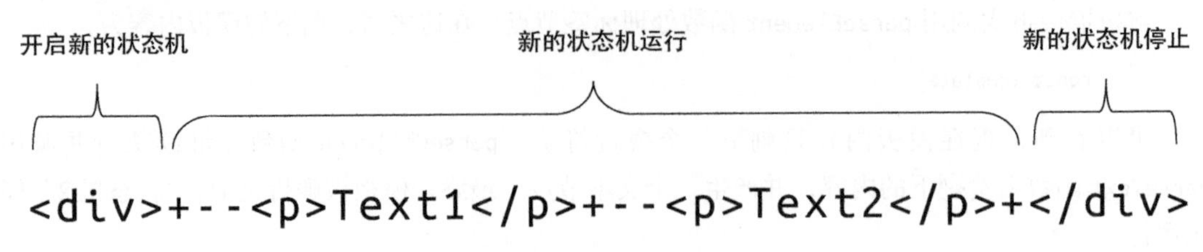

图 16-7　开启新的状态机

为了便于描述，我们可以把图 16-7 中所示的新的状态机称为"状态机 1"。"状态机 1"开始运行，继续解析模板，直到遇到下一个 <p> 标签，如图 16-8 所示。

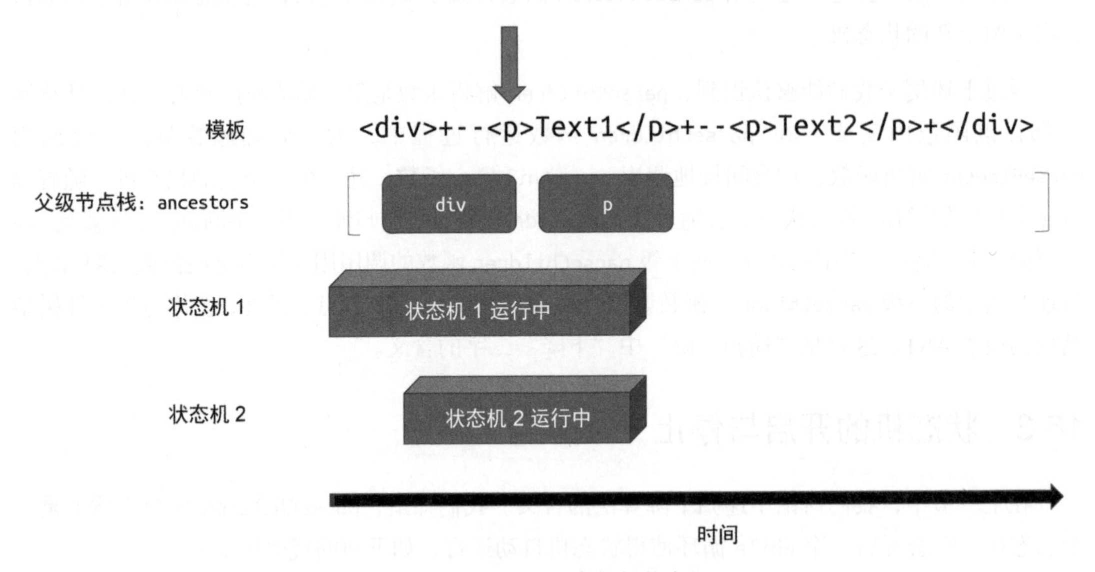

图 16-8　递归地开启新的状态机

因为遇到了 <p> 标签，所以"状态机 1"也会调用 parseElement 函数进行解析。于是又重复了上述过程，即把当前解析的标签节点压入父级节点栈，然后递归地调用 parseChildren 函数开启新的状态机，即"状态机 2"。可以看到，此时有两个状态机在同时运行。

此时"状态机 2"拥有程序的执行权，它持续解析模板直到遇到结束标签 </p>。因为这是一个结束标签，并且在父级节点栈中存在与该结束标签同名的标签节点，所以"状态机 2"会停止运行，并弹出父级节点栈中处于栈顶的节点，如图 16-9 所示。

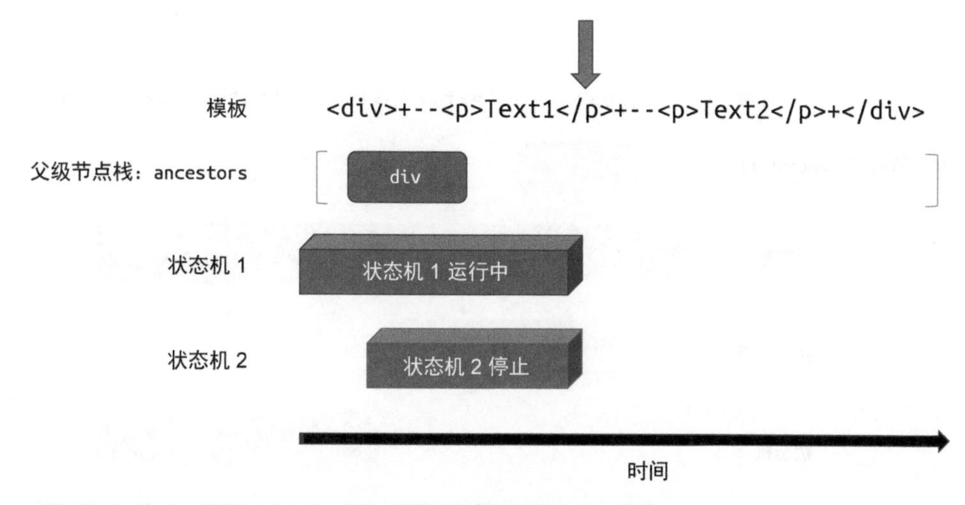

图 16-9　状态机 2 停止运行

此时“状态机 2”已经停止运行了，但“状态机 1”仍在运行中，于是会继续解析模板，直到遇到下一个 <p> 标签。这时“状态机 1”会再次调用 parseElement 函数解析标签节点，因此又会执行压栈并开启新的“状态机 3”，如图 16-10 所示。

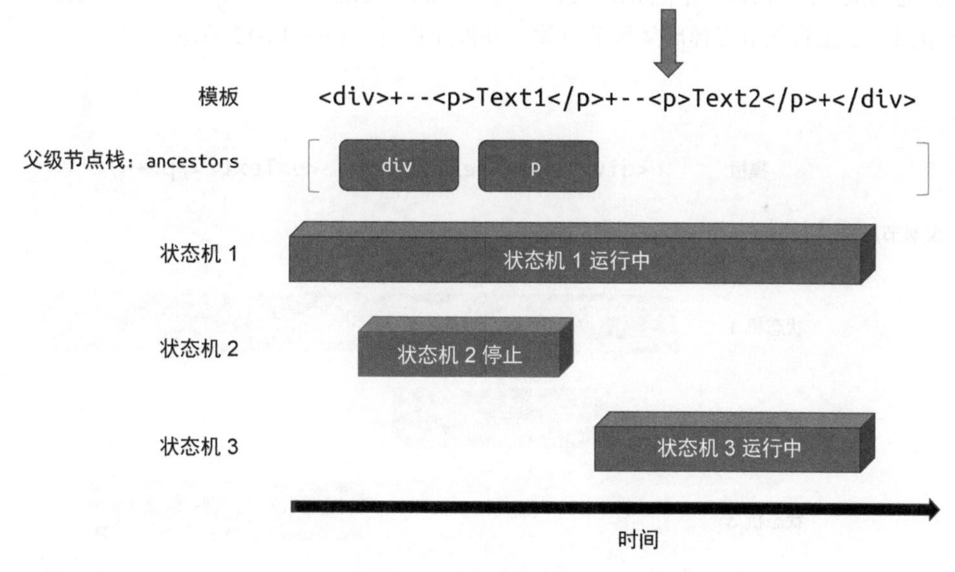

图 16-10　开启状态机 3

此时“状态机 3”拥有程序的执行权，它会继续解析模板，直到遇到结束标签 </p>。因为这是一个结束标签，并且在父级节点栈中存在与该结束标签同名的标签节点，所以“状态机 3”会停止运行，并弹出父级节点栈中处于栈顶的节点，如图 16-11 所示。

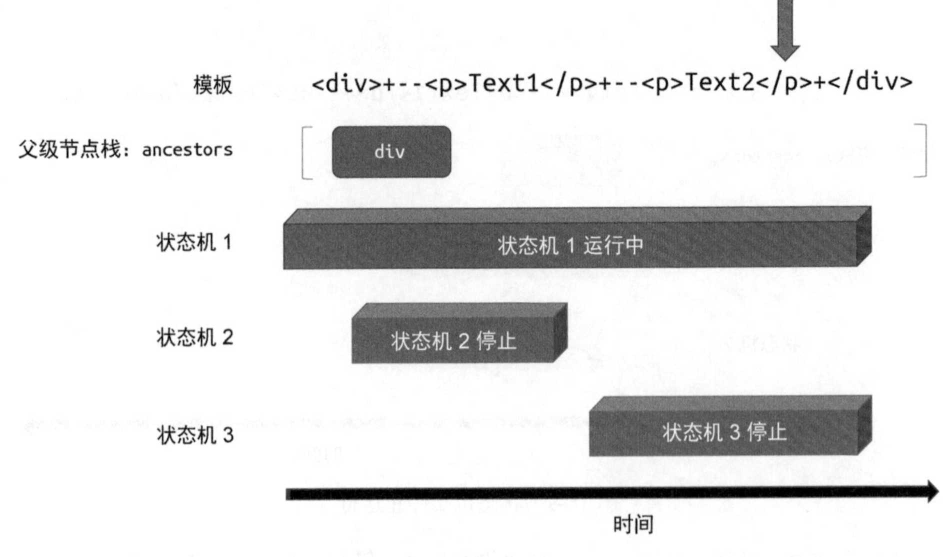

图 16-11　状态机 3 停止运行

当"状态机 3"停止运行后，程序的执行权交还给"状态机 1"。"状态机 1"会继续解析模板，直到遇到最后的 </div> 结束标签。这时"状态机 1"发现父级节点栈中存在与结束标签同名的标签节点，于是将该节点弹出父级节点栈，并停止运行，如图 16-12 所示。

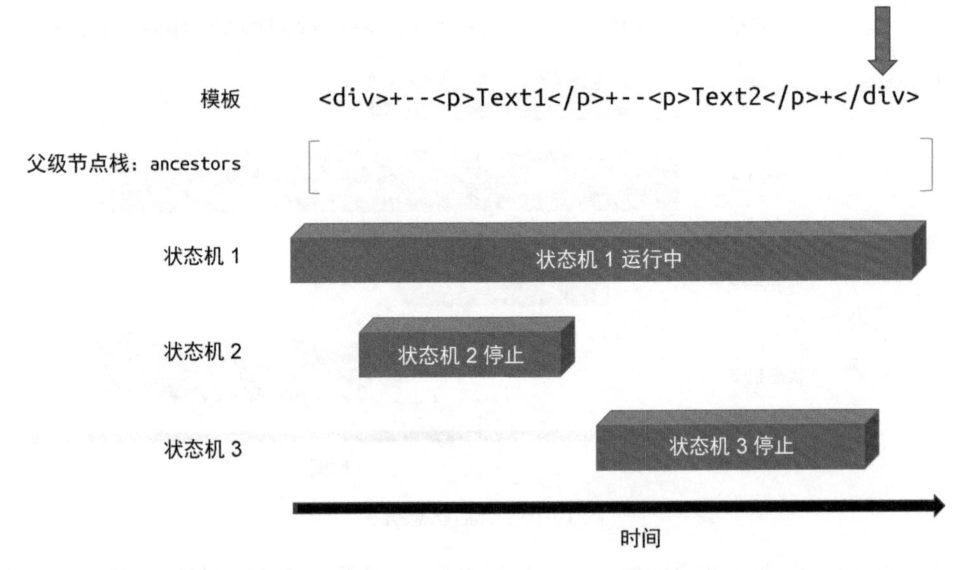

图 16-12　状态机 1 停止

这时父级节点栈为空，状态机全部停止运行，模板解析完毕。

通过上面的描述，我们能够清晰地认识到，解析器会在何时开启新的状态机，以及状态机会在何时停止。结论是：**当解析器遇到开始标签时，会将该标签压入父级节点栈，同时开启新的状态机。当解析器遇到结束标签，并且父级节点栈中存在与该标签同名的开始标签节点时，会停止当前正在运行的状态机**。根据上述规则，我们可以给出 `isEnd` 函数的逻辑，如下面的代码所示：

```
01  function isEnd(context, ancestors) {
02    // 当模板内容解析完毕后，停止
03    if (!context.source) return true
04    // 获取父级标签节点
05    const parent = ancestors[ancestors.length - 1]
06    // 如果遇到结束标签，并且该标签与父级标签节点同名，则停止
07    if (parent && context.source.startsWith(`</${parent.tag}`)) {
08      return true
09    }
10  }
```

上面这段代码展示了状态机的停止时机，具体如下：

- 第一个停止时机是当模板内容被解析完毕时；
- 第二个停止时机则是在遇到结束标签时，这时解析器会取得父级节点栈栈顶的节点作为父节点，检查该结束标签是否与父节点的标签同名，如果相同，则状态机停止运行。

这里需要注意的是，在第二个停止时机中，我们直接比较结束标签的名称与栈顶节点的标签名称。这么做的确可行，但严格来讲是有瑕疵的。例如下面的模板所示：

```
01  <div><span></div></span>
```

观察上述模板，它存在一个明显的问题，你能发现吗？实际上，这段模板有两种解释方式，图 16-13 给出了第一种。

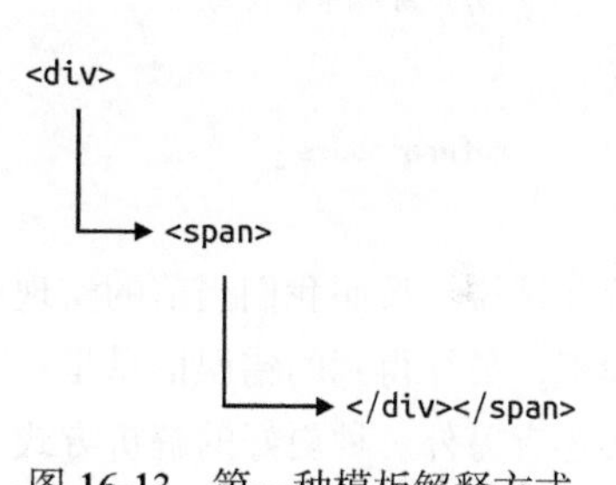

图 16-13 第一种模板解释方式

如图 16-13 所示，这种解释方式的流程如下。

- “状态机 1”遇到 `<div>` 开始标签，调用 `parseElement` 解析函数，这会开启“状态机 2”来完成子节点的解析。
- “状态机 2”遇到 `<span>` 开始标签，调用 `parseElement` 解析函数，这会开启“状态机 3”来完成子节点的解析。
- “状态机 3”遇到 `</div>` 结束标签。由于此时父级节点栈栈顶的节点名称是 `span`，并不是 `div`，所以“状态机 3”不会停止运行。这时，“状态机 3”遭遇了不符合预期的状态，因为结束标签 `</div>` 缺少与之对应的开始标签，所以这时“状态机 3”会抛出错误：“无效的结束标签”。

上述流程的思路与我们当前的实现相符，状态机会遭遇不符合预期的状态。下面 parseChildren 函数的代码能够体现这一点：

```
01 function parseChildren(context, ancestors) {
02   let nodes = []
03 
04   const { mode } = context
05 
06   while(!isEnd(context, ancestors)) {
07     let node
08 
09     if (mode === TextModes.DATA || mode === TextModes.RCDATA) {
10       if (mode === TextModes.DATA && context.source[0] === '<') {
11         if (context.source[1] === '!') {
12           // 省略部分代码
13         } else if (context.source[1] === '/') {
14           // 状态机遭遇了闭合标签，此时应该抛出错误，因为它缺少与之对应的开始标签
15           console.error('无效的结束标签')
16           continue
17         } else if (/[a-z]/i.test(context.source[1])) {
18           // 省略部分代码
19         }
20       } else if (context.source.startsWith('{{')) {
21           // 省略部分代码
22       }
23     }
24     // 省略部分代码
25   }
26 
27   return nodes
28 }
```

换句话说，按照我们当前的实现思路来解析上述例子中的模板，最终得到的错误信息是：“无效的结束标签”。但其实还有另外一种更好的解析方式。观察上例中给出的模板，其中存在一段完整的内容，如图 16-14 所示。

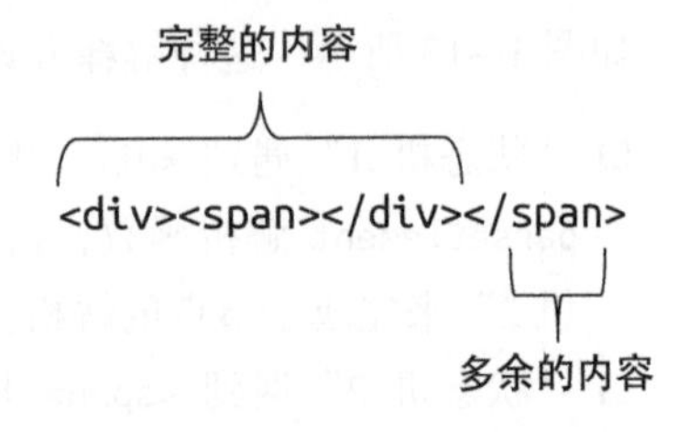

图 16-14 第二种模板解释方式

从图 16-14 中可以看到，模板中存在一段完整的内容，我们希望解析器可以正常对其进行解析，这很可能也是符合用户意图的。但实际上，无论哪一种解释方式，对程序的影响都不大。两者的区别体现在错误处理上。对于第一种解释方式，我们得到的错误信息是：“无效的结束标签”。而对于第二种解释方式，在“完整的内容”部分被解析完毕后，解析器就会打印错误信息：“<span> 标签缺少闭合标签”。很显然，第二种解释方式更加合理。

为了实现第二种解释方式，我们需要调整 isEnd 函数的逻辑。当判断状态机是否应该停止时，

我们不应该总是与栈顶的父级节点做比较，而是应该与整个父级节点栈中的所有节点做比较。只要父级节点栈中存在与当前遇到的结束标签同名的节点，就停止状态机，如下面的代码所示：

```
01  function isEnd(context, ancestors) {
02    if (!context.source) return true
03
04    // 与父级节点栈内所有节点做比较
05    for (let i = ancestors.length - 1; i >= 0; --i) {
06      // 只要栈中存在与当前结束标签同名的节点，就停止状态机
07      if (context.source.startsWith(`</${ancestors[i].tag}`)) {
08        return true
09      }
10    }
11  }
```

按照新的思路再次对如下模板执行解析：

```
01  <div><span></div></span>
```

其流程如下。

- “状态机 1”遇到 <div> 开始标签，调用 parseElement 解析函数，并开启“状态机 2”解析子节点。
- “状态机 2”遇到 <span> 开始标签，调用 parseElement 解析函数，并开启“状态机 3”解析子节点。
- “状态机 3”遇到 </div> 结束标签，由于节点栈中存在名为 div 的标签节点，于是“状态机 3”停止了。

在这个过程中，“状态机 2”在调用 parseElement 解析函数时，parseElement 函数能够发现 <span> 缺少闭合标签，于是会打印错误信息“<span> 标签缺少闭合标签”，如下面的代码所示：

```
01  function parseElement(context, ancestors) {
02    const element = parseTag(context)
03    if (element.isSelfClosing) return element
04
05    ancestors.push(element)
06    element.children = parseChildren(context, ancestors)
07    ancestors.pop()
08
09    if (context.source.startsWith(`</${element.tag}`)) {
10      parseTag(context, 'end')
11    } else {
12      // 缺少闭合标签
13      console.error(`${element.tag} 标签缺少闭合标签`)
14    }
15
16    return element
17  }
```

16.4 解析标签节点

在上一节给出的 parseElement 函数的实现中，无论是解析开始标签还是闭合标签，我们都调用了 parseTag 函数。同时，我们使用 parseChildren 函数来解析开始标签与闭合标签中间的部分，如下面的代码及注释所示：

```
01  function parseElement(context, ancestors) {
02    // 调用 parseTag 函数解析开始标签
03    const element = parseTag(context)
04    if (element.isSelfClosing) return element
05
06    ancestors.push(element)
07    element.children = parseChildren(context, ancestors)
08    ancestors.pop()
09
10    if (context.source.startsWith(`</${element.tag}`)) {
11      // 再次调用 parseTag 函数解析结束标签，传递了第二个参数：'end'
12      parseTag(context, 'end')
13    } else {
14      console.error(`${element.tag} 标签缺少闭合标签`)
15    }
16
17    return element
18  }
```

标签节点的整个解析过程如图 16-15 所示。

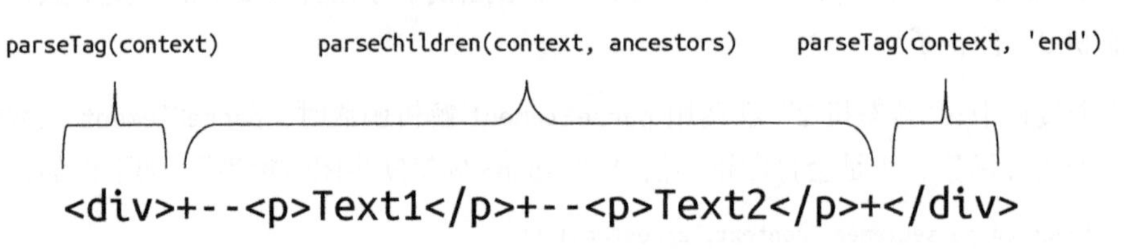

图 16-15　解析标签节点的过程

这里需要注意的是，由于开始标签与结束标签的格式非常类似，所以我们统一使用 parseTag 函数处理，并通过该函数的第二个参数来指定具体的处理类型。当第二个参数值为字符串 'end' 时，意味着解析的是结束标签。另外，无论处理的是开始标签还是结束标签，parseTag 函数都会消费对应的内容。为了实现对模板内容的消费，我们需要在上下文对象中新增两个工具函数，如下面的代码所示：

```
01  function parse(str) {
02    // 上下文对象
03    const context = {
04      // 模板内容
05      source: str,
06      mode: TextModes.DATA,
07      // advanceBy 函数用来消费指定数量的字符，它接收一个数字作为参数
```

```
08      advanceBy(num) {
09        // 根据给定字符数 num，截取位置 num 后的模板内容，并替换当前模板内容
10        context.source = context.source.slice(num)
11      },
12      // 无论是开始标签还是结束标签，都可能存在无用的空白字符，例如 <div    >
13      advanceSpaces() {
14        // 匹配空白字符
15        const match = /^[\t\r\n\f ]+/.exec(context.source)
16        if (match) {
17          // 调用 advanceBy 函数消费空白字符
18          context.advanceBy(match[0].length)
19        }
20      }
21    }
22
23    const nodes = parseChildren(context, [])
24
25    return {
26      type: 'Root',
27      children: nodes
28    }
29  }
```

在上面这段代码中，我们为上下文对象增加了 advanceBy 函数和 advanceSpaces 函数。其中 advanceBy 函数用来消费指定数量的字符。其实现原理很简单，即调用字符串的 slice 函数，根据指定位置截取剩余字符串，并使用截取后的结果作为新的模板内容。advanceSpaces 函数则用来消费无用的空白字符，因为标签中可能存在空白字符，例如在模板 <div----> 中减号（-）代表空白字符。

有了 advanceBy 和 advanceSpaces 函数后，我们就可以给出 parseTag 函数的实现了，如下面的代码所示：

```
01  // 由于 parseTag 既用来处理开始标签，也用来处理结束标签，因此我们设计第二个参数 type，
02  // 用来代表当前处理的是开始标签还是结束标签，type 的默认值为 'start'，即默认作为开始标签处理
03  function parseTag(context, type = 'start') {
04    // 从上下文对象中拿到 advanceBy 函数
05    const { advanceBy, advanceSpaces } = context
06
07    // 处理开始标签和结束标签的正则表达式不同
08    const match = type === 'start'
09      // 匹配开始标签
10      ? /^<([a-z][^\t\r\n\f />]*)/i.exec(context.source)
11      // 匹配结束标签
12      : /^<\/([a-z][^\t\r\n\f />]*)/i.exec(context.source)
13    // 匹配成功后，正则表达式的第一个捕获组的值就是标签名称
14    const tag = match[1]
15    // 消费正则表达式匹配的全部内容，例如 '<div' 这段内容
16    advanceBy(match[0].length)
17    // 消费标签中无用的空白字符
18    advanceSpaces()
19
```

```
20    // 在消费匹配的内容后，如果字符串以 '/>' 开头，则说明这是一个自闭合标签
21    const isSelfClosing = context.source.startsWith('/>')
22    // 如果是自闭合标签，则消费 '/>'， 否则消费 '>'
23    advanceBy(isSelfClosing ? 2 : 1)
24
25    // 返回标签节点
26    return {
27      type: 'Element',
28      // 标签名称
29      tag,
30      // 标签的属性暂时留空
31      props: [],
32      // 子节点留空
33      children: [],
34      // 是否自闭合
35      isSelfClosing
36    }
37  }
```

上面这段代码有两个关键点。

- 由于 parseTag 函数既用于解析开始标签，又用于解析结束标签，因此需要用一个参数来标识当前处理的标签类型，即 type。
- 对于开始标签和结束标签，用于匹配它们的正则表达式只有一点不同：结束标签是以字符串 </ 开头的。图 16-16 给出了用于匹配开始标签的正则表达式的含义。

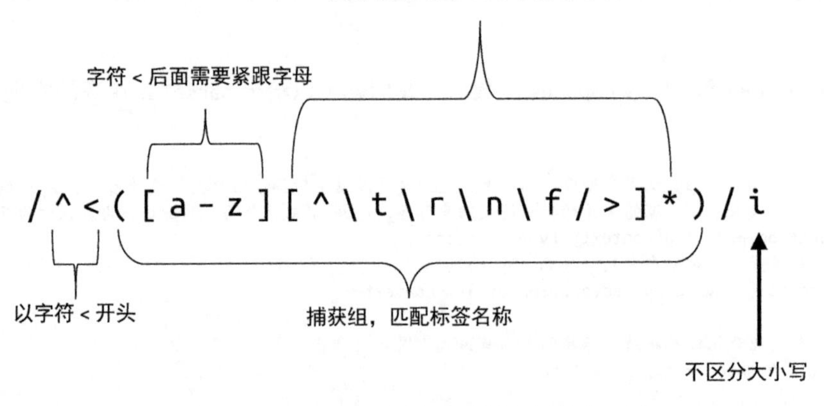

图 16-16　用于匹配开始标签和结束标签的正则

下面给出了几个使用图 16-16 所示的正则来匹配开始标签的例子。

- 对于字符串 '<div>'，会匹配出字符串 '<div'，剩余 '>'。
- 对于字符串 '<div/>'，会匹配出字符串 '<div'，剩余 '/>'。
- 对于字符串 '<div---->'，其中减号（-）代表空白符，会匹配出字符串 '<div'，剩余 '---->'。

另外，图 16-16 中所示的正则拥有一个捕获组，它用来捕获标签名称。

除了正则表达式外，parseTag 函数的另外几个关键点如下。

- 在完成正则匹配后，需要调用 advanceBy 函数消费由正则匹配的全部内容。
- 根据上面给出的第三个正则匹配例子可知，由于标签中可能存在无用的空白字符，例如 <div---->，因此我们需要调用 advanceSpaces 函数消费空白字符。
- 在消费由正则匹配的内容后，需要检查剩余模板内容是否以字符串 /> 开头。如果是，则说明当前解析的是一个自闭合标签，这时需要将标签节点的 isSelfClosing 属性设置为 true。
- 最后，判断标签是否自闭合。如果是，则调用 advnaceBy 函数消费内容 />，否则只需要消费内容 > 即可。

在经过上述处理后，parseTag 函数会返回一个标签节点。parseElement 函数在得到由 parseTag 函数产生的标签节点后，需要根据节点的类型完成文本模式的切换，如下面的代码所示：

```
01  function parseElement(context, ancestors) {
02    const element = parseTag(context)
03    if (element.isSelfClosing) return element
04
05    // 切换到正确的文本模式
06    if (element.tag === 'textarea' || element.tag === 'title') {
07      // 如果由 parseTag 解析得到的标签是 <textarea> 或 <title>，则切换到 RCDATA 模式
08      context.mode = TextModes.RCDATA
09    } else if (/style|xmp|iframe|noembed|noframes|noscript/.test(element.tag)) {
10      // 如果由 parseTag 解析得到的标签是：
11      // <style>、<xmp>、<iframe>、<noembed>、<noframes>、<noscript>
12      // 则切换到 RAWTEXT 模式
13      context.mode = TextModes.RAWTEXT
14    } else {
15      // 否则切换到 DATA 模式
16      context.mode = TextModes.DATA
17    }
18
19    ancestors.push(element)
20    element.children = parseChildren(context, ancestors)
21    ancestors.pop()
22
23    if (context.source.startsWith(`</${element.tag}`)) {
24      parseTag(context, 'end')
25    } else {
26      console.error(`${element.tag} 标签缺少闭合标签`)
27    }
28
29    return element
30  }
```

至此，我们就实现了对标签节点的解析。但是目前的实现忽略了节点中的属性和指令，下一节将会讲解。

16.5 解析属性

上一节中介绍的 parseTag 解析函数会消费整个开始标签，这意味着该函数需要有能力处理开始标签中存在属性与指令，例如：

```
01 <div id="foo" v-show="display"/>
```

上面这段模板中的 div 标签存在一个 id 属性和一个 v-show 指令。为了处理属性和指令，我们需要在 parseTag 函数中增加 parseAttributes 解析函数，如下面的代码所示：

```
01 function parseTag(context, type = 'start') {
02   const { advanceBy, advanceSpaces } = context
03
04   const match = type === 'start'
05     ? /^<([a-z][^\t\r\n\f />]*)/i.exec(context.source)
06     : /^<\/([a-z][^\t\r\n\f />]*)/i.exec(context.source)
07   const tag = match[1]
08
09   advanceBy(match[0].length)
10   advanceSpaces()
11   // 调用 parseAttributes 函数完成属性与指令的解析，并得到 props 数组，
12   // props 数组是由指令节点与属性节点共同组成的数组
13   const props = parseAttributes(context)
14
15   const isSelfClosing = context.source.startsWith('/>')
16   advanceBy(isSelfClosing ? 2 : 1)
17
18   return {
19     type: 'Element',
20     tag,
21     props, // 将 props 数组添加到标签节点上
22     children: [],
23     isSelfClosing
24   }
25 }
```

上面这段代码的关键点之一是，我们需要在消费标签的“开始部分”和无用的空白字符之后，再调用 parseAttribute 函数。举个例子，假设标签的内容如下：

```
01 <div id="foo" v-show="display" >
```

标签的“开始部分”指的是字符串 <div，所以当消耗标签的“开始部分”以及无用空白字符后，剩下的内容为：

```
01 id="foo" v-show="display" >
```

上面这段内容才是 parseAttributes 函数要处理的内容。由于该函数只用来解析属性和指令，因此它会不断地消费上面这段模板内容，直到遇到标签的“结束部分”为止。其中，结束部分指的是字符 > 或者字符串 />。据此我们可以给出 parseAttributes 函数的整体框架，如下面的代码

所示：

```
01 function parseAttributes(context) {
02   // 用来存储解析过程中产生的属性节点和指令节点
03   const props = []
04
05   // 开启 while 循环，不断地消费模板内容，直至遇到标签的“结束部分”为止
06   while (
07     !context.source.startsWith('>') &&
08     !context.source.startsWith('/>')
09   ) {
10     // 解析属性或指令
11   }
12   // 将解析结果返回
13   return props
14 }
```

实际上，parseAttributes 函数消费模板内容的过程，就是不断地解析属性名称、等于号、属性值的过程，如图 16-17 所示。

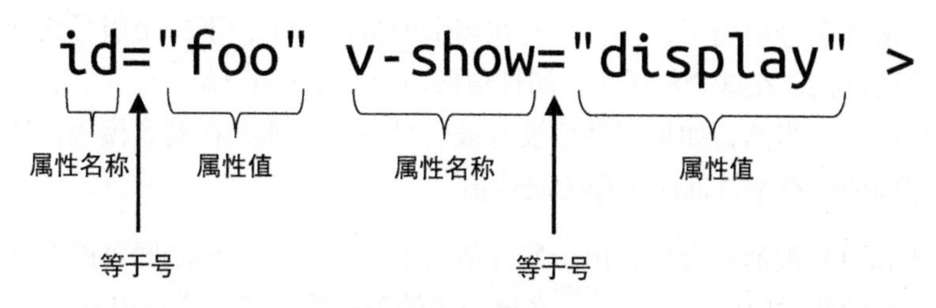

图 16-17　属性的格式

parseAttributes 函数会按照从左到右的顺序不断地消费字符串。以图 16-17 为例，该函数的解析过程如下。

- 首先，解析出第一个属性的名称 id，并消费字符串 'id'。此时剩余模板内容为：

```
01 ="foo" v-show="display" >
```

  在解析属性名称时，除了要消费属性名称之外，还要消费属性名称后面可能存在的空白字符。如下面这段模板中，属性名称和等于号之间存在空白字符：

```
01 id  =  "foo" v-show="display" >
```

  但无论如何，在属性名称解析完毕之后，模板剩余内容一定是以等于号开头的，即

```
01 =  "foo" v-show="display" >
```

  如果消费属性名称之后，模板内容不以等于号开头，则说明模板内容不合法，我们可以选择性地抛出错误。

- 接着，我们需要消费等于号字符。由于等于号和属性值之间也可能存在空白字符，所以我们也需要消费对应的空白字符。在这一步操作过后，模板的剩余内容如下：

```
01    "foo" v-show="display" >
```

- 接下来，到了处理属性值的环节。模板中的属性值存在三种情况。
  - 属性值被双引号包裹：id="foo"。
  - 属性值被单引号包裹：id='foo'。
  - 属性值没有引号包裹：id=foo。

  按照上述例子，此时模板的内容一定以双引号（"）开头。因此我们可以通过检查当前模板内容是否以引号开头来确定属性值是否被引用。如果属性值被引号引用，则消费引号。此时模板的剩余内容为：

```
01    foo" v-show="display" >
```

  既然属性值被引号引用了，就意味着在剩余模板内容中，下一个引号之前的内容都应该被解析为属性值。在这个例子中，属性值的内容是字符串 foo。于是，我们消费属性值及其后面的引号。当然，如果属性值没有被引号引用，那么在剩余模板内容中，下一个空白字符之前的所有字符都应该作为属性值。

  当属性值和引号被消费之后，由于属性值与下一个属性名称之间可能存在空白字符，所以我们还要消费对应的空白字符。在这一步处理过后，剩余模板内容为：

```
01    v-show="display" >
```

  可以看到，经过上述操作之后，第一个属性就处理完毕了。

- 此时模板中还剩下一个指令，我们只需重新执行上述步骤，即可完成 v-show 指令的解析。当 v-show 指令解析完毕后，将会遇到标签的“结束部分”，即字符 >。这时，parseAttributes 函数中的 while 循环将会停止，完成属性和指令的解析。

下面的 parseAttributes 函数给出了上述逻辑的具体实现：

```
01    function parseAttributes(context) {
02      const { advanceBy, advanceSpaces } = context
03      const props = []
04
05      while (
06        !context.source.startsWith('>') &&
07        !context.source.startsWith('/>')
08      ) {
09        // 该正则用于匹配属性名称
10        const match = /^[^\t\r\n\f />][^\t\r\n\f />=]*/.exec(context.source)
11        // 得到属性名称
12        const name = match[0]
```

```
13
14       // 消费属性名称
15       advanceBy(name.length)
16       // 消费属性名称与等于号之间的空白字符
17       advanceSpaces()
18       // 消费等于号
19       advanceBy(1)
20       // 消费等于号与属性值之间的空白字符
21       advanceSpaces()
22
23       // 属性值
24       let value = ''
25
26       // 获取当前模板内容的第一个字符
27       const quote = context.source[0]
28       // 判断属性值是否被引号引用
29       const isQuoted = quote === '"' || quote === "'"
30
31       if (isQuoted) {
32         // 属性值被引号引用，消费引号
33         advanceBy(1)
34         // 获取下一个引号的索引
35         const endQuoteIndex = context.source.indexOf(quote)
36         if (endQuoteIndex > -1) {
37           // 获取下一个引号之前的内容作为属性值
38           value = context.source.slice(0, endQuoteIndex)
39           // 消费属性值
40           advanceBy(value.length)
41           // 消费引号
42           advanceBy(1)
43         } else {
44           // 缺少引号错误
45           console.error('缺少引号')
46         }
47       } else {
48         // 代码运行到这里，说明属性值没有被引号引用
49         // 下一个空白字符之前的内容全部作为属性值
50         const match = /^[^\t\r\n\f >]+/.exec(context.source)
51         // 获取属性值
52         value = match[0]
53         // 消费属性值
54         advanceBy(value.length)
55       }
56       // 消费属性值后面的空白字符
57       advanceSpaces()
58
59       // 使用属性名称 + 属性值创建一个属性节点，添加到 props 数组中
60       props.push({
61         type: 'Attribute',
62         name,
63         value
64       })
65
66     }
67     // 返回
68     return props
69   }
```

在上面这段代码中，有两个重要的正则表达式：

- ❑ `/^[^\t\r\n\f />][^\t\r\n\f />=]*/`，用来匹配属性名称；
- ❑ `/^[^\t\r\n\f >]+/`，用来匹配没有使用引号引用的属性值。

我们分别来看看这两个正则表达式是如何工作的。图 16-18 给出了用于匹配属性名称的正则表达式的匹配原理。

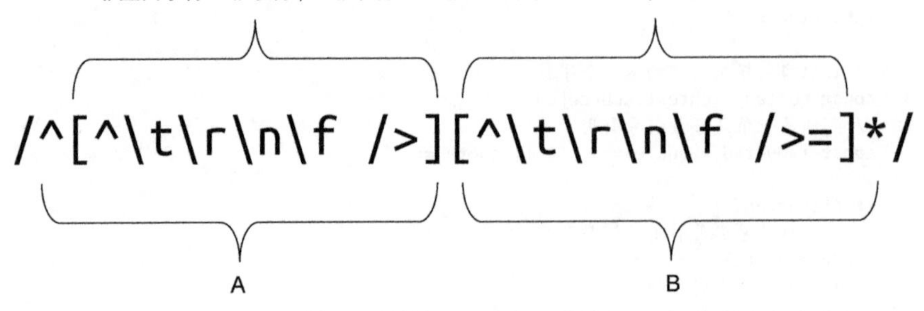

图 16-18　用于匹配属性的正则

如图 16-18 所示，我们可以将这个正则表达式分为 A、B 两个部分来看。

- ❑ 部分 A 用于匹配一个位置，这个位置不能是空白字符，也不能是字符 / 或字符 >，并且字符串要以该位置开头。
- ❑ 部分 B 则用于匹配 0 个或多个位置，这些位置不能是空白字符，也不能是字符 /、>、=。注意，这些位置不允许出现等于号（=）字符，这就实现了只匹配等于号之前的内容，即属性名称。

图 16-19 给出了第二个正则表达式的匹配原理。

图 16-19　第二个正则表达式的匹配原理

该正则表达式从字符串的开始位置进行匹配，并且会匹配一个或多个非空白字符、非字符 >。换句话说，该正则表达式会一直对字符串进行匹配，直到遇到空白字符或字符 > 为止，这就实现了属性值的提取。

配合 parseAttributes 函数，假设给出如下模板：

```
01 <div id="foo" v-show="display"></div>
```

解析上面这段模板，将会得到如下 AST：

```
01 const ast = {
02   type: 'Root',
03   children: [
04     {
05       type: 'Element'
06       tag: 'div',
07       props: [
08         // 属性
09         { type: 'Attribute', name: 'id', value: 'foo' },
10         { type: 'Attribute', name: 'v-show', value: 'display' }
11       ]
12     }
13   ]
14 }
```

可以看到，在 div 标签节点的 props 属性中，包含两个类型为 Attribute 的节点，这两个节点就是 parseAttributes 函数的解析结果。

我们可以增加更多在 Vue.js 中常见的属性和指令进行测试，如以下模板所示：

```
01 <div :id="dynamicId" @click="handler" v-on:mousedown="onMouseDown" ></div>
```

上面这段模板经过解析后，得到如下 AST：

```
01 const ast = {
02   type: 'Root',
03   children: [
04     {
05       type: 'Element'
06       tag: 'div',
07       props: [
08         // 属性
09         { type: 'Attribute', name: ':id', value: 'dynamicId' },
10         { type: 'Attribute', name: '@click', value: 'handler' },
11         { type: 'Attribute', name: 'v-on:mousedown', value: 'onMouseDown' }
12       ]
13     }
14   ]
15 }
```

可以看到，在类型为 Attribute 的属性节点中，其 name 字段完整地保留着模板中编写的属性名称。我们可以对属性名称做进一步的分析，从而得到更具体的信息。例如，属性名称以字符 @ 开头，则认为它是一个 v-on 指令绑定。我们甚至可以把以 v- 开头的属性看作指令绑定，从而为它赋予不同的节点类型，例如：

```
01  // 指令，类型为 Directive
02  { type: 'Directive', name: 'v-on:mousedown', value: 'onMouseDown' }
03  { type: 'Directive', name: '@click', value: 'handler' }
04  // 普通属性
05  { type: 'Attribute', name: 'id', value: 'foo' }
```

不仅如此，为了得到更加具体的信息，我们甚至可以进一步分析指令节点的数据，也可以设计更多语法规则，这完全取决于框架设计者在语法层面的设计，以及为框架赋予的能力。

16.6　解析文本与解码 HTML 实体

16.6.1　解析文本

本节我们将讨论文本节点的解析。给出如下模板：

```
01  const template = '<div>Text</div>'
```

解析器在解析上面这段模板时，会先经过 parseTag 函数的处理，这会消费标签的开始部分 '<div>'。处理完毕后，剩余模板内容为：

```
01  const template = 'Text</div>'
```

紧接着，解析器会调用 parseChildren 函数，开启一个新的状态机来处理这段模板。我们来回顾一下状态机的状态迁移过程，如图 16-20 所示。

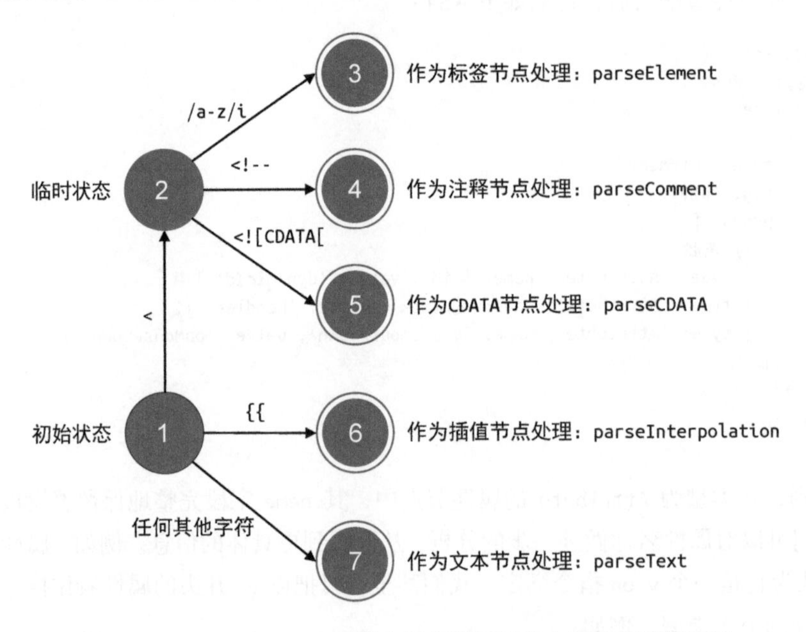

图 16-20　parseChildren 函数在解析模板过程中的状态迁移过程

状态机始于“状态 1”。在“状态 1”下，读取模板的第一个字符 T，由于该字符既不是字符 <，也不是插值定界符 {{，因此状态机会进入“状态 7”，即调用 parseText 函数处理文本内容。此时解析器会在模板中寻找下一个 < 字符或插值定界符 {{ 的位置索引，记为索引 I。然后，解析器会从模板的头部到索引 I 的位置截取内容，这段截取出来的字符串将作为文本节点的内容。以下面的模板内容为例：

```
01 const template = 'Text</div>'
```

parseText 函数会尝试在这段模板内容中找到第一个出现的字符 < 的位置索引。在这个例子中，字符 < 的索引值为 4。然后，parseText 函数会截取介于索引 [0, 4) 的内容作为文本内容。在这个例子中，文本内容就是字符串 'Text'。

假设模板中存在插值，如下面的模板所示：

```
01 const template = 'Text-{{ val }}</div>'
```

在处理这段模板时，parseText 函数会找到第一个插值定界符 {{ 出现的位置索引。在这个例子中，定界符的索引为 5。于是，parseText 函数会截取介于索引 [0, 5) 的内容作为文本内容。在这个例子中，文本内容就是字符串 'Text-'。

下面的 parseText 函数给出了具体实现：

```
01 function parseText(context) {
02   // endIndex 为文本内容的结尾索引，默认将整个模板剩余内容都作为文本内容
03   let endIndex = context.source.length
04   // 寻找字符 < 的位置索引
05   const ltIndex = context.source.indexOf('<')
06   // 寻找定界符 {{ 的位置索引
07   const delimiterIndex = context.source.indexOf('{{')
08 
09   // 取 ltIndex 和当前 endIndex 中较小的一个作为新的结尾索引
10   if (ltIndex > -1 && ltIndex < endIndex) {
11     endIndex = ltIndex
12   }
13   // 取 delimiterIndex 和当前 endIndex 中较小的一个作为新的结尾索引
14   if (delimiterIndex > -1 && delimiterIndex < endIndex) {
15     endIndex = delimiterIndex
16   }
17 
18   // 此时 endIndex 是最终的文本内容的结尾索引，调用 slice 函数截取文本内容
19   const content = context.source.slice(0, endIndex)
20   // 消耗文本内容
21   context.advanceBy(content.length)
22 
23   // 返回文本节点
24   return {
25     // 节点类型
26     type: 'Text',
27     // 文本内容
```

```
28      content
29    }
30  }
```

如上面的代码所示，由于字符 < 与定界符 {{ 的出现顺序是未知的，所以我们需要取两者中较小的一个作为文本截取的终点。有了截取终点后，只需要调用字符串的 slice 函数对字符串进行截取即可，截取出来的内容就是文本节点的文本内容。最后，我们创建一个类型为 Text 的文本节点，将其作为 parseText 函数的返回值。

配合上述 parseText 函数解析如下模板：

```
01  const ast = parse(`<div>Text</div>`)
```

得到如下 AST：

```
01  const ast = {
02    type: 'Root',
03    children: [
04      {
05        type: 'Element',
06        tag: 'div',
07        props: [],
08        isSelfClosing: false,
09        children: [
10          // 文本节点
11          { type: 'Text', content: 'Text' }
12        ]
13      }
14    ]
15  }
```

这样，我们就实现了对文本节点的解析。解析文本节点本身并不复杂，复杂点在于，我们需要对解析后的文本内容进行 HTML 实体的解码工作。为此，我们有必要先了解什么是 HTML 实体。

16.6.2　解码命名字符引用

HTML 实体是一段以字符 & 开始的文本内容。实体用来描述 HTML 中的保留字符和一些难以通过普通键盘输入的字符，以及一些不可见的字符。例如，在 HTML 中，字符 < 具有特殊含义，如果希望以普通文本的方式来显示字符 <，需要通过实体来表达：

```
01  <div>A&lt;B</div>
```

其中字符串 < 就是一个 HTML 实体，用来表示字符 <。如果我们不用 HTML 实体，而是直接使用字符 <，那么将会产生非法的 HTML 内容：

```
01  <div>A<B</div>
```

这会导致浏览器的解析结果不符合预期。

HTML 实体总是以字符 & 开头，以字符 ; 结尾。在 Web 诞生的初期，HTML 实体的数量较少，因此允许省略其中的尾分号。但随着 HTML 字符集越来越大，HTML 实体出现了包含的情况，例如 < 和 <cc 都是合法的实体，如果不加分号，浏览器将无法区分它们。因此，WHATWG 规范中明确规定，如果不为实体加分号，将会产生解析错误。但考虑到历史原因（互联网上存在大量省略分号的情况），现代浏览器都能够解析早期规范中定义的那些可以省略分号的 HTML 实体。

HTML 实体有两类，一类叫作**命名字符引用**（named character reference），也叫**命名实体**（named entity），顾名思义，这类实体具有特定的名称，例如上文中的 <。WHATWG 规范中给出了全部的命名字符引用，有 2000 多个，可以通过命名字符引用表查询。下面列出了部分内容：

```
01  // 共 2000+
02  {
03    "GT": ">",
04    "gt": ">",
05    "LT": "<",
06    "lt": "<",
07    // 省略部分代码
08    "awint;": "□",
09    "bcong;": "≌",
10    "bdquo;": "„",
11    "bepsi;": "϶",
12    "blank;": "␣",
13    "blk12;": "▒",
14    "blk14;": "░",
15    "blk34;": "▓",
16    "block;": "█",
17    "boxDL;": "╗",
18    "boxDl;": "╖",
19    "boxdL;": "╕",
20    // 省略部分代码
21  }
```

除了命名字符引用之外，还有一类字符引用没有特定的名称，只能用数字表示，这类实体叫作**数字字符引用**（numeric character reference）。与命名字符引用不同，数字字符引用以字符串 &# 开头，比命名字符引用的开头部分多出了字符 #，例如 <。实际上，< 对应的字符也是 <，换句话说， < 与 < 是等价的。数字字符引用既可以用十进制来表示，也可以使用十六进制来表示。例如，十进制数字 60 对应的十六进制值为 3c，因此实体 < 也可以表示为 <。可以看到，当使用十六进制数表示实体时，需要以字符串 &#x 开头。

理解了 HTML 实体后，我们再来讨论为什么 Vue.js 模板的解析器要对文本节点中的 HTML 实体进行解码。为了理解这个问题，我们需要先明白一个大前提：在 Vue.js 模板中，文本节点所包含的 HTML 实体不会被浏览器解析。这是因为模板中的文本节点最终将通过如 el.textContent

等文本操作方法设置到页面，而通过 el.textContent 设置的文本内容是不会经过 HTML 实体解码的，例如：

```
01  el.textContent = '&lt;'
```

最终 el 的文本内容将会原封不动地呈现为字符串 '<'，而不会呈现字符 <。这就意味着，如果用户在 Vue.js 模板中编写了 HTML 实体，而模板解析器不对其进行解码，那么最终渲染到页面的内容将不符合用户的预期。因此，我们应该在解析阶段对文本节点中存在的 HTML 实体进行解码。

模板解析器的解码行为应该与浏览器的行为一致。因此，我们应该按照 WHATWG 规范实现解码逻辑。规范中明确定义了解码 HTML 实体时状态机的状态迁移流程。图 16-21 给出了简化版的状态迁移流程，我们会在后文中对其进行补充。

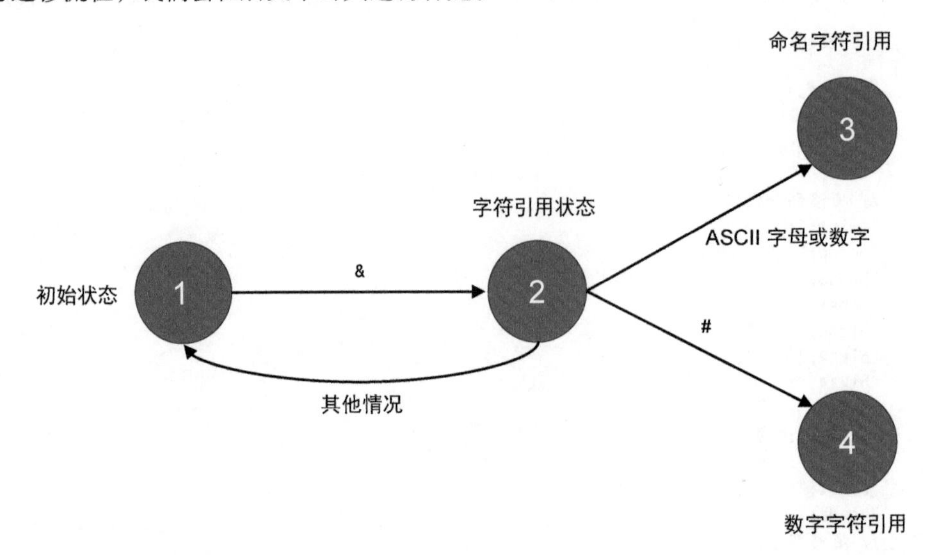

图 16-21　解析字符引用的状态机

假定状态机当前处于初始的 DATA 模式。由图 16-21 可知，当解析器遇到字符 & 时，会进入“字符引用状态”，并消费字符 &，接着解析下一个字符。如果下一个字符是 ASCII 字母或数字（ASCII alphanumeric），则进入“命名字符引用状态”，其中 ASCII 字母或数字指的是 0~9 这十个数字以及字符集合 a~z 再加上字符集合 A~Z。当然，如果下一个字符是 #，则进入“数字字符引用状态”。

一旦状态机进入命名字符引用状态，解析器将会执行比较复杂的匹配流程。我们通过几个例子来直观地感受一下这个过程。假设文本内容为：

```
01  a&ltb
```

上面这段文本会被解析为：

```
01  a<b
```

为什么会得到这样的解析结果呢？接下来，我们分析整个解析过程。

- 首先，当解析器遇到字符 & 时，会进入字符引用状态。接着，解析下一个字符 l，这会使得解析器进入命名字符引用状态，并在命名字符引用表（后文简称“引用表”）中查找以字符 l 开头的项。由于引用表中存在诸多以字符 l 开头的项，例如 lt、lg、le 等，因此解析器认为此时是“匹配”的。
- 于是开始解析下一个字符 t，并尝试去引用表中查找以 lt 开头的项。由于引用表中也存在多个以 lt 开头的项，例如 lt、ltcc;、ltri; 等，因此解析器认为此时也是“匹配”的。
- 于是又开始解析下一个字符 b，并尝试去引用表中查找以 ltb 开头的项，结果发现引用表中不存在符合条件的项，至此匹配结束。

当匹配结束时，解析器会检查最后一个匹配的字符。如果该字符是分号（;），则会产生一个合法的匹配，并渲染对应字符。但在上例中，最后一个匹配的字符是字符 t，并不是分号（;），因此会产生一个解析错误，但由于历史原因，浏览器仍然能够解析它。在这种情况下，浏览器的解析规则是：最短原则。其中“最短”指的是命名字符引用的名称最短。举个例子，假设文本内容为：

```
01  a&ltcc;
```

我们知道 ⪦ 是一个合法的命名字符引用，因此上述文本会被渲染为：a⊲。但如果去掉上述文本中的分号，即

```
01  a&ltcc
```

解析器在处理这段文本中的实体时，最后匹配的字符将不再是分号，而是字符 c。按照“最短原则”，解析器只会渲染名称更短的字符引用。在字符串 <cc 中，< 的名称要短于 <cc，因此最终会将 < 作为合法的字符引用来渲染，而字符串 cc 将作为普通字符来渲染。所以上面的文本最终会被渲染为：a<cc。

需要说明的是，上述解析过程仅限于不用作属性值的普通文本。换句话说，用作属性值的文本会有不同的解析规则。举例来说，给出如下 HTML 文本：

```
01  <a href="foo.com?a=1&lt=2">foo.com?a=1&lt=2</a>
```

可以看到，a 标签的 href 属性值与它的文本子节点具有同样的内容，但它们被解析之后的结果不同。其中属性值中出现的 < 将原封不动地展示，而文本子节点中出现的 < 将会被解析为字符 <。这也是符合期望的，很明显，<=2 将构成链接中的查询参数，如果将其中的 < 解码为字符 <，将会破坏用户的 URL。实际上，WHATWG 规范中对此也有完整的定义，出于历史原因的考虑，对于属性值中的字符引用，如果最后一个匹配的字符不是分号，并且该匹配的字符的

下一个字符是等于号、ASCII 字母或数字，那么该匹配项将作为普通文本被解析。

明白了原理，我们就着手实现。我们面临的第一个问题是，如何处理省略分号的情况？关于字符引用中的分号，我们可以总结如下。

- 当存在分号时：执行完整匹配。
- 当省略分号时：执行最短匹配。

为此，我们需要精心设计命名字符引用表。由于命名字符引用的数量非常多，因此这里我们只取其中一部分作为命名字符引用表的内容，如下面的代码所示：

```
01  const namedCharacterReferences = {
02    "gt": ">",
03    "gt;": ">",
04    "lt": "<",
05    "lt;": "<",
06    "ltcc;": "⪦"
07  }
```

上面这张表是经过精心设计的。观察 namedCharacterReferences 对象可以发现，相同的字符对应的实体会有多个，即带分号的版本和不带分号的版本，例如 "gt" 和 "gt;"。另外一些实体则只有带分号的版本，因为这些实体不允许省略分号，例如 "ltcc;"。我们可以根据这张表来实现实体的解码逻辑。假设我们有如下文本内容：

```
01  a&ltccbbb
```

在解码这段文本时，我们首先根据字符 & 将文本分为两部分。

- 一部分是普通文本：a。
- 另一部分则是：<ccbbb。

对于普通文本部分，由于它不需要被解码，因此索引原封不动地保留。而对于可能是字符引用的部分，执行解码工作。

- 第一步：计算出命名字符引用表中实体名称的最大长度。由于在 namedCharacterReferences 对象中，名称最长的实体是 ltcc;，它具有 5 个字符，因此最大长度是 5。
- 第二步：根据最大长度截取字符串 ltccbbb，即 'ltccbbb'.slice(0, 5)，最终结果是：'ltccb'
- 第三步：用截取后的字符串 'ltccb' 作为键去命名字符引用表中查询对应的值，即解码。由于引用表 namedCharacterReferences 中不存在键值为 'ltccb' 的项，因此不匹配。
- 第四步：当发现不匹配时，我们将最大长度减 1，并重新执行第二步，直到找到匹配项为止。在上面这个例子中，最终的匹配项将会是 'lt'。因此，上述文本最终会被解码为：

```
01  a<ccbbb
```

这样，我们就实现了当字符引用省略分号时按照“最短原则”进行解码。

下面的 decodeHtml 函数给出了具体实现：

```
01  // 第一个参数为要被解码的文本内容
02  // 第二个参数是一个布尔值，代表文本内容是否作为属性值
03  function decodeHtml(rawText, asAttr = false) {
04    let offset = 0
05    const end = rawText.length
06    // 经过解码后的文本将作为返回值被返回
07    let decodedText = ''
08    // 引用表中实体名称的最大长度
09    let maxCRNameLength = 0
10
11    // advance 函数用于消费指定长度的文本
12    function advance(length) {
13      offset += length
14      rawText = rawText.slice(length)
15    }
16
17    // 消费字符串，直到处理完毕为止
18    while (offset < end) {
19      // 用于匹配字符引用的开始部分，如果匹配成功，那么 head[0] 的值将有三种可能：
20      // 1. head[0] === '&'，这说明该字符引用是命名字符引用
21      // 2. head[0] === '&#'，这说明该字符引用是用十进制表示的数字字符引用
22      // 3. head[0] === '&#x'，这说明该字符引用是用十六进制表示的数字字符引用
23      const head = /&(?:#x?)?/i.exec(rawText)
24      // 如果没有匹配，说明已经没有需要解码的内容了
25      if (!head) {
26        // 计算剩余内容的长度
27        const remaining = end - offset
28        // 将剩余内容加到 decodedText 上
29        decodedText += rawText.slice(0, remaining)
30        // 消费剩余内容
31        advance(remaining)
32        break
33      }
34
35      // head.index 为匹配的字符 & 在 rawText 中的位置索引
36      // 截取字符 & 之前的内容加到 decodedText 上
37      decodedText += rawText.slice(0, head.index)
38      // 消费字符 & 之前的内容
39      advance(head.index)
40
41      // 如果满足条件，则说明是命名字符引用，否则为数字字符引用
42      if (head[0] === '&') {
43        let name = ''
44        let value
45        // 字符 & 的下一个字符必须是 ASCII 字母或数字，这样才是合法的命名字符引用
46        if (/[0-9a-z]/i.test(rawText[1])) {
47          // 根据引用表计算实体名称的最大长度，
48          if (!maxCRNameLength) {
49            maxCRNameLength = Object.keys(namedCharacterReferences).reduce(
50              (max, name) => Math.max(max, name.length),
```

```
51              0
52            )
53          }
54          // 从最大长度开始对文本进行截取，并试图去引用表中找到对应的项
55          for (let length = maxCRNameLength; !value && length > 0; --length) {
56            // 截取字符 & 到最大长度之间的字符作为实体名称
57            name = rawText.substr(1, length)
58            // 使用实体名称去索引表中查找对应项的值
59            value = (namedCharacterReferences)[name]
60          }
61          // 如果找到了对应项的值，说明解码成功
62          if (value) {
63            // 检查实体名称的最后一个匹配字符是否是分号
64            const semi = name.endsWith(';')
65            // 如果解码的文本作为属性值，最后一个匹配的字符不是分号，
66            // 并且最后一个匹配字符的下一个字符是等于号 (=)、ASCII 字母或数字，
67            // 由于历史原因，将字符 & 和实体名称 name 作为普通文本
68            if (
69              asAttr &&
70              !semi &&
71              /[=a-z0-9]/i.test(rawText[name.length + 1] || '')
72            ) {
73              decodedText += '&' + name
74              advance(1 + name.length)
75            } else {
76              // 其他情况下，正常使用解码后的内容拼接到 decodedText 上
77              decodedText += value
78              advance(1 + name.length)
79            }
80          } else {
81            // 如果没有找到对应的值，说明解码失败
82            decodedText += '&' + name
83            advance(1 + name.length)
84          }
85        } else {
86          // 如果字符 & 的下一个字符不是 ASCII 字母或数字，则将字符 & 作为普通文本
87          decodedText += '&'
88          advance(1)
89        }
90      }
91    }
92    return decodedText
93  }
```

有了 decodeHtml 函数之后，我们就可以在解析文本节点时通过它对文本内容进行解码：

```
01  function parseText(context) {
02    // 省略部分代码
03
04    return {
05      type: 'Text',
06      content: decodeHtml(content) // 调用 decodeHtml 函数解码内容
07    }
08  }
```

16.6.3 解码数字字符引用

在上一节中，我们使用下面的正则表达式来匹配一个文本中字符引用的开始部分：

```
01 const head = /&(?:#x?)?/i.exec(rawText)
```

我们可以根据该正则的匹配结果，来判断字符引用的类型。

- 如果 head[0] === '&'，则说明匹配的是命名字符引用。
- 如果 head[0] === '&#'，则说明匹配的是以十进制表示的数字字符引用。
- 如果 head[0] === '&#x'，则说明匹配的是以十六进制表示的数字字符引用。

数字字符引用的格式是：前缀 + Unicode 码点。解码数字字符引用的关键在于，如何提取字符引用中的 Unicode 码点。考虑到数字字符引用的前缀可以是以十进制表示（&#），也可以是以十六进制表示（&#x），所以我们使用下面的代码来完成码点的提取：

```
01 // 判断是以十进制表示还是以十六进制表示
02 const hex = head[0] === '&#x'
03 // 根据不同进制表示法，选用不同的正则
04 const pattern = hex ? /^&#x([0-9a-f]+);?/i : /^&#([0-9]+);?/
05 // 最终，body[1] 的值就是 Unicode 码点
06 const body = pattern.exec(rawText)
```

有了 Unicode 码点之后，只需要调用 String.fromCodePoint 函数即可将其解码为对应的字符：

```
01 if (body) {
02   // 根据对应的进制，将码点字符串转换为数字
03   const cp = parseInt(body[1], hex ? 16 : 10)
04   // 解码
05   const char = String.fromCodePoint(cp)
06 }
```

不过，在真正进行解码前，需要对码点的值进行合法性检查。WHATWG 规范中对此也有明确的定义。

- 如果码点值为 0x00，即十进制的数字 0，它在 Unicode 中代表空字符（NULL），这将是一个解析错误，解析器会将码点值替换为 0xFFFD。
- 如果码点值大于 0x10FFFF（0x10FFFF 为 Unicode 的最大值），这也是一个解析错误，解析器会将码点值替换为 0xFFFD。
- 如果码点值处于**代理对**（surrogate pair）范围内，这也是一个解析错误，解析器会将码点值替换为 0xFFFD，其中 surrogate pair 是预留给 UTF-16 的码位，其范围是：[0xD800, 0xDFFF]。
- 如果码点值是 noncharacter，这也是一个解析错误，但什么都不需要做。这里的 noncharacter 代表 Unicode 永久保留的码点，用于 Unicode 内部，它的取值范围是：[0xFDD0, 0xFDEF]，还包括：0xFFFE、0xFFFF、0x1FFFE、0x1FFFF、0x2FFFE、0x2FFFF、0x3FFFE、0x3FFFF、

0x4FFFE、0x4FFFF、0x5FFFE、0x5FFFF、0x6FFFE、0x6FFFF、0x7FFFE、0x7FFFF、0x8FFFE、0x8FFFF、0x9FFFE、0x9FFFF、0xAFFFE、0xAFFFF、0xBFFFE、0xBFFFF、0xCFFFE、0xCFFFF、0xDFFFE、0xDFFFF、0xEFFFE、0xEFFFF、0xFFFFE、0xFFFFF、0x10FFFE、0x10FFFF。

- 如果码点值对应的字符是回车符（0x0D），或者码点值为**控制字符集**（control character）中的非 ASCII 空白符（ASCII whitespace），则是一个解析错误。这时需要将码点作为索引，在下表中查找对应的替换码点：

```
01  const CCR_REPLACEMENTS = {
02    0x80: 0x20ac,
03    0x82: 0x201a,
04    0x83: 0x0192,
05    0x84: 0x201e,
06    0x85: 0x2026,
07    0x86: 0x2020,
08    0x87: 0x2021,
09    0x88: 0x02c6,
10    0x89: 0x2030,
11    0x8a: 0x0160,
12    0x8b: 0x2039,
13    0x8c: 0x0152,
14    0x8e: 0x017d,
15    0x91: 0x2018,
16    0x92: 0x2019,
17    0x93: 0x201c,
18    0x94: 0x201d,
19    0x95: 0x2022,
20    0x96: 0x2013,
21    0x97: 0x2014,
22    0x98: 0x02dc,
23    0x99: 0x2122,
24    0x9a: 0x0161,
25    0x9b: 0x203a,
26    0x9c: 0x0153,
27    0x9e: 0x017e,
28    0x9f: 0x0178
29  }
```

  如果存在对应的替换码点，则渲染该替换码点对应的字符，否则直接渲染原码点对应的字符。

上述关于码点合法性检查的具体实现如下：

```
01  if (body) {
02    // 根据对应的进制，将码点字符串转换为数字
03    const cp = parseInt(body[1], hex ? 16 : 10)
04    // 检查码点的合法性
05    if (cp === 0) {
06      // 如果码点值为 0x00，替换为 0xfffd
07      cp = 0xfffd
```

```
08     } else if (cp > 0x10ffff) {
09       // 如果码点值超过 Unicode 的最大值，替换为 0xfffd
10       cp = 0xfffd
11     } else if (cp >= 0xd800 && cp <= 0xdfff) {
12       // 如果码点值处于 surrogate pair 范围内，替换为 0xfffd
13       cp = 0xfffd
14     } else if ((cp >= 0xfdd0 && cp <= 0xfdef) || (cp & 0xfffe) === 0xfffe) {
15       // 如果码点值处于 noncharacter 范围内，则什么都不做，交给平台处理
16       // noop
17     } else if (
18       // 控制字符集的范围是：[0x01, 0x1f] 加上 [0x7f, 0x9f]
19       // 去掉 ASICC 空白符：0x09(TAB)、0x0A(LF)、0x0C(FF)
20       // 0x0D(CR) 虽然也是 ASICC 空白符，但需要包含
21       (cp >= 0x01 && cp <= 0x08) ||
22       cp === 0x0b ||
23       (cp >= 0x0d && cp <= 0x1f) ||
24       (cp >= 0x7f && cp <= 0x9f)
25     ) {
26       // 在 CCR_REPLACEMENTS 表中查找替换码点，如果找不到，则使用原码点
27       cp = CCR_REPLACEMENTS[cp] || cp
28     }
29     // 最后进行解码
30     const char = String.fromCodePoint(cp)
31   }
```

在上面这段代码中，我们完整地还原了码点合法性检查的逻辑，它有如下几个关键点。

- 其中**控制字符集**（control character）的码点范围是：`[0x01, 0x1f]` 和 `[0x7f, 0x9f]`。这个码点范围包含了 ASCII 空白符：`0x09(TAB)`、`0x0A(LF)`、`0x0C(FF)` 和 `0x0D(CR)`，但 WHATWG 规范中要求包含 `0x0D(CR)`。
- 码点 `0xfffd` 对应的符号是 �。你一定在出现“乱码”的情况下见过这个字符，它是 Unicode 中的替换字符，通常表示在解码过程中出现“错误”，例如使用了错误的解码方式等。

最后，我们将上述代码整合到 decodeHtml 函数中，这样就实现一个完善的 HTML 文本解码函数：

```
01   function decodeHtml(rawText, asAttr = false) {
02     // 省略部分代码
03
04     // 消费字符串，直到处理完毕为止
05     while (offset < end) {
06       // 省略部分代码
07
08       // 如果满足条件，则说明是命名字符引用，否则为数字字符引用
09       if (head[0] === '&') {
10         // 省略部分代码
11       } else {
```

```
12        // 判断是十进制表示还是十六进制表示
13        const hex = head[0] === '&#x'
14        // 根据不同进制表示法，选用不同的正则
15        const pattern = hex ? /^&#x([0-9a-f]+);?/i : /^&#([0-9]+);?/
16        // 最终，body[1] 的值就是 Unicode 码点
17        const body = pattern.exec(rawText)
18
19        // 如果匹配成功，则调用 String.fromCodePoint 函数进行解码
20        if (body) {
21          // 根据对应的进制，将码点字符串转换为数字
22          const cp = Number.parseInt(body[1], hex ? 16 : 10)
23          // 码点的合法性检查
24          if (cp === 0) {
25            // 如果码点值为 0x00，替换为 0xfffd
26            cp = 0xfffd
27          } else if (cp > 0x10ffff) {
28            // 如果码点值超过 Unicode 的最大值，替换为 0xfffd
29            cp = 0xfffd
30          } else if (cp >= 0xd800 && cp <= 0xdfff) {
31            // 如果码点值处于 surrogate pair 范围内，替换为 0xfffd
32            cp = 0xfffd
33          } else if ((cp >= 0xfdd0 && cp <= 0xfdef) || (cp & 0xfffe) === 0xfffe) {
34            // 如果码点值处于 noncharacter 范围内，则什么都不做，交给平台处理
35            // noop
36          } else if (
37            // 控制字符集的范围是：[0x01, 0x1f] 加上 [0x7f, 0x9f]
38            // 去掉 ASICC 空白符：0x09(TAB)、0x0A(LF)、0x0C(FF)
39            // 0x0D(CR) 虽然也是 ASICC 空白符，但需要包含
40            (cp >= 0x01 && cp <= 0x08) ||
41            cp === 0x0b ||
42            (cp >= 0x0d && cp <= 0x1f) ||
43            (cp >= 0x7f && cp <= 0x9f)
44          ) {
45            // 在 CCR_REPLACEMENTS 表中查找替换码点，如果找不到，则使用原码点
46            cp = CCR_REPLACEMENTS[cp] || cp
47          }
48          // 解码后追加到 decodedText 上
49          decodedText += String.fromCodePoint(cp)
50          // 消费整个数字字符引用的内容
51          advance(body[0].length)
52        } else {
53          // 如果没有匹配，则不进行解码操作，只是把 head[0] 追加到 decodedText 上并消费
54          decodedText += head[0]
55          advance(head[0].length)
56        }
57      }
58    }
59    return decodedText
60  }
```

16.7 解析插值与注释

文本插值是 Vue.js 模板中用来渲染动态数据的常用方法：

```
01 {{ count }}
```

默认情况下，插值以字符串 {{ 开头，并以字符串 }} 结尾。我们通常将这两个特殊的字符串称为定界符。定界符中间的内容可以是任意合法的 JavaScript 表达式，例如：

```
01 {{ obj.foo }}
```

或

```
01 {{ obj.fn() }}
```

解析器在遇到文本插值的起始定界符({{)时，会进入文本"插值状态 6"，并调用 parseInterpolation 函数来解析插值内容，如图 16-22 所示。

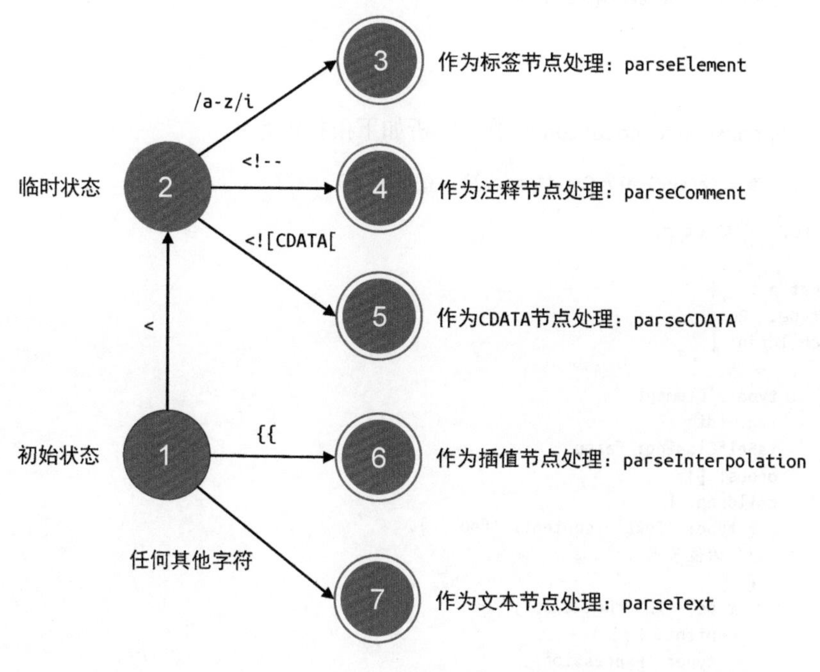

图 16-22 parseChildren 函数在解析模板过程中的状态迁移过程

解析器在解析插值时，只需要将文本插值的开始定界符与结束定界符之间的内容提取出来，作为 JavaScript 表达式即可，具体实现如下：

```
01 function parseInterpolation(context) {
02   // 消费开始定界符
03   context.advanceBy('{{'.length)
```

```
04    // 找到结束定界符的位置索引
05    closeIndex = context.source.indexOf('}}')
06    if (closeIndex < 0) {
07      console.error('插值缺少结束定界符')
08    }
09    // 截取开始定界符与结束定界符之间的内容作为插值表达式
10    const content = context.source.slice(0, closeIndex)
11    // 消费表达式的内容
12    context.advanceBy(content.length)
13    // 消费结束定界符
14    context.advanceBy('}}'.length)
15
16    // 返回类型为 Interpolation 的节点，代表插值节点
17    return {
18      type: 'Interpolation',
19      // 插值节点的 content 是一个类型为 Expression 的表达式节点
20      content: {
21        type: 'Expression',
22        // 表达式节点的内容则是经过 HTML 解码后的插值表达式
23        content: decodeHtml(content)
24      }
25    }
26  }
```

配合上面的 parseInterpolation 函数，解析如下模板内容：

```
01  const ast = parse(`<div>foo {{ bar }} baz</div>`)
```

最终将得到如下 AST：

```
01  const ast = {
02    type: 'Root',
03    children: [
04      {
05        type: 'Element',
06        tag: 'div',
07        isSelfClosing: false,
08        props: [],
09        children: [
10          { type: 'Text', content: 'foo ' },
11          // 插值节点
12          {
13            type: 'Interpolation',
14            content: [
15              type: 'Expression',
16              content: ' bar '
17            ]
18          },
19          { type: 'Text', content: ' baz' }
20        ]
21      }
22    ]
23  }
```

解析注释的思路与解析插值非常相似，如下面的 parseComment 函数所示：

```
01  function parseComment(context) {
02    // 消费注释的开始部分
03    context.advanceBy('<!--'.length)
04    // 找到注释结束部分的位置索引
05    closeIndex = context.source.indexOf('-->')
06    // 截取注释节点的内容
07    const content = context.source.slice(0, closeIndex)
08    // 消费内容
09    context.advanceBy(content.length)
10    // 消费注释的结束部分
11    context.advanceBy('-->'.length)
12    // 返回类型为 Comment 的节点
13    return {
14      type: 'Comment',
15      content
16    }
17  }
```

配合 parseComment 函数，解析如下模板内容：

```
01  const ast = parse(`<div><!-- comments --></div>`)
```

最终得到如下 AST：

```
01  const ast = {
02    type: 'Root',
03    children: [
04      {
05        type: 'Element',
06        tag: 'div',
07        isSelfClosing: false,
08        props: [],
09        children: [
10          { type: 'Comment', content: ' comments ' }
11        ]
12      }
13    ]
14  }
```

16.8 总结

在本章中，我们首先讨论了解析器的文本模式及其对解析器的影响。文本模式指的是解析器在工作时所进入的一些特殊状态，如 RCDATA 模式、CDATA 模式、RAWTEXT 模式，以及初始的 DATA 模式等。在不同模式下，解析器对文本的解析行为会有所不同。

接着，我们讨论了如何使用递归下降算法构造模板 AST。在 parseChildren 函数运行的过程中，为了处理标签节点，会调用 parseElement 解析函数，这会间接地调用 parseChildren 函数，并产生一个新的状态机。随着标签嵌套层次的增加，新的状态机也会随着 `parseChildren` 函数被递归地调用而不断创建，这就是“递归下降”中“递归”二字的含义。而上级 `parseChildren` 函数的调用用于构造上级模板 AST 节点，被递归调用的下级 `parseChildren` 函数则用于构造下级模板 AST 节点。最终会构造出一棵树型结构的模板 AST，这就是“递归下降”中“下降”二字的含义。

在解析模板构建 AST 的过程中，`parseChildren` 函数是核心。每次调用 `parseChildren` 函数，就意味着新状态机的开启。状态机的结束时机有两个。

- 第一个停止时机是当模板内容被解析完毕时。
- 第二个停止时机则是遇到结束标签时，这时解析器会取得父级节点栈栈顶的节点作为父节点，检查该结束标签是否与父节点的标签同名，如果相同，则状态机停止运行。

我们还讨论了文本节点的解析。解析文本节点本身并不复杂，它的复杂点在于，我们需要对解析后的文本内容进行 HTML 实体的解码工作。WHATWG 规范中也定义了解码 HTML 实体过程中的状态迁移流程。HTML 实体类型有两种，分别是命名字符引用和数字字符引用。命名字符引用的解码方案可以总结为两种。

- 当存在分号时：执行完整匹配。
- 当省略分号时：执行最短匹配。

对于数字字符引用，则需要按照 WHATWG 规范中定义的规则逐步实现。

第 17 章

编译优化

编译优化指的是编译器将模板编译为渲染函数的过程中，尽可能多地提取关键信息，并以此指导生成最优代码的过程。编译优化的策略与具体实现是由框架的设计思路所决定的，不同的框架具有不同的设计思路，因此编译优化的策略也不尽相同。但优化的方向基本一致，即尽可能地区分动态内容和静态内容，并针对不同的内容采用不同的优化策略。

17.1 动态节点收集与补丁标志

17.1.1 传统 Diff 算法的问题

我们在第三篇中讲解渲染器的时候，介绍了三种关于传统虚拟 DOM 的 Diff 算法。但无论哪一种 Diff 算法，当它在比对新旧两棵虚拟 DOM 树的时候，总是要按照虚拟 DOM 的层级结构“一层一层”地遍历。举个例子，假设我们有如下模板：

```
01  <div id="foo">
02    <p class="bar">{{ text }}</p>
03  </div>
```

在上面这段模板中，唯一可能变化的就是 p 标签的文本子节点的内容。也就是说，当响应式数据 text 的值发生变化时，最高效的更新方式就是直接设置 p 标签的文本内容。但传统 Diff 算法显然做不到如此高效，当响应式数据 text 发生变化时，会产生一棵新的虚拟 DOM 树，传统 Diff 算法对比新旧两棵虚拟 DOM 树的过程如下。

- 对比 div 节点，以及该节点的属性和子节点。
- 对比 p 节点，以及该节点的属性和子节点。
- 对比 p 节点的文本子节点，如果文本子节点的内容变了，则更新之，否则什么都不做。

可以看到，与直接更新 p 标签的文本内容相比，传统 Diff 算法存在很多无意义的比对操作。如果能够跳过这些无意义的操作，性能将会大幅提升。而这就是 Vue.js 3 编译优化的思路来源。

实际上，模板的结构非常稳定。通过编译手段，我们可以分析出很多关键信息，例如哪些节点是静态的，哪些节点是动态的。结合这些关键信息，编译器可以直接生成原生DOM操作的代码，这样甚至能够抛掉虚拟 DOM，从而避免虚拟 DOM 带来的性能开销。但是，考虑到渲染函数的灵活性，以及 Vue.js 2 的兼容问题，Vue.js 3 最终还是选择了保留虚拟 DOM。这样一来，就必然要面临它所带来的额外性能开销。

那么，为什么虚拟 DOM 会产生额外的性能开销呢？根本原因在于，渲染器在运行时得不到足够的信息。传统 Diff 算法无法利用编译时提取到的任何关键信息，这导致渲染器在运行时不可能去做相关的优化。而 Vue.js 3 的编译器会将编译时得到的关键信息“附着”在它生成的虚拟 DOM 上，这些信息会通过虚拟 DOM 传递给渲染器。最终，渲染器会根据这些关键信息执行“快捷路径”，从而提升运行时的性能。

17.1.2 Block 与 PatchFlags

之所以说传统 Diff 算法无法避免新旧虚拟 DOM 树间无用的比较操作，是因为它在运行时得不到足够的关键信息，从而无法区分动态内容和静态内容。换句话说，只要运行时能够区分动态内容和静态内容，即可实现极致的优化策略。假设我们有如下模板：

```
01  <div>
02    <div>foo</div>
03    <p>{{ bar }}</p>
04  </div>
```

在上面这段模板中，只有 {{ bar }} 是动态的内容。因此，在理想情况下，当响应式数据 bar 的值变化时，只需要更新 p 标签的文本节点即可。为了实现这个目标，我们需要提供更多信息给运行时，这需要我们从虚拟 DOM 的结构入手。来看一下传统的虚拟 DOM 是如何描述上面那段模板的：

```
01  const vnode = {
02    tag: 'div',
03    children: [
04      { tag: 'div', children: 'foo' },
05      { tag: 'p', children: ctx.bar },
06    ]
07  }
```

传统的虚拟 DOM 中没有任何标志能够体现出节点的动态性。但经过编译优化之后，编译器会将它提取到的关键信息“附着”到虚拟 DOM 节点上，如下面的代码所示：

```
01  const vnode = {
02    tag: 'div',
03    children: [
04      { tag: 'div', children: 'foo' },
```

```
05        { tag: 'p', children: ctx.bar, patchFlag: 1 },  // 这是动态节点
06      ]
07    }
```

可以看到，用来描述 p 标签的虚拟节点拥有一个额外的属性，即 patchFlag，它的值是一个数字。只要虚拟节点存在该属性，我们就认为它是一个动态节点。这里的 patchFlag 属性就是所谓的补丁标志。

我们可以把补丁标志理解为一系列数字标记，并根据数字值的不同赋予它不同的含义，示例如下。

- 数字 1：代表节点有动态的 textContent（例如上面模板中的 p 标签）。
- 数字 2：代表元素有动态的 class 绑定。
- 数字 3：代表元素有动态的 style 绑定。
- 数字 4：其他……。

通常，我们会在运行时的代码中定义补丁标志的映射，例如：

```
01    const PatchFlags = {
02      TEXT: 1, // 代表节点有动态的 textContent
03      CLASS: 2, // 代表元素有动态的 class 绑定
04      STYLE: 3
05      // 其他……
06    }
```

有了这项信息，我们就可以在虚拟节点的创建阶段，把它的动态子节点提取出来，并将其存储到该虚拟节点的 dynamicChildren 数组内：

```
01    const vnode = {
02      tag: 'div',
03      children: [
04        { tag: 'div', children: 'foo' },
05        { tag: 'p', children: ctx.bar, patchFlag: PatchFlags.TEXT }  // 这是动态节点
06      ],
07      // 将 children 中的动态节点提取到 dynamicChildren 数组中
08      dynamicChildren: [
09        // p 标签具有 patchFlag 属性，因此它是动态节点
10        { tag: 'p', children: ctx.bar, patchFlag: PatchFlags.TEXT }
11      ]
12    }
```

我们会在下一节中讨论如何提取动态节点。观察上面的 vnode 对象可以发现，与普通虚拟节点相比，它多出了一个额外的 dynamicChildren 属性。我们把带有该属性的虚拟节点称为“块”，即 Block。所以，一个 Block 本质上也是一个虚拟 DOM 节点，只不过它比普通的虚拟节点多出来一个用来存储动态子节点的 dynamicChildren 属性。这里需要注意的是，一个 Block 不仅能够收集它的直接动态子节点，还能够收集所有动态**子代**节点。举个例子，假设我们有如下模板：

```
01  <div>
02    <div>
03      <p>{{ bar }}</p>
04    </div>
05  </div>
```

在这段模板中，p 标签并不是最外层 div 标签的直接子节点，而是它的子代节点。因此，最外层的 div 标签对应的 Block 能够将 p 标签收集到其 dynamicChildren 数组中，如下面的代码所示：

```
01  const vnode = {
02    tag: 'div',
03    children: [
04      {
05        tag: 'div',
06        children: [
07          { tag: 'p', children: ctx.bar, patchFlag: PatchFlags.TEXT }  // 这是动态节点
08        ]
09      },
10    ],
11    dynamicChildren: [
12      // Block 可以收集所有动态子代节点
13      { tag: 'p', children: ctx.bar, patchFlag: PatchFlags.TEXT }
14    ]
15  }
```

有了 Block 这个概念之后，渲染器的更新操作将会以 Block 为维度。也就是说，当渲染器在更新一个 Block 时，会忽略虚拟节点的 children 数组，而是直接找到该虚拟节点的 dynamicChildren 数组，并只更新该数组中的动态节点。这样，在更新时就实现了跳过静态内容，只更新动态内容。同时，由于动态节点中存在对应的补丁标志，所以在更新动态节点的时候，也能够做到靶向更新。例如，当一个动态节点的 patchFlag 值为数字 1 时，我们知道它只存在动态的文本节点，所以只需要更新它的文本内容即可。

既然 Block 的好处这么多，那么什么情况下需要将一个普通的虚拟节点变成 Block 节点呢？实际上，当我们在编写模板代码的时候，所有模板的根节点都会是一个 Block 节点，如下面的代码所示：

```
01  <template>
02    <!-- 这个 div 标签是一个 Block -->
03    <div>
04      <!-- 这个 p 标签不是 Block，因为它不是根节点 -->
05      <p>{{ bar }}</p>
06    </div>
07    <!-- 这个 h1 标签是一个 Block -->
08    <h1>
09      <!-- 这个 span 标签不是 Block，因为它不是根节点 -->
10      <span :id="dynamicId"></span>
11    </h1>
12  </template>
```

实际上，除了模板中的根节点需要作为 Block 角色之外，任何带有 v-for、v-if/v-else-if/v-else 等指令的节点都需要作为 Block 节点，我们会在后续章节中详细讨论。

17.1.3 收集动态节点

在编译器生成的渲染函数代码中，并不会直接包含用来描述虚拟节点的数据结构，而是包含着用来创建虚拟 DOM 节点的辅助函数，如下面的代码所示：

```
01  render() {
02    return createVNode('div', { id: 'foo' }, [
03      createVNode('p', null, 'text')
04    ])
05  }
```

其中 createVNode 函数就是用来创建虚拟 DOM 节点的辅助函数，它的基本实现类似于：

```
01  function createVNode(tag, props, children) {
02    const key = props && props.key
03    props && delete props.key
04
05    return {
06      tag,
07      props,
08      children,
09      key
10    }
11  }
```

可以看到，createVNode 函数的返回值是一个虚拟 DOM 节点。在 createVNode 函数内部，通常还会对 props 和 children 做一些额外的处理工作。

编译器在优化阶段提取的关键信息会影响最终生成的代码，具体体现在用于创建虚拟 DOM 节点的辅助函数上。假设我们有如下模板：

```
01  <div id="foo">
02    <p class="bar">{{ text }}</p>
03  </div>
```

编译器在对这段模板进行编译优化后，会生成带有补丁标志（patch flag）的渲染函数，如下面的代码所示：

```
01  render() {
02    return createVNode('div', { id: 'foo' }, [
03      createVNode('p', { class: 'bar' }, text, PatchFlags.TEXT) // PatchFlags.TEXT 就是补丁标志
04    ])
05  }
```

在上面这段代码中，用于创建 p 标签的 createVNode 函数调用存在第四个参数，即 PatchFlags.TEXT。这个参数就是所谓的补丁标志，它代表当前虚拟 DOM 节点是一个动态节点，并且动态因

素是：具有动态的文本子节点。这样就实现了对动态节点的标记。

下一步我们要思考的是如何将根节点变成一个 Block，以及如何将动态子代节点收集到该 Block 的 dynamicChildren 数组中。这里有一个重要的事实，即在渲染函数内，对 createVNode 函数的调用是层层的嵌套结构，并且该函数的执行顺序是“内层先执行，外层后执行”，如图 17-1 所示。

```
render() {
  return createVNode('div', {}, [
    createVNode('div', {}, [
      createVNode('div', {}, [
        createVNode('div', {}, [
          createVNode('div', {}, [
            // ...
          ])
        ])
      ])
    ])
  ])
}
```


图 17-1　由内向外的执行方式

当外层 createVNode 函数执行时，内层的 createVNode 函数已经执行完毕了。因此，为了让外层 Block 节点能够收集到内层动态节点，就需要一个栈结构的数据来临时存储内层的动态节点，如下面的代码所示：

```
01  // 动态节点栈
02  const dynamicChildrenStack = []
03  // 当前动态节点集合
04  let currentDynamicChildren = null
05  // openBlock 用来创建一个新的动态节点集合，并将该集合压入栈中
06  function openBlock() {
07    dynamicChildrenStack.push((currentDynamicChildren = []))
08  }
09  // closeBlock 用来将通过 openBlock 创建的动态节点集合从栈中弹出
10  function closeBlock() {
11    currentDynamicChildren = dynamicChildrenStack.pop()
12  }
```

接着，我们还需要调整 createVNode 函数，如下面的代码所示：

```
01  function createVNode(tag, props, children, flags) {
02    const key = props && props.key
03    props && delete props.key
04
05    const vnode = {
06      tag,
07      props,
08      children,
09      key,
```

```
10      patchFlags: flags
11    }
12
13    if (typeof flags !== 'undefined' && currentDynamicChildren) {
14      // 动态节点，将其添加到当前动态节点集合中
15      currentDynamicChildren.push(vnode)
16    }
17
18    return vnode
19  }
```

在 createVNode 函数内部，检测节点是否存在补丁标志。如果存在，则说明该节点是动态节点，于是将其添加到当前动态节点集合 currentDynamicChildren 中。

最后，我们需要重新设计渲染函数的执行方式，如下面的代码所示：

```
01  render() {
02    // 1. 使用 createBlock 代替 createVNode 来创建 block
03    // 2. 每当调用 createBlock 之前，先调用 openBlock
04    return (openBlock(), createBlock('div', null, [
05      createVNode('p', { class: 'foo' }, null, 1 /* patch flag */),
06      createVNode('p', { class: 'bar' }, null),
07    ]))
08  }
09
10  function createBlock(tag, props, children) {
11    // block 本质上也是一个 vnode
12    const block = createVNode(tag, props, children)
13    // 将当前动态节点集合作为 block.dynamicChildren
14    block.dynamicChildren = currentDynamicChildren
15
16    // 关闭 block
17    closeBlock()
18    // 返回
19    return block
20  }
```

观察渲染函数内的代码可以发现，我们利用逗号运算符的性质来保证渲染函数的返回值仍然是 VNode 对象。这里的关键点是 createBlock 函数，任何应该作为 Block 角色的虚拟节点，都应该使用该函数来完成虚拟节点的创建。由于 createVNode 函数和 createBlock 函数的执行顺序是从内向外，所以当 createBlock 函数执行时，内层的所有 createVNode 函数已经执行完毕了。这时，currentDynamicChildren 数组中所存储的就是属于当前 Block 的所有动态子代节点。因此，我们只需要将 currentDynamicChildren 数组作为 block.dynamicChildren 属性的值即可。这样，我们就完成了动态节点的收集。

17.1.4 渲染器的运行时支持

现在，我们已经有了动态节点集合 vnode.dynamicChildren，以及附着其上的补丁标志。基

于这两点，即可在渲染器中实现靶向更新。

回顾一下传统的节点更新方式，如下面的 patchElement 函数所示，它取自第三篇所讲解的渲染器：

```
01 function patchElement(n1, n2) {
02   const el = n2.el = n1.el
03   const oldProps = n1.props
04   const newProps = n2.props
05
06   for (const key in newProps) {
07     if (newProps[key] !== oldProps[key]) {
08       patchProps(el, key, oldProps[key], newProps[key])
09     }
10   }
11   for (const key in oldProps) {
12     if (!(key in newProps)) {
13       patchProps(el, key, oldProps[key], null)
14     }
15   }
16
17   // 在处理 children 时，调用 patchChildren 函数
18   patchChildren(n1, n2, el)
19 }
```

由上面的代码可知，渲染器在更新标签节点时，使用 patchChildren 函数来更新标签的子节点。但该函数会使用传统虚拟 DOM 的 Diff 算法进行更新，这样做效率比较低。有了 dynamicChildren 之后，我们可以直接对比动态节点，如下面的代码所示：

```
01 function patchElement(n1, n2) {
02   const el = n2.el = n1.el
03   const oldProps = n1.props
04   const newProps = n2.props
05
06   // 省略部分代码
07
08   if (n2.dynamicChildren) {
09     // 调用 patchBlockChildren 函数，这样只会更新动态节点
10     patchBlockChildren(n1, n2)
11   } else {
12     patchChildren(n1, n2, el)
13   }
14 }
15
16 function patchBlockChildren(n1, n2) {
17   // 只更新动态节点即可
18   for (let i = 0; i < n2.dynamicChildren.length; i++) {
19     patchElement(n1.dynamicChildren[i], n2.dynamicChildren[i])
20   }
21 }
```

在修改后的 patchElement 函数中，我们优先检测虚拟 DOM 是否存在动态节点集合，即 dynamicChildren 数组。如果存在，则直接调用 patchBlockChildren 函数完成更新。这样，渲染器只会更新动态节点，而跳过所有静态节点。

动态节点集合能够使得渲染器在执行更新时跳过静态节点，但对于单个动态节点的更新来说，由于它存在对应的补丁标志，因此我们可以针对性地完成靶向更新，如以下代码所示：

```
01  function patchElement(n1, n2) {
02    const el = n2.el = n1.el
03    const oldProps = n1.props
04    const newProps = n2.props
05
06    if (n2.patchFlags) {
07      // 靶向更新
08      if (n2.patchFlags === 1) {
09        // 只需要更新 class
10      } else if (n2.patchFlags === 2) {
11        // 只需要更新 style
12      } else if (...) {
13              // ...
14      }
15    } else {
16      // 全量更新
17       for (const key in newProps) {
18        if (newProps[key] !== oldProps[key]) {
19          patchProps(el, key, oldProps[key], newProps[key])
20        }
21      }
22      for (const key in oldProps) {
23        if (!(key in newProps)) {
24          patchProps(el, key, oldProps[key], null)
25        }
26      }
27    }
28
29    // 在处理 children 时，调用 patchChildren 函数
30    patchChildren(n1, n2, el)
31  }
```

可以看到，在 patchElement 函数内，我们通过检测补丁标志实现了 props 的靶向更新。这样就避免了全量的 props 更新，从而最大化地提升性能。

17.2 Block 树

在上一节中，我们约定了组件模板的根节点必须作为 Block 角色。这样，从根节点开始，所有动态子代节点都会被收集到根节点的 dynamicChildren 数组中。但是，如果只有根节点是 Block 角色，是不会形成 Block 树的。既然会形成 Block 树，那就意味着除了根节点之外，还会有其他

特殊节点充当 Block 角色。实际上，带有结构化指令的节点，如带有 v-if 和 v-for 指令的节点，都应该作为 Block 角色。接下来，我们就详细讨论原因。

17.2.1　带有 v-if 指令的节点

首先，我们来看下面这段模板：

```
01  <div>
02    <section v-if="foo">
03      <p>{{ a }}</p>
04    </section>
05    <div v-else>
06      <p>{{ a }}</p>
07    </div>
08  </div>
```

假设只有最外层的 div 标签会作为 Block 角色。那么，当变量 foo 的值为 true 时，block 收集到的动态节点是：

```
01  cosnt block = {
02    tag: 'div',
03    dynamicChildren: [
04      { tag: 'p', children: ctx.a, patchFlags: 1 }
05    ]
06    // ...
07  }
```

而当变量 foo 的值为 false 时，block 收集到的动态节点是：

```
01  cosnt block = {
02    tag: 'div',
03    dynamicChildren: [
04      { tag: 'p', children: ctx.a, patchFlags: 1 }
05    ]
06    // ...
07  }
```

可以发现，无论变量 foo 的值是 true 还是 false，block 所收集的动态节点是不变的。这意味着，在 Diff 阶段不会做任何更新。但是我们也看到了，在上面的模板中，带有 v-if 指令的是 <section> 标签，而带有 v-else 指令的是 <div> 标签。很明显，更新前后的标签不同，如果不做任何更新，将产生严重的 bug。不仅如此，下面的模板也会出现同样的问题：

```
01  <div>
02    <section v-if="foo">
03      <p>{{ a }}</p>
04    </section>
05    <section v-else> <!-- 即使这里是 section -->
06        <div> <!-- 这个 div 标签在 Diff 过程中被忽略 -->
07            <p>{{ a }}</p>
```

```
08            </div>
09        </section >
10    </div>
```

在上面这段模板中，即使带有 v-if 指令的标签与带有 v-else 指令的标签都是 <section> 标签，但由于两个分支的虚拟 DOM 树的结构不同，仍然会导致更新失败。

实际上，上述问题的根本原因在于，dynamicChildren 数组中收集的动态节点是忽略虚拟 DOM 树层级的。换句话说，结构化指令会导致更新前后模板的结构发生变化，即模板结构不稳定。那么，如何让虚拟 DOM 树的结构变稳定呢？其实很简单，只需要让带有 v-if/v-else-if/v-else 等结构化指令的节点也作为 Block 角色即可。

以下面的模板为例：

```
01    <div>
02      <section v-if="foo">
03        <p>{{ a }}</p>
04      </section>
05      <section v-else> <!-- 即使这里是 section -->
06          <div> <!-- 这个 div 标签在 Diff 过程中被忽略 -->
07              <p>{{ a }}</p>
08          </div>
09      </section >
10    </div>
```

如果上面这段模板中的两个 <section> 标签都作为 Block 角色，那么将构成一棵 Block 树：

```
01    Block(Div)
02        - Block(Section v-if)
03        - Block(Section v-else)
```

父级 Block 除了会收集动态子代节点之外，也会收集子 Block。因此，两个子 Block(section) 将作为父级 Block(div) 的动态节点被收集到父级 Block(div) 的 dynamicChildren 数组中，如下面的代码所示：

```
01    cosnt block = {
02        tag: 'div',
03        dynamicChildren: [
04          /* Block(Section v-if) 或者 Block(Section v-else) */
05          { tag: 'section', { key: 0 /* key 值会根据不同的 Block 而发生变化 */ }, dynamicChildren: [...]},
06        ]
07    }
```

这样，当 v-if 条件为真时，父级 Block 的 dynamicChildren 数组中包含的是 Block(section v-if)；当 v-if 的条件为假时，父级 Block 的 dynamicChildren 数组中包含的将是 Block(section v-else)。在 Diff 过程中，渲染器能够根据 Block 的 key 值区分出更新前后的两个 Block 是不同的，并使用新的 Block 替换旧的 Block。这样就解决了 DOM 结构不稳定引起的更新问题。

17.2.2 带有 v-for 指令的节点

不仅带有 v-if 指令的节点会让虚拟 DOM 树的结构不稳定，带有 v-for 指令的节点也会让虚拟 DOM 树变得不稳定，而后者的情况会稍微复杂一些。

思考如下模板：

```
01  <div>
02    <p v-for="item in list">{{ item }}</p>
03    <i>{{ foo }}</i>
04    <i>{{ bar }}</i>
05  </div>
```

假设 list 是一个数组，在更新过程中，list 数组的值由 [1 ,2] 变为 [1]。按照之前的思路，即只有根节点会作为 Block 角色，那么，上面的模板中，只有最外层的 <div> 标签会作为 Block。所以，这段模板在更新前后对应的 Block 树是：

```
01  // 更新前
02  const prevBlock = {
03    tag: 'div',
04    dynamicChildren: [
05      { tag: 'p', children: 1, 1 /* TEXT */ },
06      { tag: 'p', children: 2, 1 /* TEXT */ },
07      { tag: 'i', children: ctx.foo, 1 /* TEXT */ },
08      { tag: 'i', children: ctx.bar, 1 /* TEXT */ },
09    ]
10  }
11
12  // 更新后
13  const nextBlock = {
14    tag: 'div',
15    dynamicChildren: [
16      { tag: 'p', children: item, 1 /* TEXT */ },
17      { tag: 'i', children: ctx.foo, 1 /* TEXT */ },
18      { tag: 'i', children: ctx.bar, 1 /* TEXT */ },
19    ]
20  }
```

观察上面这段代码，更新前的 Block 树（prevBlock）中有四个动态节点，而更新后的 Block 树（nextBlock）中只有三个动态节点。这时要如何进行 Diff 操作呢？有人可能会说，使用更新前后的两个 dynamicChildren 数组内的节点进行传统 Diff 不就可以吗？这么做显然是不对的，因为传统 Diff 的一个非常重要的前置条件是：进行 Diff 操作的节点必须是同层级节点。但是 dynamicChildren 数组内的节点未必是同层级的，这一点我们在前面的章节中提到过。

实际上，解决方法很简单，我们只需要让带有 v-for 指令的标签也作为 Block 角色即可。这样就能够保证虚拟 DOM 树具有稳定的结构，即无论 v-for 在运行时怎样变化，这棵 Block 树看上去都是一样的，如下面的代码所示：

```
01  const block = {
02    tag: 'div',
03    dynamicChildren: [
04      // 这是一个 Block，它有 dynamicChildren
05      { tag: Fragment, dynamicChildren: [/* v-for 的节点 */] }
06      { tag: 'i', children: ctx.foo, 1 /* TEXT */ },
07      { tag: 'i', children: ctx.bar, 1 /* TEXT */ },
08    ]
09  }
```

由于 v-for 指令渲染的是一个片段，所以我们需要使用类型为 Fragment 的节点来表达 v-for 指令的渲染结果，并作为 Block 角色。

17.2.3 Fragment 的稳定性

在上一节中，我们使用了一个 Fragment 来表达 v-for 循环产生的虚拟节点，并让其充当 Block 的角色来解决 v-for 指令导致的虚拟 DOM 树结构不稳定问题。但是，我们需要仔细研究这个 Fragment 节点本身。

给出下面这段模板：

```
01  <p v-for="item in list">{{ item }}</p>
```

当 list 数组由 [1, 2] 变成 [1] 时，Fragment 节点在更新前后对应的内容分别是：

```
01  // 更新前
02  const prevBlock = {
03    tag: Fragment,
04    dynamicChildren: [
05      { tag: 'p', children: item, 1 /* TEXT */ },
06      { tag: 'p', children: item, 2 /* TEXT */ }
07    ]
08  }
09
10  // 更新后
11  const prevBlock = {
12    tag: Fragment,
13    dynamicChildren: [
14      { tag: 'p', children: item, 1 /* TEXT */ }
15    ]
16  }
```

我们发现，Fragment 本身收集的动态节点仍然面临结构不稳定的情况。**所谓结构不稳定，从结果上看，指的是更新前后一个 block 的 dynamicChildren 数组中收集的动态节点的数量或顺序不一致**。这种不一致会导致我们无法直接进行靶向更新，怎么办呢？其实对于这种情况，没有更好的解决办法，我们只能放弃根据 dynamicChildren 数组中的动态节点进行靶向更新的思路，并回退到传统虚拟 DOM 的 Diff 手段，即直接使用 Fragment 的 children 而非 dynamicChildren 来进行 Diff 操作。

但需要注意的是，Fragment 的子节点（children）仍然可以是由 Block 组成的数组，例如：

```
01  const block = {
02    tag: Fragment,
03    children: [
04      { tag: 'p', children: item, dynamicChildren: [/*...*/], 1 /* TEXT */ },
05      { tag: 'p', children: item, dynamicChildren: [/*...*/], 1 /* TEXT */ }
06    ]
07  }
```

这样，当 Fragment 的子节点进行更新时，就可以恢复优化模式。

既然有不稳定的 Fragment，那就有稳定的 Fragment。那什么样的 Fragment 是稳定的呢？有以下几种情况。

- v-for 指令的表达式是常量：

```
01  <p v-for="n in 10"></p>
02  <!-- 或者 -->
03  <p v-for="s in 'abc'"></p>
```

  由于表达式 10 和 'abc' 是常量，所以无论怎样更新，上面两个 Fragment 都不会变化。因此这两个 Fragment 是稳定的。对于稳定的 Fragment，我们不需要回退到传统 Diff 操作，这在性能上会有一定的优势。

- 模板中有多个根节点。Vue.js 3 不再限制组件的模板必须有且仅有一个根节点。当模板中存在多个根节点时，我们需要使用 Fragment 来描述它。例如：

```
01  <template>
02    <div></div>
03    <p></p>
04    <i></i>
05  </template>
```

同时，用于描述具有多个根节点的模板的 Fragment 也是稳定的。

17.3　静态提升

理解了 Block 树之后，我们再来看看其他方面的优化，其中之一就是静态提升。它能够减少更新时创建虚拟 DOM 带来的性能开销和内存占用。

假设我们有如下模板：

```
01  <div>
02    <p>static text</p>
03    <p>{{ title }}</p>
04  </div>
```

在没有静态提升的情况下，它对应的渲染函数是：

```
01  function render() {
02    return (openBlock(), createBlock('div', null, [
03      createVNode('p', null, 'static text'),
04      createVNode('p', null, ctx.title, 1 /* TEXT */)
05    ]))
06  }
```

可以看到，在这段虚拟 DOM 的描述中存在两个 p 标签，一个是纯静态的，而另一个拥有动态文本。当响应式数据 title 的值发生变化时，整个渲染函数会重新执行，并产生新的虚拟 DOM 树。这个过程有一个明显的问题，即纯静态的虚拟节点在更新时也会被重新创建一次。很显然，这是没有必要的，所以我们需要想办法避免由此带来的性能开销。而解决方案就是所谓的“静态提升”，即把纯静态的节点提升到渲染函数之外，如下面的代码所示：

```
01  // 把静态节点提升到渲染函数之外
02  const hoist1 = createVNode('p', null, 'text')
03
04  function render() {
05    return (openBlock(), createBlock('div', null, [
06      hoist1, // 静态节点引用
07      createVNode('p', null, ctx.title, 1 /* TEXT */)
08    ]))
09  }
```

可以看到，当把纯静态的节点提升到渲染函数之外后，在渲染函数内只会持有对静态节点的引用。当响应式数据变化，并使得渲染函数重新执行时，并不会重新创建静态的虚拟节点，从而避免了额外的性能开销。

需要强调的是，静态提升是以树为单位的。以下面的模板为例：

```
01  <div>
02    <section>
03      <p>
04        <span>abc</span>
05      </p>
06    </section >
07  </div>
```

在上面这段模板中，除了根节点的 div 标签会作为 Block 角色而不可被提升之外，整个 <section> 元素及其子代节点都会被提升。如果我们把上面模板中的静态字符串 abc 换成动态绑定的 {{ abc }}，那么整棵树都不会被提升。

虽然包含动态绑定的节点本身不会被提升，但是该动态节点上仍然可能存在纯静态的属性，如下面的模板所示：

```
01  <div>
02    <p foo="bar" a=b>{{ text }}</p>
03  </div>
```

在上面这段模板中，p 标签存在动态绑定的文本内容，因此整个节点都不会被静态提升。但该节点的所有 props 都是静态的，因此在最终生成渲染函数时，我们可以将纯静态的 props 提升到渲染函数之外，如下面的代码所示：

```
01    // 静态提升的 props 对象
02    const hoistProp = { foo: 'bar', a: 'b' }
03
04    function render(ctx) {
05      return (openBlock(), createBlock('div', null, [
06        createVNode('p', hoistProp, ctx.text)
07      ]))
08    }
```

这样做同样可以减少创建虚拟 DOM 产生的开销以及内存占用。

17.4　预字符串化

基于静态提升，我们还可以进一步采用预字符串化的优化手段。预字符串化是基于静态提升的一种优化策略。静态提升的虚拟节点或虚拟节点树本身是静态的，那么，能否将其预字符串化呢？如下面的模板所示：

```
01    <div>
02      <p></p>
03      <p></p>
04      // ... 20 个 p 标签
05      <p></p>
06    </div>
```

假设上面的模板中包含大量连续纯静态的标签节点，当采用了静态提升优化策略时，其编译后的代码如下：

```
01    cosnt hoist1 = createVNode('p', null, null, PatchFlags.HOISTED)
02    cosnt hoist2 = createVNode('p', null, null, PatchFlags.HOISTED)
03    // ... 20 个 hoistx 变量
04    cosnt hoist20 = createVNode('p', null, null, PatchFlags.HOISTED)
05
06    render() {
07      return (openBlock(), createBlock('div', null, [
08        hoist1, hoist2, /* ...20 个变量 */, hoist20
09      ]))
10    }
```

预字符串化能够将这些静态节点序列化为字符串，并生成一个 Static 类型的 VNode：

```
01    const hoistStatic = createStaticVNode('<p></p><p></p><p></p>...20 个...<p></p>')
02
03    render() {
04      return (openBlock(), createBlock('div', null, [
```

```
05      hoistStatic
06    ]))
07  }
```

这么做有几个明显的优势。

- 大块的静态内容可以通过 innerHTML 进行设置，在性能上具有一定优势。
- 减少创建虚拟节点产生的性能开销。
- 减少内存占用。

17.5 缓存内联事件处理函数

提到优化，就不得不提对内联事件处理函数的缓存。缓存内联事件处理函数可以避免不必要的更新。假设模板内容如下：

```
01  <Comp @change="a + b" />
```

上面这段模板展示的是一个绑定了 change 事件的组件，并且为 change 事件绑定的事件处理程序是一个内联语句。对于这样的模板，编译器会为其创建一个内联事件处理函数，如下面的代码所示：

```
01  function render(ctx) {
02    return h(Comp, {
03      // 内联事件处理函数
04      onChange: () => (ctx.a + ctx.b)
05    })
06  }
```

很显然，每次重新渲染时（即 render 函数重新执行时），都会为 Comp 组件创建一个全新的 props 对象。同时，props 对象中 onChange 属性的值也会是全新的函数。这会导致渲染器对 Comp 组件进行更新，造成额外的性能开销。为了避免这类无用的更新，我们需要对内联事件处理函数进行缓存，如下面的代码所示：

```
01  function render(ctx, cache) {
02    return h(Comp, {
03      // 将内联事件处理函数缓存到 cache 数组中
04      onChange: cache[0] || (cache[0] = ($event) => (ctx.a + ctx.b))
05    })
06  }
```

渲染函数的第二个参数是一个数组 cache，该数组来自组件实例，我们可以把内联事件处理函数添加到 cache 数组中。这样，当渲染函数重新执行并创建新的虚拟 DOM 树时，会优先读取缓存中的事件处理函数。这样，无论执行多少次渲染函数，props 对象中 onChange 属性的值始终不变，于是就不会触发 Comp 组件更新了。

17.6 v-once

Vue.js 3 不仅会缓存内联事件处理函数，配合 v-once 还可实现对虚拟 DOM 的缓存。Vue.js 2 也支持 v-once 指令，当编译器遇到 v-once 指令时，会利用我们上一节介绍的 cache 数组来缓存渲染函数的全部或者部分执行结果，如下面的模板所示：

```
01  <section>
02    <div v-once>{{ foo }}</div>
03  </section>
```

在上面这段模板中，div 标签存在动态绑定的文本内容。但是它被 v-once 指令标记，所以这段模板会被编译为：

```
01  function render(ctx, cache) {
02    return (openBlock(), createBlock('div', null, [
03      cache[1] || (cache[1] = createVNode("div", null, ctx.foo, 1 /* TEXT */))
04    ]))
05  }
```

从编译结果中可以看到，该 div 标签对应的虚拟节点被缓存到了 cache 数组中。既然虚拟节点已经被缓存了，那么后续更新导致渲染函数重新执行时，会优先读取缓存的内容，而不会重新创建虚拟节点。同时，由于虚拟节点被缓存，意味着更新前后的虚拟节点不会发生变化，因此也就不需要这些被缓存的虚拟节点参与 Diff 操作了。所以在实际编译后的代码中经常出现下面这段内容：

```
01  render(ctx, cache) {
02    return (openBlock(), createBlock('div', null, [
03      cache[1] || (
04        setBlockTracking(-1), // 阻止这段 VNode 被 Block 收集
05        cache[1] = h("div", null, ctx.foo, 1 /* TEXT */),
06        setBlockTracking(1), // 恢复
07        cache[1] // 整个表达式的值
08      )
09    ]))
10  }
```

注意上面这段代码中的 setBlockTracking(-1) 函数调用，它用来暂停动态节点的收集。换句话说，使用 v-once 包裹的动态节点不会被父级 Block 收集。因此，被 v-once 包裹的动态节点在组件更新时，自然不会参与 Diff 操作。

v-once 指令通常用于不会发生改变的动态绑定中，例如绑定一个常量：

```
01  <div>{{ SOME_CONSTANT }}</div>
```

为了提升性能，我们可以使用 v-once 来标记这段内容：

```
01  <div v-once>{{ SOME_CONSTANT }}</div>
```

这样，在组件更新时就会跳过这段内容的更新，从而提升更新性能。

实际上，v-once 指令能够从两个方面提升性能。

- 避免组件更新时重新创建虚拟 DOM 带来的性能开销。因为虚拟 DOM 被缓存了，所以更新时无须重新创建。
- 避免无用的 Diff 开销。这是因为被 v-once 标记的虚拟 DOM 树不会被父级 Block 节点收集。

17.7 总结

本章中，我们主要讨论了 Vue.js 3 在编译优化方面所做的努力。编译优化指的是通过编译的手段提取关键信息，并以此指导生成最优代码的过程。具体来说，Vue.js 3 的编译器会充分分析模板，提取关键信息并将其附着到对应的虚拟节点上。在运行时阶段，渲染器通过这些关键信息执行“快捷路径”，从而提升性能。

编译优化的核心在于，区分动态节点与静态节点。Vue.js 3 会为动态节点打上补丁标志，即 patchFlag。同时，Vue.js 3 还提出了 Block 的概念，一个 Block 本质上也是一个虚拟节点，但与普通虚拟节点相比，会多出一个 dynamicChildren 数组。该数组用来收集所有动态子代节点，这利用了 createVNode 函数和 createBlock 函数的层层嵌套调用的特点，即以“由内向外”的方式执行。再配合一个用来临时存储动态节点的节点栈，即可完成动态子代节点的收集。

由于 Block 会收集所有动态子代节点，所以对动态节点的比对操作是忽略 DOM 层级结构的。这会带来额外的问题，即 v-if、v-for 等结构化指令会影响 DOM 层级结构，使之不稳定。这会间接导致基于 Block 树的比对算法失效。而解决方式很简单，只需要让带有 v-if、v-for 等指令的节点也作为 Block 角色即可。

除了 Block 树以及补丁标志之外，Vue.js 3 在编译优化方面还做了其他努力，具体如下。

- 静态提升：能够减少更新时创建虚拟 DOM 带来的性能开销和内存占用。
- 预字符串化：在静态提升的基础上，对静态节点进行字符串化。这样做能够减少创建虚拟节点产生的性能开销以及内存占用。
- 缓存内联事件处理函数：避免造成不必要的组件更新。
- v-once 指令：缓存全部或部分虚拟节点，能够避免组件更新时重新创建虚拟 DOM 带来的性能开销，也可以避免无用的 Diff 操作。

这样，在组件更新时，就会跳过这段内容的更新，从而提升更新性能。

实际上，v-once 指令能够从两个方面提升性能。

- □ 避免组件更新时重新创建虚拟 DOM 带来的性能开销。因为虚拟 DOM 被缓存了，所以更新时无需重新创建。
- □ 避免无用的 Diff 开销。这是因为被 v-once 标记的虚拟 DOM 树不会被父级 Block 节点收集。

17.7 总结

在本章中，我们讨论了 Vue.js 3 在编译优化方面所做的努力。编译优化指的是通过编译的手段提取关键信息，并以此指导生成最优代码的过程。具体来说，Vue.js 3 的编译器会充分分析模板，提取关键信息并将其附着到对应的虚拟节点上。在运行时阶段，渲染器通过这些关键信息执行"快捷路径"，从而提升性能。

编译优化的核心在于，区分动态节点与静态节点。Vue.js 3 会为动态节点打上补丁标志，即 patchFlag。同时，Vue.js 3 还提出了 Block 的概念，一个 Block 本质上也是一个虚拟节点，但与普通虚拟节点相比，会多出一个 dynamicChildren 数组。该数组用来收集所有动态子代节点，这利用了 createVNode 函数和 createBlock 函数的层层嵌套调用的特点，即以"由内向外"的方式执行，再配合一个用来临时存储动态节点的节点栈，即可完成动态子代节点的收集。

由于 Block 会收集所有动态子代节点，所以对动态节点的比对操作是忽略 DOM 层级结构的。这会带来额外的问题，即 v-if、v-for 等结构化指令会影响 DOM 层级结构，使之不稳定。这会间接导致基于 Block 树的比对算法失效。而解决方式很简单，只需要让带有 v-if、v-for 等指令的节点也作为 Block 角色即可。

除了 Block 树以及补丁标志之外，Vue.js 3 在编译优化方面还做了其他努力，具体如下。

- □ 静态提升：能够减少更新时创建虚拟 DOM 带来的性能开销和内存占用。
- □ 预字符串化：在静态提升的基础上，对静态节点进行字符串化。这样做能够减少创建虚拟节点产生的性能开销以及内存占用。
- □ 缓存内联事件处理函数：避免造成不必要的组件更新。
- □ v-once 指令：缓存全部或部分虚拟节点，能够避免组件更新时重新创建虚拟 DOM 带来的性能开销，也可以避免无用的 Diff 操作。

第六篇

服务端渲染

第 18 章

同构渲染

Vue.js 可以用于构建客户端应用程序，组件的代码在浏览器中运行，并输出 DOM 元素。同时，Vue.js 还可以在 Node.js 环境中运行，它可以将同样的组件渲染为字符串并发送给浏览器。这实际上描述了 Vue.js 的两种渲染方式，即**客户端渲染**（client-side rendering，CSR），以及**服务端渲染**（server-side rendering，SSR）。另外，Vue.js 作为现代前端框架，不仅能够独立地进行 CSR 或 SSR，还能够将两者结合，形成所谓的**同构渲染**（isomorphic rendering）。本章，我们将讨论 CSR、SSR 以及同构渲染之间的异同，以及 Vue.js 同构渲染的实现机制。

18.1 CSR、SSR 以及同构渲染

在设计软件时，我们经常会遇到这样的问题："是否应该使用服务端渲染？"这个问题没有确切的答案，具体还要看软件的需求以及场景。想要为软件选择合适的架构策略，就需要我们对不同的渲染策略做到了然于胸，知道它们各自的优缺点。服务端渲染并不是一项新技术，也不是一个新概念。在 Web 2.0 之前，网站主要负责提供各种各样的内容，通常是一些新闻站点、个人博客、小说站点等。这些站点主要强调内容本身，而不强调与用户之间具有高强度的交互。当时的站点基本采用传统的服务端渲染技术来实现。例如，比较流行的 PHP/JSP 等技术。图 18-1 给出了服务端渲染的工作流程图。

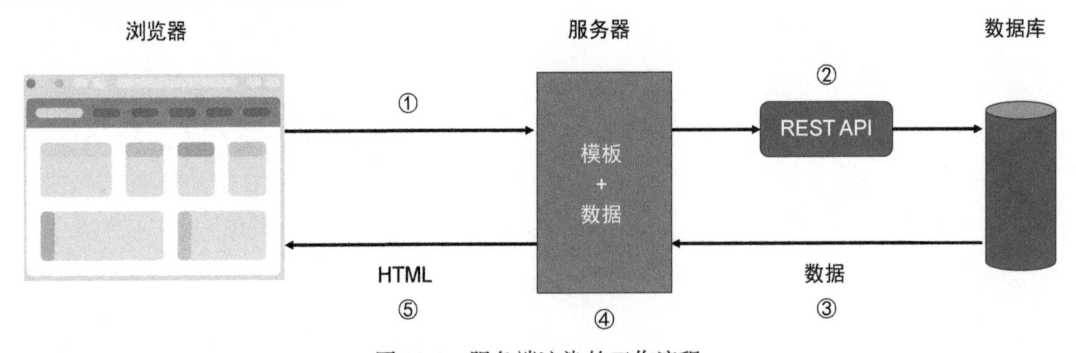

图 18-1　服务端渲染的工作流程

(1) 用户通过浏览器请求站点。

(2) 服务器请求 API 获取数据。

(3) 接口返回数据给服务器。

(4) 服务器根据模板和获取的数据拼接出最终的 HTML 字符串。

(5) 服务器将 HTML 字符串发送给浏览器，浏览器解析 HTML 内容并渲染。

当用户再次通过超链接进行页面跳转，会重复上述 5 个步骤。可以看到，传统的服务端渲染的用户体验非常差，任何一个微小的操作都可能导致页面刷新。

后来以 AJAX 为代表，催生了 Web 2.0。在这个阶段，大量的 SPA（single-page application）诞生，也就是接下来我们要介绍的 CSR 技术。与 SSR 在服务端完成模板和数据的融合不同，CSR 是在浏览器中完成模板与数据的融合，并渲染出最终的 HTML 页面。图 18-2 给出了 CSR 的详细工作流程。

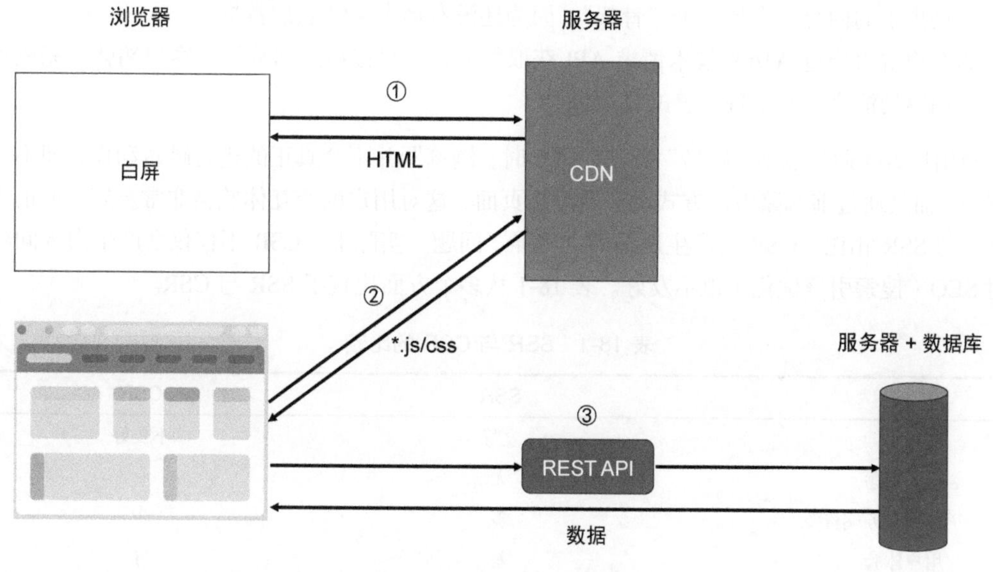

图 18-2　CSR 的工作流程

- 客户端向服务器或 CDN 发送请求，获取静态的 HTML 页面。注意，此时获取的 HTML 页面通常是空页面。在 HTML 页面中，会包含 <style>、<link> 和 <script> 等标签。例如：

```
01  <!DOCTYPE html>
02  <html lang="zh">
03  <head>
04    <meta charset="UTF-8">
05    <meta name="viewport" content="width=device-width, initial-scale=1.0">
06    <title>My App</title>
07    <link rel="stylesheet" href="/dist/app.css">
```

```
08  </head>
09  <body>
10    <div id="app"></div>
11
12    <script src="/dist/app.js"></script>
13  </body>
14  </html>
```

这是一个包含 <link rel="stylesheet"> 与 <script> 标签的空 HTML 页面。浏览器在得到该页面后，不会渲染出任何内容，所以从用户的视角看，此时页面处于“白屏”阶段。

- 虽然 HTML 页面是空的，但浏览器仍然会解析 HTML 内容。由于 HTML 页面中存在 <link rel="stylesheet"> 和 <script> 等标签，所以浏览器会加载 HTML 中引用的资源，例如 app.css 和 app.js。接着，服务器或 CDN 会将相应的资源返回给浏览器，浏览器对 CSS 和 JavaScript 代码进行解释和执行。因为页面的渲染任务是由 JavaScript 来完成的，所以当 JavaScript 被解释和执行后，才会渲染出页面内容，即“白屏”结束。但初始渲染出来的内容通常是一个“骨架”，因为还没有请求 API 获取数据。
- 客户端再通过 AJAX 技术请求 API 获取数据，一旦接口返回数据，客户端就会完成动态内容的渲染，并呈现完整的页面。

当用户再次通过点击“跳转”到其他页面时，浏览器并不会真正的进行跳转动作，即不会进行刷新，而是通过前端路由的方式动态地渲染页面，这对用户的交互体验会非常友好。但很明显的是，与 SSR 相比，CSR 会产生所谓的“白屏”问题。实际上，CSR 不仅仅会产生白屏问题，它对 SEO（搜索引擎优化）也不友好。表 18-1 从多个方面比较了 SSR 与 CSR。

表 18-1　SSR 与 CSR 的比较

	SSR	CSR
SEO	友好	不友好
白屏问题	无	有
占用服务端资源	多	少
用户体验	差	好

SSR 和 CSR 各有优缺点。SSR 对 SEO 更加友好，而 CSR 对 SEO 不太友好。由于 SSR 的内容到达时间更快，因此它不会产生白屏问题。相对地，CSR 会有白屏问题。另外，由于 SSR 是在服务端完成页面渲染的，所以它需要消耗更多服务端资源。CSR 则能够减少对服务端资源的消耗。对于用户体验，由于 CSR 不需要进行真正的“跳转”，用户会感觉更加“流畅”，所以 CSR 相比 SSR 具有更好的用户体验。从这些角度来看，无论是 SSR 还是 CSR，都不可以作为“银弹”，我们需要从项目的实际需求出发，决定到底采用哪一个。例如你的项目非常需要 SEO，那么就应该采用 SSR。

那么，我们能否融合 SSR 与 CSR 两者的优点于一身呢？答案是“可以的”，这就是接下来我们要讨论的同构渲染。同构渲染分为首次渲染（即首次访问或刷新页面）以及非首次渲染。图 18-3 给出了同构渲染首次渲染的工作流程。

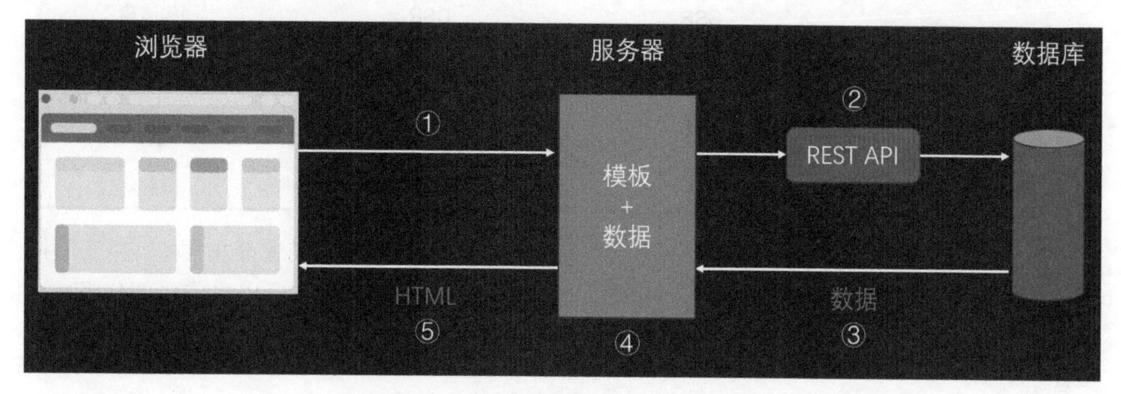

图 18-3 同构渲染首次渲染的工作流程

实际上，同构渲染中的首次渲染与 SSR 的工作流程是一致的。也就是说，当首次访问或者刷新页面时，整个页面的内容是在服务端完成渲染的，浏览器最终得到的是渲染好的 HTML 页面。但是该页面是纯静态的，这意味着用户还不能与页面进行任何交互，因为整个应用程序的脚本还没有加载和执行。另外，该静态的 HTML 页面中也会包含 `<link>`、`<script>` 等标签。除此之外，同构渲染所产生的 HTML 页面与 SSR 所产生的 HTML 页面有一点最大的不同，即前者会包含当前页面所需要的初始化数据。直白地说，服务器通过 API 请求的数据会被序列化为字符串，并拼接到静态的 HTML 字符串中，最后一并发送给浏览器。这么做实际上是为了后续的激活操作，后文会详细讲解。

假设浏览器已经接收到初次渲染的静态 HTML 页面，接下来浏览器会解析并渲染该页面。在解析过程中，浏览器会发现 HTML 代码中存在 `<link>` 和 `<script>` 标签，于是会从 CDN 或服务器获取相应的资源，这一步与 CSR 一致。当 JavaScript 资源加载完毕后，会进行激活操作，这里的激活就是我们在 Vue.js 中常说的 “hydration”。激活包含两部分工作内容。

- Vue.js 在当前页面已经渲染的 DOM 元素以及 Vue.js 组件所渲染的虚拟 DOM 之间建立联系。
- Vue.js 从 HTML 页面中提取由服务端序列化后发送过来的数据，用以初始化整个 Vue.js 应用程序。

激活完成后，整个应用程序已经完全被 Vue.js 接管为 CSR 应用程序了。后续操作都会按照 CSR 应用程序的流程来执行。当然，如果刷新页面，仍然会进行服务端渲染，然后再进行激活，如此往复。

表 18-2 对比了 SSR、CSR 和同构渲染的优劣。

表 18-2　SSR、CSR 和同构渲染之间的对比

	SSR	CSR	同构渲染
SEO	友好	不友好	友好
白屏问题	无	有	无
占用服务端资源	多	少	中
用户体验	差	好	好

可以看到，同构渲染除了也需要部分服务端资源外，其他方面的表现都非常棒。由于同构渲染方案在首次渲染时和浏览器刷新时仍然需要服务端完成渲染工作，所以也需要部分服务端资源，但相比所有页面跳转都需要服务端完成渲染来说，同构渲染所占用的服务端资源相对少一些。

另外，对同构渲染最多的误解是，它能够提升**可交互时间**（TTI）。事实是同构渲染仍然需要像 CSR 那样等待 JavaScript 资源加载完成，并且客户端激活完成后，才能响应用户操作。因此，理论上同构渲染无法提升可交互时间。

同构渲染的“同构”一词的含义是，同样一套代码既可以在服务端运行，也可以在客户端运行。例如，我们用 Vue.js 编写一个组件，该组件既可以在服务端运行，被渲染为 HTML 字符串；也可以在客户端运行，就像普通的 CSR 应用程序一样。我们会在 18.2 节讨论 Vue.js 的组件是如何在服务端被渲染为 HTML 字符串的。

18.2　将虚拟 DOM 渲染为 HTML 字符串

既然“同构”指的是，同样的代码既能在服务端运行，也能在客户端运行，那么本节我们就讨论如何在服务端将虚拟 DOM 渲染为 HTML 字符串。

给出如下虚拟节点对象，它用来描述一个普通的 div 标签：

```
01  const ElementVNode = {
02    type: 'div',
03    props: {
04      id: 'foo'
05    },
06    children: [
07      { type: 'p', children: 'hello' }
08    ]
09  }
```

为了将虚拟节点 ElementVNode 渲染为字符串，我们需要实现 renderElementVNode 函数。该函数接收用来描述普通标签的虚拟节点作为参数，并返回渲染后的 HTML 字符串：

```
01 function renderElementVNode(vnode) {
02   // 返回渲染后的结果，即 HTML 字符串
03 }
```

在不考虑任何边界条件的情况下，实现 renderElementVNode 非常简单，如下面的代码所示：

```
01 function renderElementVNode(vnode) {
02   // 取出标签名称 tag 和标签属性 props，以及标签的子节点
03   const { type: tag, props, children } = vnode
04   // 开始标签的头部
05   let ret = `<${tag}`
06   // 处理标签属性
07   if (props) {
08     for (const k in props) {
09       // 以 key="value" 的形式拼接字符串
10       ret += ` ${k}="${props[k]}"`
11     }
12   }
13   // 开始标签的闭合
14   ret += `>`
15 
16   // 处理子节点
17   // 如果子节点的类型是字符串，则是文本内容，直接拼接
18   if (typeof children === 'string') {
19     ret += children
20   } else if (Array.isArray(children)) {
21     // 如果子节点的类型是数组，则递归地调用 renderElementVNode 完成渲染
22     children.forEach(child => {
23       ret += renderElementVNode(child)
24     })
25   }
26 
27   // 结束标签
28   ret += `</${tag}>`
29 
30   // 返回拼接好的 HTML 字符串
31   return ret
32 }
```

接着，我们可以调用 renderElementVNode 函数完成对 ElementVNode 的渲染：

```
01 console.log(renderElementVNode(ElementVNode)) // <div id="foo"><p>hello</p></div>
```

可以看到，输出结果是我们所期望的 HTML 字符串。实际上，将一个普通标签类型的虚拟节点渲染为 HTML 字符串，本质上是字符串的拼接。不过，上面给出的 renderElementVNode 函数的实现仅仅用来展示将虚拟 DOM 渲染为 HTML 字符串的核心原理，并不满足生产要求，因为它存在以下几点缺陷。

- renderElementVNode 函数在渲染标签类型的虚拟节点时，还需要考虑该节点是否是自闭合标签。
- 对于属性（props）的处理会比较复杂，要考虑属性名称是否合法，还要对属性值进行 HTML 转义。
- 子节点的类型多种多样，可能是任意类型的虚拟节点，如 Fragment、组件、函数式组件、文本等，这些都需要处理。
- 标签的文本子节点也需要进行 HTML 转义。

上述这些问题都属于边界条件，接下来我们逐个处理。首先处理自闭合标签，它的术语叫作 void element，它的完整列表如下：

```
01 const VOID_TAGS = 'area,base,br,col,embed,hr,img,input,link,meta,param,source,track,wbr'
```

可以在 WHATWG 的规范中查看完整的 void element。

对于 void element，由于它无须闭合标签，所以在为此类标签生成 HTML 字符串时，无须为其生成对应的闭合标签，如下面的代码所示：

```
01 const VOID_TAGS = 'area,base,br,col,embed,hr,img,input,link,meta,param,source,track,wbr'.split(',')
02
03 function renderElementVNode2(vnode) {
04   const { type: tag, props, children } = vnode
05   // 判断是否是 void element
06   const isVoidElement = VOID_TAGS.includes(tag)
07
08   let ret = `<${tag}`
09
10   if (props) {
11     for (const k in props) {
12       ret += ` ${k}="${props[k]}"`
13     }
14   }
15
16   // 如果是 void element ，则自闭合
17   ret += isVoidElement ? `/>` : `>`
18   // 如果是 void element ，则直接返回结果，无须处理 children，因为 void element 没有 children
19   if (isVoidElement) return ret
20
21   if (typeof children === 'string') {
22     ret += children
23   } else {
24     children.forEach(child => {
25       ret += renderElementVNode2(child)
26     })
27   }
28
29   ret += `</${tag}>`
30
31   return ret
32 }
```

在上面这段代码中，我们增加了对 void element 的处理。需要注意的一点是，由于自闭合标签没有子节点，所以可以跳过对 children 的处理。

接下来，我们需要更严谨地处理 HTML 属性。处理属性需要考虑多个方面，首先是对 boolean attribute 的处理。所谓 boolean attribute，并不是说这类属性的值是布尔类型，而是指，如果这类指令存在，则代表 true，否则代表 false。例如 <input/> 标签的 checked 属性和 disabled 属性：

```
01  <!-- 选中的 checkbox -->
02  <input type="checkbox" checked />
03  <!-- 未选中的 checkbox -->
04  <input type="checkbox" />
```

从上面这段 HTML 代码示例中可以看出，当渲染 boolean attribute 时，通常无须渲染它的属性值。

关于属性，另外一点需要考虑的是安全问题。WHATWG 规范的 13.1.2.3 节中明确定义了属性名称的组成。

属性名称必须由一个或多个非以下字符组成。

- 控制字符集（control character）的码点范围是：[0x01, 0x1f] 和 [0x7f, 0x9f]。
- U+0020 (SPACE)、U+0022 (")、U+0027 (')、 U+003E (>)、U+002F (/) 以及 U+003D (=)。
- noncharacters，这里的 noncharacters 代表 Unicode 永久保留的码点，这些码点在 Unicode 内部使用，它的取值范围是：[0xFDD0, 0xFDEF]，还包括：0xFFFE、0xFFFF、0x1FFFE、0x1FFFF、0x2FFFE、0x2FFFF、0x3FFFE、0x3FFFF、0x4FFFE、0x4FFFF、0x5FFFE、0x5FFFF、0x6FFFE、0x6FFFF、0x7FFFE、0x7FFFF、0x8FFFE、0x8FFFF、0x9FFFE、0x9FFFF、0xAFFFE、0xAFFFF、0xBFFFE、0xBFFFF、0xCFFFE、0xCFFFF、0xDFFFE、0xDFFFF、0xEFFFE、0xEFFFF、0xFFFFE、0xFFFFF、0x10FFFE、0x10FFFF。

考虑到 Vue.js 的模板编译器在编译过程中已经对 noncharacters 以及控制字符集进行了处理，所以我们只需要小范围处理即可，任何不满足上述条件的属性名称都是不安全且不合法的。

另外，在虚拟节点中的 props 对象中，通常会包含仅用于组件运行时逻辑的相关属性。例如，key 属性仅用于虚拟 DOM 的 Diff 算法，ref 属性仅用于实现 template ref 的功能等。在进行服务端渲染时，应该忽略这些属性。除此之外，服务端渲染也无须考虑事件绑定。因此，也应该忽略 props 对象中的事件处理函数。

更加严谨的属性处理方案如下：

```
01  function renderElementVNode(vnode) {
02    const { type: tag, props, children } = vnode
03    const isVoidElement = VOID_TAGS.includes(tag)
04
```

```
05    let ret = `<${tag}`
06
07    if (props) {
08      // 调用 renderAttrs 函数进行严谨处理
09      ret += renderAttrs(props)
10    }
11
12    ret += isVoidElement ? `/>` : `>`
13
14    if (isVoidElement) return ret
15
16    if (typeof children === 'string') {
17      ret += children
18    } else {
19      children.forEach(child => {
20        ret += renderElementVNode(child)
21      })
22    }
23
24    ret += `</${tag}>`
25
26    return ret
27  }
```

可以看到，在 renderElementVNode 函数内，我们调用了 renderAttrs 函数来实现对 props 的处理。renderAttrs 函数的具体实现如下：

```
01  // 应该忽略的属性
02  const shouldIgnoreProp = ['key', 'ref']
03
04  function renderAttrs(props) {
05    let ret = ''
06    for (const key in props) {
07      if (
08        // 检测属性名称，如果是事件或应该被忽略的属性，则忽略它
09        shouldIgnoreProp.includes(key) ||
10        /^on[^a-z]/.test(key)
11      ) {
12        continue
13      }
14      const value = props[key]
15      // 调用 renderDynamicAttr 完成属性的渲染
16      ret += renderDynamicAttr(key, value)
17    }
18    return ret
19  }
```

renderDynamicAttr 函数的实现如下：

```
01  // 用来判断属性是否是 boolean attribute
02  const isBooleanAttr = (key) =>
03  (`itemscope,allowfullscreen,formnovalidate,ismap,nomodule,novalidate,readonly` +
04    `,async,autofocus,autoplay,controls,default,defer,disabled,hidden,` +
```

```
05      `loop,open,required,reversed,scoped,seamless,` +
06      `checked,muted,multiple,selected`).split(',').includes(key)
07
08    // 用来判断属性名称是否合法且安全
09    const isSSRSafeAttrName = (key) => !/[>/="'\u0009\u000a\u000c\u0020]/.test(key)
10
11    function renderDynamicAttr(key, value) {
12      if (isBooleanAttr(key)) {
13        // 对于 boolean attribute，如果值为 false ，则什么都不需要渲染，否则只需要渲染 key 即可
14        return value === false ? `` : ` ${key}`
15      } else if (isSSRSafeAttrName(key)) {
16        // 对于其他安全的属性，执行完整的渲染，
17        // 注意：对于属性值，我们需要对它执行 HTML 转义操作
18        return value === '' ? ` ${key}` : ` ${key}="${escapeHtml(value)}"`
19      } else {
20        // 跳过不安全的属性，并打印警告信息
21        console.warn(
22          `[@vue/server-renderer] Skipped rendering unsafe attribute name: ${key}`
23        )
24        return ``
25      }
26    }
```

这样我们就实现了对普通元素类型的虚拟节点的渲染。实际上，在 Vue.js 中，由于 `class` 和 `style` 这两个属性可以使用多种合法的数据结构来表示，例如 `class` 的值可以是字符串、对象、数组，所以理论上我们还需要考虑这些情况。不过原理都是相通的，对于使用不同数据结构表示的 `class` 或 `style`，我们只需要将不同类型的数据结构序列化成字符串表示即可。

另外，观察上面代码中的 `renderDynamicAttr` 函数的实现能够发现，在处理属性值时，我们调用了 `escapeHtml` 对其进行转义处理，这对于防御 XSS 攻击至关重要。HTML 转义指的是将特殊字符转换为对应的 HTML 实体。其转换规则很简单。

- 如果该字符串作为普通内容被拼接，则应该对以下字符进行转义。
  - 将字符 `&` 转义为实体 `&`。
  - 将字符 `<` 转义为实体 `<`。
  - 将字符 `>` 转义为实体 `>`。
- 如果该字符串作为属性值被拼接，那么除了上述三个字符应该被转义之外，还应该转义下面两个字符。
  - 将字符 `"` 转义为实体 `"`。
  - 将字符 `'` 转义为实体 `'`。

具体实现如下：

```
01    const escapeRE = /["'&<>]/
02    function escapeHtml(string) {
```

```
03    const str = '' + string
04    const match = escapeRE.exec(str)
05
06    if (!match) {
07      return str
08    }
09
10    let html = ''
11    let escaped
12    let index
13    let lastIndex = 0
14    for (index = match.index; index < str.length; index++) {
15      switch (str.charCodeAt(index)) {
16        case 34: // "
17          escaped = '&quot;'
18          break
19        case 38: // &
20          escaped = '&amp;'
21          break
22        case 39: // '
23          escaped = '&#39;'
24          break
25        case 60: // <
26          escaped = '&lt;'
27          break
28        case 62: // >
29          escaped = '&gt;'
30          break
31        default:
32          continue
33      }
34
35      if (lastIndex !== index) {
36        html += str.substring(lastIndex, index)
37      }
38
39      lastIndex = index + 1
40      html += escaped
41    }
42
43    return lastIndex !== index ? html + str.substring(lastIndex, index) : html
44  }
```

原理很简单，只需要在给定字符串中查找需要转义的字符，然后将其替换为对应的HTML实体即可。

18.3　将组件渲染为 HTML 字符串

在 18.2 节中，我们讨论了如何将普通标签类型的虚拟节点渲染为 HTML 字符串。本节，我们将在此基础上，讨论如何将组件类型的虚拟节点渲染为 HTML 字符串。

假设我们有如下组件，以及用来描述组件的虚拟节点：

```
01  // 组件
02  const MyComponent = {
03    setup() {
04      return () => {
05        // 该组件渲染一个 div 标签
06        return {
07          type: 'div',
08          children: 'hello'
09        }
10      }
11    }
12  }
13
14  // 用来描述组件的 VNode 对象
15  const CompVNode = {
16    type: MyComponent,
17  }
```

我们将实现 renderComponentVNode 函数，并用它把组件类型的虚拟节点渲染为 HTML 字符串：

```
01  const html = renderComponentVNode(CompVNode)
02  console.log(html) // 输出：<div>hello</div>
```

实际上，把组件渲染为 HTML 字符串与把普通标签节点渲染为 HTML 字符串并没有本质区别。我们知道，组件的渲染函数用来描述组件要渲染的内容，它的返回值是虚拟 DOM。所以，我们只需要执行组件的渲染函数取得对应的虚拟 DOM，再将该虚拟 DOM 渲染为 HTML 字符串，并作为 renderComponentVNode 函数的返回值即可。最基本的实现如下：

```
01  function renderComponentVNode(vnode) {
02    // 获取 setup 组件选项
03    let { type: { setup } } = vnode
04    // 执行 setup 函数得到渲染函数 render
05    const render = setup()
06    // 执行渲染函数得到 subTree，即组件要渲染的内容
07    const subTree = render()
08    // 调用 renderElementVNode 完成渲染，并返回其结果
09    return renderElementVNode(subTree)
10  }
```

上面这段代码的逻辑非常简单，它仅仅展示了渲染组件的最基本原理，仍然存在很多问题。

- subTree 本身可能是任意类型的虚拟节点，包括组件类型。因此，我们不能直接使用 renderElementVNode 来渲染它。
- 执行 setup 函数时，也应该提供 setupContext 对象。而执行渲染函数 render 时，也应该将其 this 指向 renderContext 对象。实际上，在组件的初始化和渲染方面，其完整流程与第 13 章讲解的客户端的渲染流程一致。例如，也需要初始化 data，也需要得到 setup 函数的执行结果，并检查 setup 函数的返回值是函数还是 setupState 等。

对于第一个问题，我们可以通过封装通用函数来解决，如下面 renderVNode 函数的代码所示：

```
01  function renderVNode(vnode) {
02    const type = typeof vnode.type
03    if (type === 'string') {
04      return renderElementVNode(vnode)
05    } else if (type === 'object' || type === 'function') {
06      return renderComponentVNode(vnode)
07    } else if (vnode.type === Text) {
08      // 处理文本...
09    } else if (vnode.type === Fragment) {
10      // 处理片段...
11    } else {
12      // 其他 VNode 类型
13    }
14  }
```

有了 renderVNode 后，我们就可以在 renderComponentVNode 中使用它来渲染 subTree 了：

```
01  function renderComponentVNode(vnode) {
02    let { type: { setup } } = vnode
03    const render = setup()
04    const subTree = render()
05    // 使用 renderVNode 完成对 subTree 的渲染
06    return renderVNode(subTree)
07  }
```

第二个问题则涉及组件的初始化流程。我们先回顾一下组件在客户端渲染时的整体流程，如图 18-4 所示。

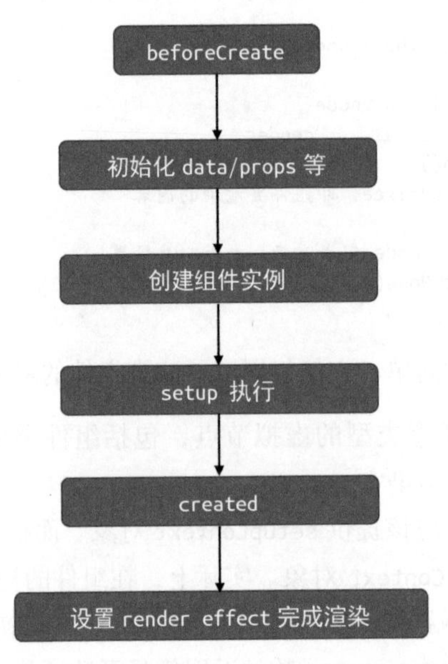

图 18-4　客户端渲染时，组件的初始化流程

在进行服务端渲染时，组件的初始化流程与客户端渲染时组件的初始化流程基本一致，但有两个重要的区别。

- 服务端渲染的是应用的当前快照，它不存在数据变更后重新渲染的情况。因此，所有数据在服务端都无须是响应式的。利用这一点，我们可以减少服务端渲染过程中创建响应式数据对象的开销。
- 服务端渲染只需要获取组件要渲染的 `subTree` 即可，无须调用渲染器完成真实 DOM 的创建。因此，在服务端渲染时，可以忽略“设置 `render effect` 完成渲染”这一步。

图 18-5 给出了服务端渲染时初始化组件的流程。

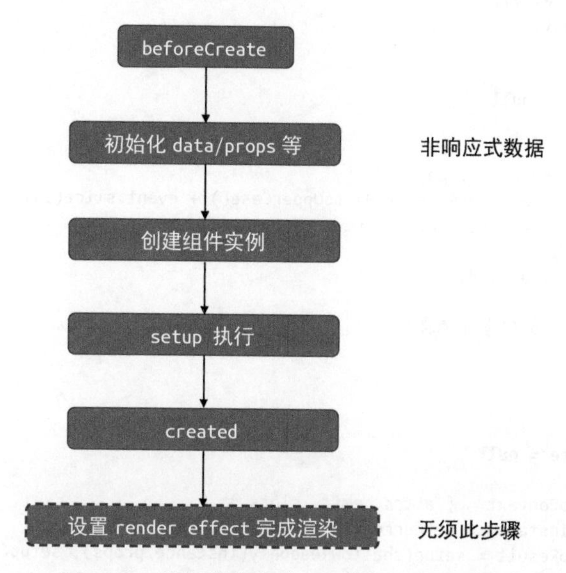

图 18-5　服务端渲染时，组件的初始化流程

可以看到，只需要对客户端初始化组件的逻辑稍作调整，即可实现组件在服务端的渲染。另外，由于组件在服务端渲染时，不需要渲染真实 DOM 元素，所以无须创建并执行 `render effect`。这意味着，组件的 `beforeMount` 以及 `mounted` 钩子不会被触发。而且，由于服务端渲染不存在数据变更后的重新渲染逻辑，所以 `beforeUpdate` 和 `updated` 钩子也不会在服务端执行。完整的实现如下：

```
01 function renderComponentVNode(vnode) {
02   const isFunctional = typeof vnode.type === 'function'
03   let componentOptions = vnode.type
04   if (isFunctional) {
05     componentOptions = {
06       render: vnode.type,
07       props: vnode.type.props
08     }
```

```
09    }
10    let { render, data, setup, beforeCreate, created, props: propsOption } = componentOptions
11
12    beforeCreate && beforeCreate()
13
14    // 无须使用 reactive() 创建 data 的响应式版本
15    const state = data ? data() : null
16    const [props, attrs] = resolveProps(propsOption, vnode.props)
17
18    const slots = vnode.children || {}
19
20    const instance = {
21      state,
22      props, // props 无须 shallowReactive
23      isMounted: false,
24      subTree: null,
25      slots,
26      mounted: [],
27      keepAliveCtx: null
28    }
29
30    function emit(event, ...payload) {
31      const eventName = `on${event[0].toUpperCase() + event.slice(1)}`
32      const handler = instance.props[eventName]
33      if (handler) {
34        handler(...payload)
35      } else {
36        console.error('事件不存在')
37      }
38    }
39
40    // setup
41    let setupState = null
42    if (setup) {
43      const setupContext = { attrs, emit, slots }
44      const prevInstance = setCurrentInstance(instance)
45      const setupResult = setup(shallowReadonly(instance.props), setupContext)
46      setCurrentInstance(prevInstance)
47      if (typeof setupResult === 'function') {
48        if (render) console.error('setup 函数返回渲染函数，render 选项将被忽略')
49        render = setupResult
50      } else {
51        setupState = setupContext
52      }
53    }
54
55    vnode.component = instance
56
57    const renderContext = new Proxy(instance, {
58      get(t, k, r) {
59        const { state, props, slots } = t
60
61        if (k === '$slots') return slots
62
63        if (state && k in state) {
64          return state[k]
65        } else if (k in props) {
```

```
66          return props[k]
67        } else if (setupState && k in setupState) {
68          return setupState[k]
69        } else {
70          console.error('不存在')
71        }
72      },
73      set (t, k, v, r) {
74        const { state, props } = t
75        if (state && k in state) {
76          state[k] = v
77        } else if (k in props) {
78          props[k] = v
79        } else if (setupState && k in setupState) {
80          setupState[k] = v
81        } else {
82          console.error('不存在')
83        }
84      }
85    })
86
87    created && created.call(renderContext)
88
89    const subTree = render.call(renderContext, renderContext)
90
91    return renderVNode(subTree)
92  }
```

观察上面的代码可以发现，该实现与客户端渲染的逻辑基本一致。这段代码与第 13 章给出的关于组件渲染的代码也非常相似，唯一的区别在于，在服务端渲染时，无须使用 `reactive` 函数为 `data` 数据创建响应式版本，并且 `props` 数据也无须是浅响应的。

18.4 客户端激活的原理

讨论完如何将组件渲染为 HTML 字符串之后，我们再来讨论客户端激活的实现原理。什么是客户端激活呢？我们知道，对于同构渲染来说，组件的代码会在服务端和客户端分别执行一次。在服务端，组件会被渲染为静态的 HTML 字符串，然后发送给浏览器，浏览器再把这段纯静态的 HTML 渲染出来。这意味着，此时页面中已经存在对应的 DOM 元素。同时，该组件还会被打包到一个 JavaScript 文件中，并在客户端被下载到浏览器中解释并执行。这时问题来了，当组件的代码在客户端执行时，会再次创建 DOM 元素吗？答案是"不会"。由于浏览器在渲染了由服务端发送过来的 HTML 字符串之后，页面中已经存在对应的 DOM 元素了，所以组件代码在客户端运行时，不需要再次创建相应的 DOM 元素。但是，组件代码在客户端运行时，仍然需要做两件重要的事：

- 在页面中的 DOM 元素与虚拟节点对象之间建立联系；
- 为页面中的 DOM 元素添加事件绑定。

我们知道，一个虚拟节点被挂载之后，为了保证更新程序能正确运行，需要通过该虚拟节点的 vnode.el 属性存储对真实 DOM 对象的引用。而同构渲染也是一样，为了应用程序在后续更新过程中能够正确运行，我们需要在页面中已经存在的 DOM 对象与虚拟节点对象之间建立正确的联系。另外，在服务端渲染的过程中，会忽略虚拟节点中与事件相关的 props。所以，当组件代码在客户端运行时，我们需要将这些事件正确地绑定到元素上。其实，这两个步骤就体现了客户端激活的含义。

理解了客户端激活的含义后，我们再来看一下它的具体实现。当组件进行纯客户端渲染时，我们通过渲染器的 renderer.render 函数来完成渲染，例如：

```
01  renderer.render(vnode, container)
```

而对于同构应用，我们将使用独立的 renderer.hydrate 函数来完成激活：

```
01  renderer.hydrate(vnode, container)
```

实际上，我们可以用代码模拟从服务端渲染到客户端激活的整个过程，如下所示：

```
01  // html 代表由服务端渲染的字符串
02  const html = renderComponentVNode(compVNode)
03
04  // 假设客户端已经拿到了由服务端渲染的字符串
05  // 获取挂载点
06  const container = document.querySelector('#app')
07  // 设置挂载点的 innerHTML，模拟由服务端渲染的内容
08  container.innerHTML = html
09
10  // 接着调用 hydrate 函数完成激活
11  renderer.hydrate(compVNode, container)
```

其中 CompVNode 的代码如下：

```
01  const MyComponent = {
02    name: 'App',
03    setup() {
04      const str = ref('foo')
05
06      return () => {
07        return {
08          type: 'div',
09          children: [
10            {
11              type: 'span',
12              children: str.value,
13              props: {
14                onClick: () => {
15                  str.value = 'bar'
16                }
17              }
18            },
```

```
19              { type: 'span', children: 'baz' }
20            ]
21          }
22        }
23      }
24    }
25
26    const CompVNode = {
27      type: MyComponent,
28    }
```

接下来，我们着手实现 `renderer.hydrate` 函数。与 `renderer.render` 函数一样，`renderer.hydrate` 函数也是渲染器的一部分，因此它也会作为 `createRenderer` 函数的返回值，如下面的代码所示：

```
01    function createRenderer(options) {
02      function hydrate(node, vnode) {
03        // ...
04      }
05
06      return {
07        render,
08        // 作为 createRenderer 函数的返回值
09        hydrate
10      }
11    }
```

这样，我们就可以通过 `renderer.hydrate` 函数来完成客户端激活了。在具体实现之前，我们先来看一下页面中已经存在的真实 DOM 元素与虚拟 DOM 对象之间的关系。图 18-6 给出了上面代码中 `MyComponent` 组件所渲染的真实 DOM 和它所渲染的虚拟 DOM 对象之间的关系。

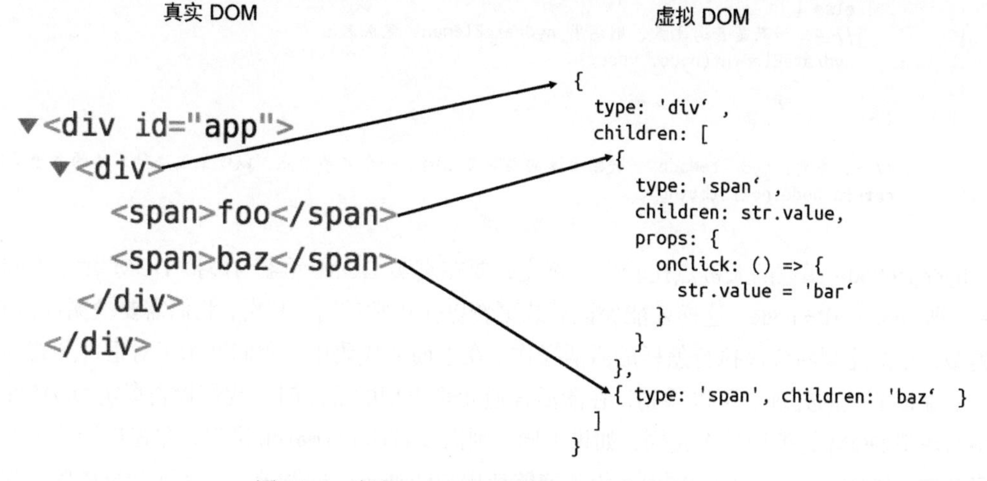

图 18-6 真实 DOM 与虚拟 DOM 之间的关系

由图 18-6 可知，真实 DOM 元素与虚拟 DOM 对象都是树型结构，并且节点之间存在一一对应的关系。因此，我们可以认为它们是“同构”的。而激活的原理就是基于这一事实，递归地在真实 DOM 元素与虚拟 DOM 节点之间建立关系。另外，在虚拟 DOM 中并不存在与容器元素（或挂载点）对应的节点。因此，在激活的时候，应该从容器元素的第一个子节点开始，如下面的代码所示：

```
01  function hydrate(vnode, container) {
02    // 从容器元素的第一个子节点开始
03    hydrateNode(container.firstChild, vnode)
04  }
```

其中，hydrateNode 函数接收两个参数，分别是真实 DOM 元素和虚拟 DOM 元素。hydrateNode 函数的具体实现如下：

```
01  function hydrateNode(node, vnode) {
02    const { type } = vnode
03    // 1. 让 vnode.el 引用真实 DOM
04    vnode.el = node
05
06    // 2. 检查虚拟 DOM 的类型，如果是组件，则调用 mountComponent 函数完成激活
07    if (typeof type === 'object') {
08      mountComponent(vnode, container, null)
09    } else if (typeof type === 'string') {
10      // 3. 检查真实 DOM 的类型与虚拟 DOM 的类型是否匹配
11      if (node.nodeType !== 1) {
12        console.error('mismatch')
13        console.error('服务端渲染的真实 DOM 节点是：', node)
14        console.error('客户端渲染的虚拟 DOM 节点是：', vnode)
15      } else {
16        // 4. 如果是普通元素，则调用 hydrateElement 完成激活
17        hydrateElement(node, vnode)
18      }
19    }
20
21    // 5. 重要：hydrateNode 函数需要返回当前节点的下一个兄弟节点，以便继续进行后续的激活操作
22    return node.nextSibling
23  }
```

hydrateNode 函数的关键点比较多。首先，要在真实 DOM 元素与虚拟 DOM 元素之间建立联系，即 vnode.el = node。这样才能保证后续更新操作正常进行。其次，我们需要检测虚拟 DOM 的类型，并据此判断应该执行怎样的激活操作。在上面的代码中，我们展示了对组件和普通元素类型的虚拟节点的处理。可以看到，在激活普通元素类型的节点时，我们检查真实 DOM 元素的类型与虚拟 DOM 的类型是否相同，如果不同，则需要打印 mismatch 错误，即客户端渲染的节点与服务端渲染的节点不匹配。同时，为了能够让用户快速定位问题节点，保证开发体验，我们最好将客户端渲染的虚拟节点与服务端渲染的真实 DOM 节点都打印出来，供用户参考。对于组件类型节点的激活操作，则可以直接通过 mountComponent 函数来完成。对于普通元素的激活操作，

则可以通过 hydrateElement 函数来完成。最后，hydrateNode 函数需要返回当前激活节点的下一个兄弟节点，以便进行后续的激活操作。hydrateNode 函数的返回值非常重要，它的用途体现在 hydrateElement 函数内，如下面的代码所示：

```
01  // 用来激活普通元素类型的节点
02  function hydrateElement(el, vnode) {
03    // 1. 为 DOM 元素添加事件
04    if (vnode.props) {
05      for (const key in vnode.props) {
06        // 只有事件类型的 props 需要处理
07        if (/^on/.test(key)) {
08          patchProps(el, key, null, vnode.props[key])
09        }
10      }
11    }
12    // 递归地激活子节点
13    if (Array.isArray(vnode.children)) {
14      // 从第一个子节点开始
15      let nextNode = el.firstChild
16      const len = vnode.children.length
17      for (let i = 0; i < len; i++) {
18        // 激活子节点，注意，每当激活一个子节点，hydrateNode 函数都会返回当前子节点的下一个兄弟节点，
19        // 于是可以进行后续的激活了
20        nextNode = hydrateNode(nextNode, vnode.children[i])
21      }
22    }
23  }
```

hydrateElement 函数有两个关键点。

- 因为服务端渲染是忽略事件的，浏览器只是渲染了静态的 HTML 而已，所以激活 DOM 元素的操作之一就是为其添加事件处理程序。
- 递归地激活当前元素的子节点，从第一个子节点 el.firstChild 开始，递归地调用 hydrateNode 函数完成激活。注意这里的小技巧，hydrateNode 函数会返回当前节点的下一个兄弟节点，利用这个特点即可完成所有子节点的处理。

对于组件的激活，我们还需要针对性地处理 mountComponent 函数。由于服务端渲染的页面中已经存在真实 DOM 元素，所以当调用 mountComponent 函数进行组件的挂载时，无须再次创建真实 DOM 元素。基于此，我们需要对 mountComponent 函数做一些调整，如下面的代码所示：

```
01  function mountComponent(vnode, container, anchor) {
02    // 省略部分代码
03
04    instance.update = effect(() => {
05      const subTree = render.call(renderContext, renderContext)
06      if (!instance.isMounted) {
07        beforeMount && beforeMount.call(renderContext)
08        // 如果 vnode.el 存在，则意味着要执行激活
09        if (vnode.el) {
```

```
10          // 直接调用 hydrateNode 完成激活
11          hydrateNode(vnode.el, subTree)
12        } else {
13          // 正常挂载
14          patch(null, subTree, container, anchor)
15        }
16        instance.isMounted = true
17        mounted && mounted.call(renderContext)
18        instance.mounted && instance.mounted.forEach(hook => hook.call(renderContext))
19      } else {
20        beforeUpdate && beforeUpdate.call(renderContext)
21        patch(instance.subTree, subTree, container, anchor)
22        updated && updated.call(renderContext)
23      }
24      instance.subTree = subTree
25    }, {
26      scheduler: queueJob
27    })
28  }
```

可以看到，唯一需要调整的地方就是组件的渲染副作用，即 render effect。还记得 hydrateNode 函数所做的第一件事是什么吗？是在真实 DOM 与虚拟 DOM 之间建立联系，即 vnode.el = node。所以，当渲染副作用执行挂载操作时，我们优先检查虚拟节点的 vnode.el 属性是否已经存在，如果存在，则意味着无须进行全新的挂载，只需要进行激活操作即可，否则仍然按照之前的逻辑进行全新的挂载。最后一个关键点是，组件的激活操作需要在真实 DOM 与 subTree 之间进行。

18.5　编写同构的代码

正如我们在 18.1 节中介绍的那样，"同构"一词指的是一份代码既在服务端运行，又在客户端运行。因此，在编写组件代码时，应该额外注意因代码运行环境的不同所导致的差异。

18.5.1　组件的生命周期

我们知道，当组件的代码在服务端运行时，由于不会对组件进行真正的挂载操作，即不会把虚拟 DOM 渲染为真实 DOM 元素，所以组件的 beforeMount 与 mounted 这两个钩子函数不会执行。又因为服务端渲染的是应用的快照，所以不存在数据变化后的重新渲染，因此，组件的 beforeUpdate 与 updated 这两个钩子函数也不会执行。另外，在服务端渲染时，也不会发生组件被卸载的情况，所以组件的 beforeUnmount 与 unmounted 这两个钩子函数也不会执行。实际上，只有 beforeCreate 与 created 这两个钩子函数会在服务端执行，所以当你编写组件代码时需要额外注意。如下是一段常见的问题代码：

```
01  <script>
02  export default {
03    created() {
04      this.timer = setInterval(() => {
```

```
05          // 做一些事情
06        }, 1000)
07      },
08      beforeUnmount() {
09        // 清除定时器
10        clearInterval(this.timer)
11      }
12    }
13    </script>
```

观察上面这段组件代码，我们在 created 钩子函数中设置了一个定时器，并尝试在组件被卸载之前将其清除，即在 beforeUnmount 钩子函数执行时将其清除。如果在客户端运行这段代码，并不会产生任何问题；但如果在服务端运行，则会造成内存泄漏。因为 beforeUnmount 钩子函数不会在服务端运行，所以这个定时器将永远不会被清除。

实际上，在 created 钩子函数中设置定时器对于服务端渲染没有任何意义。这是因为服务端渲染的是应用程序的快照，所谓快照，指的是在当前数据状态下页面应该呈现的内容。所以，在定时器到时，修改数据状态之前，应用程序的快照已经渲染完毕了。所以我们说，在服务端渲染时，定时器内的代码没有任何意义。遇到这类问题时，我们通常有两个解决方案：

- 方案一：将创建定时器的代码移动到 mounted 钩子中，即只在客户端执行定时器；
- 方案二：使用环境变量包裹这段代码，让其不在服务端运行。

方案一应该很好理解，而方案二依赖项目的环境变量。例如，在通过 webpack 或 Vite 等构建工具搭建的同构项目中，通常带有这种环境变量。以 Vite 为例，我们可以使用 import.meta.env.SSR 来判断当前代码的运行环境：

```
01  <script>
02  export default {
03    created() {
04      // 只在非服务端渲染时执行，即只在客户端执行
05      if (!import.meta.env.SSR) {
06        this.timer = setInterval(() => {
07          // 做一些事情
08        }, 1000)
09      }
10    },
11    beforeUnmount() {
12      clearInterval(this.timer)
13    }
14  }
15  </script>
```

可以看到，我们通过 import.meta.env.SSR 来使代码只在特定环境中运行。实际上，构建工具会分别为客户端和服务端输出两个独立的包。构建工具在为客户端打包资源的时候，会在资源中排除被 import.meta.env.SSR 包裹的代码。换句话说，上面的代码中被 !import.meta.env.SSR 包裹的代码只会在客户端包中存在。

18.5.2 使用跨平台的API

编写同构代码的另一个关键点是使用跨平台的API。由于组件的代码既运行于浏览器，又运行于服务器，所以在编写代码的时候要避免使用平台特有的API。例如，仅在浏览器环境中才存在的 window、document 等对象。然而，有时你不得不使用这些平台特有的API。这时你可以使用诸如 import.meta.env.SSR 这样的环境变量来做代码守卫：

```
01  <script>
02  if (!import.meta.env.SSR) {
03    // 使用浏览器平台特有的 API
04    window.xxx
05  }
06
07  export default {
08    // ...
09  }
10  </script>
```

类似地，Node.js 中特有的API也无法在浏览器中运行。因此，为了减轻开发时的心智负担，我们可以选择跨平台的第三方库。例如，使用 Axios 作为网络请求库。

18.5.3 只在某一端引入模块

通常情况下，我们自己编写的组件的代码是可控的，这时我们可以使用跨平台的API来保证代码“同构”。然而，第三方模块的代码非常不可控。假设我们有如下组件：

```
01  <script>
02  import storage from './storage.js'
03  export default {
04    // ...
05  }
06  </script>
```

上面这段组件代码本身没有任何问题，但它依赖了 ./storage.js 模块。如果该模块中存在非同构的代码，则仍然会发生错误。假设 ./storage.js 模块的代码如下：

```
01  // storage.js
02  export const storage = window.localStorage
```

可以看到，./storage.js 模块中依赖了浏览器环境下特有的API，即 window.localStorage。因此，当进行服务端渲染时会发生错误。对于这个问题，有两种解决方案，方案一是使用 import.meta.env.SSR 来做代码守卫：

```
01  // storage.js
02  export const storage = !import.meta.env.SSR ? window.localStorage : {}
```

这样做虽然能解决问题，但是在大多数情况下我们无法修改第三方模块的代码。因此，更多时候我们会采用接下来介绍的方案二来解决问题，即条件引入：

```
01 <script>
02 let storage
03 // 只有在非 SSR 下才引入 ./storage.js 模块
04 if (!import.meta.env.SSR) {
05   storage = import('./storage.js')
06 }
07 export default {
08   // ...
09 }
10 </script>
```

上面这段代码是修改后的组件代码。可以看到，我们通过 `import.meta.env.SSR` 做了代码守卫，实现了特定环境下的模块加载。但是，仅在特定环境下加载模板，就意味着该模板的功能仅在该环境下生效。例如在上面的代码中，`./storage.js` 模板的代码仅会在客户端生效。也就是说，服务端将会缺失该模块的功能。为了弥补这个缺陷，我们通常需要根据实际情况，再实现一个具有同样功能并且可运行于服务端的模块，如下面的代码所示：

```
01 <script>
02 let storage
03 if (!import.meta.env.SSR) {
04   // 用于客户端
05   storage = import('./storage.js')
06 } else {
07   // 用于服务端
08   storage = import('./storage-server.js')
09 }
10 export default {
11   // ...
12 }
13 </script>
```

可以看到，我们根据环境的不同，引入不用的模块实现。

18.5.4 避免交叉请求引起的状态污染

编写同构代码时，额外需要注意的是，避免交叉请求引起的状态污染。在服务端渲染时，我们会为每一个请求创建一个全新的应用实例，例如：

```
01 import { createSSRApp } from 'vue'
02 import { renderToString } from '@vue/server-renderer'
03 import App from 'App.vue'
04
05 // 每个请求到来，都会执行一次 render 函数
06 async function render(url, manifest) {
```

```
07    // 为当前请求创建应用实例
08     const app = createSSRApp(App)
09
10    const ctx = {}
11    const html = await renderToString(app, ctx)
12
13    return html
14  }
```

可以看到，每次调用 render 函数进行服务端渲染时，都会为当前请求调用 createSSRApp 函数来创建一个新的应用实例。这是为了避免不同请求共用同一个应用实例所导致的状态污染。

除了要为每一个请求创建独立的应用实例之外，状态污染的情况还可能发生在单个组件的代码中，如下所示：

```
01  <script>
02  // 模块级别的全局变量
03  let count = 0
04
05  export default {
06    create() {
07      count++
08    }
09  }
10  </script>
```

如果上面这段组件的代码在浏览器中运行，则不会产生任何问题，因为浏览器与用户是一对一的关系，每一个浏览器都是独立的。但如果这段代码在服务器中运行，情况会有所不同，因为服务器与用户是一对多的关系。当用户 A 发送请求到服务器时，服务器会执行上面这段组件的代码，即执行 count++。接着，用户 B 也发送请求到服务器，服务器再次执行上面这段组件的代码，此时的 count 已经因用户 A 的请求自增了一次，因此对于用户 B 而言，用户 A 的请求会影响到他，于是就会造成请求间的交叉污染。所以，在编写组件代码时，要额外注意组件中出现的全局变量。

18.5.5　<ClientOnly> 组件

最后，我们再来介绍一个对编写同构代码非常有帮助的组件，即 <ClientOnly> 组件。在日常开发中，我们经常会使用第三方模块。而它们不一定对 SSR 友好，例如：

```
01  <template>
02    <SsrIncompatibleComp />
03  </template>
```

假设 <SsrIncompatibleComp /> 是一个不兼容 SSR 的第三方组件，我们没有办法修改它的源代码，这时应该怎么办呢？这时我们会想，既然这个组件不兼容 SSR，那么能否只在客户端渲染该组件呢？其实是可以的，我们可以自行实现一个 <ClientOnly> 的组件，该组件可以让模板的一部分内容仅在客户端渲染，如下面这段模板所示：

```
01  <template>
02    <ClientOnly>
03      <SsrIncompatibleComp />
04    </ClientOnly>
05  </template>
```

可以看到，我们使用 <ClientOnly> 组件包裹了不兼容 SSR 的 <SsrIncompatibleComp/> 组件。这样，在服务端渲染时就会忽略该组件，且该组件仅会在客户端被渲染。那么，<ClientOnly> 组件是如何做到这一点的呢？这其实是利用了 CSR 与 SSR 的差异。如下是 <ClientOnly> 组件的实现：

```
01  import { ref, onMounted, defineComponent } from 'vue'
02
03  export const ClientOnly = defineComponent({
04    setup(_, { slots }) {
05      // 标记变量，仅在客户端渲染时为 true
06      const show = ref(false)
07      // onMounted 钩子只会在客户端执行
08      onMounted(() => {
09        show.value = true
10      })
11      // 在服务端什么都不渲染，在客户端才会渲染 <ClientOnly> 组件的插槽内容
12      return () => (show.value && slots.default ? slots.default() : null)
13    }
14  })
```

可以看到，整体实现非常简单。其原理是利用了 onMounted 钩子只会在客户端执行的特性。我们创建了一个标记变量 show，初始值为 false，并且仅在客户端渲染时将其设置为 true。这意味着，在服务端渲染的时候， <ClientOnly> 组件的插槽内容不会被渲染。而在客户端渲染时，只有等到 mounted 钩子触发后才会渲染 <ClientOnly> 组件的插槽内容。这样就实现了被 <ClientOnly> 组件包裹的内容仅会在客户端被渲染。

另外，<ClientOnly> 组件并不会导致客户端激活失败。因为在客户端激活的时候，mounted 钩子还没有触发，所以服务端与客户端渲染的内容一致，即什么都不渲染。等到激活完成，且 mounted 钩子触发执行之后，才会在客户端将 <ClientOnly> 组件的插槽内容渲染出来。

18.6 总结

在本章中，我们首先讨论了 CSR、SSR 和同构渲染的工作机制，以及它们各自的优缺点。具体可以总结为表 18-3。

表 18-3　CSR 和 SSR 的比较

	SSR	CSR
SEO	友好	不友好
白屏问题	无	有
占用服务端资源	多	少
用户体验	差	好

当我们为应用程序选择渲染架构时，需要结合软件的需求及场景，选择合适的渲染方案。

接着，我们讨论了 Vue.js 是如何把虚拟节点渲染为字符串的。以普通标签节点为例，在将其渲染为字符串时，要考虑以下内容。

- 自闭合标签的处理。对于自闭合标签，无须为其渲染闭合标签部分，也无须处理其子节点。
- 属性名称的合法性，以及属性值的转义。
- 文本子节点的转义。

具体的转义规则如下。

- 对于普通内容，应该对文本中的以下字符进行转义。
  - 将字符 `&` 转义为实体 `&`。
  - 将字符 `<` 转义为实体 `<`。
  - 将字符 `>` 转义为实体 `>`。
- 对于属性值，除了上述三个字符应该转义之外，还应该转义下面两个字符。
  - 将字符 `"` 转义为实体 `"`。
  - 将字符 `'` 转义为实体 `'`。

然后，我们讨论了如何将组件渲染为 HTML 字符串。在服务端渲染组件与渲染普通标签并没有本质区别。我们只需要通过执行组件的 `render` 函数，得到该组件所渲染的 `subTree` 并将其渲染为 HTML 字符串即可。另外，在渲染组件时，需要考虑以下几点。

- 服务端渲染不存在数据变更后的重新渲染，所以无须调用 `reactive` 函数对 `data` 等数据进行包装，也无须使用 `shallowReactive` 函数对 `props` 数据进行包装。正因如此，我们也无须调用 `beforeUpdate` 和 `updated` 钩子。
- 服务端渲染时，由于不需要渲染真实 DOM 元素，所以无须调用组件的 `beforeMount` 和 `mounted` 钩子。

之后，我们讨论了客户端激活的原理。在同构渲染过程中，组件的代码会分别在服务端和浏览器中执行一次。在服务端，组件会被渲染为静态的 HTML 字符串，并发送给浏览器。浏览器则会渲染由服务端返回的静态的 HTML 内容，并下载打包在静态资源中的组件代码。当下载完毕后，浏览器会解释并执行该组件代码。当组件代码在客户端执行时，由于页面中已经存在对应的 DOM 元素，所以渲染器并不会执行创建 DOM 元素的逻辑，而是会执行激活操作。激活操作可以总结为两个步骤。

- 在虚拟节点与真实 DOM 元素之间建立联系，即 `vnode.el = el`。这样才能保证后续更新程序正确运行。
- 为 DOM 元素添加事件绑定。

最后，我们讨论了如何编写同构的组件代码。由于组件代码既运行于服务端，也运行于客户端，所以当我们编写组件代码时要额外注意。具体可以总结为以下几点。

- 注意组件的生命周期。`beforeUpdate`、`updated`、`beforeMount`、`mounted`、`beforeUnmount`、`unmounted` 等生命周期钩子函数不会在服务端执行。
- 使用跨平台的 API。由于组件的代码既要在浏览器中运行，也要在服务器中运行，所以编写组件代码时，要额外注意代码的跨平台性。通常我们在选择第三方库的时候，会选择支持跨平台的库，例如使用 Axios 作为网络请求库。
- 特定端的实现。无论在客户端还是在服务端，都应该保证功能的一致性。例如，组件需要读取 cookie 信息。在客户端，我们可以通过 `document.cookie` 来实现读取；而在服务端，则需要根据请求头来实现读取。所以，很多功能模块需要我们为客户端和服务端分别实现。
- 避免交叉请求引起的状态污染。状态污染既可以是应用级的，也可以是模块级的。对于应用，我们应该为每一个请求创建一个独立的应用实例。对于模块，我们应该避免使用模块级的全局变量。这是因为在不做特殊处理的情况下，多个请求会共用模块级的全局变量，造成请求间的交叉污染。
- 仅在客户端渲染组件中的部分内容。这需要我们自行封装 `<ClientOnly>` 组件，被该组件包裹的内容仅在客户端才会被渲染。

欢迎加入

图灵社区 ituring.com.cn

——前沿的IT类电子书发售平台

电子出版的时代已经来临。在许多出版界同行还在犹豫彷徨的时候，图灵社区已经采取实际行动拥抱这个出版业巨变。作为国内先行发售电子图书的IT类出版商，图灵社区目前为读者提供两种DRM-free的阅读体验：在线阅读和PDF。

相比纸质书，电子书具有许多明显的优势。它不仅发布快，更新容易，而且尽可能采用了彩色图片（即使有的书纸质版是黑白印刷的）。读者还可以方便地进行搜索、剪贴、复制和打印。

图灵社区进一步把传统出版流程与电子书出版业务紧密结合，目前已实现作译者网上交稿、编辑网上审稿、按章发布的电子出版模式。这种新的出版模式，我们称之为“敏捷出版”，它可以让读者以较快的速度了解到国外最新技术图书的内容，弥补以往翻译版技术书“出版即过时”的缺憾。同时，敏捷出版使得作、译、编、读的交流更为方便，可以提前消灭书稿中的错误，最大程度地保证图书出版的质量。

优惠提示：现在购买电子书，读者将获赠书款20%的社区银子，可用于兑换纸质样书。

——方便的开放出版平台

图灵社区向读者开放在线写作功能，协助你实现自出版和开源出版的梦想。利用“合集”功能，你就能联合二三好友共同创作一部技术参考书，以免费或收费的形式提供给读者。（收费形式须经过图灵社区立项评审。）这极大地降低了出版的门槛。只要你有写作的意愿，图灵社区就能帮助你实现这个梦想。成熟的书稿，有机会入选出版计划，同时出版纸质书。

图灵社区引进出版的外文图书，都将在立项后马上在社区公布。如果你有意翻译哪本图书，欢迎你来社区申请。只要你通过试译的考验，即可签约成为图灵的译者。当然，要想成功地完成一本书的翻译工作，是需要有坚强的毅力的。

——直接的读者交流平台

在图灵社区，你可以十分方便地写作文章、提交勘误、发表评论，以各种方式与作译者、编辑人员和其他读者进行交流互动。提交勘误还能够获赠社区银子。

你可以积极参与社区经常开展的访谈、乐译、评选等多种活动，赢取积分和银子，积累个人声望。